“十四五”时期国家重点出版物出版专项规划项目

华为网络技术系列

华为数据通信
架构与技术

SD-WAN 架构与技术（第2版）

SD-WAN Network Architecture and Technologies (2nd edition)

主　编　盛　成

副主编　何宏伟　冷　婷

人民邮电出版社

北京

图书在版编目（CIP）数据

SD-WAN架构与技术 / 盛成主编. -- 2版. -- 北京 :
人民邮电出版社, 2022.3
（华为网络技术系列）
ISBN 978-7-115-57329-2

Ⅰ. ①S… Ⅱ. ①盛… Ⅲ. ①广域网－架构 Ⅳ.
①TP393.2

中国版本图书馆CIP数据核字(2021)第184376号

内容提要

本系列图书基于华为公司工程创新、技术创新的成果以及在全球范围内丰富的商用交付经验，介绍新一代网络技术的发展热点和相关的网络部署方案。

本书从企业WAN当前面临的问题和挑战入手，介绍SD-WAN出现的背景和基本特性，并结合技术实现，详细阐述SD-WAN解决方案的系统架构、运转机制和应用场景。本书通过解读SD-WAN的关键技术，分析SD-WAN的实际部署案例，为读者提供SD-WAN解决方案的设计方法和部署建议。在第1版的基础上，本书特别增加了IPv6、5G和SRv6场景下的新技术内容。

本书内容通俗易懂，针对性和实用性强，能够帮助读者了解SD-WAN解决方案的实现原理，掌握SD-WAN解决方案的设计原则。本书可作为网络技术支持工程师、网络管理员、网络规划工程师等ICT从业人员的学习用书，也可以作为网络技术爱好者的参考资料。

◆ 主　　编　盛　成
　副 主 编　何宏伟　冷　婷
　责任编辑　韦　毅
　责任印制　李　东　周昇亮
◆ 人民邮电出版社出版发行　　北京市丰台区成寿寺路 11 号
　邮编　100164　　电子邮件　315@ptpress.com.cn
　网址　https://www.ptpress.com.cn
　北京天宇星印刷厂印刷
◆ 开本：720×1000　1/16
　印张：22.75　　2022 年 3 月第 2 版
　字数：446 千字　　2024 年 8 月北京第 10 次印刷

定价：99.00 元

读者服务热线：(010)81055410　印装质量热线：(010)81055316
反盗版热线：(010)81055315
广告经营许可证：京东市监广登字 20170147 号

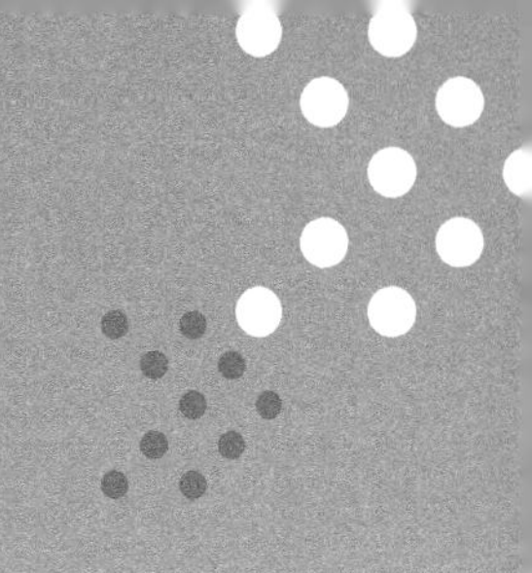

丛书编委会

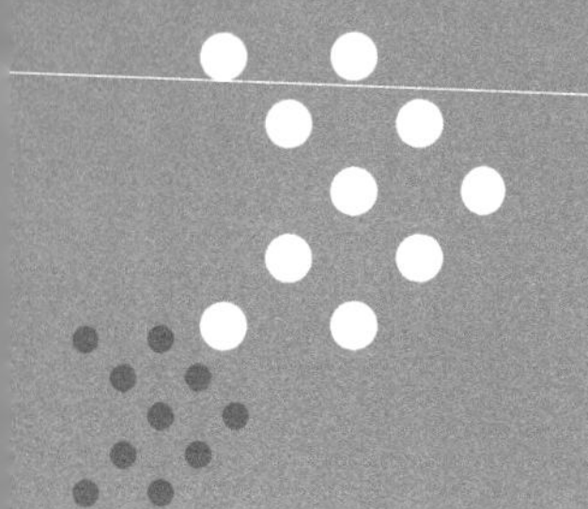

本书编委会

主　　编　盛　成

副 主 编　何宏伟　冷　婷

编写人员　王春宁　房永龙　侯建强　唐鹏合　田　旭　叶　涛　李　坤　黄炜恒　尹智峰　虞玲玲　李　辉　龙　华　董　林

技术审校　曹同强　李方力　王成愿　于　颀　达呼·巴雅尔　许辉曲　毛建华　刘国栋　余　兴　向虹媛　李晓阳　胡　军　陈　博　王永博　汤丹丹

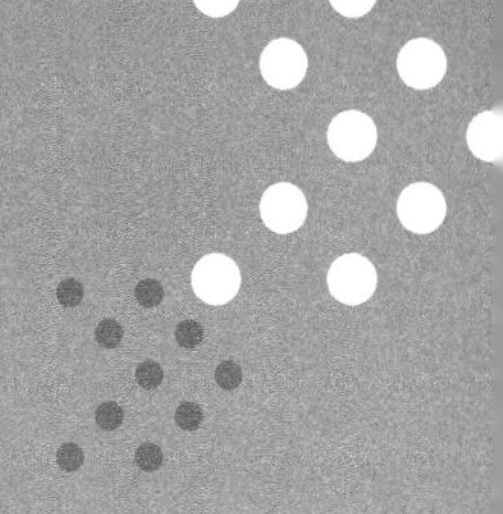

推 荐 语

该丛书由华为公司的一线工程师编写，从行业趋势、原理和实战案例等多个角度介绍了与数据通信相关的网络架构和技术，同时对虚拟化、大数据、软件定义网络等新技术给予了充分的关注。该丛书可以作为网络与数据通信领域教学及科研的参考书。

——李幼平

中国工程院院士，东南大学未来网络研究中心主任

当前，国家大力加强网络强国建设，数据通信就是这一建设的基石。这套丛书的问世对进一步构建完善的网络技术生态体系具有重要意义。

——何宝宏

中国信息通信研究院云计算与大数据研究所所长

该丛书以网络工程师的视角，呈现了各类数据通信网络设计部署的难点和未来面临的业务挑战，实践与理论相结合，包含丰富的第一手行业数据和实践经验，适用于网络工程部署、高校教学和科研等多个领域，在产学研用结合方面有着独特优势。

——王兴伟

东北大学教授、研究生院常务副院长，国家杰出青年科学基金获得者

该丛书对华为公司近年来在数据通信领域的丰富经验进行了总结，内容实用，可以作为数据通信领域图书的重要补充，也可以作为信息通信领域，尤其是计算机通信网络、无线通信网络等领域的教学参考。该丛书既有扎实的技术性，又有很强的实践性，它的出版有助于加快推动产学研用一体化发展，有助于培养信息通信技术方面的人才。

——徐 恪

清华大学教授、计算机系副主任，国家杰出青年科学基金获得者

该丛书汇聚了作者团队多年的从业经验，以及对技术趋势、行业发展的深刻理解。无论是作为企业建设网络的参考，还是用于自身学习，这都是一套不可多得的好书。

——王震坡

北京理工大学教授、电动车辆国家工程研究中心主任

这是传统网络工程师在云时代的教科书，了解数据通信网络的现在和未来也是网络人的一堂必修课。如果不了解这些内容，迎接我们的可能就只有被淘汰或者转行，感谢华为为这个行业所做的知识整理工作！

——丘子隽

平安科技平安云网络产品部总监

该丛书将园区办公网络、数据中心网络和广域互联网的网络架构与技术讲解得十分透彻，内容通俗易懂，对金融行业的 IT 主管和工作人员来说，是一套优秀的学习和实践指导图书。

——郑倚志

兴业银行信息科技部数据中心主任

总　序

“2020 年 12 月 31 日，华为 CloudEngine 数据中心交换机全年全球销售额突破 10 亿美元。”

我望向办公室的窗外，一切正沐浴在旭日玫瑰色的红光里。收到这样一则喜讯，倏忽之间我的记忆被拉回到 2011 年。

那一年，随着数字经济的快速发展，数据中心已经成为人工智能、大数据、云计算和互联网等领域的重要基础设施，数据中心网络不仅成为流量高地，也是技术创新的热点。在带宽、容量、架构、可扩展性、虚拟化等方面，用户对数据中心网络提出了极高的要求。而核心交换机是数据中心网络的中枢，决定了数据中心网络的规模、性能和可扩展性。我们洞察到云计算将成为未来的趋势，云数据中心核心交换机必须具备超大容量、极低时延、可平滑扩容和演进的能力，这些极致的性能指标，远远超出了当时的工程和技术极限，业界也没有先例可循。

作为企业 BG 的创始 CEO，面对市场的压力和技术的挑战，如何平衡总体技术方案的稳定和系统架构的创新，如何保持技术领先又规避不确定性带来的风险，我面临一个极其艰难的抉择：守成还是创新？如果基于成熟产品进行开发，或许可以赢得眼前的几个项目，但我们追求的目标是打造世界顶尖水平的数据中心交换机，做就一定要做到业界最佳，铸就数据中心带宽的“珠峰”。至此，我的内心如拨云见日，豁然开朗。

我们勇于创新，敢于领先，通过系统架构等一系列创新，开始打造业界最领先的旗舰产品。以终为始，秉承着打造全球领先的旗舰产品的决心，我们快速组建研发团队，汇集技术骨干力量进行攻关，数据中心交换机研发项目就此启动。

CloudEngine 12800 数据中心交换机的研发过程是极其艰难的。我们突破了芯片架构的限制和背板侧高速串行总线（SerDes）的速率瓶颈，打造了超大容量、超高密度的整机平台；通过风洞试验和仿真等，解决了高密交换机的散热难题；通过热电、热力解耦，突破了复杂的工程瓶颈。

我们首创数据中心交换机正交架构、Cable I/O、先进风道散热等技术，自研超薄碳基导热材料，系统容量、端口密度、单位功耗等多项技术指标均达到国际领先水平，“正交架构 + 前后风道”成为业界构筑大容量系统架构的主流。我们首创的“超融合以太”技术打破了国外 FC（Fiber Channel，光纤通道）存储网络、超算互联 IB（InfiniBand，无限带宽）网络的技术封锁；引领业界的 AI ECN（Explicit Congestion Notification，显式拥塞通知）技术实现了

RoCE（RDMA over Converged Ethernet，基于聚合以太网的远程直接存储器访问）网络的实时高性能；PFC（Priority-based Flow Control，基于优先级的流控制）死锁预防技术更是解决了 RoCE 大规模组网的可靠性问题。此外，华为在高速连接器、SerDes、高速 AD/DA（Analog to Digital/Digital to Analog，模数 / 数模）转换、大容量转发芯片、400GE 光电芯片等多项技术上，全面填补了技术空白，攻克了众多世界级难题。

2012 年 5 月 6 日，CloudEngine 12800 数据中心交换机在北美拉斯维加斯举办的 Interop 展览会闪亮登场。CloudEngine 12800 数据中心交换机闪耀着深海般的蓝色光芒，静谧而又神秘。单框交换容量高达 48 Tbit/s，是当时业界其他同类产品最高水平的 3 倍；单线卡支持 8 个 100GE 端口，是当时业界其他同类产品最高水平的 4 倍。业界同行被这款交换机超高的性能数据所震撼，业界工程师纷纷到华为展台前一探究竟。我第一次感受到设备的 LED 指示灯闪烁着的优雅节拍，设备运行的声音也变得如清谷幽泉般悦耳。随后在 2013 年日本东京举办的 Interop 展览会上，CloudEngine 12800 数据中心交换机获得了 DCN（Data Center Network，数据中心网络）领域唯一的金奖。

我们并未因为 CloudEngine 12800 数据中心交换机的成功而停止前进的步伐，我们的数据通信团队继续攻坚克难，不断进步，推出了新一代数据中心交换机——CloudEngine 16800。

华为数据中心交换机获奖无数，设备部署在 90 多个国家和地区，服务于 3800 多家客户，2020 年发货端口数居全球第一，在金融、能源等领域的大型企业以及科研机构中得到大规模应用，取得了巨大的经济效益和社会效益。

数据中心交换机的成功，仅仅是华为在数据通信领域众多成就的一个缩影。CloudEngine 12800 数据中心交换机发布一年多之后，2013 年 8 月 8 日，华为在北京发布了全球首个以业务和用户体验为中心的敏捷网络架构，以及全球首款 S12700 敏捷交换机。我们第一次将 SDN（Software Defined Network，软件定义网络）理念引入园区网络，提出了业务随行、全网安全协防、IP（Internet Protocol，互联网协议）质量感知以及有线和无线网络深度融合四大创新方案。基于可编程 ENP（Ethernet Network Processor，以太网络处理器）灵活的报文处理和流量控制能力，S12700 敏捷交换机可以满足企业的定制化业务诉求，助力客户构建弹性可扩展的网络。在面向多媒体及移动化、社交化的时代，传统以技术设备为中心的网络必将改变。

多年来，华为以必胜的信念全身心地投入数据通信技术的研究，业界首款 2T 路由器平台 NetEngine 40E-X8A / X16A、业界首款 T 级防火墙 USG9500、业界首款商用 Wi-Fi 6 产品 AP7060DN……随着这些产品的陆续发布，华为 IP

产品在勇于创新和追求卓越的道路上昂首前行，持续引领产业发展。

这些成绩的背后，是华为对以客户为中心的核心价值观的深刻践行，是华为在研发创新上的持续投入和厚积薄发，是数据通信产品线几代工程师孜孜不倦的追求，更是整个 IP 产业迅猛发展的时代缩影。我们清醒地意识到，5G、云计算、人工智能和工业互联网等新基建方兴未艾，这些都对 IP 网络提出了更高的要求，“尽力而为”的 IP 网络正面临着“确定性”SLA（Service Level Agreement，服务等级协定）的挑战。这是一次重大的变革，更是一次宝贵的机遇。

我们认为，IP 产业的发展需要上下游各个环节的通力合作，开放的生态是 IP 产业成长的基石。为了让更多人加入到推动 IP 产业前进的历史进程中来，华为数据通信产品线推出了一系列图书，分享华为在 IP 产业长期积累的技术、知识、实践经验，以及对未来的思考。我们衷心希望这一系列图书对网络工程师、技术爱好者和企业用户掌握数据通信技术有所帮助。欢迎读者朋友们提出宝贵的意见和建议，与我们一起不断丰富、完善这些图书。

华为公司的愿景与使命是“把数字世界带入每个人、每个家庭、每个组织，构建万物互联的智能世界”。IP 网络正是“万物互联”的基础。我们将继续凝聚全人类的智慧和创新能力，以开放包容、协同创新的心态，与各大高校和科研机构紧密合作。希望能有更多的人加入 IP 产业创新发展活动，让我们种下一份希望、发出一缕光芒、释放一份能量，携手走进万物互联的智能世界。

徐文伟
华为董事、战略研究院院长
2021 年 12 月

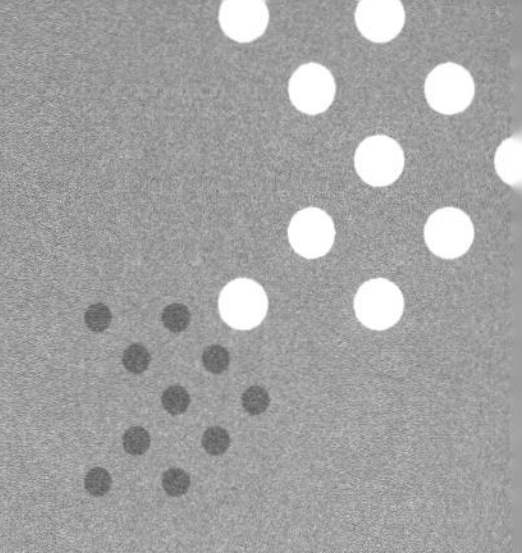

第1版序一

初识华为，要从二十多年前的一件小事说起。那时候我刚入职中国电信，华为的 MA5200 也刚发布，正于上海的城域网中试用。后来联调过程中出现了问题，思科、华为的工程师和我一起赶到现场通宵诊断，最终确定是以太网后退时延赋值不正确以及缓存过小所致。原以为项目会因此延期，没想到仅过了一天，华为工程师就拿出了新版本，使得联调顺利通过。这样的效率和实力让我又惊讶又钦佩。我想，这也正是华为公司快速发展、成为业界翘楚的重要原因吧。

感谢华为数据通信产品线广域网络领域的领导邀请我为《SD-WAN 架构与技术》一书作序，让我能有机会和同行们分享对 SD-WAN 的个人见解，抛砖引玉。在我看来，就像二十多年前的以太网，SD-WAN 是生长在互联网沃土上的野雏菊，虽然在技术上未见得有革命性的突破，却能野蛮生长，最终在数据通信市场上傲然绽放。为什么这么说呢?

首先，SD-WAN 的扁平化架构使其组网更为便捷、经济，可管理性也更强。与传统的组网方式相比，SD-WAN 因其具有统一管理、细分策略、集约部署、安全增值和终端现场零配置等优点，逐步被市场所接受，尤其在连锁业中率先得到运用。企业既可自主组网，也可由 SD-WAN 运营商提供服务。近两年来，金融业、制造业中的很多企业，包括跨国企业，对 SD-WAN 的接受度也越来越高。

其次，SD-WAN 为数据通信行业的繁荣创造了一片新天地。众所周知，传统通信运营网络都比较“重”，投资大、回收期长，业务变革也严重依赖设备制造商，中小企业想要从事通信运营，心有余而力不足。现如今，以云基础设施为底座，只需几个月的时间和少量的花费，任何一家数据通信企业都能构建起覆盖全国的 SD-WAN，对外提供组网等服务，于是一大批与 SD-WAN 产品研发、运营相关的企业如雨后春笋般应运而生。各大云商也纷纷推出了以 SD-WAN 技术为重要支撑的虚拟网络平台，如华为的 iMaster NCE（Network Cloud Engine，网络云化引擎）、阿里巴巴的洛神和腾讯的云联网，这些平台既可作为自身云网融合的管道，又可对外提供通信服务，可谓一举两得。

互联网行业蓬勃发展，SD-WAN 运营商异军突起，组网业务“五马分肥”。在这样的大背景下，全球的通信运营商受到了巨大的冲击，唯有转型才能浴火重生。近年来，国内三大通信运营商先后发布了云战略，陆续开发了多款智能连接产品，其中就包括 SD-WAN。通信运营商具有熟悉客户需求、接入网资源丰富、骨干网品质可靠、服务体系健全等先天优势，因而必将成为提供 SD-WAN 服务的主力军，比如中国电信的 SD-WAN 已对接亚马逊的 AWS Direct Connect 和万国数据的 Xelerator，为云计算厂商提供服务。

面临同样挑战的还有通信设备制造商。坦率地讲，前几年大部分通信设备制造商并不太关注 SD-WAN 这朵通信市场中的小花，但华为却敏锐地洞察了这一技术的前景，较早开展了 SD-WAN 的研发。在 2018 华为全联接大会上，华为向业界同行展示了相关产品、网络和服务成果。近两年来，华为更是集中了一大批研发人员来支持通信运营商开展 SD-WAN 产品研发，在实现 SD-WAN 全国组网的基础上，开发入云网关和融合网管，实现了真正意义上的云网融合。

SD-WAN 前景广阔，百家争鸣。但同时，缺乏统一标准也成为制约 SD-WAN 发展的障碍。不过，从混沌到有序是任何一种新技术都必然要经历的过程。据我了解，通信行业的相关管理部门也正着手制定针对 SD-WAN 运营的规范性文件，这会为 SD-WAN 业务的健康发展提供重要保障。

关于 SD-WAN 的文章已有不少，见仁见智，但系统地介绍 SD-WAN 的起源、工作原理、关键技术、增值服务、应用场景和发展前景的专业图书并不多见。《SD-WAN 架构与技术》出自华为广域网络的“硬核”研发之手，干货满满，特推荐给同行们认真一读。

张　慷

中国电信上海公司信息网络部党委书记、总经理

2019 年 12 月

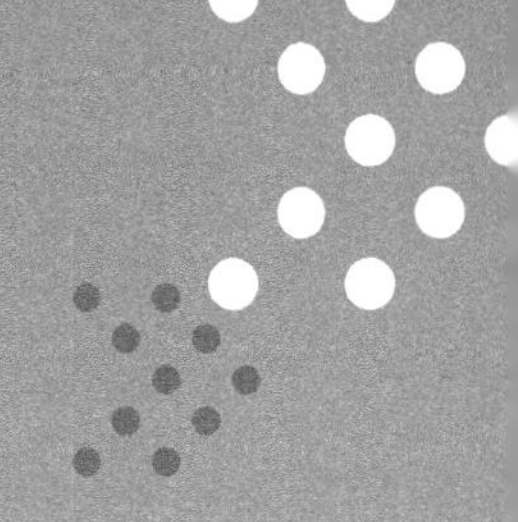

第1版序二

看到华为编写的图书《SD-WAN 架构与技术》即将出版，我深有感触，不由得想起了这几年在 SD-WAN 领域与华为合作的经历。

从概念到落地，SD-WAN 的发展一直受到业内的关注。在早年概念期，作为新生事物的 SD-WAN 一直处于不温不火的状态。归其原因大概有两点：一是玩家众多，产业没有形成事实标准，SD-WAN 技术不成熟且不稳定、引入费用高昂，客户仍在观望中，若贸然引入 SD-WAN，将是对客户极其不负责任的作为；二是 SD-WAN 相关的产业环境还不够成熟，对它的需求还不够迫切。

直到云、大数据、人工智能等技术集中爆发和逐步落地后，推出 SD-WAN 解决方案的迫切性才逐渐凸显。SD-WAN 是云时代的必然产物，是企业应用在多云、多分支的不同混合链路之间的平衡与优化，是提高企业广域网的可靠性、灵活性和运维效率的必然结果。

中企通信作为中信集团旗下专注于 ICT（Information and Communication Technology，信息通信技术）业务的板块，长期服务于全球化企业，为客户提供广泛的网络覆盖和综合的 ICT 解决方案，打造高品质的数字化体验。截至 2019 年，我们已经在全国重点城市部署了近 90 个节点，合作伙伴遍布全球，覆盖了 140 多个节点，遍及 130 多个国家和地区，其中包含“一带一路”沿线国家和地区。

伴随着 SD-WAN 逐渐进入成熟期，我们先于 2018 年推出了 SD-WAN 产品（CeOne-CONNECT Hybrid 混合广域网服务），并于同年 12 月拿到了中国跨境数据通信产业联盟“SD-WAN 服务标准起草单位”的聘书，承担了相关标准的起草工作。而市场上也渐渐响起钟声，大量企业开始在其分支机构中部署 SD-WAN，很多国际客户与行业伙伴与我们携手，积极探讨 SD-WAN 的技术能力及整体服务如何在中国落地。

巧合的是，在 2018 华为全联接大会上，我们第一次看到华为一下子推出了 16 款新一代 SD-WAN 路由器，其中包含新一代 NetEngine AR6000 SD-WAN 路由器，而且还看到了首次面向企业客户发布的 SD-WAN 云服务。通过这些产品和解决方案，我们感受到了华为对 SD-WAN 的重视程度，这也为双方的合作奠定了良好的基础。

随后在 2019 年年初，我们和华为的 SD-WAN 产品团队开始密切接触，双方在提出各自的诉求后，可谓“一拍即合”，非常默契地达成了共识。2019 年 8 月，我们与华为数据通信产品线广域网络领域团队举办了合作仪式。至此，我们正式成为华为 SD-WAN 解决方案领先级合作伙伴。

作为领先级合作伙伴，我们不只是简单地进行“转售”，而是与华为有更深层次的合作。双方一起制定了详细的合作工作细则，包括技术与服务创新、项目需求、商务谈判、平台建设和售后运维等几个维度。开展各项合作时，双方均有专门的服务小组负责对接。

我们特别看重华为在 SD-WAN 领域的技术优势、方案落地能力和售后运维能力，尤其是华为在技术层面形成的方法论，能在不断跟踪、发展 SD-WAN 这项新技术的同时，将其落地形成可销售的方案。此外，华为还可以提供多场景、端到端的混合网络连接，具备平台到技术的全周期运营服务保障。同时，我们也积极为华为提供自身的价值，包括服务全球化客户的经验能力与资源部署，针对 SD-WAN 需求的落地实力，以及在交付服务、管理、运维等方面的高品质保障。

通过此次携手，我们与华为决定要联合打造全新的科技服务技术与生态体系，为客户提供增值服务。在实际的合作过程中，华为也言出必行。例如，有一次我们在北京的客户临时提出要在第二天上午 9 点对接研发人员。当天晚上，华为的工程师就乘坐高铁抵达北京。面对我们的需求，华为可以做到 7×24 小时的全天候配合和支持，这使得双方能更紧密地合作，同心为客户服务。

当前，双方的合作已过了磨合期，正步入共同进步的阶段。从产品到平台，我们拥有了业内数一数二的 SD-WAN 解决方案实施及售后的能力，可以有效地满足云时代客户的网络需求。依据客户的反馈，华为一直在改进产品和解决方案。

双方合作的 SD-WAN 解决方案已经在制造、零售、保险等多个行业成功落地。我们信心倍增，正更加全面地与华为展开合作。比如，我们的创新研究部门正和华为的 SD-WAN 产品团队共同开发大数据分析、人工智能和 AR（Augmented Reality，增强现实）等相关技术。在新技术的发展上，我们既有基于大数据分析的 SD-WAN 创新，也有基于 AR 的 SD-WAN 创新，这些都离不开华为 SD-WAN 产品团队的支持。

放眼未来，云、人工智能、物联网和 5G 等技术正在大规模落地，全球化趋势不可逆转。SD-WAN 的应用前景是一片无垠的蓝海。相信双方之间的合作会更为广阔、美好，也非常推荐大家阅读这本《SD-WAN 架构与技术》，共同切磋、探讨，并展望 SD-WAN 的未来。

蓝泰来
中信国际电讯 CPC 产品部副总裁
2019 年 12 月

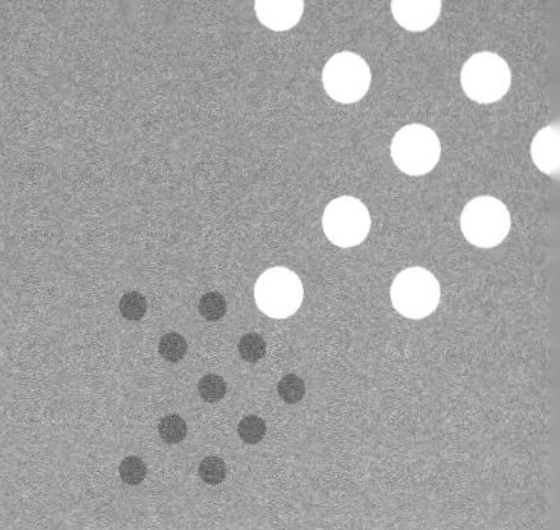

前 言

本书以企业 WAN（Wide Area Network，广域网）当前所面临的业务挑战为切入点，介绍了 SD-WAN（Software Defined Wide Area Network，软件定义广域网）的产生背景和基本特征，并系统地讲解了 SD-WAN 解决方案的系统架构、技术实现和规划设计等内容，给出了 SD-WAN 解决方案的设计原则和部署建议。对于网络工程师等 ICT 从业人员，本书可作为网络架构、规划设计、网络部署等方面的指南；对于广大网络技术爱好者及在校学生，本书也可作为学习和了解网络新技术的参考书。

关于本书第 2 版

本书第 1 版上市，获得了广大读者和行业从业人员的认可。SD-WAN 技术的不断演进、SD-WAN 市场的蓬勃发展，以及广大读者的持续阅读需求，促使我们对本书进行了修订。

相比于第 1 版，第 2 版增加了 SD-WAN 在 IPv6、5G、SRv6 和 SASE 场景下的技术、实践等内容，其余变化介绍如下。SD-WAN 组网方面，路由设计方案是核心，我们对其重点进行了补充优化。在行业实践方面，我们新增了 SD-WAN 在石化与能源行业的案例，并对运营商、MSP 的应用案例进行了补充。在华为 SD-WAN 的组件方面，华为 iMaster NCE-Campus 能同时管理、控制 SD-WAN 和园区网络，未来将作为华为 SD-WAN 网络控制器的主力产品。第 2 版中的案例主要使用 iMaster NCE-Campus 作为 SD-WAN 网络控制器，另外还新增了对华为 NetEngine AR1000V 虚拟路由器的介绍。

同时，我们在第 2 版中还对整体结构做了微调，对部分内容进行了文字上的优化，希望通过这些变化使本书的内容更加清晰、明了。

本书共 11 章，每章内容的概要如下。

第 1 章　WAN 有引力

本章以 WAN 为出发点，首先回顾 WAN 的基本概念，然后介绍企业 WAN 的发展历程以及当前企业 WAN 所面临的问题和挑战。

第 2 章　SD-WAN 应运而生

本章通过 SDN 与 WAN 的结合来引出 SD-WAN，介绍 SD-WAN 的产生背景和基本概念，然后对 SD-WAN 进行深入的剖析，介绍 SD-WAN 的基本特征和核心价值。

第 3 章　谋定后动话方案

本章对 SD-WAN 的系统架构、基本组件、运转机制以及解决方案全景进行详细的介绍，帮助读者在部署 SD-WAN 解决方案之前做到胸有成竹。

第 4 章　九层之台起于站点

本章介绍站点的相关内容，包括站点的定义和分类、站点“代言人”CPE（Customer Premises Equipment，用户终端设备，也称用户驻地设备）的形态和作用，以及 CPE 应具备的关键能力，此外还介绍 CPE 零接触配置（也称零配置开局）的内容，即如何通过邮件开局、注册中心开局、U 盘开局和 DHCP（Dynamic Host Configuration Protocol，动态主机配置协议）开局等方式实现 CPE 即插即用。

第 5 章　站点互联若比邻

本章详细介绍如何通过 SD-WAN 组网实现站点间的互联互通。首先讲解 SD-WAN 组网的设计原则，然后介绍 Overlay 网络设计和网络编排与自动化等内容。另外，本章还介绍 SD-WAN 中企业访问因特网、NAT（Network Address Translation，网络地址转换）穿越、与传统站点互通、POP（Point of Presence，因特网接入点）组网以及连接公有云等业务需求的实现方式。最后，本章介绍 IPv6 技术在 SD-WAN 的实践以及网络可靠性设计。

第 6 章　应用体验有保障

本章介绍 SD-WAN 解决方案中的应用体验保障措施，首先讲解保证应用体验的前提技术——应用识别技术，然后介绍应用选路、QoS（Quality of Service，服务质量）、多种广域优化技术，以及如何综合运用这些技术实现企业应用的快速、稳定运行。

第 7 章　安全乃重中之重

本章首先介绍 SD-WAN 中存在的安全风险，然后从系统安全和业务安全两个层面，详细介绍 SD-WAN 解决方案应具备的安全防护措施。

第 8 章　轻松运维无难事

本章介绍 SD-WAN 在运维方面的特点，以及 SD-WAN 基于网络控制器这个智慧大脑的运维架构如何帮助客户实现轻松运维。本章的主要内容包括 SD-WAN 的运维模式与管理角色、全网监控能力、故障定位、设备日常维护、日志管理以及智能排障等。另外，本章还简要介绍将传统站点改造为 SD-WAN 站点的方案设计和操作原则。

第 9 章　SD-WAN 成熟实践

本章首先介绍 SD-WAN 解决方案的应用场景分类，然后选取金融行业、石化与能源行业、运营商和 MSP（Managed Service Provider，管理服务提供商）等方面典型的应用场景，介绍 SD-WAN 在这些不同应用场景中的实践案例。

第 10 章　SD-WAN 相关组件

华为 SD-WAN 解决方案的组件包含 NetEngine AR 系列路由器、iMaster NCE-Campus 网络控制器和 NetEngine AR1000V 虚拟路由器，本章详细介绍这三个组件的应用场景、产品架构和主要功能特性。

第 11 章　SD-WAN 未来展望

本章从技术发展的新趋势和产业格局的变化两个方面，介绍 5G、SRv6（Segment Routing IPv6，IPv6 段路由）、AI（Artificial Intelligence，人工智能）、SASE（Secure Access Service Edge，安全访问服务边缘）等新技术对 SD-WAN 的影响，同时展望 SD-WAN 的未来。

致谢

本书由华为技术有限公司“数据通信数字化信息和内容体验部”及“交换机与企业网关设计部”联合编写。在写作期间，华为数据通信产品线的领导给予了指导、支持和鼓励，在此诚挚地表示感谢！

衷心感谢顾雄飞、李军辉、郭俊、李教峰、杨新峰、张浩、陈勇、李大伟、陈俊峰、田其磊、杨飞飞、魏治坤、朱明营、任锋、沈康、万睿、徐辉、汤慕航、周健、史振、邓宇一直以来对于 SD-WAN 的支持和帮助，特别致敬白杰、孙奇对本书曾经做过的开创性的贡献。

参与本书编写和技术审校的人员虽然有多年 ICT 从业经验，但因时间仓促，书中错漏之处在所难免，望读者不吝赐教，有任何意见和建议，请发送至 weiyi@ptpress.com.cn，在此表示衷心的感谢。

本书常用图标

核心交换机

汇聚交换机

通用交换机

路由器

防火墙

CPE/uCPE

vCPE

IWG

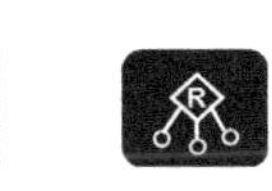
区域控制器

总部站点

数据中心站点

分支/边界站点

用户

网络管理员

网络控制器

目 录

第 1 章
WAN 有引力

打破地理位置的束缚，实现畅通无阻的交流，是人们一直追求的目标。从鸿雁传书到电报、电话，再到即时通信，科技的进步使人们虽远隔千里却如同近在眼前。“天涯若比邻”如今已成为现实，而不再仅仅是诗人诉诸笔端的美好愿望。

不仅个人有交流畅通无阻的需求，企业在这方面的需求更是强烈。伴随着经济全球化与数字化变革的浪潮，企业规模不断扩大，越来越多的分支机构分布于不同地域，总部和各分支机构之间需要跨越地理障碍来实现通信与交流。如今的信息社会以网络为根、连接为本，企业需要通过WAN将分散在不同地理位置的分支机构连接起来，以便更好地开展业务。

WAN具有“引力”，它不仅使企业千里之外的分支与总部紧密相连、共享信息、互通有无，还吸引着众多网络厂商为提高连接质量和创造更佳的网络体验而不懈努力。下面让我们一起来探索波澜壮阔的企业广域互联世界。

| 1.1　企业 WAN 的演进趋势 |

WAN 对每一个通信行业的人来说并不陌生。初入网络世界，通信人最早接触到的名词大概就是 LAN（Local Area Network，局域网）、MAN（Metropolitan Area Network，城域网）和 WAN 了。温故而知新，下面先来回顾一下 WAN 的发展历程。

WAN 一般是指跨越多个国家、地区或城市的用于企业、组织或个人远距离通信的广域互联网络，其覆盖范围从几十千米到几千千米，可以实现相当大范围内的信息与资源共享。出于成本以及建设难度的考虑，WAN 一般由运营商提供。比如，与日常生活息息相关的因特网，就是一个由全球不同运营商搭建的 WAN。

正是因为有了 WAN，企业把分散在不同地理位置的分支连接起来的目标才得以实现。依靠 WAN，企业将全球范围内的分支机构连接起来并开展各项业务，极大地促进了经济的全球化发展。

那么，企业如何获得 WAN 呢？通常情况下，企业会租用运营商提供的 WAN 专线来搭建自己的企业 WAN。例如，企业可以租用运营商提供的多条点到点的专线来实现分支间互联，也可以租用运营商提供的公用网络来搭建自己的 WAN，并利用这个公用网络，使企业的各分支站点通过单一线路就可以连通其他分支站点。

网络技术的浪潮浩浩荡荡、势不可当，企业 WAN 也在不断演进，经历了从 TDM（Time Division Multiplexing，时分复用）时代到 IP/MPLS（Multi-Protocol Label Switching，多协议标签交换）时代再到云时代，与之对应，运营商提供的构建企业 WAN 的专线也在不断演进，如图 1-1 所示。

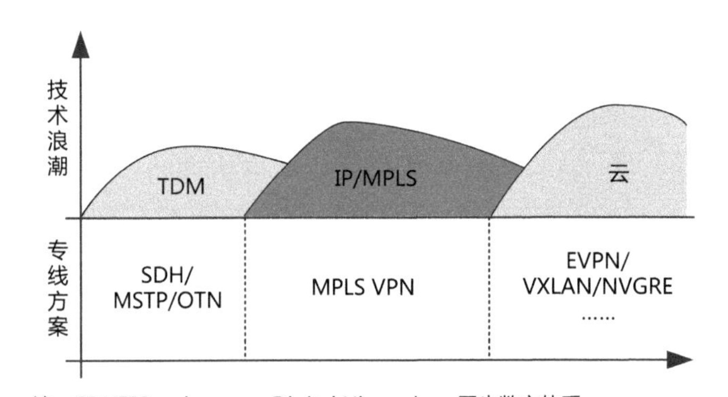

注：SDH即Synchronous Digital Hierarchy，同步数字体系；
MSTP即Multi-Service Transport Platform，多业务传送平台；
OTN即Optical Transport Network，光传送网；
VPN即Virtual Private Network，虚拟专用网；
EVPN即Ethernet Virtual Private Network，以太网虚拟专用网；
VXLAN即Virtual eXtensible Local Area Network，虚拟扩展局域网；
NVGRE即Network Virtualization using Generic Routing Encapsulation，基于通用路由封装的网络虚拟化。

图 1-1　企业 WAN 的演进趋势

运营商提供的专线基本分为两大类。

第一类是基于 TDM 技术的 SDH、MSTP 以及基于 WDM（Wavelength Division Multiplexing，波分复用）技术的 OTN 等专线，这些专线是传统的点到点的物理专线，具有很强的安全性。同时，使用者独占专线资源，带宽和服务质量能够得到很好的保障，因而价格也非常昂贵。金融行业的企业用户对广域线路的质量、通信的安全性和私密性的要求很高，往往选用这类专线。

第二类是基于分组交换技术的 MPLS VPN 专线，也可以称为组网型专线，即一点接入、全网任意点均可达。MPLS VPN 专线在本质上和第一类专线相同，都是由运营商提供的专线接入方式。不同的是，MPLS VPN 专线与第一类专线相比，在组网便利性和成本方面具备一定的优势。同时，MPLS VPN 专线能够提供较好的带宽、可靠性保障及安全隔离等服务，因而在当前的企业 WAN 互联市场有着广泛的应用。

伴随着企业 IT 数字化以及经济全球化的发展，企业开始进入云时代，因而需要一种更加便捷、智能、简易的网络连接方式，以实现随时随地、触手可得的高品质 WAN 互联。同时，随着因特网的快速发展，IP 网络覆盖范围越来越广，网络质量越来越好，这也使通过因特网进行企业 WAN 互联成为可能。

在这种形势下，以 EVPN、VXLAN、NVGRE 等为核心的新一代基于 Overlay 的 VPN 技术崭露头角。该类专线技术在业务开通敏捷性、组网灵活性以及互通性等方面的优势突出，因而已经逐渐成为新一代的企业 WAN 互联的主流技术。

需要特别说明的是，企业 WAN 专线演进的 3 种阶段性网络技术并不是替代关系，而是长期并存的，彼此之间还存在互相依存的关系。比如 MPLS VPN 作为一种组网型专线，因具有组网和可靠性方面的优点而会长期存在；新兴的 Overlay 专线更多的时候可以被看作一种可以灵活调度的组网技术，它与 MPLS VPN 专线不是相互取代的关系，而是可以运行于 MPLS VPN 专线之上，增加调度因特网等其他 WAN 的能力。

1.2　企业 WAN 当前面临的挑战

在传统的企业 WAN 互联场景中，企业通过 WAN 实现跨地域组织机构的互联互通，如图 1-2 所示。一般来说，传统的企业 WAN 互联场景具有如下基本特征。

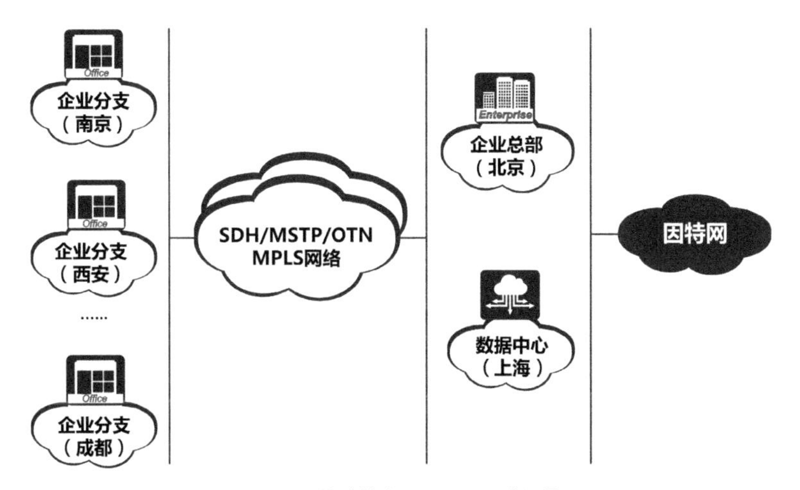

图 1-2　传统的企业 WAN 互联场景

- 企业的组织机构通常由总部、分支和数据中心组成。
- 企业通过购买运营商提供的SDH/MSTP/OTN/MPLS专线构建WAN。
- 企业的多个分支访问总部/数据中心开展业务，并经由总部/数据中心中转访问因特网。

在传统的企业 WAN 互联场景下，企业 WAN 的网络架构相对来说比较封闭，其原因如下。

- 关键应用和信息数据存储在企业内部，WAN带宽需求较小，业务变化不频繁。
- 运营商专线的互联方式较单一，组网拓扑变化小。
- 在总部/数据中心集中实施安全策略，安全性可以得到保证。

在相当长的一段时间内，这种传统的 WAN 的架构为企业分支的互联互通发挥了重要的作用，较好地满足了企业的业务需求。

但是企业数字化转型逐步深化，云计算、网络虚拟化和网络服务化等一系列外部的商业和技术因素不断涌现，对传统企业 WAN 的业务模型和网络架构产生了深远的影响，传统的企业 WAN 面临一系列新的问题和挑战。

（1）业务云化如火如荼

云计算的兴起带动了公有云的蓬勃发展，越来越多的企业考虑在公有云上建设 IT 系统，以此来降低企业自身 IT 系统的建设成本并缩短建设周期。同时，企业的传统应用也在逐渐云化。更多的时候，企业会借助 WAN 访问 SaaS（Software as a Service，软件即服务）应用，如办公软件、数据库等。

企业的业务向云端迁移，企业 WAN 正在承载越来越多和云相关的应用流量，这就导致 WAN 流量大增，企业对 WAN 的带宽需求明显增大。同时，企业 WAN 的传输质量也成为影响企业云应用体验的关键因素。此外，由于因特网存在过高的时延、过多的丢包，以及 MPLS 专线不易接入云等问题，企业实现云网融合仍然困难重重，因而无法充分享受云计算带来的卓越速度和性能体验。

（2）网络虚拟化方兴未艾

NFV（Network Functions Virtualization，网络功能虚拟化）是指借助虚拟机或者容器技术，将传统的路由器、防火墙等网络设备软件化，使其运行在通用的服务器上，从而实现网络功能的虚拟化，使网络功能和网络设备分离。

NFV 通过软件实现多种网络功能，具有显而易见的优势，例如降低硬件成本和运营维护成本，实现业务的灵活、快速部署等。NFV 等网络虚拟技术促使企业 WAN 基础设施的部署和运维方式发生变革，朝着业务快速发放、按需简化部署的方向加速发展。

（3）网络服务化大势所趋

当前企业 WAN 有两个基本组成部分：一是路由器、交换机等网络设备；二是 MSTP/MPLS 等企业级 WAN 专线。无论是网络设备还是 WAN 专线，其本质都是一种产品。设备商或者运营商转售产品给企业客户，以产品的功能和性能规格为承诺目标，而不对企业客户的 IT 应用最终是否可以带来令人满意的体验负责。因此，企业将购买的产品集成后，如果企业 WAN 应用的访问质量不佳，这个问题仍然需要客户自己解决。

相对上述产品的商业模式而言，服务是以满足消费对象最终的业务需求为目的的，其本质是比产品更直接的一种消费形态。网络服务化使得企业购买到的不再是分开的产品组件，而是业务服务和承诺，衡量其质量的标准是客户对所获得服务的满意度。

目前，网络的转售从产品化发展到服务化已经是大势所趋。对运营商来说，这不仅可以改变其粗放的产品销售模式，还可以让企业从 IT 网络建设的主体演变成单纯的需求提出方，逐渐把企业从繁重的 IT 网络建设工作中解放出来，使企业可以更好地集中各种资源，专注于核心业务，从而提升生产效率。

（4）企业通信互联网化

近些年，因特网的覆盖范围和网络性能不断提升，其网络质量与传统专线的差距正迅速缩小。在企业通信领域，选择因特网进行网络传输已是发展趋势，能从整体上实现对网络资源的更有效利用。因此，除了传统的上网服务，因特网正越来越多地发挥使企业总部、分支和数据中心互联互通的作用，成为企业 WAN 互联场景中除运营商提供的传统专线外的另一选择。

综上所述，在网络技术发展和商业模式变革的双重作用下，企业 WAN 互联互通产生了新的变化，新形势下的企业 WAN 互联场景如图 1–3 所示。

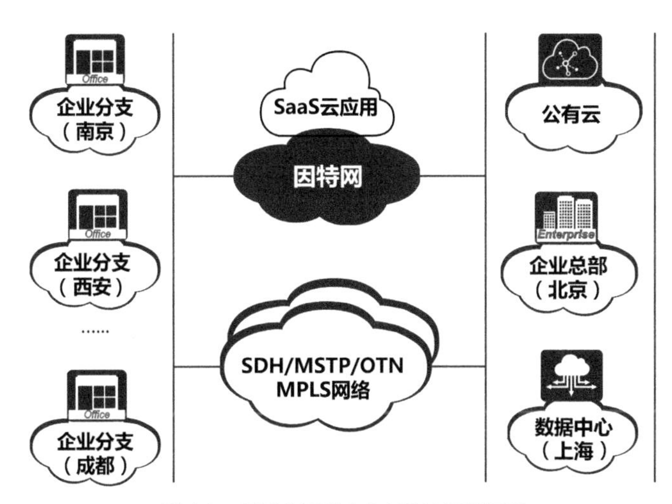

图 1-3 新形势下的企业 WAN 互联场景

与传统的企业 WAN 互联场景相比，当前的企业 WAN 互联场景中，除了总部、分支和数据中心的互联外，还包括公有云、SaaS 应用的互联。同时，因特网也是一个不能忽视的元素。总体来看，企业 WAN 的互联场景变得更加复杂，具体来说，在云网融合、应用体验、高性能网络以及管理运维等方面正面临一系列新的问题。

（1）全球化和云化大势所趋，多云多网如何联？

未来几年内，绝大多数的企业都会将业务部署到云端。同时，5G、4K/8K 高清视频、VR（Virtual Reality，虚拟现实）/AR（Augmented Reality，增强现实）、物联网等新兴业务的快速普及，将使企业 WAN 流量爆发式增长。企业的互联场景将愈加复杂，涉及企业总部园区、分支、混合云、IaaS（Infrastructure as a Service，基础设施即服务）/SaaS、移动办公等，且需适配不同地域、不同运营商的不同网络环境，如光纤、DSL（Digital Subscriber Line，数字用户线）、4G LTE（Long Term Evolution，长期演进）、5G 等。如何构建面向云时代、易扩展且建设成本合理的网络，是建设企业 WAN 将要面对的重要问题。

这一问题对跨国公司来说尤为重要。以华为为例，作为全球化企业，截至 2019 年，华为的业务已覆盖全球 170 多个国家和地区、900 多个分支机构、15 个研发中心和 36 个联合创新中心，以及百万级的合作伙伴和供应商。深圳总部、分支机构、研究中心、华为公有云、第三方 IaaS/SaaS、私有云、供应商、合作伙伴等不同场景的连接需求各异。如何高效地实现多云多网互联，承载如此庞大、复杂的组织架构，成为华为等跨国公司成功完成数字化变革的关键所在。

（2）应用数量急剧增长，关键应用体验如何保？

步入云和数字化时代，大量新兴的企业业务正与云计算紧密结合、蓬勃发展，企业应用的数量和种类呈爆发式增长，如语音、视频、文件传输、电子邮件、SaaS 应用等。不同的应用对链路质量有着不同的要求，例如，云桌面业务的最佳体验要求时延低于 20 ms，视频会议对丢包、时延敏感，要求不能出现卡顿和花屏，因为没有人愿意在使用云桌面和同事开视频会议时，看到带有马赛克的脸。

传统的企业专线无法感知业务，无法获知应用的状态，因而当遭遇突发流量导致链路拥塞或质量劣化时，往往无法保障关键业务。如何在多样的应用中快速识别关键应用并优化体验，成为企业提高内部效率和客户满意度的关键所在。

（3）分支网络设备性能低，网络拥塞如何破？

在传统的企业 WAN 场景中，运营商卖专线送硬件网络设备，但这些设备本身往往仅具备基础的路由转发能力，业务处理和转发性能均有限。随着云、视频以及 VR 等新兴业务的兴起，企业 WAN 对带宽的需求迅速增加。此外，为了保证应用体验，设备需要具备一定的应用识别及广域优化的能力。

总之，随着分支业务愈加复杂，以基础的路由转发能力为核心的传统盒子必然会遭遇性能瓶颈。使能增值服务后，在应对企业流量激增这一情况的过程中，一旦出现业务高峰，遭遇突发流量，往往会造成关键业务拥塞，从而影响企业 WAN 业务的开展。如何进一步优化和提升设备性能，是企业 WAN 在新时期需要解决的关键问题。

（4）分支网络部署运维难，手工配置何时休?

在数字化和全球化的大潮中，分布更广、数量更多的企业分支需要被连接，分支网络上线必须更加快速、灵活，分支网络运维更需简单、便捷，这样才能适应业务快速发展的需要。然而，不同分支的网络诉求复杂多变，网络分布分散且数量多，配置项往往多达成百上千条，且需要专业网络工程师上门进行网络开通、业务调试、故障定位等，造成网络部署和运维成本居高不下。

谁可以快速开展业务，谁就能够在商业竞争中占得先机。以保险行业为例，大型保险企业往往有数千个保险网点，而且存在大量的网点新建和搬迁诉求，要想通过传统专线上线一个新的分支，往往需要经过专线申请、资源分配、接入施工等多个环节，业务上线周期动辄几个月。此外，业务开通主要依靠网络工程师到现场手工配置，对配置人员的技能要求高，开通效率低。如何降低网络部署和运维成本，提升客户满意度，是企业无法忽视的重要问题。

第 2 章
SD-WAN 应运而生

企业WAN该何去何从，是固守现状还是再创辉煌？当前企业WAN面临的问题既是挑战，也带来了机遇。企业WAN已经走过的几十年的发展历程告诉我们，勇于变革是必然的选择。

近些年来，SDN风头正劲，已然成为创造新秩序的强势力量。SDN带来了构建网络的新思想，有望解决企业WAN当前面临的问题，企业WAN的变革就此开始。

| 2.1 当 WAN 邂逅 SDN |

2.1.1 SDN 是何方神圣

要想探究 SDN 的由来，必须把视角提高到整个网络的层面来发现当前网络存在的问题。传统的网络架构采用分布式控制，网络设备是由硬件、操作系统和网络应用组成的封闭系统，其控制功能和数据转发功能紧耦合。这种网络架构灵活性差，网络协议复杂，对网络设备商的依赖性非常强，运维和管理困难，难以满足用户灵活部署业务的需求。

SDN 的提出正是要解决上述问题。SDN 即软件定义网络，让代表业务的应用可以参与对网络的控制管理，以满足上层业务的需求，通过网络自动化部署，增强业务的敏捷性，同时提升网络运维效率。

SDN 可以被看作一种全新的网络架构，或者说是一种网络设计理念。从另一种意义上说，SDN 是思考和解决当前网络所面临的问题的方法，代表着人们对网络变革的期盼。接下来进一步介绍 SDN 的架构实现，这里采用 ONF（Open Network Foundation，开放网络基金会）给出的 SDN 定义来进行说明，如图 2–1 所示。

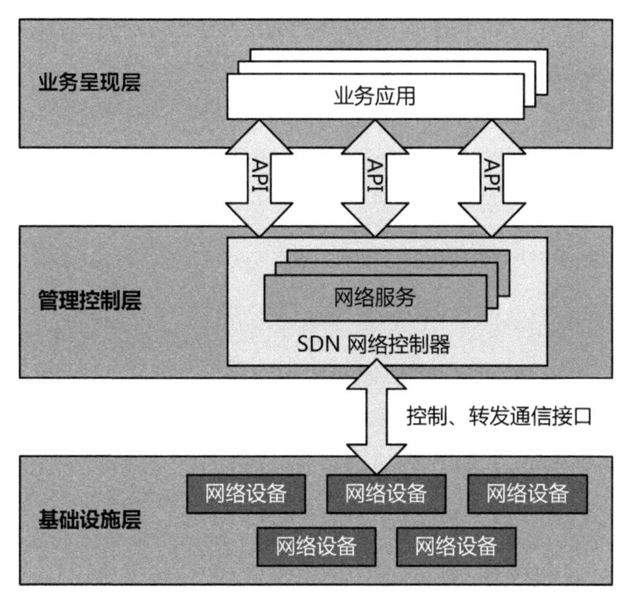

注：API即Application Program Interface，应用程序接口。

图 2-1　ONF 定义的 SDN 架构

ONF 认为 SDN 是一种能将网络的控制功能与转发功能分离并实现可编程控制的新型网络架构。从图 2-1 可以看出，SDN 架构自上而下可分为 3 层，分别是业务呈现层、管理控制层和基础设施层。

1. 业务呈现层

如同人体系统中负责与外界沟通的五官，业务呈现层是 SDN 架构中最上层的交互界面。业务呈现层由各种业务应用组成，主要负责理解用户的业务诉求，以及根据用户需求来定义和编排网络服务。

2. 管理控制层

管理控制层是 SDN 架构的大脑，具有贯通南北向的作用，其向上通过北向接口（Northbound Interface）向业务呈现层开放抽象后的网络功能及服务，向下通过南向接口（Southbound Interface）控制基础设施层网络设备的转发行为。

3. 基础设施层

基础设施层可以看作 SDN 架构的躯干，其中包含各种常见的网络设备，这些网络设备会按照管理控制层下发的策略来转发流量。

ONF 的定义进一步证明了 SDN 并不是一种具体的网络技术，而是用于设计网络的框架。该框架具备转发与控制分离、集中式控制、网络开放可编程三大特点。SDN 正是基于此来实现对传统网络的重构。

SDN 诞生于高校的研究项目，历经十余年的发展，已成为驱动网络发展的重要力量。SDN 并非高高在上的空洞理论，也非华而不实的无用招式，相反，它早已在数据中心网络这个领域施展拳脚，为数据中心网络勾画出美好蓝图。当初的星星之火如今已成燎原之势，SDN 这把火烧到了 WAN。

2.1.2 SD-WAN 恰逢其时

SDN 和 WAN 风云际会，思想的碰撞和融合必将会产生新的事物。在介绍新生事物之前，有必要把背景信息介绍清楚，那就先从 ONUG（Open Networking User Group，开放网络用户组织）说起吧。

ONUG 是由大企业主导、成员以 IT 用户为主的极具影响力的用户组织。该组织由北美知名大企业的 IT 技术高管组织成立，致力于推进大型企业的 IT 实现和网络技术转型。ONUG 的成员包括金融、保险、医疗、零售等行业中的大型企业，为北美高端客户提供了讨论和交流 IT 需求的平台。

SDN 的浪潮席卷网络界，ONUG 成员经讨论发现，既然 SDN 已经在企业 LAN 中发展得风生水起（如云数据中心网络），那么能不能把 SDN 也应用在企业 WAN 中呢？毕竟企业 WAN 面临诸多挑战，解决问题的需求更为紧迫。

于是，在 2014 年的一次会议上，ONUG 明确定义了一个新的概念：SD-WAN。SD-WAN 是 SD（Software Defined，软件定义）和 WAN 的结合，表示将 SDN 的架构和理念应用于 WAN，并借助 SDN 来重塑 WAN。

创造了 SD-WAN 这一概念后，ONUG 还定义了 SD-WAN 的十大需求 [1]。这十大需求涵盖的范围比较广，涉及的内容也很详细，如表 2-1 所示。

表 2-1 ONUG 定义的 SD-WAN 的十大需求

编号	需求解读
1	混合 WAN，企业站点之间可以通过多种公共 / 私有 WAN 专线灵活互联
2	硬件无关性，CPE 同时支持物理和软件形态，不依赖特定硬件
3	因特网链路质量劣化，MPLS 链路动态分担负载，并保证业务收敛性能及安全的混合 WAN 连接架构，企业 WAN 流量可在链路发生故障、应用质量劣化时，在多条 WAN 链路之间动态调整
4	关键应用的可视化、优先调度以及 QoS 保证
5	高可靠与弹性的混合 WAN，确保应用获得最佳体验
6	与现网二层 / 三层设备的兼容性与互操作性
7	基于站点、应用以及 VPN 等层面的性能报告和可视化
8	开放性与北向 API
9	站点零配置开局，简化业务发放操作
10	FIPS 140-2 安全认证

作为最先定义 SD-WAN 的组织，ONUG 对 SD-WAN 的定义可谓是“原生态”的。除此之外，业内各标准组织和机构纷纷参与，定义 SD-WAN 的特性及相关技术标准，正可谓是百家争鸣、各抒己见。

（1）Gartner

Gartner 是全球知名的 IT 研究与咨询顾问公司，其研究范围覆盖全部的 IT 产业，就 IT 的研究、发展、评估、应用、市场等领域，为客户提供客观、公正的论证报告及市场调研报告，协助客户进行市场分析、技术选择、项目论证及投资决策。

Gartner 推出的魔力象限（Magic Quadrant）是业内著名的研究工具，它是在某一特定时间内对市场情况的图形化描述。Gartner 在 2018 年发布了 WAN 边缘基础设施的魔力象限，并对 SD-WAN 的厂商和市场情况进行了分析。

在更早些时候，Gartner 明确定义了 SD-WAN 的 4 个基本特性，如表 2-2 所示。

表 2-2　Gartner 定义的 SD-WAN 的 4 个基本特性

编号	特性说明
1	支持混合链路接入，如 MPLS、因特网、LTE 等链路
2	支持动态调整路径
3	管理和业务发放简单，如支持 ZTP（Zero Touch Provisioning，零接触部署，也称零配置开局）
4	支持 VPN 以及其他增值业务服务，如 WOC（WAN Optimization Controller，广域网优化控制器）、防火墙等

从 Gartner 定义的 SD-WAN 的特性可以看出，SD-WAN 的针对性很强，从下层链路到上层应用均有涉及，且能够提供跨多条 WAN 链路的、动态的、基于策略的应用路径选择，并支持多种增值服务。同时，Gartner 认为 SD-WAN 优势巨大，可以增强应用体验，缩短配置时间，提高网络的可用性，以及降低部署成本等。

（2）MEF

MEF（Metro Ethernet Forum，城域以太网论坛）是一个专注于解决城域以太网技术问题的非营利组织，其目标是要将以太网技术作为交换技术和传输技术广泛应用于城域网建设。MEF 的宗旨是推动现有标准及新标准、以太网业务的定义、测试规程、技术规范的实施，使基于以太网的城域网成为运营商级的网络。

MEF 的主要工作还包括面向运营商管理服务市场，提供基于 LSO（Lifecycle Service Orchestration，生命周期服务编排）的方案和架构，并定义北向接口，解决多厂家的对接和互通问题。

MEF 在 2017 年发表的一篇论文中[2]介绍了 SD-WAN 的特性、解决方案的组件，并为组件的所有接口提出了定义框架和服务规范。下面对 MEF 定义的 SD-WAN 的特性进行简要的说明，如表 2-3 所示。

表 2-3 MEF 定义的 SD-WAN 的特性

编号	特性说明
1	提供安全的、基于 IP 的虚拟网络（Overlay 网络）
2	独立的物理网络（Underlay 网络），可以使用任何类型的有线或无线接入网
3	提供 SD-WAN 隧道业务保障
4	基于应用的选路和转发
5	提供混合 WAN 链路，通过多条链路接入，提高可靠性
6	基于策略的报文转发
7	通过集中管理、控制和编排实现业务自动化，如 ZTP
8	支持广域优化能力

Gartner 与 MEF 对 SD-WAN 的特性的定义有很多相同点，如多链路接入、基于应用的选路、广域优化、安全等。但与 Gartner 相比，MEF 定义的 SD-WAN 的特性更加细化。此外，MEF 认为 SD-WAN 还应具备的一个重要特性是通过对 WAN 的集中管理、控制和编排，实现业务自动化部署。

虽然以上介绍的公司和组织对 SD-WAN 的定义不尽相同，但是从中不难看出它们对 SD-WAN 的基本看法：

- SD-WAN通过ZTP等方式，实现分支的快速部署和上线，提高部署效率；
- SD-WAN基于不同的应用类型，动态调整流量的路径，实现灵活便捷的调度方式；
- SD-WAN集中管控，全网状态可视化，提供自动化、智能化运维能力；
- SD-WAN提供广域优化、安全等增值业务，保障业务体验的质量。

除了上述组织和机构之外，业界各领域的交流也在推动 SD-WAN 的发展。几乎每年都有国内或国际范围的 SD-WAN 盛会，会上业内专家论道 SD-WAN，促进 SD-WAN 产业不断向前发展。简要介绍如下。

- ONUG会议。作为SD-WAN的诞生地，ONUG对SD-WAN的热度一直不减。在ONUG会议上，SD-WAN是持续性的热点话题，相关的使用案例、概念验证示范和供应商技术展示共同推进SD-WAN不断创新和完善。
- SD-WAN Summit。从2017年开始，一年一度的SD-WAN Summit是SD-WAN领域在世界范围内的盛会，包括全球的测试机构、咨询公司、标准组织、厂商以及运营商在内的参会者，通过全面深入的交流研讨来推动SD-WAN的应用和发展。
- 中国SD-WAN峰会。2018年，首届中国SD-WAN峰会成功举办。作为国内首场SD-WAN专场活动，来自运营商、互联网、SD-WAN提供商等领域的专家学者齐聚一堂，探讨SD-WAN的发展大计。各类厂商也通过提供差异化的SD-WAN产品和方案，积极加入SD-WAN的“玩家圈”。具体来看，在SDN的大背景下，传统的网络设备提供商依托其成熟的设备和存量市场，提供SD-WAN解决方案；新兴公司（初创公司）专注于提供各具特色的SD-WAN解决方案；传统的安全、广域加速设备商把握SD-WAN带来的新机遇，利用其专业的防火墙或WAN加速设备，进入SD-WAN领域。此外，一些传统的运营商积极变革，通过提供传统专线和SD-WAN结合的一体化服务，将SD-WAN作为一个新的业务增长点；云服务提供商也不甘落后，通过SD-WAN将企业分支接入其高性能、全球互联和智能化的云骨干网，帮助企业分支更好地访问云，以及实现分支互联。

除了SD-WAN，业界还有一个类似的名词：SDN WAN，全称其实都是Software Defined WAN，概念演进的背景不同，造成缩写仅差一个字符、很容易混淆，但是二者内涵相差甚远。

首先，从应用场景角度看，SD-WAN 解决的是企业分支互联问题，侧重于企业站点之间多条 WAN 链路间的选路和调优；而 SDN WAN 解决的是运营商 IP 骨干网（或城域网）的流量调优和链路利用率提升问题，侧重于骨干路由器之间的选路和调优。

其次，从方案具体实现角度看，两个解决方案的共性是都需要网络控制器，两者的主要差别在于：SD-WAN 主要采用 IP 隧道技术，基于运营商网络构建 Overlay 网络，控制平面一般采用 BGP（Border Gateway Protocol，边界网关协议）等协议，转发平面常见的有 GRE（Generic Routing Encapsulation，通用路由封装）、VXLAN 等 IP 隧道；为了保障在因特网等公共网络上传输的安全性，还需要具备 IPSec（Internet Protocol Security，IP 安全协议）加密能力；智能选路的策略发生在某对站点之间；涉及的网络产品主要为部署在企业分支站点出口的中低端路由器，如华为的 AR 路由器。而 SDN WAN 通常采用 MPLS TE（MPLS Traffic Engineering，MPLS 流量工程）或者 SRv6 技术，由网络控制器通过 BGP-LS（Border Gateway Protocol-Link State，BGP 链路状态）协议采集全网拓扑和链路信息，集中计算全网最优路径，并通过 PCEP（Path Computation Element Communication Protocol，路径计算单元通信协议）等协议分发路径策略分发给网络设备；涉及的网络产品主要为部署在运营商骨干网的高端路由器，如华为的 NE 路由器。

| 2.2　SD-WAN 内涵的解读 |

如前文所述，不同的标准组织对 SD-WAN 的概念定义和功能解读各不相同，业界对 SD-WAN 也没有一个统一的标准定义，如图 2-2 所示。

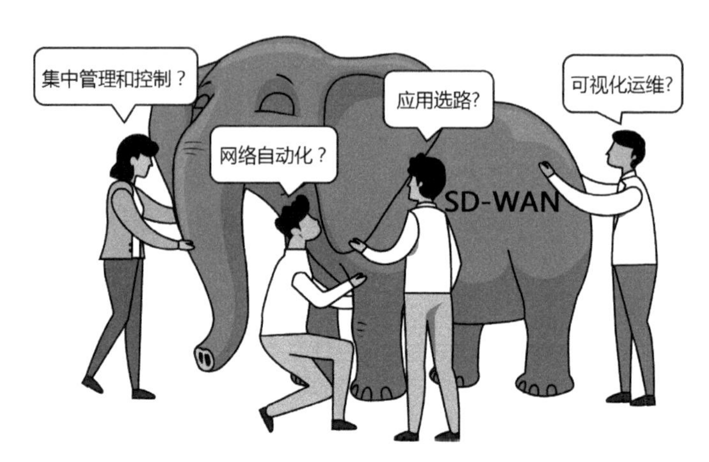

图 2-2　业界对 SD-WAN 众说纷纭

那么，究竟什么是 SD-WAN 呢？简单来说，SD-WAN 是将 SDN 技术应用到企业广域互联场景中所形成的一种网络服务。依托 SDN 控制器，这种网络服务具备 WAN 自动化配置、集中控制管理以及对外开放可编程的特性。

从实现角度，SD-WAN 对传统的企业 WAN 技术，如路由、QoS、安全和广域加速进行了深入融合，同时又引入了 SDN、NFV 以及业务编排等新技术，通过集中部署的 SD-WAN 网络控制器，实现企业 WAN 互联的集中编排、控制和管理。

2.2.1　SD-WAN 的基本特性

透过现象看本质，基于前述对 SD-WAN 内涵的解读，下面从企业 WAN 基础组网、云网融合、应用体验以及运维等多个角度入手，进一步整理出 SD-WAN 的 10 个特性。

1. 基于混合 WAN 链路，实现灵活的 Overlay 组网

先来看一下 WAN 组网的变迁，如果将企业 WAN 看成一个全国的物流系统，企业分支就像是各地的物流站，物流站之间的运输方式有多种，比如飞机运输、高铁运输、汽车运输等。传统的物流系统全部采用飞机和高铁进行物流运输，这种运输方式虽然快速可靠，但是价格昂贵。随着全国高速公路网的发展，汽车运输也成了一种快捷而且成本更低的物流运输方式，如图 2-3 所示。

传统的 WAN 一般通过运营商提供的专线进行互联，随着因特网质量的提升和覆盖范围的扩大，因特网就可以作为 WAN 技术的新选择。企业除了选择运营商提供的 MPLS 专线外，还可以选择因特网进行 WAN 分支互联，从而实现混合 WAN 互联，以有效降低 WAN 的部署成本并提高 WAN 的使用效率，如图 2-4 所示。

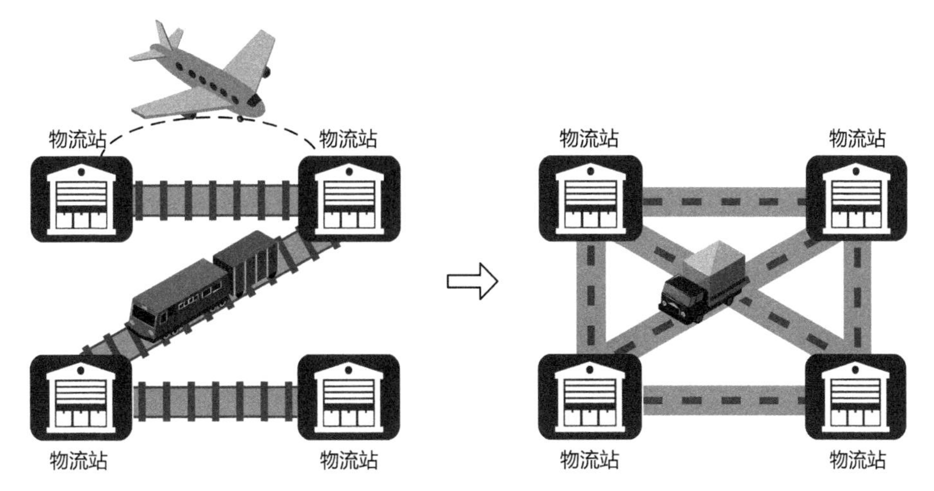

图 2-3　物流系统的变迁

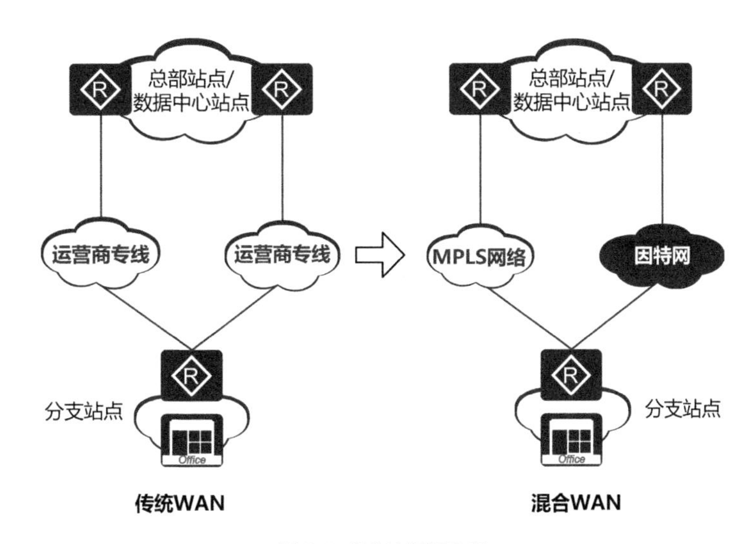

图 2-4　WAN 组网变迁

要实现混合 WAN，还需要一些关键的网络技术用于支撑，如 Overlay 技术和 VPN 技术。Overlay 技术主要是借助 IP 隧道封装技术，使业务流量被封装在隧道内，以实现流量在不同 WAN 链路的透明穿越，如图 2–5 所示。

Overlay 技术也带来了用户 Overlay 网络与运营商 Underlay 网络间安全隔离的问题，这就需要另一种技术：VPN。简单来说，VPN 技术一般是通过在 IP 报文中增加额外的 VPN 字段来实现对不同网络域的标识，最终达到企业私有网络和运营商公共网络甚至企业内部不同私有网络之间隔离的目的。综合来看，Overlay 与 VPN 是一对孪生技术，且通常都是相伴而行、同时部署的。

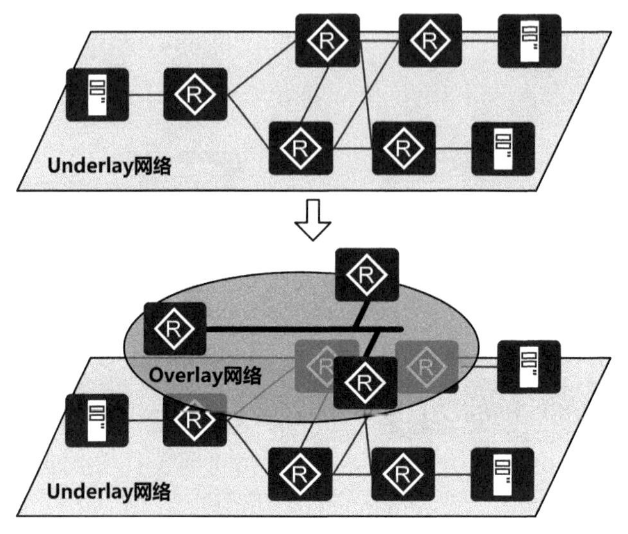

图 2-5 Overlay 技术

2. 设备即插即用，业务快速上线

为实现企业新建站点的快速上线，希望在设备邮寄到达站点后，站点内的普通工作人员不需要具备专业的网络技能，通过对设备的即插即用就可以实现分支网络的开通。要实现这一点，就需要一个集中的网络控制系统来实现设备的注册和纳管，按需自动远程下发该站点设备所需的网络配置，最终实现该站点业务的快速开通。

设备即插即用的方式有多种。业界常见的实现方式为：设备上线前，网络管理员提前在网络控制器上做好站点设备的离线配置，向开局人员发送包含站点设备配置信息的邮件；开局人员到达站点后，将设备连线上电，通过简单的操作使站点设备加载邮件中的配置信息，设备重启后自动向网络控制器注册上线，如图 2-6 所示。

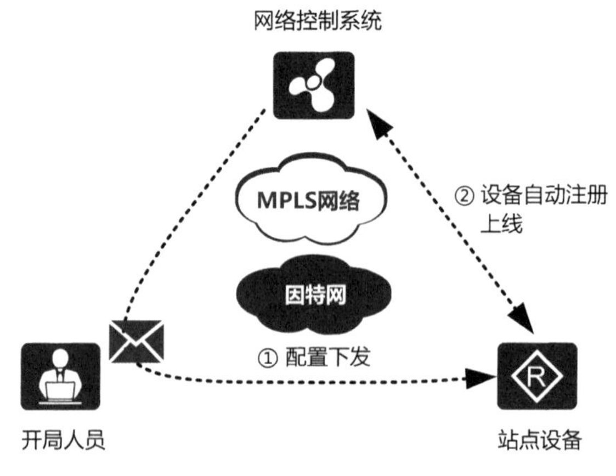

图 2-6 即插即用

设备即插即用的方式有效降低了对开局人员的技能要求，使分支网络的开通和调整时间从数天甚至数月减少到数小时，因而大大提升了站点网络业务发放的敏捷性。

3. 高性能的 SD-WAN 设备，以应用为核心的全业务处理

为了满足业务需求，企业的 SD-WAN 设备必须以应用为核心，提供 VPN、QoS、应用识别、监控、选路、安全、应用优化等不同功能，这就对设备的性能提出了更高的要求。传统企业 CPE 以一层～三层包转发为核心，在面对以三层～七层应用为核心的全业务处理时，往往“力不从心”。

在 SD-WAN 中，高性能分支站点设备通常基于“多核 CPU+NP”的转发架构，利用专业的 NP（Network Processor，网络处理器）芯片实现二层～四层流量极速转发和高效的 QoS 处理，并依托多核 CPU（Central Processing Unit，中央处理器）的开放可编程能力，可以将丰富的硬件级智能加速引擎，如 HQoS（Hierarchical Quality of Service，分层服务质量）、应用识别和 IPSec 加速等，导入芯片中，以提供高性能的三层～七层全业务处理能力。

4. 面向业务和意图，网络编排和自动化发放

传统的网络业务发放都是通过人工静态配置的，因而复杂的网络知识对人的技能要求很高，比如需要专业的网络工程师进行规划、配置和故障运维，然后通过命令行或者网管，将预先规划好的业务配置逐个设备、逐条命令地输入和发放，这就导致业务的开通效率比较低，也无疑增加了企业的运营成本。因此，更加简易和敏捷地进行 WAN 业务发放，成为 SD-WAN 的核心目标。

SDN 的出现使通过集中的网络控制系统进行网络业务的抽象、编排和按需自动化发放成为可能。首先，通过网络控制系统对网络业务进行抽象和建模，借助模型抽象，对外屏蔽网络具体的技术细节，只暴露面向业务的接口和参数。网络控制系统对外提供业务界面或者可编程的 API，最终用户可以根据业务诉求，驱动网络控制系统进行网络业务的编排和自动发放。业务发放演变如图 2-7 所示。

举例来说，某个企业想实现多个分支之间通过总部进行连接。传统的做法是在每个分支站点设备上由网络工程师人工配置相关的网络参数，如接口、IP 地址、路由协议、安全、VPN 等。如果有 100 个分支站点，则需要逐个站点、逐台设备分别配置。同时，针对总部站点，为了让分支流量都通过总部进行转发，还需要进行特殊的路由配置。整个过程比较烦琐，需要操作人员熟悉交换和路由等网络技术细节，因而业务开通慢，人工操作也容易出错。

在 SD-WAN 中，有一个集中的网络控制系统作为网络的控制中心，用于管理所有的分支站点设备。网络控制系统作为网络的大脑，对外展示一个非网络专业的用户就可以理解的网络连接操作原语，比如网络工程师的指令是开通 100 个分支站点设备，分支站点间业务通过总部站点中转互联。网络控制系统可将这种原始的网络连接诉求自动翻译成网络设备能够理解的传统网络配置操作指令，即传统方法中人工执行的路由和 VPN 等操作，发放到分支站点设备上，从而实现网络业务的自动发放。

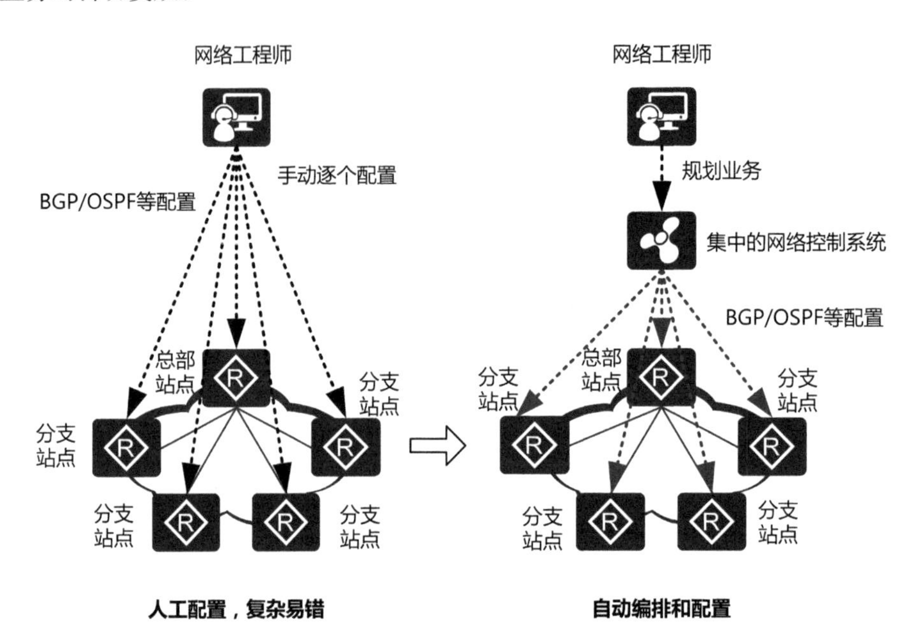

图 2-7　业务发放演变

SD-WAN 整个网络业务的发放过程均通过网络控制系统自动完成，因而有效降低了对网络工程师的网络技能要求，减少了网络操作步骤。同时，由于网络控制系统可自动转换操作指令，因而不易出错，大大提升了 WAN 的业务发放效率，操作体验也得到明显提升。

5. 按需高效地连接云

云时代来临，企业 WAN 需要打开传统封闭的网络架构，灵活地连接各种云资源。与企业 WAN 紧密相关的云资源主要包括 IaaS 基础云服务以及 SaaS 云应用。

随着公有云的流行，越来越多的企业考虑将自己的 IT 系统搬到公有云上。可以将企业在公有云的“新家”看作一个特殊的分支站点，即云站点（Cloud Site），如图 2-8 所示。云站点同样需要一个设备作为网关连接企业的分支和公有云，且由于该设备位于云上，因而需要实现 NFV。此外，云端的设备要能够快速创建，并实时连接到企业分支站点，因而需要一个集中的网络控制系统来远程调度公有云 API 和资源，并将云端的设备自动拉起，将公有云和分支的网络打通。

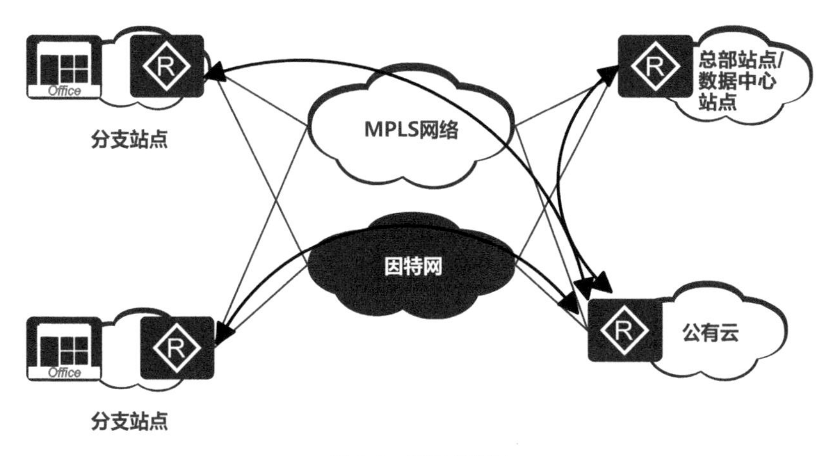

图 2-8 连接公有云

为了更高效地访问 SaaS 应用，SD-WAN 需要具备优化访问 SaaS 路径的能力。如图 2-9 所示，企业通过 WAN 访问远端在云上的 SaaS 应用，此访问可能存在多种路径选择，比如通过因特网访问、通过 MPLS 网络访问或者间接通过总部站点进行访问，这就需要分支站点能够实时感知每条可选路径的网络 SLA 质量，并在集中的网络控制系统的帮助下，具备实时调整并选择最优 SaaS 访问路径的能力。

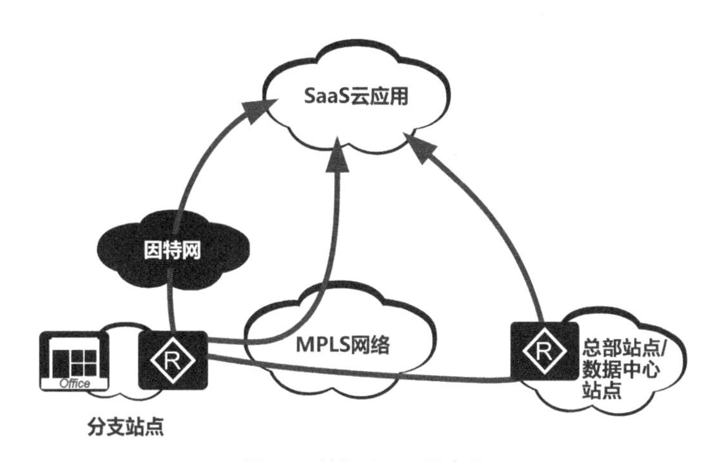

图 2-9 访问 SaaS 云应用

6. 智能应用选路，保障应用体验

混合 WAN 的引入使得企业的业务流量存在多种 WAN 链路选择机会。不同的 WAN 链路具备不同的网络质量，即丢包率、时延和抖动等网络性能 SLA 指标各不相同，比如 MPLS 专线价格高，链路 SLA 质量也有保证；而因特网虽然网络质量得到大幅提升，可以承载大带宽的应用，但是大时延和丢包现象时有发生，缺少 SLA 保证，很难满足语音和视频等对时延敏感业务的承载要求。

要解决这个问题，需要实现基于应用 SLA 质量诉求的选路。具体来说，就是测量不同 WAN 链路的质量，同时定义应用对网络质量的诉求，如丢包率、时延和抖动等。在所有满足应用 SLA 质量诉求的 WAN 链路中，企业用户又可以定义选路策略，让高价值应用优先通过高质量的 WAN 链路传输。

如图 2-10 所示，作为高价值流量的语音优先在高质量的 MPLS 链路上传输。当 MPLS 链路质量发生劣化，不再满足应用 SLA 质量的诉求时，具备动态调整路径能力的网络设备可以自动将语音流量切换到另一条满足应用 SLA 质量诉求的 WAN 链路上。

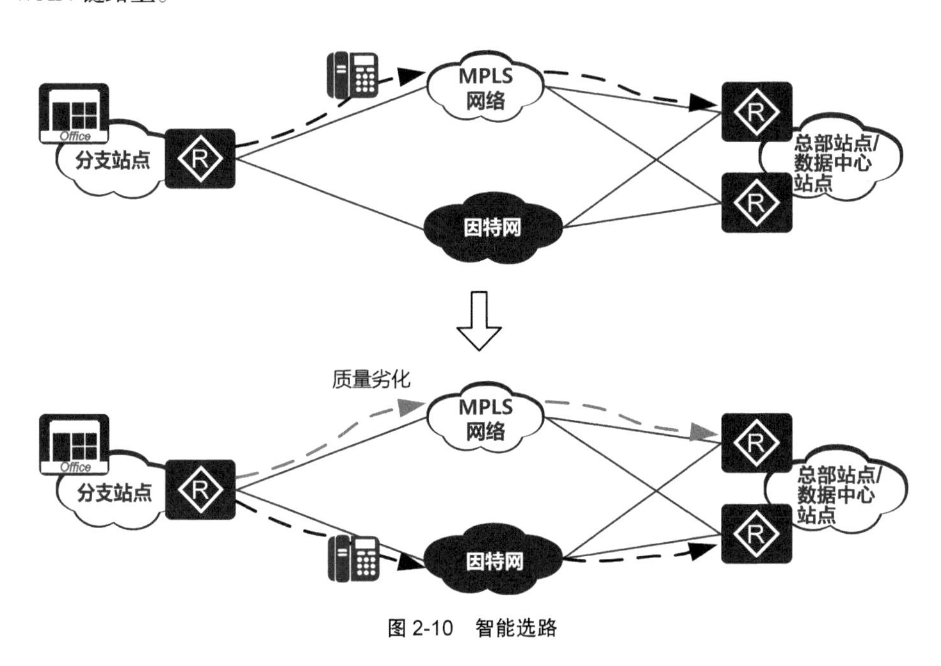

图 2-10　智能选路

7. 广域优化，提升 WAN 传输质量

应用选路的前提是有符合应用 SLA 质量诉求的 WAN 链路，当 WAN 链路出现绝对的质量劣化（如发生丢包和产生大时延）时，就需要考虑采用广域优化技术来提升网络容错性，以保证数据传输的质量。常见的广域优化技术通常有传输优化、数据优化和抗丢包优化。

下面以一种常见的抗丢包技术——FEC（Forward Error Correction，前向纠错）为例，说明广域优化带来的价值。FEC 的核心思想是通过改造或者优化数据传输协议来提升应用数据对质量劣化链路的容错性。在正常的数据流中，FEC 携带冗余校验报文（FEC 报文）来记录报文的摘要信息。因此，在数据传输的过程中，即使网络出现丢包导致业务的个别报文丢失，在数据的接收端，设备仍可以根据 FEC 字段重新复原出丢失的报文，从而保证数据传输的完整性，如图 2-11 所示。

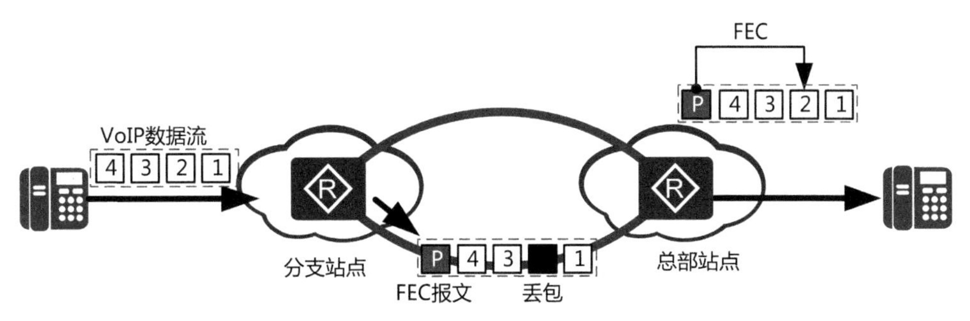

注：VoIP即Voice over IP，互联网电话。

图 2-11　FEC 技术

总的来说，广域优化的核心是额外使用计算或者存储的资源来改善网络的传输性能，从而提升应用的体验。广域优化是企业 WAN 在链路质量发生劣化情况时，保证用户业务体验不受影响的一种非常有效的技术手段。

8. 安全可靠的连接

企业 WAN 的应用数据传输必须建立在安全保障的基础上，其中包括系统安全、业务安全等方面，最终必须实现全面的安全保障。

系统安全主要包括网络设备以及网络控制系统的安全，这些网络设备需要连接到 WAN，甚至可能和因特网连接，因此要具备防攻击等基本的安全防护能力。同时，企业的应用数据在 WAN 上传输，要进行必要的认证和加密，以防止数据泄露。另外，企业内部不同部门之间以及企业内网和外网之间，需要有不同的互访策略，SD-WAN 要能提供 ACL（Access Control List，访问控制列表）过滤、防火墙、防攻击等丰富的安全措施，以保证业务安全。

9. 集中管控和可视化，简单易运维

企业的 WAN 分支往往地域分散，而且数量巨大，急需集中的管控和运维系统。首先，该系统应能够解决分支站点设备远程管理的问题，能够显示 WAN 的拓扑，并实时远程监控每个分支站点设备的告警、日志和其他关键事件信息。同时，企业用户也需要了解 WAN 的网络性能以及应用质量，需要设备能够实时向集中的网络控制系统上报网络性能数据，包括关键 WAN 路径的丢包率、时延、抖动，以及流量统计信息等。在集中的网络控制系统上，对网络的关键性能数据以及应用体验健康度以图示的方式可视化呈现，如图 2-12 所示。

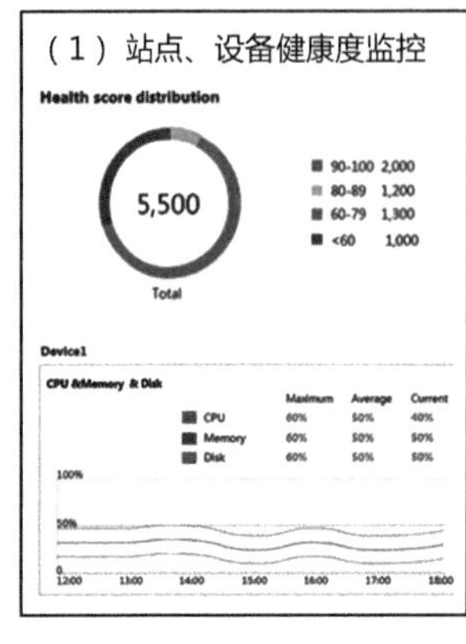

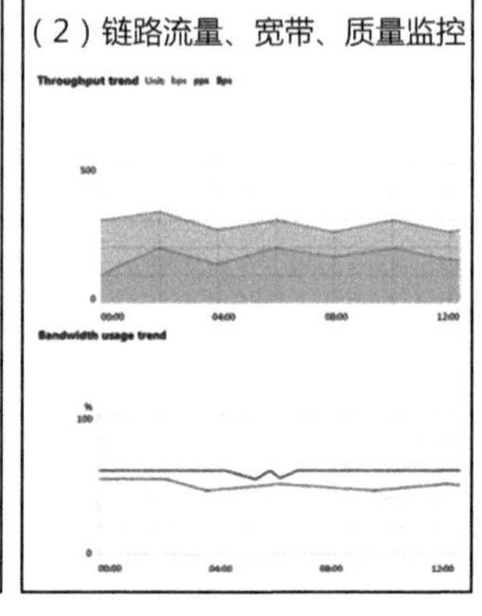

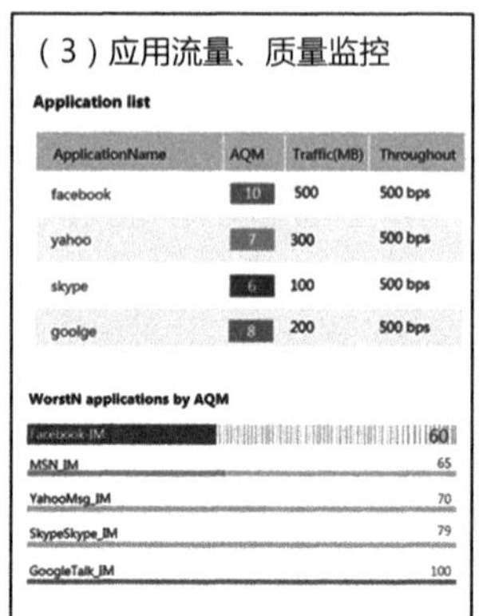

图 2-12　可视化运维

其次，集中网络控制系统对故障定位和预防具备一定的智能运维能力。该系统可以对设备和网络的关键事件的发生原因进行分析，并提示出现问题的可能原因，以提升 WAN 的运维效率。该系统借助专业的网络分析功能组件，实现应用质量以及故障定位等高级智能分析，甚至可以预判网络中发生的故障和事件，并对此提前进行预警或者给出故障处理建议。

10. 北向开放 API，实现 SD-WAN 对外可编程

SD-WAN 是 SDN 软件定义思想的延伸，SDN 的核心理念是软件定义，即对外坚持开放和可编程。网络控制器北向提供开放和可编程的 RESTful API，第三方的 BSS（Business Support System，业务支撑系统）/OSS（Operational Support System，运营支撑系统）通过对该 API 的调用，完成对 SD-WAN 的集成和定制。

2.2.2　SD-WAN 的核心价值

梳理了 SD-WAN 的基本特性后，再进一步总结归纳 SD-WAN 带来的核心价值。可以看到，SD-WAN 将为企业客户带来 4 个方面的核心价值：一是能够高效地实现多云多网互联，满足不同业务场景的连接需求；二是能够提供应用识别和智能选路，保证企业关键应用体验；三是其高性能网络设备能够具备以应用为核心的全业务处理能力，避免业务拥塞；四是能够通过即插即用以及集中管控和可视化呈现，降低网络部署和运维成本。

简而言之，SD-WAN 的核心价值主要体现在它能够帮助企业随时随地、灵活便捷地构建一张强互联、优体验、高性能、易运维的高品质广域互联网络。

1. 强互联：灵活组网构建多云多网按需互联

SD-WAN 可充分利用混合链路资源，使企业分支无论坐落何处，都可根据当地网络“就地取材”，灵活利用光纤、DSL、LTE 等混合链路的接入，快速实现网络开通并优化链路成本。同时，SD–WAN 提供 Hub–spoke、Full–mesh、Partial–mesh、层次化组网、IaaS/SaaS 访问等丰富的组网模型，用于适配企业不同的业务。

企业只需要基于网络建设意图，通过网络控制器编排和指定拓扑模式，并根据拓扑模式，在内部将其转换为对应的网络模型，按照路由策略控制不同站点的路由收发，就可实现拓扑模式灵活的隔离和互访，实现多云多网的按需互联。

2. 优体验：应用选路和优化保障关键应用体验

SD–WAN 支持实时监控多条链路的质量，不仅可以探测链路是否畅通，还会记录丢包率、时延、抖动等实时的状态信息。同时，SD–WAN 也提供了多种应用识别手段，可以准确识别流量中的应用信息。两者结合使用，就可以基于不同的应用类型，动态调整流量的路径，实现更灵活、便捷的调度方式。

同时，SD–WAN 通过集成的应用优化算法，可进一步保障关键应用的优质体验。例如，通过抗丢包优化算法，以最小冗余包为代价来实现丢包后的快速恢复，以此保障关键的音视频应用在网络丢包的情况下无卡顿、无花屏；通过传输优化算法来极大地减小文件传输和业务访问的时延。

另外，优体验也体现在可靠性和安全性方面。SD–WAN 提供链路、设备和组网级的高可靠性保证，并且具备全面的安全防护措施，以保证系统架构安全稳定运行，同时保护企业业务免受网络安全威胁的侵害。

3. 高性能：高性能分支站点设备构筑转发新引擎

与传统的企业分支站点设备相比，SD–WAN 的分支站点设备具备高性能的转发能力，其处理能力从一层～三层以包转发为核心延伸到三层～七层以应用为核心的全业务处理，帮助企业分支构筑转发新引擎，支撑企业业务的正常运转。

在 SD–WAN 中，企业分支站点设备能够提供 VPN、QoS、应用识别、监控、选路、安全、应用优化等功能，满足企业的业务需求。在分支流量突发的情况下，高性能的设备能够保障分支业务无拥塞。

4. 易运维：业务驱动的极简分支网络运维

SD–WAN 继承了 SDN 集中管控的设计思想，提供了全网的集中监控和可视化，可实时获取全网拓扑、站点间链路状态、流量统计以及关键的设备告警日志等信息。另外，SD–WAN 通过 ZTP 等方式，可实现分支的快速部署和上线。这种即插即用的部署方式降低了技术门槛，无须专业网络工程师到现场部署，节省了人力成本。

第3章 谋定后动话方案

古语有云：谋定而后动。在展开SD-WAN解决方案的详细设计之前，有必要先从全局出发，确保总体方案、技术选型和商业策略等大方向考虑无误。

本章结合华为近几年SD-WAN的设计实践，对SD-WAN的通用架构和方案原理展开描述，介绍SD-WAN关键产品和组件、关键交互接口与协议以及关键业务流程；同时，围绕运营商转售和企业自建两大模式，探讨SD-WAN的商业模式和方案部署的特点；最后，描绘SD-WAN的解决方案全景图，为后续SD-WAN详细方案的设计做好铺垫。

| 3.1 SD-WAN 的总体方案 |

3.1.1 SD-WAN 的逻辑架构

从逻辑分层及功能角度划分，SD-WAN 解决方案的逻辑架构主要包括网络层、管理控制层以及业务呈现层，每层具备明确的功能边界，所承担的功能不同，其中又包括若干核心组件，如图 3-1 所示。

1. 网络层

从业务角度来说，企业的分支、总部和数据中心以及在云上部署的 IT 基础设施等都可以统称为企业的站点。不同站点用于 WAN 互联的网络设备以及 WAN 一起构成了 SD-WAN 的网络层。

按网络功能划分，企业 SD-WAN 可以分为物理网络和虚拟网络两层，且物理网络和虚拟网络彼此解耦，如图 3-2 所示。

（1）物理网络

物理网络即 Underlay 网络，如前所述，一般是指路由器等网络设备通过广域物理线路互联组成的广域网络。物理网络常见类型有 MSTP 专线、MPLS VPN 以及因特网等，一般由运营商创建和维护，部分大企业也可能会自己建设专用网络。各种物理网络和设备性能通常按照摩尔定律持续演进，不断提供超宽接入、超宽转发的网络能力。

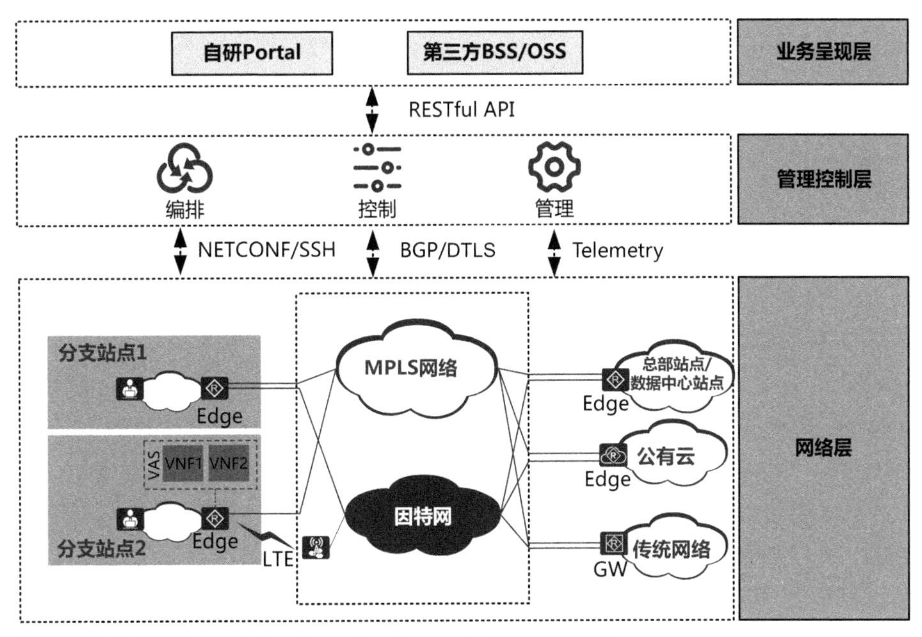

注：NETCONF即Network Configuration Protocol，网络配置协议；
SSH即Secure Shell，安全外壳；
DTLS即Datagram Transport Layer Security，数据传输层安全；
Telemetry，高速数据采集技术；
GW即Gateway，网关；
VNF即Virtual Network Function，虚拟网络功能。

图 3-1　SD-WAN 分层架构

图 3-2　物理网络与虚拟网络解耦

（2）虚拟网络

虚拟网络即 Overlay 网络，通过引入 IP 以及软件技术，在同一张物理网络上构建出一张或者多张逻辑网络，不同的逻辑网络共享物理设备和线路，彼此在逻辑上隔离。用户的业务策略部署在虚拟网络上，由于下层的物理网络对上层的虚拟网络是透明的，从而实现了上层业务与下层复杂的物理组网和互联技术解耦。虚拟网络可以多实例化，既可以服务于同一租户的不同业务（如多个部门），也可以服务于不同租户，是 SD-WAN 网络层的核心组网技术。

按网络设备的功能定位划分，SD-WAN 网络层主要由 Edge 和 GW 两种类型的网元构成，同时根据业务需要，按需部署 VAS（Value-Added Service，增值业务）网络增值设备。

（3）SD-WAN Edge

SD-WAN Edge 是企业各种 SD-WAN 站点的出口 CPE。每个站点（含云站点）至少部署一台 Edge 用于企业站点互联，若出于网络可靠性考虑，一个站点也可以部署两台 Edge。每台 Edge 支持连接一条或多条 WAN 链路，实现单条或者多条运营商传统专线、MPLS 专线以及因特网等链路的灵活组合。

Edge 本质上是 SD-WAN 的边界点，Edge 之间通过 Overlay 隧道技术互联。同时，为了确保企业在 WAN 上传输的业务的安全性，Overlay 隧道往往与某种数据加密技术（如 IPSec 等）结合使用。为了提升企业不同应用在 WAN 的传输质量和体验，Edge 往往还需要具备应用识别和选路、QoS、广域加速以及安全等功能。

企业分支站点 Edge 一般可以采用传统硬件 CPE 或者 uCPE（universal CPE，通用 CPE），私有云或公有云上站点的 Edge 可以采用 vCPE（virtual CPE，虚拟 CPE）。

企业所有的 SD-WAN Edge 被 SD-WAN 网络控制器统一纳管，Edge 在管理维度上归属于企业租户，并由租户管理员创建、管理和维护。

（4）SD-WAN GW

SD-WAN GW 一般是指同时具备连接 SD-WAN Overlay 网络能力以及其他网络能力的网关设备。比如，由于业务需要，企业新建的 SD-WAN 站点往往要和企业的传统站点或者第三方业务站点进行互通，企业传统站点是存量网络，采用传统的 WAN（如 MPLS VPN）技术互联，而 SD-WAN 站点基于 SD-WAN Overlay 隧道互联，两者无法直接互通。SD-WAN GW 由于同时具备传统网络（MPLS VPN）和 SD-WAN Overlay 的连接能力，因而可以作为中间网关设备，实现两者的互通。GW 在不同的业务场景有不同的角色名称，比如上述与传统站点连接的 GW 可以被称为 IWG（Inter-Working Gateway，互联网关）；与公有云网络对接的 GW 可以被称为云 GW；同时，GW 也可以进行功能扩展，彼此互联组建 POP 网络，这种场景下的 GW 可以被称为 POP GW（Point of Presence Gateway，因特网接入点网关）。

GW 本质上可以被看作一种特殊的 Edge，也可以被 SD-WAN 网络控制器统一纳管，且在设备形态、部署方式以及软件特性方面与 Edge 几乎完全一样。不同之处在于，GW 可以被多个企业和租户共享和复用，属于运营商 /MSP 提供的多租户运营型设备，因而由运营商 /MSP 的网络管理员来负责创建、管理和维护。

（5）VAS

上述 Edge 和 GW 提供了基础的 SD-WAN 网络互联功能，实现了企业站点和应用的 WAN 互联互通。除此之外，根据客户业务需求，SD-WAN 还可以按需部署 VAS。

VAS 主要是指防火墙、广域优化等网络增值功能，它在管理维度上是独立的网元。SD-WAN 的 VAS 部署通常包括在 uCPE 内部部署的 VNF 网元，或者旁挂在 Edge/GW 上用于控制安全互访的物理防火墙等，VAS 可以是自研的，也可以是第三方的。其中，第三方的 VAS 管理系统一般由 VAS 的设备提供商单独提供和部署。

2. 管理控制层

网络控制器是网络管理控制层的核心产品，是整个 SD-WAN 解决方案的“智慧大脑”。参考 MEF 定义的 SD-WAN 架构 [2]，广义的 SD-WAN 网络控制器一般具有网络编排、控制和管理三大功能。下面围绕这 3 个功能对 SD-WAN 网络控制器展开阐述。

（1）网络编排

网络控制器的编排组件负责 SD-WAN 面向业务的网络模型抽象、编排和配置自动化发放。Gartner 认为，在 SD-WAN 中，所有与网络相关的配置都应该是以企业应用或业务为中心的，一些非网络技术专家人群也可以轻松使用。为了实现这一目标，网络控制器对企业 WAN 进行了网络模型抽象和定义，并通过建模对用户屏蔽了 SD-WAN 部署和实现的技术细节。最终，用户可以通过网络控制器北向业务编排界面，用接近企业应用或业务的语言和接口，驱动网络控制器实现简易而灵活的网络配置和业务自动化发放。

具体来说，SD-WAN 的业务编排又可以分为两大类：一类是企业 WAN 组网相关的业务编排，比如 SD-WAN 站点创建、WAN 链路创建、VPN 创建以及 VPN 拓扑定义等；另一类是各种网络策略相关的业务编排，比如应用识别、应用选路、QoS 以及广域优化策略等。相关的业务模型以及编排方案将在后续章节中详细介绍。

网络编排组件通过 RESTful API 对外开放北向编程能力，编排后的网络配置南向通过 NETCONF 下发到网络层设备。

（2）网络控制

网络控制器的控制组件负责对 SD-WAN 网络层进行集中控制，根据用户意图实现企业 WAN 的按需互联互通，具体功能包括但不限于：SD-WAN 租户 VPN 路由的分发和过滤；VPN 拓扑的创建和修改；驱动站点 Edge/GW 间 Overlay 隧道的创建和维护等。相比传统网络采用的分布式控制方式，这种集中式控制方式实现了企业 WAN 控制平面和转发平面的分离，简化了企业 WAN 的网络运维，减少了网络配置出错的可能，提升了企业 WAN 的运维效率。

同时，为了提升网络扩展性，支持大规模以及跨区域的分支站点互联，网络控制组件需要支持分布式独立部署以及根据网络规模水平平滑扩展。

上述为网络控制组件的逻辑功能，而其实际部署形态可以是多样化的，可以由独立的网络控制器（即通常说的狭义的 SD-WAN 网络控制器）实现；也可以将传统网络的角色进行进一步的功能增强后，由传统的网络角色来实现，比如由 BGP 的 RR（Route Reflector，路由反射器）来实现。

（3）网络管理

网络控制器的管理组件实现了企业 WAN 的网络管理与运维功能，包括但不限于：SD-WAN 网元的告警等故障信息采集；基于链路、应用、网络的性能数据采集、统计和分析，并对最终客户进行网络拓扑、故障、性能等运维信息的多维度统计和呈现。管理组件对设备的管理接口协议一般采用 NETCONF 和 Telemetry（如 HTTP2.0/gRPC），前者负责网络设备告警、日志和事件等运维信息的采集，后者负责网络设备性能信息的采集。

总结一下，从功能和架构角度看，广义的 SD-WAN 网络控制器具备以下核心特性：

- 面向业务的网络编排和自动化发放能力；
- 集中的网络控制能力，控制平面和转发平面分离；
- 具备传统网管的网络管理能力。

在现实中，很多 SD-WAN 解决方案提供商的方案都只具备以上的一个或两个特性，比如集中的网络控制能力或者部分的网络编排能力，从严格意义上来说，这些方案都不能被称为真正的 SD-WAN 解决方案。

需要特别说明的是，上述三大功能是广义的 SD-WAN 网络控制器的逻辑功能，而具体到实际的产品实现和形态部署，则存在多样性的选择。正如 MEF 强调的，上述 SD-WAN 网络控制器的编排、控制和管理既可以作为组件的功能融合在同一个网络控制器产品中，也可以各自通过独立的产品形态来实现。其中，前一种情况下的 SD-WAN 网络控制器可被称为广义的网络控制器，其产品组件单一，部署更加简单，同时为了描述方便，如无特殊说明，本书后面的描述主要基于广义的网络控制器的形态展开。SD-WAN 网络控制器的逻辑架构如图 3-3 所示。

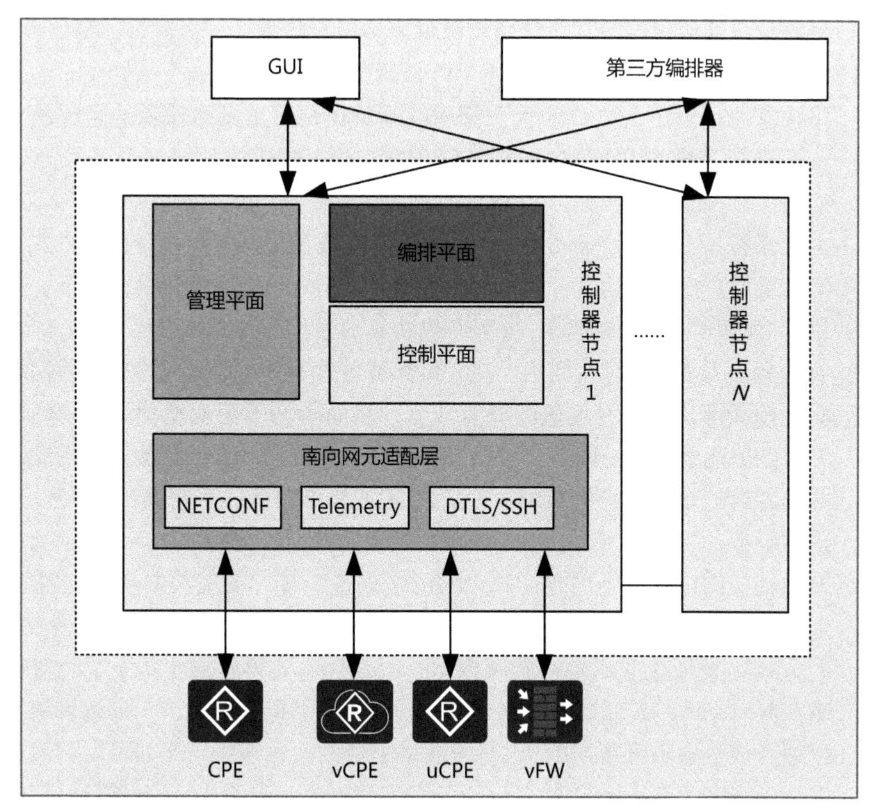

注：vFW即virtual FireWall，虚拟防火墙；
GUI即Graphical User Interface，图形用户界面。

图 3-3　SD-WAN 网络控制器的逻辑架构

华为的 iMaster NCE-Campus 和 iMaster NCE-WAN 都可以作为 SD-WAN 网络控制器，实现 SD-WAN 的编排和管理功能，而控制功能则由区域控制器提供。iMaster NCE-Campus 由于能同时管理、编排 SD-WAN 和园区网络，未来将作为 SD-WAN 网络控制器的主力产品。本书中介绍的华为 SD-WAN 网络控制器均使用的是 iMaster NCE-Campus。

网络控制器作为华为 SD-WAN 解决方案最核心的产品组件，还提供了以下关键的功能和质量属性。

- 高可靠：基于云计算与分布式架构设计，网络控制器采用“2+1”集群部署方式，确保在单个服务器组件失效的情况下，整个控制器仍然可以工作；同时，该控制器也实现了异地容灾机制，确保在主控制器系统失效的情况下，可以及时切换到备份控制器，从而提供了最高级别的可靠性。
- 可运营：运营商/MSP需要运营及转售SD-WAN解决方案，以及用SD-WAN解决方案服务于自己的企业用户。面对运营商/MSP市场的可运营和可管理的需求，网络控制器从功能角度提供了多租户管理、开局部署、多租户GW以及QoS等运营商/MSP进行SD-WAN运营所必需的功能；从性能角度，网络控制器提供了大规模的租户管理以及单租户海量网络设备的管理能力，从而确保从规模和可扩展的角度，SD-WAN解决方案真正具备可运营的能力。

- 云化部署：支持On Premise（本地部署）以及云化部署等多种部署方式，灵活满足用户自建和运营SD-WAN的需求。在On Premise的部署方式下，企业用户自己购买网络控制器，并且一般将其部署于企业的自建数据中心或者私有云上，为该企业独自使用。在云化部署方式下，可以通过虚拟机将网络控制器按需部署在各种主流的公有云上，从而降低了企业基础设施的硬件要求，部署速度更快。此外，也可以由多个MSP复用一套云化的网络控制器，并为各自的企业用户提供SD-WAN管理和运维服务，真正实现SD-WAN管理即服务。
- 开放性：网络控制器内置了强大的网络编排引擎，实现了企业WAN组网和业务策略的编排和自动化部署，并且北向提供RESTful接口，通过开放API的方式，满足企业或者运营商客户的BSS/OSS等第三方业务系统的对接需求；同时，网络控制器也可以作为其他网络平台的业务系统，通过调用其他网络开放平台的开放API，进行跨网络平台的业务编排。比如可以调用亚马逊的云计算业务平台AWS（Amazon Web Services）的北向API进行公有云的网络业务编排，实现vCPE的自动拉起和分支连接云等业务。

3. 业务呈现层

SD-WAN 的业务呈现层向下对接 SD-WAN 网络控制器，对外通过业务 Portal 界面实现 SD-WAN 的业务呈现和发放。业务呈现层一般有两种实现方式。一种是 SD-WAN 解决方案提供商提供自研 Portal 界面，该 Portal 界面中包含了解决方案提供商定义的完整的端到端业务配置和发放流程，可供企业客户直接部署和使用，同时自研 Portal 也是解决方案提供商对外进行 SD-WAN 解决方案展示的一种必要的手段。另一种是 SD-WAN 网络控制器可以通过北向开放 API 的方式，被运营商或者企业客户自己的 BSS/OSS 等第三方业务编排系统集成，并由第三方根据自己的业务功能和展示风格需要，进行界面和业务发放流程的定制开发。

3.1.2 关键的交互接口与协议

SD-WAN 解决方案的各个产品组件之间需要协同运作来共同实现 SD-WAN 解决方案的各种功能。以网络控制器为核心，SD-WAN 有多种接口和协议。

SD-WAN 网络控制器南向通过 NETCONF 和 Telemetry（如 HTTP2.0/gRPC）等管理协议实现对 SD-WAN 网络层的统一配置和管理；北向通过 RESTful API，可以由第三方业务编排系统集成。同时作为网络编排器，SD-WAN 网络控制器也可以通过其他业务系统提供的 RESTful 接口集成第三方业务。毫无疑问，SD-WAN 网络控制器在整个 SD-WAN 解决方案中处于承上启下的核心位置。

从逻辑功能抽象来看，这些接口和协议可以被认为归属于 3 类不同的系统通道，即管理通道、控制通道和数据通道，如图 3-4 所示。

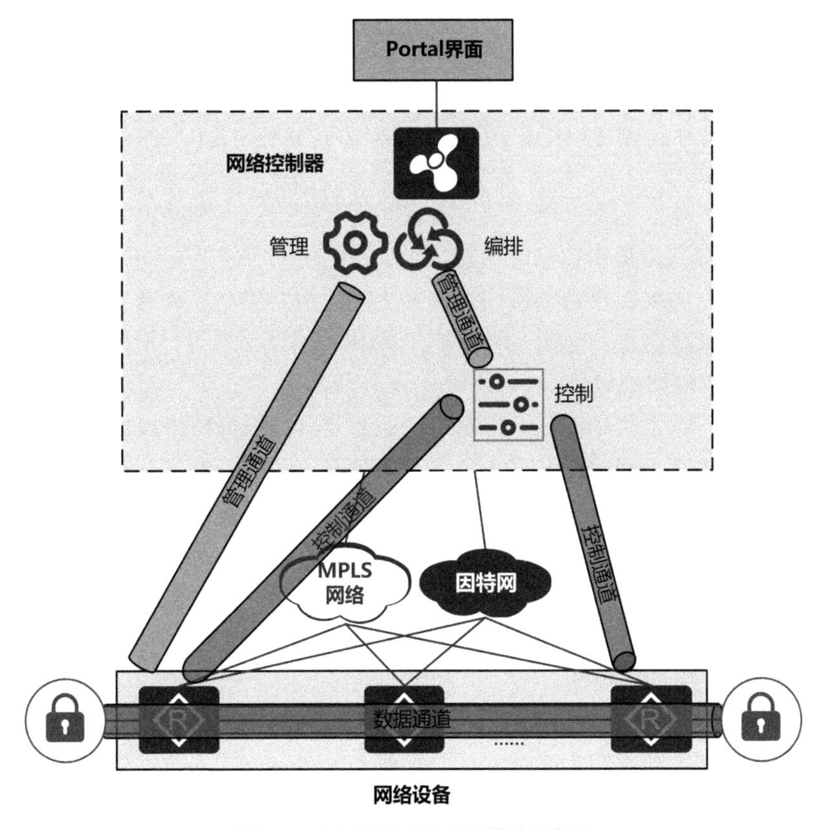

图 3-4　SD-WAN 解决方案通道示意图

（1）管理通道

管理通道主要是指网络控制器与网络层 Edge 和 GW 等网络设备之间用于网络配置和运维的通道。Edge/GW 等网络层设备启动后，首先向网络控制器发起注册并建立管理通道。

以网络控制器和 Edge 之间的管理通道为例，网络控制器通过管理通道向网络设备下发配置，这些配置主要包括 SD-WAN 网络基础配置、VPN 业务参数以及选路、QoS 和安全等多种策略配置；此外，网络运维所需要的信息，比如网络设备的告警、日志以及网络流量等也通过该管理通道，由网络设备上报给网络控制器。

从具体的实现来说，网络控制器通过 NETCONF 给网络设备下发的配置，基于 SSH 协议承载，可保障数据传输的安全性。同时，网络设备通过 Telemetry（如 HTTP2.0）上报性能数据，并通过 NETCONF 上报告警给网络控制器；网络设备上线注册必须进行双向证书认证；网络设备系统软件和特征库通过 HTTPS（HyperText Transfer Protocol Secure，超文本传输安全协议）传输，HTTPS 和 HTTP2.0 协议报文都采用 TLS（Transport Layer Security，传输层安全）协议加密处理，以保障数据传输安全。租户或 MSP 通过 HTTPS 登录网络控制器，并与网络控制器建立连接，确保租户和 MSP 以安全的方式接入网络控制器。

（2）控制通道

在管理通道建立之后，网络层设备之间需要进行组网和路由的编排。如前所述，网络控制器具备集中控制的功能，定义网络层的转发平面的拓扑，控制路由的建立。为此，网络层设备与网络控制器之间还需要建立控制通道。所有网络转发路径相关的策略信息，比如 VPN 拓扑、路由和隧道信息等，由网络控制器通过控制通道下发给网络层设备。

在实现上，除了集中控制，控制组件还需要具备根据网络规模水平扩展的能力，控制通道推荐采用 MP-BGP EVPN 协议实现。为此，在实际部署中，常常引入 BGP RR 并对 RR 进行功能增强，将 RR 看作整个 SD-WAN 控制平面的一部分，实际执行网络控制功能。RR 通常采用分布式部署，因而在本书中也被称为区域控制器，与集中的 SD-WAN 网络控制器协同工作，提供集中的网络控制功能。区域控制器的设备形态可以是独立部署的 CPE 或者 vCPE 产品，也可以与已有的 SD-WAN Edge 或 GW 合设。

（3）数据通道

管理通道和控制通道建立之后，Edge 和 GW 等网络设备之间需要建立数据通道，用于企业不同站点和 GW 之间的数据传输。数据通道基于 Overlay 技术构建，且为了保证数据传输时的安全性，要按需进行 IPSec 加密。

在上述 3 种系统通道中，管理通道是最先建立的，其对整个系统的初始运转起最关键的作用。此外，管理通道采用的几种新型接口和协议也是传统 IP 网络所没有的。下面对管理通道的几种接口协议展开详细介绍，后续将对控制通道和数据通道的接口协议展开详细介绍。

简单回顾一下，网络控制器北向与业务呈现层软件之间通过 RESTful API 实现对接，南向与网络设备通过 NETCONF 实现交互。为了更好地理解整个 SD-WAN 的系统原理，下面将展开介绍 NETCONF、RESTful 等关键协议的原理，包括在 NETCONF 中用到的数据建模语言——YANG（Yet Another Next Generation，下一代数据建模语言）模型。

1. NETCONF

随着网络规模的日益扩大以及云计算、物联网等新技术的快速发展，CLI（Command Line Interface，命令行接口）和 SNMP（Simple Network Management Protocol，简单网络管理协议）等传统的网络管理方式已经无法满足网络业务快速发放、快速创新的诉求。

CLI 是一种人机接口，网络设备提供一系列命令后，用户通过命令行接口输入指令，命令行接口对输入的指令进行解析后，执行该配置。各设备厂商定义的 CLI 模型不统一，且 CLI 缺少结构化的错误提示和输出结果，导致网络管理和维护十分复杂。

SNMP 是一种机机接口，由一组网络管理的标准（应用层协议、数据库模型和一组数据对象）组成，用以监控和管理连接到网络的设备。SNMP 是目前 TCP/IP 网络中使用最为广泛的网络管理协议。SNMP 基于 UDP（User Datagram Protocol，用户数据报协议），在设计上不是面向配置的，因而缺乏有效的安全性和配置业务提交机制，所以多用于性能管理和监控，不适用于网络设备的配置。

为了解决上述问题，NETCONF 应运而生。作为一种新型的基于 XML（eXtensible Markup Language，可扩展标记语言）的网络管理协议，NETCONF 提供了一套可编程的网络设备管理机制，满足了易用、区分配置数据和状态数据、面向业务和网络进行管理、支持配置数据的导入导出、支持配置的一致性检查、采用标准化的数据模型、支持多种配置集、支持基于角色的访问控制等网络管理核心诉求。

NETCONF 采用客户端（Client，也称客户机）和服务器（Server）结合的网络架构，Client 与 Server 间使用远程过程调用机制通信，消息采用 XML 编码，支持业界成熟的安全传输协议，且允许设备厂商扩展私有能力，在灵活性、可靠性、扩展性和安全性等方面都达到了很好的效果。结合 YANG，该协议可以实现基于模型驱动的网络管理，以可编程的方式实现网络配置的自动化，简化网络运维，加速业务部署。除此之外，NETCONF 支持配置业务和配置导入导出，支持部署前测试、配置回滚、配置的自由切换等，因而很好地满足了 SDN/NFV 等云化场景的需求。

（1）NETCONF 的基本网络架构

NETCONF 的基本网络架构如图 3-5 所示，整套系统至少必须包含一个 NMS（Network Management System，网络管理系统）作为整个网络的网管中心。NMS 运行在 NMS 服务器上，对设备进行管理。下面介绍 NETCONF 基本网络架构中的主要元素。

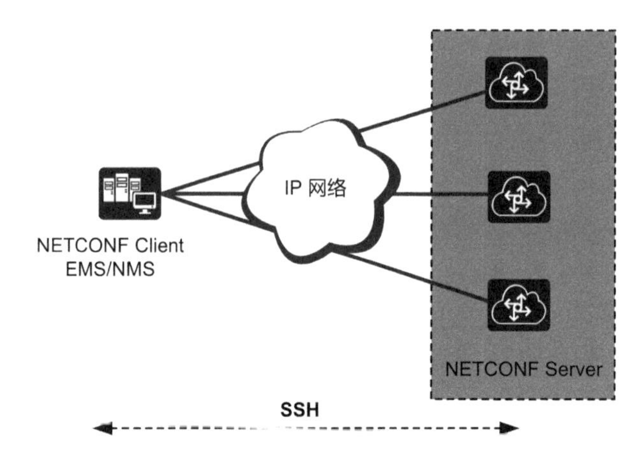

注：EMS即Element Management System，网元管理系统。

图 3-5　NETCONF 的基本网络架构

- NETCONF Client：Client利用NETCONF对网络设备进行系统管理。一般由网络管理系统作为NETCONF Client。Client向Server发送<rpc>请求，例如查询或修改一个或多个具体的参数值。Client可以接收Server发送的告警和事件，以获取被管理设备的状态。
- NETCONF Server：Server用于维护被管理设备的信息数据，响应Client的请求并把管理数据汇报给Client。一般由网络设备（例如交换机、路由器等）作为NETCONF Server。Server收到Client的请求后会进行数据解析，并在CMF（Configuration Management Framework，配置管理框架）的帮助下处理请求，然后返回响应至Client。当设备发生故障或其他事件时，Server利用Notification机制将设备的告警和事件通知给Client，向NMS报告设备当前的状态变化。

Client 与 Server 之间先建立基于 SSH 或 TLS 等安全传输协议的连接，然后通过 Hello 报文交换双方支持的能力后建立 NETCONF 会话，此时，Client 即可与 Server 之间进行交互请求，且网络设备必须至少支持一个 NETCONF 会话。此外，Client 从运行的 Server 上获取的信息包括配置数据和状态数据，具体操作权限如下。

- Client可以修改配置数据，并通过操作配置数据，使Server的状态迁移到用户期望的状态。
- Client不能修改状态数据，状态数据主要是Server的运行状态和统计信息。

（2）NETCONF 协议的结构

NETCONF 采用了分层结构，每层分别对协议的某一方面进行包装，并向上层提供相关服务。分层结构使每层只涉及协议的一个方面，实现起来更简单，同时使各层之间的依赖减少，从而使内部实现的变更对其他层的影响降到最小。

NETCONF 在概念上可以划分为 4 层，如图 3-6 所示。

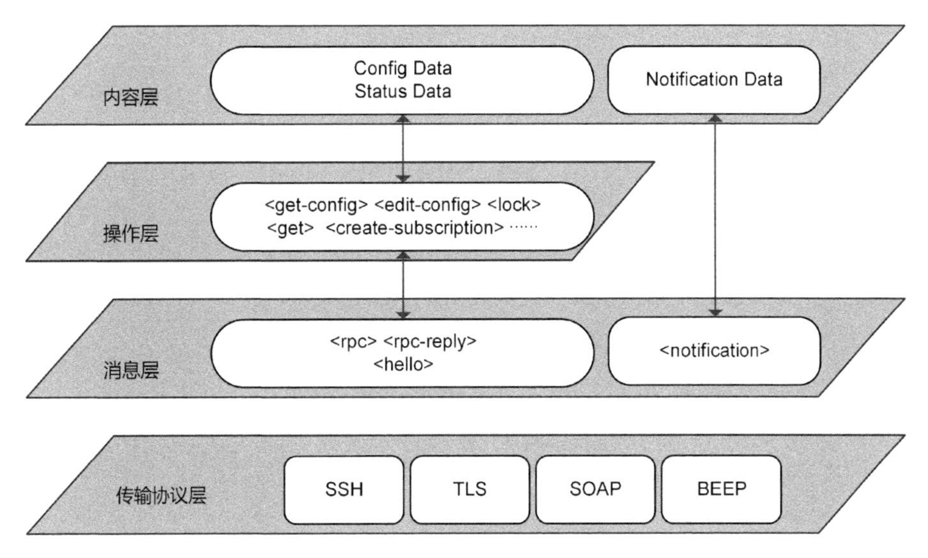

注：SOAP即Simple Object Access Protocol，简单对象访问协议；
BEEP即Blocks Extensible Exchange Protocol，块可扩展交换协议。

图 3-6　NETCONF 分层

NETCONF 分层描述如表 3-1 所示。

表 3-1　NETCONF 分层描述

层面	示例	说明
传输协议层	SSH、TLS、SOAP、BEEP	传输协议层为 Client 和 Server 之间的交互提供通信路径。 NETCONF 可以使用任何符合基本要求的传输层协议承载，对承载协议的基本要求如下。 • 面向连接：Client 和 Server 之间必须建立持久的连接，且连接建立后，必须提供可靠的序列化的数据传输服务。 • 用户认证、数据完整、安全加密：NETCONF 的用户认证、数据完整、安全保密均由传输协议层提供。 • 承载协议必须向 NETCONF 提供区分会话类型（Client 或 Server）的机制
消息层	<rpc>，<rpc-reply>，<hello>，<notification>	消息层提供了一种简单的、不依赖于传输协议的 RPC（Remote Procedure Call，远程过程调用）请求和响应机制。Client 采用 <rpc> 元素封装操作请求信息，发送给 Server；而 Server 采用 <rpc-reply> 元素封装 RPC 请求的响应信息（即操作层和内容层的内容），然后将此响应信息发送给 Client。 notification 相关内容是在 NETCONF1.0 以后的版本中加入的，但是网络设备也需要支持此种功能

续表

层面	示例	说明
操作层	<get-config>，<edit-config>，<lock>，<get>，<create-subscription>	操作层定义了一系列在 RPC 中应用的基本操作，并组成了 NETCONF 的基本能力
内容层	Config Data、Status Data、Notification Data	内容层描述了网络管理所涉及的配置数据，且这些数据依赖于各厂商设备。截至目前，NETCONF 内容层是唯一没有被标准化的层，不具有标准的 NETCONF 数据建模语言和数据模型。常用的 NETCONF 数据建模语言有 Schema 和 YANG，其中 YANG 是专门为 NETCONF 设计的数据建模语言

NETCONF 在 SD-WAN 解决方案的 3 个典型应用场景如下。

场景一：网络控制器通过 NETCONF 管理网络设备

下面以 Edge 向 SD-WAN 网络控制器注册为例介绍 NETCONF 的使用，Edge 通过 DHCP 获取地址并接入网络后，会按照图 3-7 所示的流程与网络控制器建立连接。

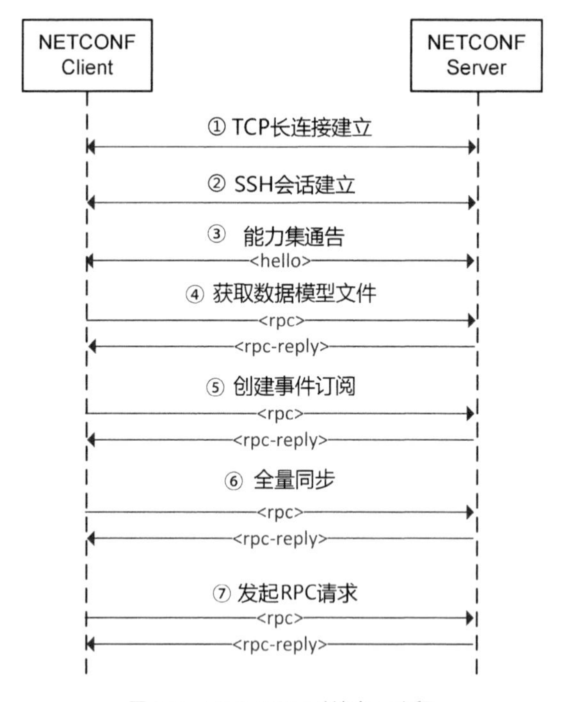

图 3-7 NETCONF 对接交互流程

具体连接过程如下。

步骤① Edge 作为 NETCONF Server，主动与作为 NETCONF Client 的网络控制器建立 TCP（Transmission Control Protocol，传输控制协议）长连接。

步骤② TCP 长连接建立成功后，Server 与 Client 创建 SSH 会话，双向校验证书，建立加密通道。

步骤③ Client 与 Server 通过 hello 消息相互通告能力集。

步骤④ Client 获取 Server 支持的数据模型文件。

步骤⑤ Client 创建事件订阅，此为可选步骤，一般在支持告警和事件上报时才需要。

步骤⑥ Client 发起全量同步，使 Client 与 Server 的数据保持一致，此为可选步骤。

步骤⑦ Client 发起配置或数据查询的 RPC 请求以及处理对应的响应信息。

场景二：网络控制器通过 NETCONF 给设备下发配置

Edge 被 SD-WAN 网络控制器纳管后，网络控制器会编排业务并将配置下发到设备。得益于 NETCONF 模型的驱动性、可编程性以及配置业务的优势，网络控制器可以根据用户建立的网络模型，基于站点和站点模板自动编排业务配置，实现软件定义网络。

场景三：网络控制器通过 NETCONF 获取设备状态

设备被控制器纳管后，控制器需要展示设备的运行状态，如设备的 CPU 利用率、内存利用率、ESN（Equipment Serial Number，设备序列号）、注册状态和设备上的告警信息等。网络控制器感知设备状态的方式一般有两种：一种是主动查询，另一种是 notification 上报。

2. YANG 模型

制定 NETCONF 的时候并没有对操作的数据模型进行定义，而传统的数据建模语言都满足不了 NETCONF 的要求，因而迫切需要一个新的数据建模语言，且该数据建模语言需具有以下特征：

- 与协议机制解耦；
- 容易被计算机解析；
- 容易学习和理解；
- 能够与现有的SMI（Structure of Management Information，管理信息结构）语言兼容；
- 同时具备描述信息模型、操作模型的能力。

简单来说，符合上述特征的 YANG 可用来将 NETCONF 的操作层和内容层模型化。YANG 对任何对象都以树的方式进行描述，这一点可以类比 SNMP 的 MIB（Management Information Base，管理信息库）。MIB 就是用 ASN.1（Abstract Syntax Notation One，抽象语法表示 1 号）来描述，但是比 SNMP 灵活（SNMP 把整个树的层级定义得很僵化，因而应用范围比较有限）。此外，YANG 宣称可以兼容 SNMP。

YANG 模型定义了数据的层次结构和基于 NETCONF 的操作，包括配置数据、状态数据、远程过程调用和通知。YANG，可以理解为数据模型的高级视图，也可以理解数据是如何被编码进 NETCONF 操作中的。这也是 YANG 能够迅速成为业界主流建模语言的原因之一。除此之外，YANG 是一种可扩展的语言，允许标准组织、厂商和私人定义扩展的声明。

3. RESTful 接口

网络控制器北向与业务呈现层的对接主要通过 RESTful API，比如基础网络 API、网络策略 API 以及网络运维 API 等。REST（Representational State Transfer，表述性状态转移）是一种软件架构风格，其设计概念和准则为：网络上的所有事物都可被抽象为资源；每个资源都有唯一的资源标识，且对资源的操作不会改变这些标识；所有的操作都是无状态的；需使用标准方法操作资源等。如果一个架构符合 REST 的约束条件和原则，就可称其为 RESTful 架构。RESTful 的理念是更好地使用现有 Web 标准中的部分准则和约束。

值得说明的是，任何事物，只要有被引用的必要，就可作为资源。资源可以是实体（如手机号码），也可以只是抽象概念（如价值）。要让资源可以被识别，就需要赋予其唯一的标识，在 Web 中，这个唯一标识就是 URI（Uniform Resource Identifier，统一资源标识符），所以 HTTP 是目前唯一与 REST 相关的实例。

RESTful API 是基于 REST 设计准则提供的 API。外部应用程序可以使用 HTTP 访问 RESTful API，以实现业务下发、状态监控等功能。考虑到安全性，RESTful API 仅提供 HTTPS 接口。

标准 HTTP 访问管理对象的方法有 GET、PUT、POST 和 DELETE，具体功能说明如表 3-2 所示。

表 3-2　HTTP 访问管理对象的操作说明

方法	功能说明
GET	查询操作，查询指定的管理对象
PUT	修改操作，修改指定的管理对象
POST	创建操作，创建指定的管理对象
DELETE	删除操作，删除指定的管理对象

3.1.3　关键的业务流程

在了解前述架构和相关技术的基础上，再来看一下 SD-WAN 解决方案的系统初始化流程，该流程是整个 SD-WAN 系统运转的重要基础，如图 3-8 所示。

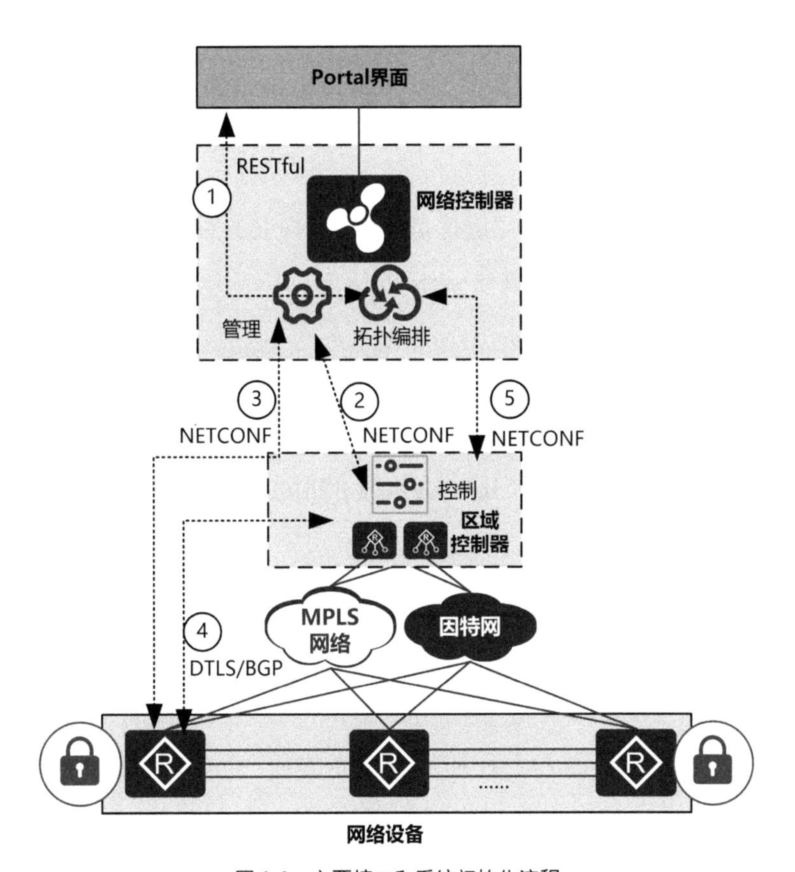

图 3-8　主要接口和系统初始化流程

SD-WAN 系统初始化的关键步骤如下。

步骤①　网络管理员通过网络控制器的 Portal 界面定义业务，调用 RESTful 接口通知网络控制器的编排组件进行网络业务的编排。编排和管理的内容包括站点、网络拓扑、VPN 划分以及各种业务策略（如选路、QoS、安全等）。为了支持网络拓扑的自动编排和发放，网络控制器内部可以实现多种拓扑的编排和发放。

步骤②　区域控制器上线，向网络控制器注册。网络控制器为区域控制器分配全局唯一的管理 IP，网络控制器通过该管理 IP 对区域控制器进行标识和管理。

步骤③　网络设备上线，向网络控制器注册。网络控制器为网络设备分配管理 IP，该管理 IP 用于网络设备的标识和管理，同时网络控制器根据获取的网络设备信息（如地理位置、WAN 侧接口、IP 地址等）为网络设备分配区域控制器。网络控制器自动配置网络设备到区域控制器的管理路由，随后配置每个网络设备到区域控制器的路由邻居，一般为 MP-BGP（Multi-Protocol BGP，BGP 多协议扩展）。

步骤④　网络设备向区域控制器（部署网络控制组件功能的设备，如 BGP RR）注册。网络设备使用安全的通信协议——DTLS 协议向区域控制器注册，注册报文携带网络 WAN 侧接口和 IPSec SA（Security Association，安全联盟）等信息通知区域控制器，区域控制器将自身的 WAN 侧接口信息和 IPSec SA 信息反向通知给网络设备。在网络控制器的管理下，区域控制器和网络设备之间建立控制通道（如 MP-BGP）。

步骤⑤　网络控制器对网络管理员定义的面向业务的策略进行编排后，通过 NETCONF 接口通知给区域控制器。

区域控制器基于网络管理员定义的策略，进行站点之间的 VPN 拓扑、路由和隧道信息的分发等，使不同的站点之间实现安全的、按需的互联。

| 3.2　SD-WAN 的商业模式 |

3.2.1　商业角色的定义

从端到端的流程看，SD-WAN 解决方案从设计、开发到最终使用，涉及多个角色的参与，且 SD-WAN 解决方案面向不同的客户，也有不同的商业模式，具体如图 3-9 所示。

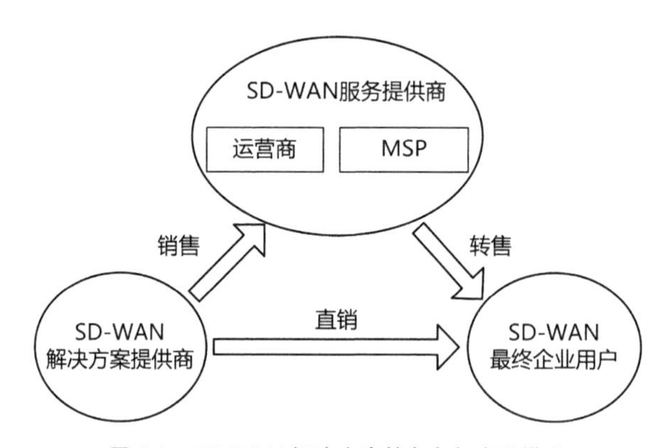

图 3-9　SD-WAN 解决方案的角色与商业模式

1. SD-WAN 解决方案提供商

SD-WAN 解决方案提供商是通常意义上的设备供应商（Vendor），主要提供完整的 SD-WAN 解决方案和产品，通常包括网络控制器以及网络层边缘设备和网关设备，设备形态通常包括传统的硬件形态设备和软件虚拟化形态设备。

从业界来看，SD-WAN 解决方案提供商主要包括 3 类，具体如下。

- 第一类是传统的网络设备厂商，包括基于传统的企业WAN产品和方案，又演进出提供SD-WAN解决方案的厂商，如华为、思科以及Juniper等。
- 第二类是传统的广域优化厂商以及传统的WAN领域安全厂商，包括对其现有产品进行改造和升级、也宣称对外提供SD-WAN解决方案的厂商，如传统广域加速厂商SilverPeak、Riverbed，传统安全厂商Fortinet等。
- 第三类是专注于提供SD-WAN解决方案的新兴公司，如Velocloud、Versa等。

2. SD-WAN 解决方案的最终用户

企业是 SD-WAN 解决方案的最终用户。企业分类的依据多种多样，比如根据网络规模、经济规模以及行业属性等进行分类。不同类别的企业客户呈现出不同的行业特点和业务诉求。比如根据网络规模、经济实力和地域的跨度等，可将企业分为中小型企业、大型企业以及跨国企业，可供参考的划分定义如下。

（1）中小型企业

中小型企业一般分支数量少，只有数个甚至 1 个分支站点，其主要业务特点如下。

- 人员规模低于100人，站点规模低于10个，年销售规模低于1000万元。
- 对WAN专线的成本敏感，WAN方面无专门的IT运维人员，需托管给第三方。
- 分支互访简单，主要为南北向流量，即分支到总部或者数据中心。
- 有基本的安全诉求，边缘设备内置的安全特性即可满足。
- 有访问SaaS应用的诉求。
- 维护诉求主要包括简单的告警、监控与可视化。
- 分支站点需即插即用。

（2）大型企业

大型企业数量巨大，分布在金融业、制造业以及商业等多个不同的行业，其主要业务特点如下。

- 站点规模为10～1000个，年销售规模高于1000万元。
- 一般有MPLS等运营商专线，希望通过引入因特网来降低专线成本。
- 存在单层和分层网络拓扑，存在南北向和东西向互访流量。
- 有访问公有云/SaaS的诉求。
- 希望部署广域优化以提升应用体验。
- 集中运维与可视化。
- 分支站点需即插即用。

（3）跨国企业

跨国企业是地域跨度比较广的大企业，其业务一般跨越多个国家和地区，因而对 WAN 的网络建设和业务承载体验都有比较高的要求，其主要业务特点如下。

- 站点规模为10～1000个，分布于全球。
- 希望高价值流量由MSP提供的跨全球专线网络承载。
- 希望部署广域优化以提升应用体验。
- 集中运维与可视化。
- 分支站点需即插即用。

企业的分类有助于归纳和理解企业的业务特点以及企业业务对 SD-WAN 的核心诉求。

3. SD-WAN 服务提供商

SD-WAN 服务提供商通常包括运营商和 MSP，是负责转售 SD-WAN 解决方案的中间商。由于运营商和 MSP 拥有众多的企业客户，在 2B 市场占据相当大的市场份额，同时很多企业客户也习惯于从运营商和 MSP 处获取 WAN 线路、设备以及企业 WAN 的建设和运维服务。在 SD-WAN 时代，这种运营商 /MSP 代维代建的模式仍将存在，并且借助 SD-WAN 解决方案良好的可运营和可服务性，将继续发扬光大。

3.2.2 主要的商业模式

SD-WAN 主要的商业模式主要分为如下两类。

1. 运营商 /MSP 转售模式

运营商负责经营 WAN 专线和因特网业务，其企业业务部门发展了很多企业用户。因此，转售 SD-WAN 服务给该类数量巨大的企业用户，成为运营商潜在的业务增长点。MSP 类似于运营商，负责 WAN 连接服务的提供，无论其是否具备自建的 WAN，SD-WAN 服务同样可以作为一种新型的托管服务进行转售，从而成为 MSP 潜在的新业务增长点。

由于 SD-WAN 服务需转售给众多的企业用户，同时运营商 /MSP 需要代维代建企业的 SD-WAN，对 SD-WAN 解决方案又新提出了如下诉求。

（1）支持多租户管理

运营商 /MSP 同时管理多个企业的网络，如果每个企业是一个租户，一套 SD-WAN 网络控制器同时管理多个租户，则称这种方式为管理的多租户；如果运营商 /MSP 将单个网络设备分享给多个不同的租户使用，则称这种方式为设备的多租户。

（2）支持 IWG

IWG 即互通网关，是 SD-WAN 网关的一种。IWG 的主要功能是用于实现企业新建 SD-WAN 站点与传统 MPLS 网络站点的互通。IWG 通常作为运营商 /MSP 转售 SD-WAN 的服务出现，因此 IWG 一般是多租户共享设备，由运营商 /MSP 来负责创建、管理和维护。

（3）支持 POP 组网

运营商 /MSP 利用已有的骨干专线网络提供差异化的 SD-WAN 服务，通过在骨干网边缘部署 POP GW，借助 SD-WAN 在企业的分支 Edge 与 POP GW 之间构建 Overlay 隧道来穿越第三方运营商的 WAN，从而接入运营商 /MSP 的骨干网。运营商 /MSP 正是通过这种灵活的、低成本的 WAN 接入方案，来吸引企业客户的流量进入骨干网。POP GW 也是多租户的设备，为多个企业所共享，由部署和扩展性都很灵活的软件 Edge 来承担，并由网络控制器管理和控制。

（4）支持 VAS

为了满足企业用户在安全、广域优化等网络增值业务方面的诉求，运营商要提供灵活定义和按需发放的 VAS 运营能力。

（5）支持 IPv6（Internet Protocol version 6，第 6 版互联网协议）

随着 IPv4（Internet Protocol version 4，第 4 版互联网协议）地址的枯竭，运营商正在加速推进 WAN IPv6 化，因而 SD-WAN 解决方案需要具备支持 IPv6 的能力。

（6）支持北向开放 API 与被集成

运营商往往有自己的 BSS/OSS 业务系统，需要网络控制器北向开放 API 来被运营商的 BSS/OSS 集成。

简而言之，除企业自身的需求之外，SD-WAN 服务提供商转售的 SD-WAN 解决方案又增加了可运营的管理、网络连接以及增值服务等方面的诉求，因而其组网和场景需求进一步多样化。

2. 企业自建模式

具备一定规模和经济实力的企业，往往直接从 SD-WAN 解决方案提供商处购买 SD-WAN 解决方案，并自己部署和运维 SD-WAN。比如，某银行从 SD-WAN 解决方案提供商处购买了网络控制器和网络设备，并且将网络控制器安装在自己的数据中心或者私有云中，用于站点互联的 WAN 线路仍然从运营商处购买，但由银行独立管理和运维 SD-WAN。

相比运营商 /MSP 转售模式，企业自建场景的 SD-WAN 特性需要满足了基于因特网和传统专线的混合组网、应用选路、灵活访问因特网、集中运维和管理等企业自建需求，而运营商 /MSP 转售模式下的多租户等需求，不是企业自建模式的重点需求。

3.3 SD-WAN 解决方案全景

无论从功能范围还是架构设计角度看，SD-WAN 无疑都是一个复杂的解决方案。因此，有必要对 SD-WAN 解决方案进行进一步的分解，化整为零、化繁为简，使得在勾勒出完整全景图的同时，也精确地划分出各个关键功能子方案和支撑系统。

结合企业 WAN 的总体业务特点和对 SD-WAN 核心需求的分析，并综合考虑总体方案设计的聚焦性和简洁性，SD-WAN 解决方案最终可被划分为组网子方案、应用体验子方案、安全子方案以及运维子方案四大子方案，此外，网络控制器是最重要的基础支撑系统，如图 3-10 所示。

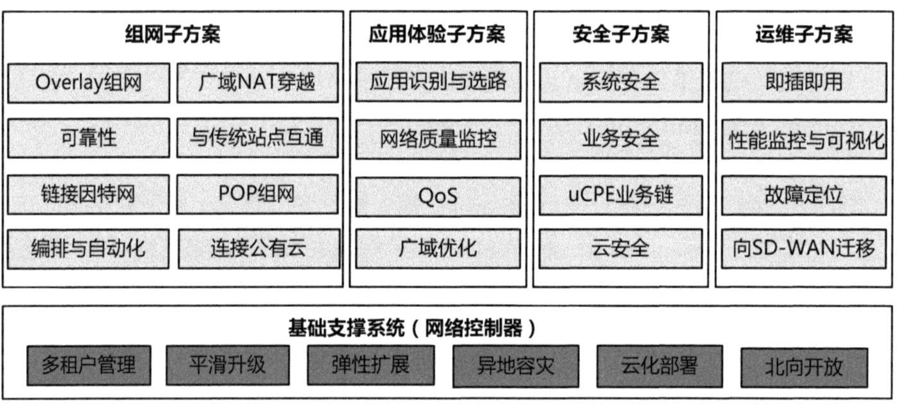

注：NAT即Network Address Translation，网络地址转换。

图 3-10　SD-WAN 解决方案全景

SD-WAN 解决方案的四大子解决方案的功能范围以及设计目标定义如下。

（1）组网子方案

SD-WAN 的首要功能目标是实现企业 WAN 灵活和可靠的组网。组网子方案的工作原理就是基于混合 WAN 链路，以 Overlay 网络为基础，融合二层交换、三层路由以及 VPN 隔离等传统网络技术，在 SD-WAN 网络控制器的管控下实现企业分支、数据中心以及云之间按需、灵活的自动化连接。

组网子方案从功能上又可以分为基础网络与网络业务两大部分，其中，基础网络包括 Overlay 组网、Underlay 组网、可靠性、组网自动化等几个基础的网络技术部分。在基础网络技术的支撑下，SD-WAN 可以实现更高级的网络业务功能，比如访问因特网、VPN 隔离、与传统站点互通、访问公有云以及 POP 组网等功能，如图 3-11 所示。

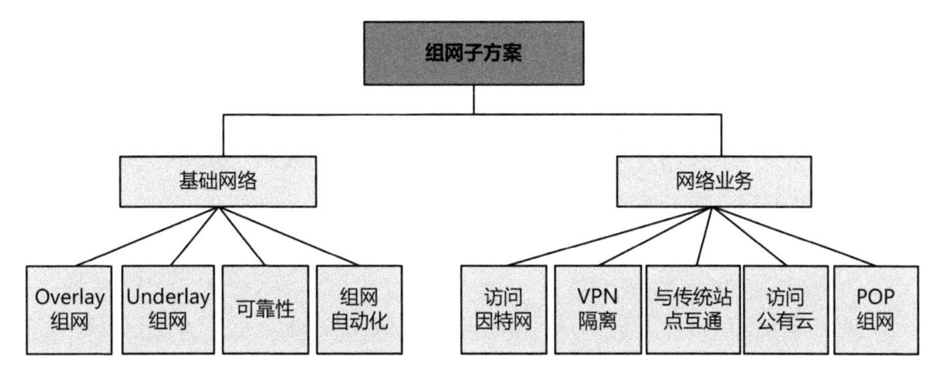

图 3-11　组网子方案

基础网络具体包括以下内容。

- Overlay组网。SD-WAN组网主要基于Overlay技术构建，用于连接各种类型的站点。Overlay技术主要是面向企业站点的WAN侧，需要支持专线、MPLS、因特网和LTE等多种WAN连接技术的混合WAN。
- Underlay组网。Overlay需要借助Underlay网络实现互通，Underlay组网是指Edge和GW在物理网络中的连接，物理网络需要支持混合WAN，即支持多种类型的WAN链路。
- 可靠性。组网可靠性对于承载的业务至关重要。组网可靠性主要解决网络级别的可靠性以及站点级别的可靠性问题，在网络出现线路、设备故障的时候，能够有可用的备选路径，并且可以进行快速的路由收敛，以保证对承载关键业务的体验不产生影响或者减少影响至可接受的范围。
- 组网自动化。网络编排是实现组网自动化的核心技术手段，网络编排会使工作流程自动化，使网络服务能够在多个设备上进行配置，并且可以根据需要部署资源，从而使网络更加灵活、响应更加快速。

网络业务具体包括以下内容。

- 访问因特网。支持站点通过本地上网、集中上网以及上述两种方式混合上网等3种方式，以满足不同类型企业访问因特网的需求。
- VPN隔离。企业内部通常有多个不同的部门，且各部门的业务互相独立，因而网络也需要进行安全隔离。这就要求SD-WAN支持端到端的VPN隔离，从站点的Underlay组网到WAN侧的Overlay组网，再到面向用户的LAN侧网络，都需要进行网络的逻辑隔离，以保证不同的部门转发独立，互相不能访问，从而实现不同部门业务的安全隔离。
- 与传统站点互通。在SD-WAN出现之前，已经有很多的传统的非SD-WAN站点存在，这些传统的企业站点通常是通过运营商MPLS专线进行互联的，因此，企业新建的SD-WAN站点需要和这些传统站点进行互通，以保证企业WAN业务的正常运行。

- 访问公有云。公有云的流行使企业连接公有云的需求变得迫切。在SD-WAN解决方案中，企业在云中的VPC（Virtual Private Cloud，虚拟私有云）被定义为一个云站点，借助网络控制器集中的网络编排和控制，来实现企业分支站点到公有云站点的按需、自动化的连接。
- POP组网。运营商和MSP拥有自己的跨区域的高品质骨干网，但是不具备"最后一公里"的接入能力，可以通过建设SD-WAN POP组网来解决问题。一方面SD-WAN GW借助POP骨干网实现互联；另一方面，总部站点/分支站点通过SD-WAN隧道接入POP站点的SD-WAN GW，同时POP站点SD-WAN GW可以就近接入公有云。这样即可实现企业总部、分支以及公有云之间的高质量互联。

（2）应用体验子方案

应用体验子方案主要是以应用体验为核心，通过 SD-WAN 网络设备实时监控 WAN 网络质量，根据应用对 WAN 链路的 SLA 诉求，实时调整和优化应用的路径。应用体验子方案主要包含应用识别、网络质量监控以及基于应用的智能选路等技术，此外，广域优化也是重要的技术手段。

- 基于应用的智能选路。混合WAN中不同的链路具有不同的网络质量，同时，企业应用也有高价值应用和一般应用之分，不同类型的应用对于网络质量的诉求不同。在统一策略管理下，设备通过引入基于应用的智能选路能力，可以根据应用对网络的SLA诉求，实现不同应用到不同SLA的WAN链路的映射，从而有效提升网络链路的使用效率，提升企业客户的应用体验。另外，不同应用具有不同的优先级，在WAN链路发生拥塞时需要优先保证高优先级应用的业务体验，因此SD-WAN还需要支持基于应用优先级的选路功能。
- 广域优化。提升链路的传输效率，一方面要最大效率地利用已有WAN链路的带宽，提升网络的传输效率；另一方面要在网络传输质量发生劣化时，比如出现丢包的情况时，仍然能够保证应用的体验。因此，广域优化技术的部署尤为重要。

（3）安全子方案

安全是 SD-WAN 的重要诉求。由于因特网逐渐成为 SD-WAN 主要的组网技术之一，以及越来越多的企业开始使用基于因特网的应用，如分支站点上网以及企业通过因特网访问 SaaS 业务等，这些都给企业部署 SD-WAN 后的系统安全和业务安全带来了新的、巨大的挑战。

SD-WAN 基于零信任的原则，从网络控制器的安全、企业在 WAN 传输的数据安全以及用户访问因特网的业务安全等多个安全角度全面考虑，构建全方位的

SD-WAN 安全防护体系。

（4）运维子方案

运维是 SD-WAN 的基础特性，是整个 SD-WAN 解决方案保持正常运转的重要保证。运维子方案详细描述了解决方案运维生命周期中不同阶段的主要活动，包括在系统运行中提供告警、链路和应用的状态等关键信息的监控和可视化，以提升企业 WAN 的运维效率。

同时，运维方案还提供了网络性能的数据采集、监控分析以及可视化功能，用户可以监控网络的 SLA 质量、高价值应用的流量以及带宽统计的可视化结果。

运维子方案还提供了故障定位功能。网络控制器可以结合网络的关键告警和日志信息，以及 Ping、TraceRoute 等传统诊断工具的执行结果，分析网络故障的原因并给出故障排除建议；还可以结合大数据分析技术，提出预防性的故障定位和预警方案，从而有效提升 WAN 的运维效率。

网络控制器是 SD-WAN 的基础平台，作为基础支撑系统，它有力支撑了上述 SD-WAN 解决方案中四大子方案的可靠运转。因此，网络控制器需要具备良好的可靠性、可扩展性、安全性以及高性能等，这些主要涉及基于网络控制器单产品的构建，本书对此不详细展开。

在介绍了方案全景图和子方案划分后，本书后续部分将按图索骥，围绕四大子方案，对 SD-WAN 的原理和实现进行详细的阐述。

第 4 章
九层之台起于站点

通过前几章的介绍，相信大家已对SD-WAN的系统架构、基本组件、运转机制以及解决方案全景有了一定的了解。如果把部署SD-WAN解决方案比作建造一座楼阁的话，了解SD-WAN解决方案相当于完成了图纸的方案设计，接下来就该具体建造了。

万丈高楼平地起，部署SD-WAN要先从基础开始。站点（Site）就是SD-WAN的基础，正所谓九层之台起于站点，只有站点牢固可靠，才能连站点而成网络。本章主要介绍站点的相关内容。

| 4.1 站点类型 |

在企业 WAN 中，“站点”是一个比较宽泛的概念。通常情况下，站点指的是企业的办公场所或者关键 IT 设施的部署点，例如，企业分布在不同地理位置的分支机构是一种站点，企业的总部、数据中心同样也是一种站点。企业搭建 WAN 的最根本目的就是把各个站点连接起来，以实现站点之间的互联互通，进而开展各项业务。

从技术实现角度看，SD-WAN 解决方案将站点分为两种类型：SD-WAN 站点（SD-WAN Site）和传统站点（Legacy Site）。了解这两类站点的概念和特点，将有助于更好地理解站点间的互联互通。

（1）SD-WAN 站点

SD-WAN 站点指的是由 SD-WAN 网络控制器纳管并进行业务编排，通过 SD-WAN 技术实现互联互通的站点。在企业的总部、分支以及数据中心中，只要是被 SD-WAN 网络控制器纳管并通过部署 SD-WAN 来实现互联互通的站点，都可以被称为 SD-WAN 站点。

除了企业的总部、分支及数据中心外，还有一种形态的站点也很重要。在云化趋势的大背景下，企业的业务逐渐向云端（如公有云）迁移。从某种意义上说，云就是企业网络的延伸。无论是企业的总部还是分支，都要和公有云进行互联互通。所以从这个角度看，企业的公有云也可被看作一种特殊的站点，即云站点（Cloud Site）。

云站点有其特殊性，站点中包含大量的 VM（Virtual Machine，虚拟机），且 VM 里运行着各种应用。云站点的网络环境和企业总部或分支网络有很大的差别，因此，把公有云归属到站点形态后，还需要考虑它独特的互联互通方式，后续将详细介绍。

（2）传统站点

传统站点指的是非 SD-WAN 站点，这类站点没有被 SD-WAN 网络控制器纳管，而是采用传统的网络技术来实现彼此之间的互联。例如，传统站点通过 PE（Provider Edge，服务提供商网络的边缘设备）接入 MPLS 网络，通过 MPLS VPN 实现站点间的连接。

传统站点没有应用 SD-WAN 技术，因而严格地说不属于 SD-WAN 的范畴，但是它与 SD-WAN 站点之间也有相互通信的需求，后续将详细介绍 SD-WAN 站点与传统站点间的通信方式。

4.2　CPE 是站点"代言人"

为了实现 SD-WAN 站点间的互联互通，需要部署实际的网络设备，也就是在第 3 章中提到的边缘设备。当然，这种边缘设备还有一个更为通用的名字，那就是 CPE，即用户终端设备。从某种意义上说，CPE 就代表着站点，是站点在网络设备层面的具体体现。

不同的 SD-WAN 站点其业务需求也不相同，CPE 若想更好地代表站点，除了自身形态要匹配站点的业务模型外，还要适配站点的网络环境，从而更好地为站点服务。

4.2.1　CPE 的形态

1. 硬件形态

CPE 作为一种网络设备，最早是以硬件盒子的形态部署于站点中的。从硬件角度来看，CPE 中通常会包含主板、接口卡、多核 CPU 以及各种硬件组件。从软件功能的角度来看，CPE 会提供二层交换和三层路由的功能以用于连接站点的内网和外网。一般把以上这种 CPE 称为传统 CPE（Traditional CPE）。需要注意的是，这里的传统 CPE 是相对 CPE 的形态而言的，不是指传统站点中才用到 CPE，这一点不能混淆。

随着企业业务类型的增加，基本的路由转发功能已经不能满足企业的业务需求，企业需要部署安全、广域加速、负载均衡等业务。然而这些业务的使用均需要购买相应的专有硬件设备，进而导致业务部署的过程非常复杂，且多种类型的设备也不便于维护。

随着云计算和 NFV 技术的发展，云化和虚拟化成为不可阻挡的趋势，传统的专有硬件设备都已经具备了软件化的形态，安全、广域加速、负载均衡等功能则可以通过 VNF 的形式提供。如果能将这些功能都装进 CPE，则既能降低设备的成本和能耗，又能实现灵活快速的业务发放。

这样就产生了一个新的 CPE 形态——uCPE。虽然 uCPE 仅是一个硬件的盒子，但是防火墙、广域加速、负载均衡等网络功能都以 VNF 的形式运行在 uCPE 中。uCPE 的架构如图 4-1 所示。

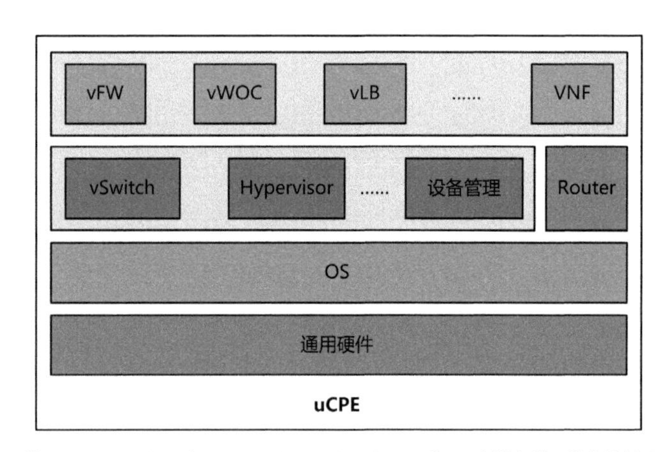

注：vWOC即virtual WAN Optimization Controller，虚拟广域网优化控制器；
vLB即virtual Load Balance，虚拟负载均衡。

图 4-1　uCPE 的架构

把上述网络功能都装进 uCPE 后，就必须要考虑两个问题：一是这些网络功能如何部署，二是这些网络功能如何工作。

先来看第一个问题，在 SD-WAN 解决方案中，网络控制器作为“大管家”，可以把这些 VNF 形式的网络功能都安排妥当。网络控制器会对这些 VNF 进行生命周期管理，以实现业务的快速发放，从而帮助企业用户获得按需随取的网络服务。

再来看第二个问题，uCPE 中的网络功能在逻辑上是以独立的形态存在的，那么这些网络功能如何处理进入 uCPE 的业务流量呢？解决这个问题还是要依靠网络控制器来统筹。网络控制器通过编排业务链来对业务流量进行处理。所谓编排业务链，指的是按照业务流量诉求把多个 VNF 功能串联在一起，且不同的业务流量可能经过不同的网元。

如图 4–2 所示，从 LAN 侧接口进入 uCPE 的业务流量依次经过 vFW 和 vWOC（virtual WAN Optimization Controller，虚拟广域网优化控制器）的处理后，从 uCPE 的 WAN 侧接口发出。同理，从 WAN 侧接口进入的回程业务流量也是经过业务链的处理后从 LAN 侧接口发出的。

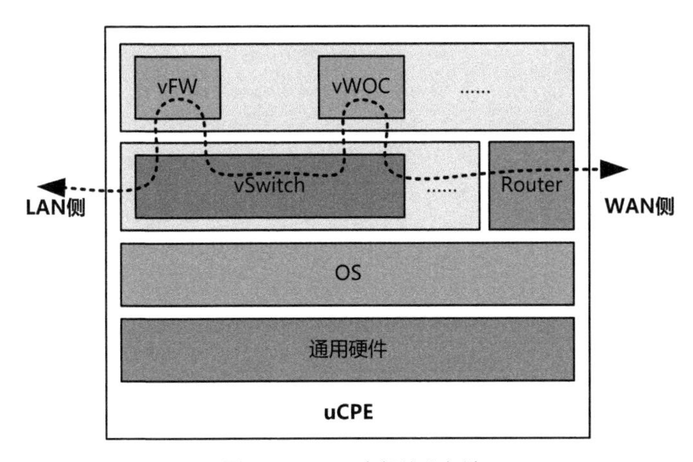

图 4-2　uCPE 内部的业务链

2. 软件形态

企业业务逐步向云上迁移，这就要求承载业务的网络设备也要与时俱进，向软件化、虚拟化的方向发展。在这种背景下，传统 CPE 又演进出了新的形态。

把传统 CPE 中的网络功能从硬件盒子中抽离出来，通过纯软件的方式来实现，使软件与硬件彻底解耦，这样的新 CPE 形态被称为 vCPE。vCPE 可以代替专用的硬件设备，并通过软件的方式来实现传统 CPE 的功能。该方式有利于更轻松、更快速地部署业务，同时增强了业务的可伸缩性和可扩展性，降低了部署和运营成本。

由于没有硬件盒子的束缚，部署 vCPE 可以像安装软件一样灵活，能够以 VNF 的形式运行在通用服务器、公有云以及 uCPE 中，如图 4–3 所示。

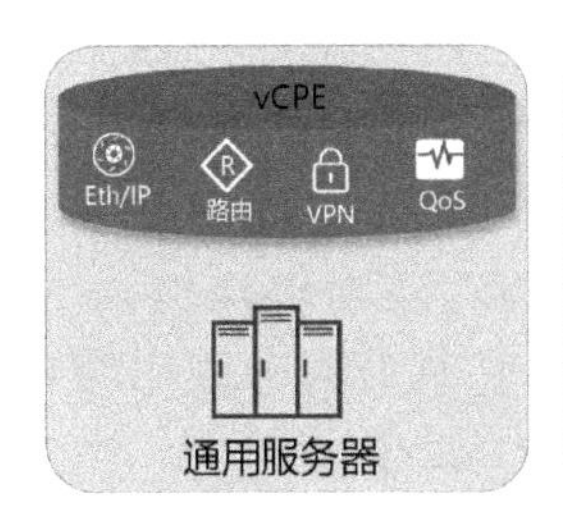

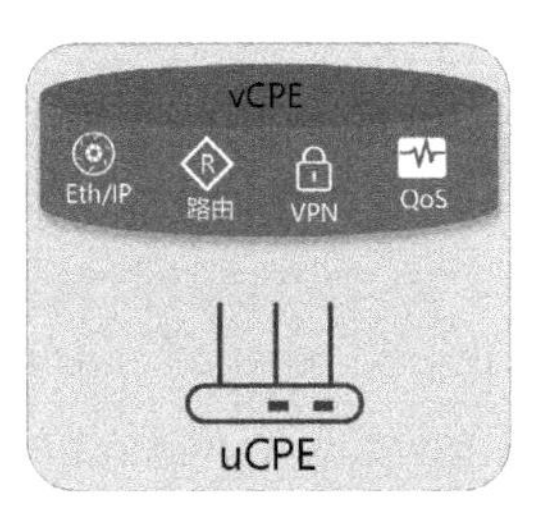

图 4-3　vCPE 运行场景

综上所述，在 SD-WAN 解决方案中，CPE 可以是硬件形态的传统 CPE 和 uCPE，也可以是软件形态的 vCPE。这几种类型的 CPE 虽然名字相似，但是使用场景不尽相同。例如，传统 CPE 和 uCPE 可以部署在企业总部及分支和数据中心站点，vCPE 则可以部署在公有云站点，如图 4-4 所示。实际部署时，可根据站点的组网环境和业务需求灵活选择 CPE 的形态。

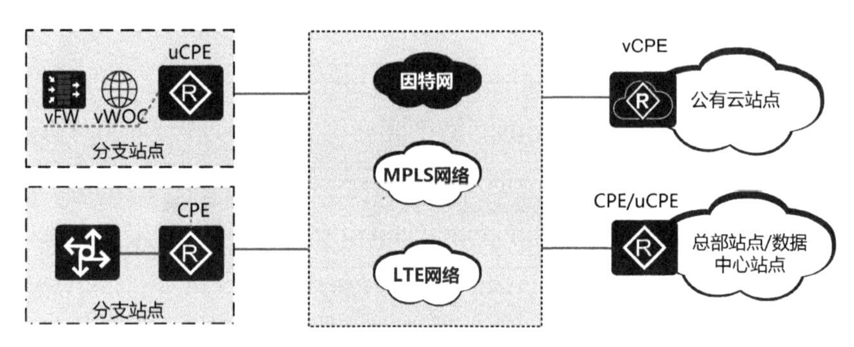

图 4-4　不同形态的 CPE 部署

4.2.2　CPE 连接站点内外

CPE 作为站点的交通枢纽，其作用主要体现在对内和对外两个方面，对内指的是 CPE 连接站点的内网，对外指的是 CPE 连接站点的外网，如图 4-5 所示。

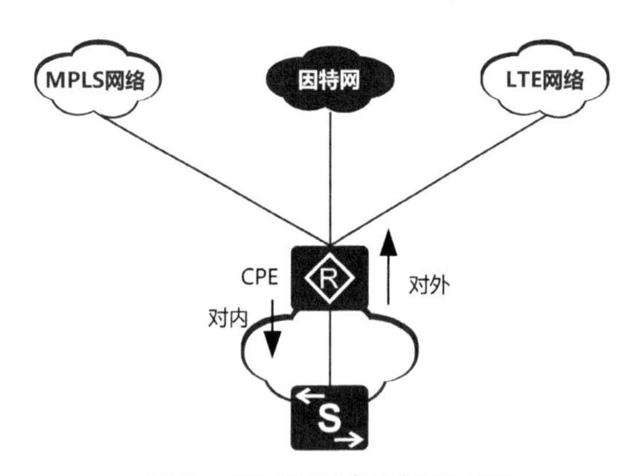

图 4-5　CPE 连接站点的内网和外网

为了描述 CPE 对内和对外两个方面的连接情况，这里再次提及 WAN 和 LAN。将 CPE 对外的一侧称为 WAN 侧连接，将 CPE 对内的一侧称为 LAN 侧连接，CPE 在 WAN 侧和 LAN 侧的连接情况各不相同，具体如下。

WAN 侧的连接情况是：SD-WAN 解决方案支持混合 WAN 链路，即站点可以通过多种类型的链路接入 WAN，所以 CPE 的 WAN 侧连接主要考虑的是多种类型链路的接入以及 CPE 对不同类型接口的支持情况。

LAN 侧的连接情况是：CPE 的 LAN 侧所面对的就是站点的内网，通常 CPE 会作为站点内网的网关，内网发送到 WAN 的流量都会经由 CPE 转发，因此，CPE 的 LAN 侧连接要考虑是使用二层连接还是三层连接的方式，以及 CPE 的可靠性问题。

以下分别介绍 WAN 侧和 LAN 侧的具体连接方式。

1. WAN 侧连接

CPE 的 WAN 侧连接主要考虑多条链路接入 WAN 的情况，这是因为混合 WAN 链路是 SD-WAN 解决方案的基本特征之一，且多条链路也为站点间的互联互通提供了更多的选择。根据站点所处的网络环境的实际情况，CPE 的 WAN 侧连接有多种方式，下面将从简入繁，依次分析。

（1）单站点单 WAN 链路

站点只通过 MPLS 链路或只通过因特网链路接入，如图 4-6 所示。在该场景中，CPE 的 WAN 侧连接比较简单，仅通过 1 条链路连接到 MPLS 网络或因特网即可。

（2）单站点双 WAN 链路

站点通过 MPLS 网络和因特网接入 WAN，对 CPE 来说，其 WAN 侧有两个接口分别连接 MPLS 链路和因特网链路，如图 4-7 所示。

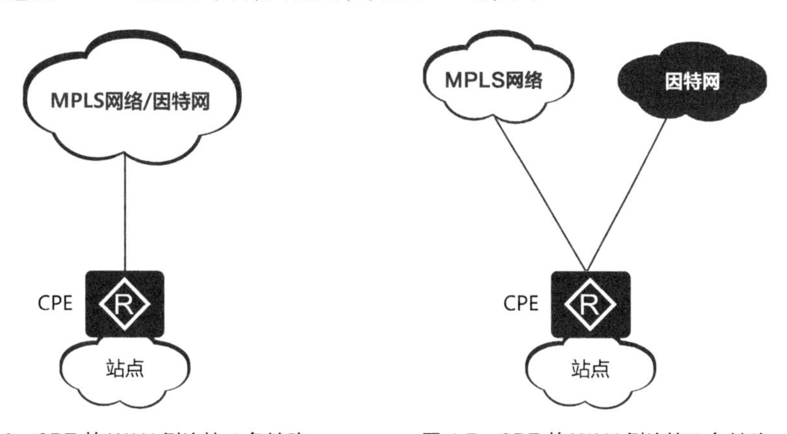

图 4-6　CPE 的 WAN 侧连接 1 条链路　　图 4-7　CPE 的 WAN 侧连接 2 条链路

（3）单站点多 WAN 链路

在两条链路的基础上，再增加一条链路，形成多 WAN 链路的接入方式。由于多一条链路就多了一种选择，因而在可靠性方面也多了一份保障。例如，在已有的 MPLS 链路和因特网链路的基础上，在 CPE 的 WAN 侧再增加一条 LTE 链路，如图 4-8 所示。

通常情况下，LTE 链路按流量收费，且一般作为逃生链路来使用。所谓逃生链路，是指最后的生存链路，其优先级最低，只有当主备链路全失效时，流量才会通过逃生链路进行转发。逃生链路的存在为业务保留了最后的一线生机，在一定程度上提高了站点的可靠性。

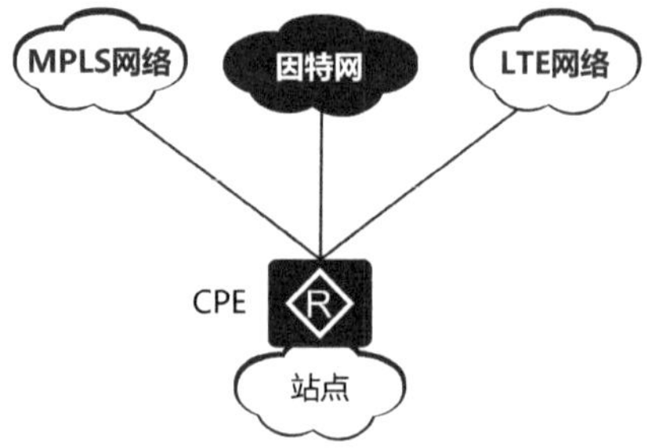

图 4-8　CPE 的 WAN 侧连接 3 条链路

（4）单站点双 CPE

从设备可靠性的角度来考虑，站点中如果仅有单台 CPE，则存在单点故障的风险，也给站点的稳定性带来了隐患。如果仅有的单台 CPE 发生故障，整个站点就失去了对外的代表，也就无法与外界通信了。

SD-WAN 解决方案支持在站点中部署两台 CPE，形成单站点双 CPE（网关）的组网，如果其中一台 CPE 发生故障，另一台 CPE 可以接替其工作，这样就保证了站点的可靠性。

如图 4-9 所示，站点中有两台 CPE，每台 CPE 的 WAN 侧可以分别连接 MPLS 网络和因特网，共 2 条链路，或者分别连接 MPLS 网络、因特网和 LTE 网络，共 3 条链路。

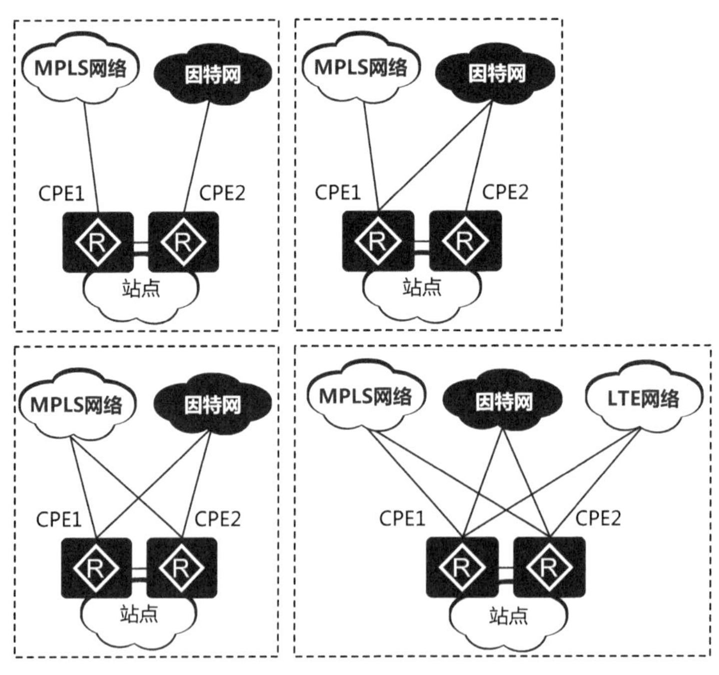

图 4-9　单站点双 CPE 的 WAN 侧连接

需要注意的是，在单站点双CPE的组网中，两台CPE之间通常也会进行互联，并通过互联链路转发业务流量以及同步业务信息。双 CPE 之间互联的具体实现方式相对来说比较复杂，在下文中会详细介绍。

2. LAN 侧连接

CPE 在 LAN 侧面对的是站点的内网，其具体的连接情况与站点内部的实际网络环境相关。通常情况下，CPE 会作为站点内网的网关，此时，CPE 是通过二层方式还是三层方式与站点内网连接，是 LAN 侧连接要考虑的主要问题。下面分别介绍二层方式和三层方式。

（1）二层方式

如果站点的规模较小，内网结构比较简单，CPE 就可以通过二层方式连接站点的内网，如图 4-10 所示。

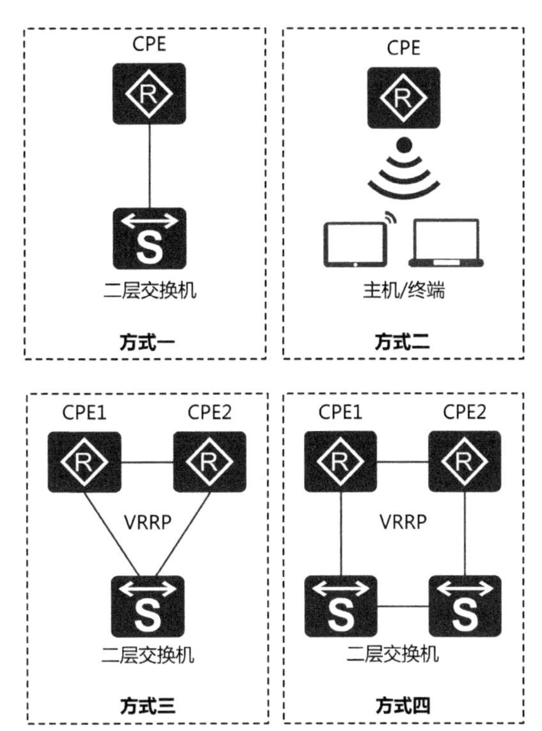

图 4-10　CPE 的 LAN 侧二层连接

CPE 的 LAN 侧二层连接场景中的各个连接方式简要介绍如下。

方式一：站点中只部署了一台 CPE，CPE 可以直接连接站点内的二层交换机。

方式二：站点中只部署了一台 CPE，CPE 可以通过 WLAN（Wireless Local Area Network，无线局域网）的方式直接连接站点内的主机或终端。

方式三：站点中部署了两台 CPE，CPE 与站点内的一台二层交换机相连。通常两台 CPE 上会部署 VRRP，使用 VRRP 虚拟地址作为站点内网的网关地址，以提高网络的可靠性。

方式四：站点中部署了两台 CPE，CPE 与站点内的两台二层交换机相连。同样，两台 CPE 上会部署 VRRP，以提高网络的可靠性。

（2）三层方式

对于规模较大的站点，由于其内部有着较复杂的网络结构，因而 CPE 会通过三层方式连接站点的内网，并根据站点内网的实际情况配置相应的路由协议，以实现与站点内设备的互通，如图 4-11 所示。

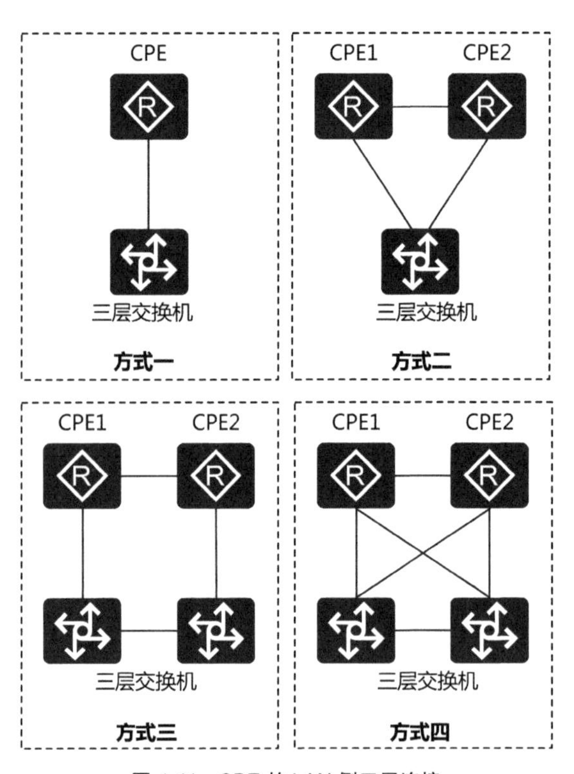

图 4-11　CPE 的 LAN 侧三层连接

CPE 的 LAN 侧三层连接场景中的各个连接方式简要介绍如下。

方式一：站点中只部署了一台 CPE，CPE 可以直接连接站点内的三层交换机，并通过路由协议实现互通。

方式二：站点中部署了两台 CPE，CPE 与站点内的三层交换机相连，并通过路由协议（如静态路由、OSPF、BGP 等）实现互通。

方式三：站点中部署了两台 CPE，CPE 与站点内的两台三层交换机相连，并组成口字形组网。此外，CPE 也要根据站点内网的实际情况配置相应的路由协议，如静态路由、OSPF、BGP 等，以实现互通。

方式四：站点中部署了两台 CPE，CPE 与站点内的两台三层交换机相连，并组成双归组网。同样，CPE 与三层交换机要配置路由协议，如静态路由、OSPF、BGP 等，以实现互通。

在用三层方式连接站点内网的场景下，为了避免路由环路，在配置路由时要遵循一定的原则，例如，LAN 侧学习到的路由不再向 LAN 侧发布等。通常情况下，路由原则会由网络控制器自动编排，网络管理员无须干预。

4.2.3　CPE 互联构建双网关

为了提高站点的可靠性，通常会在站点中部署两台 CPE，形成单站点双 CPE（即单站点双网关）的组网场景，以避免单台 CPE 故障导致的站点业务中断。

在单站点双 CPE 的组网场景中，主要存在应用识别、应用选路、站点级 QoS、广域优化等业务方面的挑战，如图 4–12 所示。

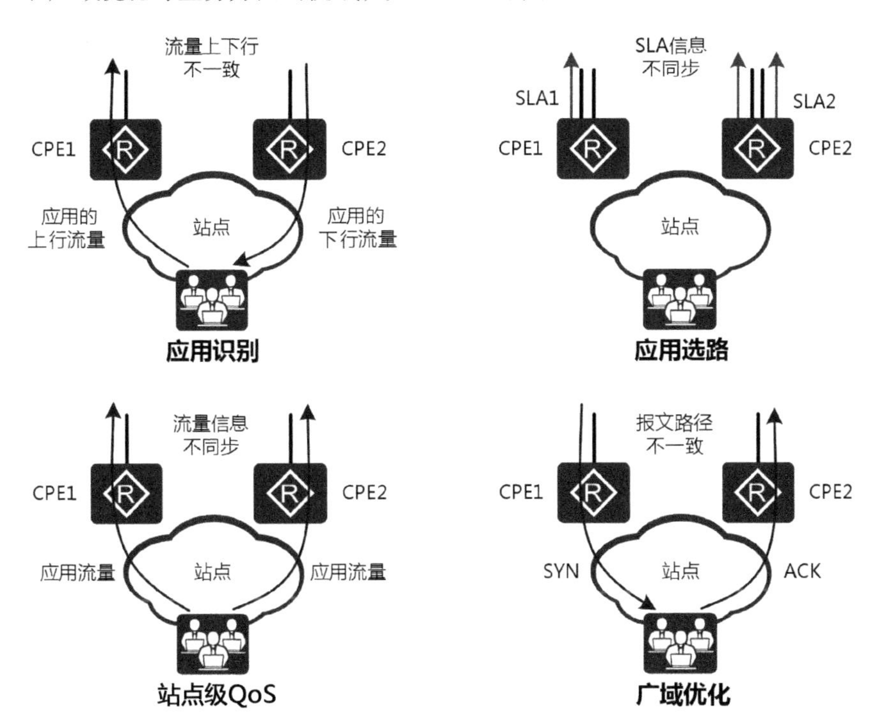

图 4-12　单站点双 CPE 组网场景面临的挑战

（1）应用识别。对于有些应用，CPE 需要综合分析该应用的上下行流量才能将其准确识别。如果应用的上行流量和下行流量经由站点内不同的 CPE 转发，则 CPE 将无法识别该应用。

（2）应用选路。站点内每台 CPE 可能连接多条不同的链路，两台 CPE 无法获取对方设备上所有链路的 SLA，因而无法进行应用选路。

（3）站点级 QoS。对站点部署的 QoS 进行流量限制时，两台 CPE 无法获取对方设备上流量的带宽信息，因而无法准确限制站点的总流量。

（4）广域优化。对 TCP 流量进行广域优化时，CPE 需要接收 TCP 流量的 ACK 报文，如果 TCP 流量来回路径不一致，则会导致 TCP 流量中断。

为了应对这些挑战，在单站点双 CPE 的组网场景中，不能从单设备的角度部署业务，而是要从站点的角度出发，将站点内两台 CPE 上的链路作为一个整体考虑，统一供两台 CPE 使用。

因此，在 SD-WAN 解决方案中，要将两台 CPE 看作一台设备，且两台 CPE 之间要通过互联链路连接起来，并同步关键信息以及转发业务流量，如图 4-13 所示。

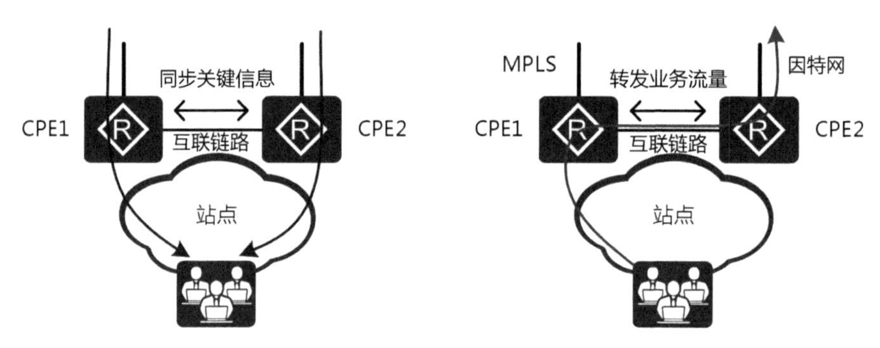

图 4-13　单站点双 CPE 间的互联链路

（1）同步关键信息。互联链路的作用之一是同步两台 CPE 上的关键信息，包括路由信息、链路信息、隧道连接信息、隧道连接的 SLA 信息、流量带宽信息、应用识别结果信息等。同步这些信息后，两台 CPE 上的业务信息达成一致，因而可统一看待两台 CPE 上的资源，以实现站点级 QoS、跨 CPE 选路等业务场景。

（2）转发业务流量。互联链路的另一个作用是在两台 CPE 之间重定向业务流量，以实现跨 CPE 的流量转发。例如，假设 CPE1 连接 MPLS 链路，CPE2 连接因特网链路，针对应用 A 配置了选路策略，要求其流量经过因特网链路转发。此时，如果应用 A 的流量到达 CPE1，那么 CPE1 会根据选路策略将该流量通过互联链路转发至 CPE2，然后再从 CPE2 的因特网链路发出。此外，通过互联链路进行流量重定向，也可以解决应用识别和广域优化场景中应用流量的来回路径不一致的问题。

4.3　CPE 的关键能力

从功能和性能的角度看，CPE 的演进过程大致分为 3 个阶段，从功能单一的传统 CPE 发展到多业务处理的融合 CPE，再到高性能转发的 SD-WAN CPE，如图 4-14 所示。

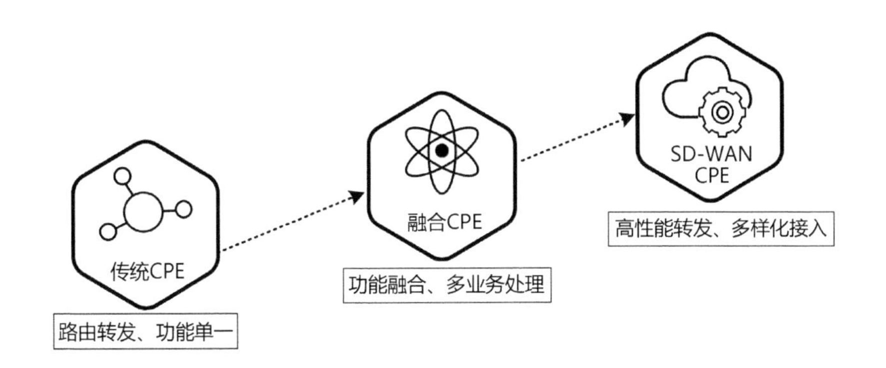

图 4-14　CPE 演进过程

下面对 CPE 演进过程的 3 个阶段进行详细的介绍。

（1）传统 CPE

传统 CPE 具备基本的路由能力，通常只是作为网关设备，提供路由转发功能，起到连通站点内外网的作用。

（2）融合 CPE

在传统 CPE 能力的基础上，融合 CPE 集成了 Wi-Fi、QoS、VPN、防火墙等功能，提供多业务综合处理能力。

（3）SD-WAN CPE

除了基本的路由、交换能力之外，SD-WAN CPE 还应提供以应用为核心的业务处理能力，提供应用识别、智能选路、多种 VPN、QoS、安全等业务功能，这就要求 SD-WAN CPE 必须具备高性能转发能力。此外，为了适配不同的 WAN 接入环境，SD-WAN CPE 还需具备多样化接入能力。下面对高性能转发能力与多样化接入能力进行详细的介绍。

1. 高性能转发能力

从传统的企业 WAN 发展到 SD-WAN，CPE 的性能瓶颈是制约 SD-WAN 规模化商用部署的关键因素。如图 4-15 所示，传统 CPE 进行 WAN 连接时，其“日常”工作主要是进行一层～三层报文转发处理，如路由、QoS、VPN 等；而

SD-WAN CPE 的“日常”工作是以应用为核心的三层～七层全业务处理，提供应用识别、多场景连接、动态链路调整、VPN& 多 VAS、简化运维等不同功能，保障业务无拥塞。

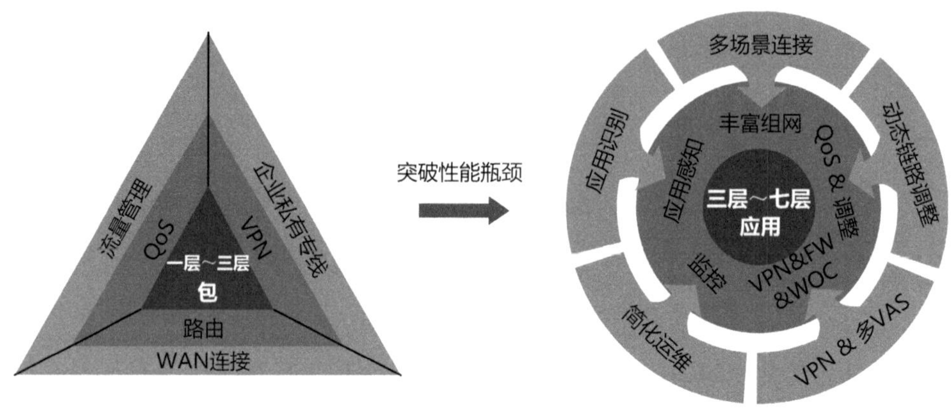

图 4-15　CPE 需要突破的性能瓶颈

SD-WAN CPE 必须要突破性能的瓶颈，具备三层～七层全业务高性能处理能力，这对 CPE 的系统架构提出了很高的要求。通常，高性能的 SD-WAN CPE 应基于多核 CPU 和 NP 构建无阻塞交换架构，具备多种硬件加速能力，以保证业务处理顺利进行。典型的 SD-WAN CPE 系统架构如图 4-16 所示。

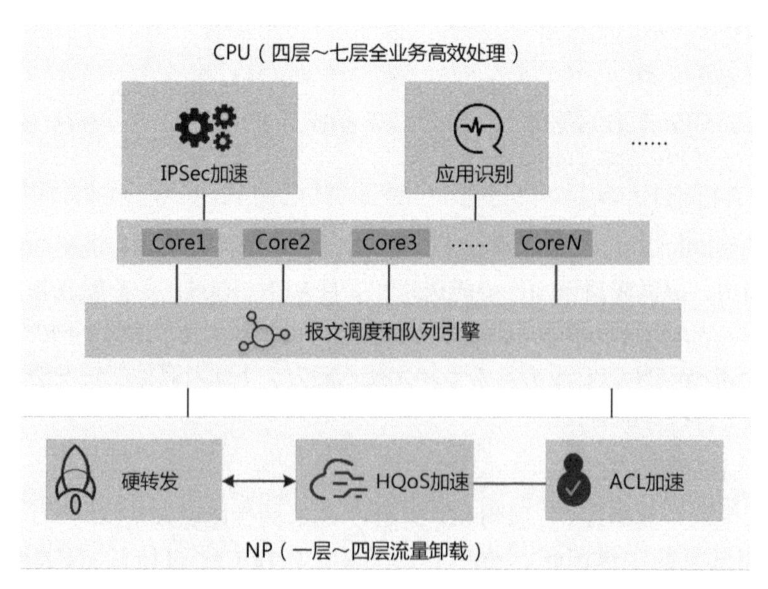

图 4-16　典型的 SD-WAN CPE 系统架构

高性能 SD-WAN CPE 的系统架构应具备如下特点。

（1）基于多核 CPU+NP 异构架构

异构架构指的是多种计算单元的搭配、集成和融合。通常情况下，异构架构的芯片中既有 CPU 等传统的通用计算单元，也有高性能的专用计算单元。SD-WAN CPE 的系统架构就是由多核 CPU 和专用的计算单元 NP 组成的异构架构。

多核 CPU 指的是在一枚处理器中集成多个完整的计算引擎，即内核。每个内核都具有独立的逻辑结构，包括缓存、执行单元、指令级单元和总线接口等逻辑单元，且这些内核间通过高速总线、内存共享进行通信。多核 CPU 实现了多个内核并发处理，大幅提升了 CPU 的整体处理能力。同时，通过专有的报文调度和队列引擎提高了四层～七层业务流量的处理效率，保证多核业务处理不会拥塞。

NP 是一种专门应用于通信领域网络数据报文处理的可编程器件，它融合了 CPU 的灵活性和 ASIC（Application Specific Integrated Circuit，专用集成电路）的高性能特点，具有很强的硬件并行处理能力。在系统架构中引入独立的 NP 以实现硬件转发，支持一层～四层流量卸载，即可将一层～四层流量从 CPU 分流到 NP 进行处理，从而减轻 CPU 的负担，提升整体的转发能力。

基于多核 CPU+ 独立 NP 的异构架构使 CPU 和 NP 之间协同计算、彼此加速，从而突破 CPU 的性能瓶颈，有效解决了能耗、可扩展性等问题，并且增强了 CPE 的处理性能，是实现高性能 SD-WAN CPE 的基础。

（2）丰富的硬件加速引擎

除了多核 CPU+NP 的异构架构，高性能的 SD-WAN CPE 还应内置丰富的硬件级智能加速引擎，如 IPSec 加速引擎、应用识别加速引擎、HQoS 加速引擎和 ACL 加速引擎等。有了这些加速引擎后，就可以将计算量非常大的工作分配给加速引擎来处理，以减轻 CPU 的工作量。通过硬件加速引擎来有针对性地完成大量计算工作的优势非常显著，可以提升系统整体的处理性能，保证在关键业务高并发时处理性能不会下降。

2. 多样化接入能力

SD-WAN 进入市场实施期后，业界从关注“SD”（软件定义）发展到聚焦“WAN”部署细节。在这个背景下，CPE 的 WAN 侧接入能力就显得尤为重要，这也是 CPE 实现灵活组网的前提。

WAN 协议有很多种，不同站点的网络环境所支持的接入方式也各有差异。如果 CPE 只支持单一的接口类型，就只能通过单一的方式接入 WAN，这将难以适配站点的网络环境。因此，CPE 必须要支持丰富的接口类型，以适配各种接入环境，如表 4-1 所示。

表 4-1　CPE 应支持的接口类型

接口类型		说明
低速接口	Serial 接口	Serial 接口是串行接口，是最常用的 WAN 侧接口之一，可以工作在同步或异步模式下，又称作同异步串口。它工作在同步模式下时，支持配置 PPP（Point-to-Point Protocol，点到点协议）等链路层协议；工作在异步模式下时，支持配置异步串口工作参数（如停止位、数据位等）
	Async 接口	Async 接口是专用异步串口，是最常用的 WAN 侧接口之一，支持配置 PPP 等链路层协议，支持配置异步串口工作参数（如停止位、数据位等）
	CE1/PRI 接口	CE1/PRI 接口是 E1 系统的物理接口，可以以 E1 方式（非通道化方式）和 CE1/PRI 方式（通道化方式）工作，可以进行语音、数据和图像信号的传输
	CT1/PRI 接口	CT1/PRI 接口是 T1 系统的物理接口，可以进行语音、数据和图像信号的传输
	E1-F/T1-F 接口	E1-F/T1-F 接口是指部分通道化 E1/T1 接口，分别是 CE1/PRI 或 CT1/PRI 接口的简化版本，可以利用 E1-F/T1-F 接口来满足简单的 E1/T1 接入需求
ISDN BRI 接口		ISDN BRI 接口用于接入 ISDN（Integrated Service Digital Network，综合业务数字网），支持配置 IP 地址，支持配置 PPP 等链路层协议
xDSL 接口	ADSL 接口	ADSL（Asymmetric Digital Subscriber Line，非对称数字用户线）接口利用了普通电话线中未使用的高频段，能在一对普通铜双绞线上提供不对称的上下行速率，从而实现数据的高速传输
	G.SHDSL 接口	G.SHDSL（Single-pair High-bit-rate Digital Subscriber Loop，单线对高比特率数字用户线）接口利用了普通电话线中未使用的高频段，能在一对普通铜双绞线上提供对称的上下行速率，从而实现数据的高速传输
	VDSL 接口	VDSL（Very high-bit-rate Digital Subscriber Line，甚高比特率数字用户线）接口是在 DSL 的基础上集成各种接口协议，通过复用上传和下传管道来获取更高的传输速率
POS 接口 /CPOS 接口		POS 接口使用 SONET（Synchronous Optical Network，同步光纤网络）/SDH 物理层传输标准，来提供一种高速的、可靠的、点到点的 IP 数据连接。CPOS 接口是通道化的 POS 接口，充分利用了 SDH 的特点，主要用于提高设备对低速接入的汇聚能力
以太网接口		以太网接口是应用最为广泛的接口类型，包括 FE（Fast Ethernet，快速以太网）接口、GE（Gigabit Ethernet，吉比特以太网，也称千兆以太网）接口、10GE（万兆以太网）接口，可以处理三层协议，并提供路由功能
PON 接口		PON（Passive Optical Network，无源光网络）是一种纯介质网络，利用光纤以实现数据、语音和视频的全业务接入。PON 接口主要包括 EPON（Ethernet PON）接口和 GPON（Gigabit PON）接口，可以提供高速率的数据传输
3G/LTE 接口		3G 接口是支持 3G 技术的物理接口，提供企业级的无线 WAN 接入服务；LTE 接口是支持 LTE 技术的物理接口，相比 3G 技术，LTE 技术可以提供更大带宽的无线广域接入服务
5G 接口		5G 接口是支持 5G 技术的物理接口，通过 5G 技术实现高速的、可靠的无线广域接入

| 4.4　CPE 即插即用 |

企业如果想上线一个新的站点，就必须部署 CPE。CPE 作为一种网络设备，要经过配置调测才能正常工作。该操作过程常被称作开局。在传统的 WAN 环境下，CPE 的部署过程面临诸多的问题，例如，部署 CPE 的技术门槛较高，往往需要专业的技术人员到现场操作；手工配置 CPE 易出错，存在误操作的风险，部署效率低下；等等。这些问题导致企业的站点无法快速上线，使企业在商业竞争中处于下风，也深深困扰着企业的 IT 管理人员。

企业的 IT 管理人员期望能有一种简单快速的 CPE 部署方式。该方式使开局人员不需要进行烦琐的操作，也不需要掌握太多的专业技能，只需给 CPE 接通电源并插上网线，就能让 CPE 自动开局并完成配置，让站点快速上线，让业务即刻开通。采用该种 CPE 部署方式，在站点中“随便”找一个非专业人员就能完成站点的上线，这样就可以减轻企业 IT 管理人员的工作负担。

幸运的是，SD-WAN 解决方案的出现让以上期望成为现实。SD-WAN 解决方案提供了业务自动开通、站点快速上线的功能：ZTP（零配置开局）。它的字面意思已表达出了 IT 管理人员对于快速便捷部署 CPE 的期盼。其实，它还有另一层通俗易懂的含义，那就是“即插即用”，即给 CPE 接通电源并插上网线后，它就能工作了。

那么在 SD-WAN 解决方案中，具体是如何做到 CPE 即插即用、站点快速上线的呢？下面就来进一步分解即插即用的招式。

4.4.1　招式分解

首先来整体审视一下 SD-WAN 解决方案中 CPE 的部署流程。从 CPE 所处的位置来看，部署 CPE 的流程分两个阶段：第 1 个阶段，CPE 在被邮寄到站点之前，一般会处于企业的数据中心内或运营商 /MSP 的库房中；第 2 个阶段，CPE 在被邮寄到站点之后，一般会位于站点之中。

采取传统的开局方式时，通常只在第 2 个阶段进行操作，即 IT 管理人员在站点中对 CPE 进行配置调测，然后将 CPE 接入 WAN 中。在 SD-WAN 解决方案中，有了网络控制器这个集中管控系统，就可以实现 CPE 的自动上线注册和业务配置。具体来说，在第 1 个阶段，可以将 CPE 的信息和业务配置录入网络控制器中；在第 2 个阶段，可以让 CPE 自动与网络控制器建立联系，然后由网络控制器向 CPE 下发业务配置，从而使 CPE 接入 WAN 中。这里所谓的 CPE 即插即用，指的就是在第 2 个阶段，只需站点中的开局人员进行少量的简单操作，就可以实现 CPE 的接入。

在第 2 个阶段，CPE 要想自动与网络控制器建立联系，并且由网络控制器向 CPE 下发业务配置，就必须满足如下几个条件，如图 4–17 所示。

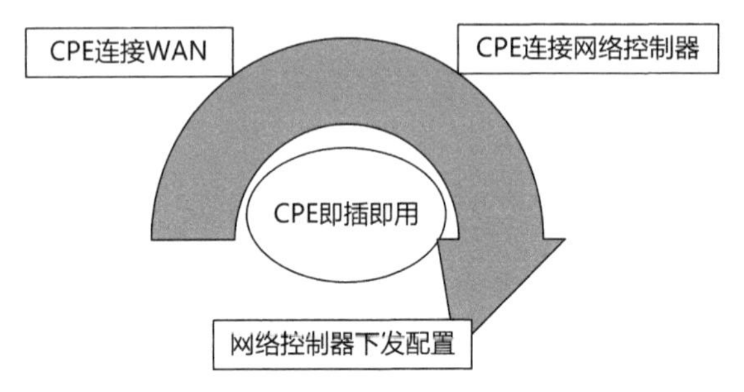

图 4-17　实现 CPE 即插即用要满足的条件

（1）CPE 连接 WAN

CPE 与外界进行通信的前提是 WAN 侧接口要有 IP 地址，而该 IP 地址不能由站点人员通过 CLI 等方式手工配置，否则就背离了即插即用的原则。那么，有什么方法可以让 CPE 的 WAN 侧接口获取 IP 地址呢？答案是借助网络控制器这个大管家。

在 SD–WAN 解决方案中，网络控制器纳管着所有的站点和 CPE，所以在 CPE 被邮寄到站点之前，管理员可以先在网络控制器上把 CPE 的 WAN 侧接口信息设置好。依据站点的实际网络环境，可以设置静态的 IP 地址和 WAN 侧的默认网关等参数，或者设置动态获取 IP 地址的参数信息。

此外，网络控制器上设置的配置信息还要传递给 CPE，并让 CPE 加载这些配置。常用的传递配置信息的方式有两种：U 盘方式，即将存有配置信息的 U 盘插入 CPE，由 CPE 读取并加载 U 盘中的配置信息；邮件方式，即向站点的开局人员发送包含配置信息的邮件，由 CPE 读取并加载邮件中的配置信息。

（2）CPE 连接网络控制器

CPE 必须要获取网络控制器的 IP 地址，这样才能和网络控制器建立联系。与获取 WAN 侧接口 IP 地址的方式相同，CPE 也可以通过 U 盘方式或邮件方式获取网络控制器的 IP 地址。此外，如果 CPE 通过 DHCP 方式接入 Underlay 网络并且 DHCP 服务器可以配置，那么也可以通过配置 DHCP 服务器，将网络控制器的 IP 地址信息经由 DHCP Option 传送给 CPE。CPE 通过解析该 DHCP Option，获取控制器注册的 IP 地址。此外，还可以在公网上部署查询服务的注册中心服务器，待 CPE 接入后，向注册中心服务器查询网络控制器的 IP 地址，从而获取网络控制器的 IP 地址。

（3）网络控制器下发配置

如前文所述，可以预先在网络控制器上进行离线的业务设计，即在 CPE 上线前就把站点的业务都配置好，待 CPE 上线后，由网络控制器把配置下发给 CPE。这要求网络控制器能够在 CPE 上线后查找到 CPE 所属的站点，然后下发预先设置好的全量业务配置，实现业务的即刻开通。

网络控制器要通过 CPE 的身份信息来判断 CPE 所属的站点，该过程通常有两种实现方式。

第一种方式是 ESN 与站点绑定。每台 CPE 都有唯一的 ESN，因而该 ESN 可以作为 CPE 的身份标识。在网络控制器上预先将 CPE 的 ESN 与站点绑定，CPE 上线后向网络控制器出示自己的 ESN，使得网络控制器可以通过 ESN 确定 CPE 所属的站点。为了将 CPE 的 ESN 和站点相关联，可以预先在网络控制器上录入 CPE 的 ESN 并将其与站点绑定。此外，也可以采用扫码的方式，由网络控制器提供 API 与扫码系统集成，待 CPE 到达站点后，开局人员使用智能终端上的扫码 App 扫描 CPE 的条形码，向网络控制器录入 ESN，并和站点关联。

第二种方式是 ESN 与站点解耦。除了预先将 ESN 和站点相关联之外，网络控制器还可以通过向 CPE 发放临时身份标识的方式来识别 CPE 的身份信息。网络控制器先根据站点和 CPE 的对应关系生成令牌，然后通过开局邮件将令牌传递给 CPE；CPE 上线时，向网络控制器出示自己的令牌，网络控制器即可通过该令牌确定 CPE 所属的站点。待 CPE 上线后，再将其 ESN 和站点关联。

以上介绍的两种实现方式中，第一种方式需要提前获取所有 CPE 的 ESN，查询和录入 ESN 的操作过程比较烦琐，而且 CPE 要和站点严格对应，每一台 CPE 只能发到控制器上已经规划的对应站点；第二种方式则免除了预先录入和绑定 ESN 的操作，CPE 无须和站点严格对应，相对来说比较灵活。

4.4.2　开局实践

在介绍具体的开局实践之前，先来了解一下在开局过程中所涉及人员的角色和职责。

（1）网络管理员

网络管理员是网络的规划者和管理者。针对 CPE 即插即用的开局流程，网络管理员主要负责在网络控制器上进行一些开局前的准备工作，如创建站点、配置 CPE 的 WAN 侧接口信息以及其他的业务配置。

（2）设备管理员

设备管理员主要负责对 CPE 进行管理，包括向网络管理员上报 CPE 的 ESN 信息，将 CPE 邮寄到相应的站点等。在特定的开局场景中，设备管理员还会在邮寄 CPE 之前就对 CPE 进行导入初始配置的操作。

（3）站点开局人员

站点开局人员主要负责在站点中执行开局操作，并在收到设备管理员邮寄的 CPE 后，给 CPE 接通电源、插上网线，必要时还要进行少量的简单操作，如访问 URL（Uniform Resource Locator，统一资源定位符）、点击按钮等。另外，站点开局人员在开局完成后还要检查开局结果，以保证 CPE 成功上线。

根据传递信息的不同媒介，可以把开局方式分为邮件开局、注册中心开局（查询服务器）、U 盘开局和 DHCP 开局等几种方式。下面介绍这几种开局方式的具体实现过程。

1. 邮件开局

邮件开局指的是以邮件为传递信息的媒介，实现 CPE 即插即用的过程。邮件中包含了经过网络控制器特殊处理的 URL，该串 URL 指向 CPE 的管理网口的 IP 地址，且包含 CPE 的配置，如 WAN 侧接口配置、网络控制器 IP 地址，此外还有用于安全认证所必需的站点令牌等信息。CPE 管理网口的 IP 地址一般是出厂默认且固定的，因而通过管理网口的 IP 地址就可以连接到 CPE，并向 CPE 提交配置信息。

邮件开局的流程如图 4-18 所示，简要说明如下。

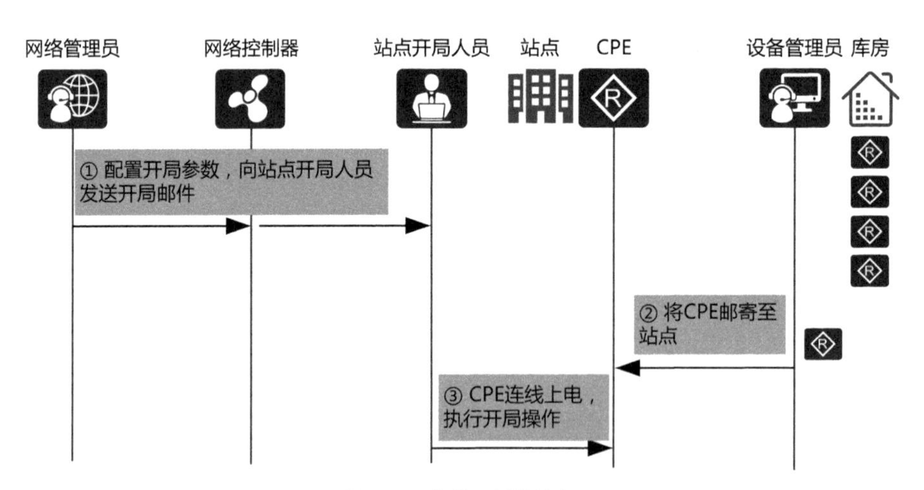

图 4-18　邮件开局的流程

步骤①　网络管理员在网络控制器上完成一系列配置，包括创建站点、设置 CPE 的 WAN 侧接口参数等，在此过程中，网络管理员可以选择录入 CPE 的 ESN，也可以选择不录入 CPE 的 ESN。如果选择不录入 ESN，则只需为站点指定 CPE 的款型，无须将 CPE 的 ESN 与站点关联。然后，网络管理员通过网络控制器向站点开局人员发送开局邮件，该邮件中所带的 URL 通常是经过加密处理的。同时，解密密码也需要告知站点开局人员，这是因为开局时会用到这个密码对 URL 进行解密。

步骤②　设备管理员将指定款型的 CPE 邮寄到相应的站点。如果在步骤①中没有录入 CPE 的 ESN，此时只需将指定款型的任意一台 CPE 邮寄到站点即可。

步骤③　站点开局人员在站点内使用开局终端（个人计算机或智能终端）接收网络管理员发送的开局邮件，依照邮件中的操作指导对 CPE 进行连线上电操作，并执行开局操作。CPE 连接网络控制器，由网络控制器根据 CPE 的令牌确定 CPE 所属的站点，再将 CPE 上报的 ESN 与站点关联起来，并向 CPE 下发该站点的业务配置。

2. 注册中心开局

注册中心开局指的是以注册中心为传递信息的媒介，实现 CPE 即插即用的过程。这里的注册中心也被称作注册查询中心，通常会部署在公网上，CPE 从注册中心获取网络控制器的 IP 地址。需要注意的是，注册中心只是解决了如何获取网络控制器的 IP 地址的问题，而 CPE 的 WAN 侧接口配置还是需要通过其他途径（如 DHCP 方式）获取。

注册中心开局的流程如图 4-19 所示，简要说明如下。

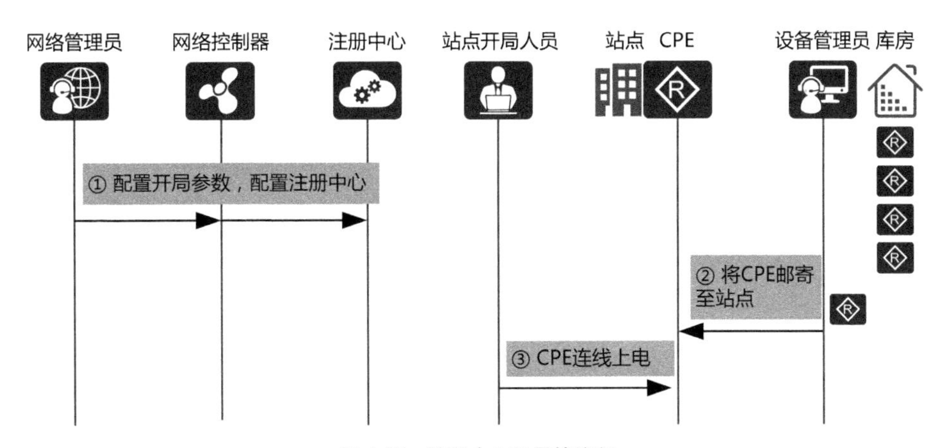

图 4-19　注册中心开局的流程

步骤①　网络管理员在网络控制器上完成一系列配置，包括录入 CPE 的 ESN、创建站点并与 CPE 关联、设置 CPE 的 WAN 侧接口参数等，然后配置注册中心的服务器，使其能够接收 CPE 的查询请求并向 CPE 响应网络控制器的 IP 地址。

步骤②　设备管理员将 CPE 邮寄至相应的站点。

步骤③　站点开局人员在站点内对 CPE 进行连线上电操作。CPE 从 DHCP 服务器获取 WAN 侧接口参数，然后通过内置的注册中心域名向注册中心发起请求，查询网络控制器的 IP 地址。CPE 获取注册中心返回的网络控制器 IP 地址后，连接网络控制器，由网络控制器根据 CPE 的 ESN 确定 CPE 所属的站点，并向 CPE 下发该站点的业务配置。

3. U 盘开局

U 盘开局指的是以 U 盘为传递信息的媒介，实现 CPE 即插即用的过程。设备管理员可以在 CPE 集中放置的地方使用 U 盘开局，也可以让站点开局人员在站点中直接使用 U 盘进行操作。通常来说，U 盘开局的方式比较适用于 CPE 批量开局的情况，即由设备管理员在库房中完成 CPE 的批量处理，然后将 CPE 分发到相应的站点，再由站点开局人员完成 CPE 的连线上电操作。

以 CPE 批量处理为例，U 盘开局的流程如图 4-20 所示，简要说明如下。

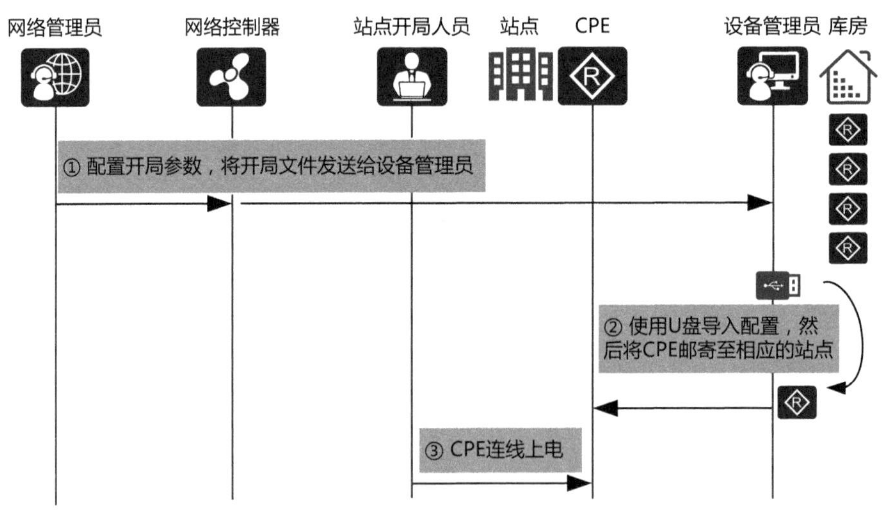

图 4-20　U 盘开局的流程

步骤①　网络管理员在网络控制器上完成一系列配置，包括录入 CPE 的 ESN、创建站点并与 CPE 关联、设置 CPE 的 WAN 侧接口参数等，然后生成 U 盘开局文件，发送给设备管理员。

步骤②　设备管理员把开局文件下载到 U 盘中，把 U 盘插入 CPE，CPE 上电启动后自动读取 U 盘里的开局文件，完成开局配置的导入，然后将 CPE 邮寄至相应的站点。

步骤③　站点开局人员在站点内对 CPE 进行连线上电操作，CPE 连接网络控制器，由网络控制器根据 CPE 的 ESN 确定 CPE 所属的站点，并向 CPE 下发该站点的业务配置。

采用 U 盘开局方式时，无论是由设备管理员在库房对 CPE 进行批量开局，还是站点开局人员在站点对 CPE 进行现场开局，都需要预先准备开局文件并将其存储在 U 盘中，该操作过程略显复杂。

4. DHCP 开局

DHCP 开局指的是以 DHCP 服务器为传递信息的媒介，实现 CPE 即插即用的过程。DHCP 服务器可以向 CPE 的 WAN 侧接口分配 IP 地址、网关等参数，还可以将网络控制器的 IP 地址、令牌信息通过 DHCP Option 报文传递给 CPE。站点开局人员在开局时只需对 CPE 进行连线上电操作即可，无须进行其他操作。必须说明的是，使用 DHCP 开局方式的前提是 CPE 通过 DHCP 接入 Underlay 网络，并且 DHCP 服务器可由网络管理员配置。

DHCP 开局的流程如图 4-21 所示，简要说明如下。

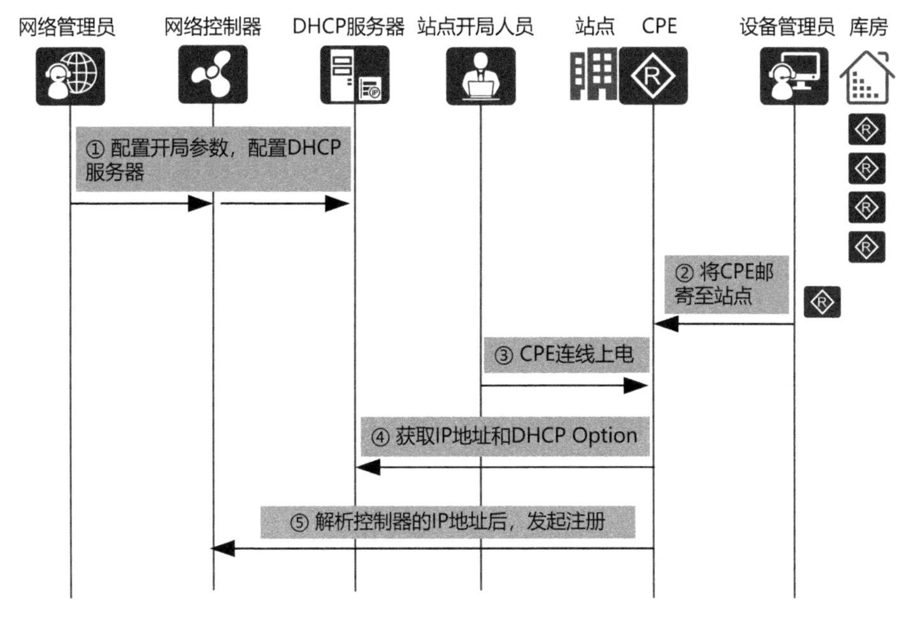

图 4-21　DHCP 开局的流程

步骤①　网络管理员在网络控制器上完成一系列配置，包括创建站点、设置 CPE 的 WAN 侧接口参数等。在此过程中，只需为站点指定 CPE 的款型，而无须将 CPE 的 ESN 与站点关联。然后，网络管理员配置 DHCP 服务器，使其能够通过 Option 148 向 CPE 传送网络控制器的 IP 地址、令牌等信息。

步骤②　设备管理员将指定款型的 CPE 邮寄到相应的站点。

步骤③　站点开局人员在站点对 CPE 进行连线上电操作，CPE 从 DHCP 服务器获取 WAN 侧接口参数、网络控制器 IP 地址、令牌等信息，随后连接网络控制器，由网络控制器根据 CPE 的令牌确定 CPE 所属的站点，并向 CPE 下发该站点的业务配置。

步骤④　CPE 从 DHCP 服务器获取 IP 地址和 DHCP Option 信息。

步骤⑤　CPE 解析控制器的 IP 地址后，向控制器发起注册。

邮件开局、注册中心开局、U 盘开局和 DHCP 开局等方式的简要对比如表 4–2 所示。

表 4-2　即插即用的开局方式对比

开局方式	优势	限制
邮件开局	适用于各种接入方式，站点开局人员只需少量简单操作，不要求 CPE 与站点严格匹配，相对来说比较灵活	站点开局人员需要准备开局终端，连接到 CPE 并访问 URL
注册中心开局	站点开局人员只需对 CPE 进行连线上电，无须进行其他额外操作	需要在公网上部署注册中心服务器，提供查询服务
U 盘开局	适用于 CPE 批量开局；设备管理员在库房对 CPE 进行导入配置操作后，站点开局人员只需对 CPE 进行连线上电操作	需要准备 U 盘，准备手工制作开局所需的配置文件并存放在 U 盘中；CPE 的 ESN 和站点绑定，要求 CPE 必须发送至相应的站点，不能发送至错误的站点
DHCP 开局	站点开局人员只需对 CPE 进行连线上电操作，无须进行其他额外操作，不要求 CPE 与站点严格匹配，相对来说比较灵活	仅适用于 CPE 通过 DHCP 接入的场景，并且要求 Underlay 网络中的 DHCP 服务器可配置

综上所述，不同的即插即用开局方式具备不同的优缺点，客户可以根据自身网络环境、IT 人员能力以及运维模式等实际情况来选择。

第 5 章
站点互联若比邻

俗话说："要想富，先修路"，只有道路四通八达，人们才能建立起高效的沟通并创造更多价值。同样地，SD-WAN 需要具备快速和灵活的组网能力，才能让企业位于不同区域的分支机构之间互联互通，做到"天涯若比邻"。

SD-WAN解决方案四大子方案之一的组网子方案体现了SD-WAN的基础功能。本章从SD-WAN的组网场景分析和组网设计原则入手，对SD-WAN解决方案的组网子方案进行详细的介绍。

| 5.1　SD-WAN 组网概述 |

5.1.1　组网场景分析

SD-WAN 组网子方案的目标是实现企业分支、总部、数据中心以及云站点之间的网络互通，同时实现不同 SD-WAN 站点对因特网、SaaS 云应用以及企业传统站点等多种企业应用和业务的访问。在上述站点互联以及业务访问的过程中，需要不同的 Edge 和 GW 在网络控制器的统一编排和控制下协同完成。典型的 SD-WAN 组网全景如图 5-1 所示。

从企业的 WAN 业务需求出发，可以将 SD-WAN 的组网场景分为以下几类。

（1）企业站点之间的互联

企业常见的站点通常包括分支、总部和数据中心 3 种类型。企业站点之间的互访是企业 WAN 最传统和最常见的业务，具体又可以细分为企业分支站点访问总部站点 / 数据中心站点、企业分支站点通过总部站点中转进行互访，以及企业分支站点直接进行互访等典型场景。

（2）企业站点访问因特网

随着因特网的迅猛发展，企业业务需要随时随地访问因特网，这就要求

SD-WAN 组网方案能够支持本地上网、集中上网和混合上网等多种灵活的上网方式。

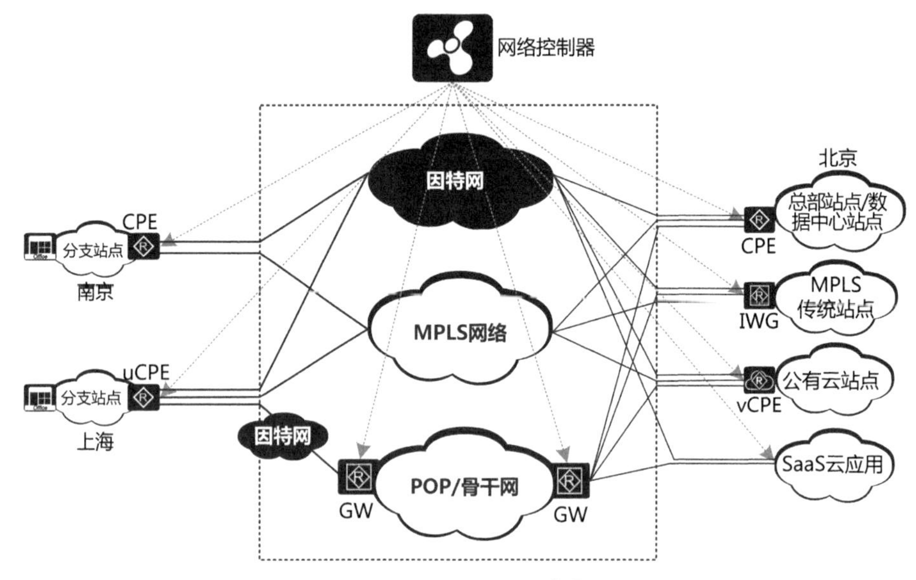

图 5-1 SD-WAN 组网全景

- 本地上网：分支站点直接访问因特网，一般适用于较小的企业或者对上网流量不需要进行集中安全管控的场景。
- 集中上网：分支站点绕行到总部集中访问因特网，一般适用于大型企业或者对上网流量需要进行集中安全管控的场景。
- 混合上网：分支站点的本地上网和集中上网方式按需混用，比如企业对大部分上网流量需要进行集中安全管控，但是对特定上网应用（比如Office 365）的上网流量可以放宽管控的场景。

（3）企业站点访问公有云

随着公有云的流行，企业将业务系统迁移到公有云后，就需要云下站点能够按需、快速地连接到企业部署在公有云的网络。

（4）企业站点访问 SaaS 云应用

SaaS 是一种基于因特网提供软件应用服务的模式，越来越多的企业开始通过因特网访问 SaaS 云应用，为了改善企业站点访问 SaaS 云应用的体验并提升可靠性，需要从全网寻找访问 SaaS 云应用的最优路径。

（5）企业 SD-WAN 站点访问传统站点

由于业务关系，新改造的 SD-WAN 站点需要访问企业传统站点，这时候需要打通 SD-WAN Overlay 网络和传统的 Underlay 网络。

此外，运营商提供的企业 WAN 通常可分为如下 3 种类型。

（1）有质量保证的运营商专线

包括常见的 SDH/MSTP 等专线，这类专线可以提供专门的线路以保证带宽，SLA 质量好，但是价格也比较昂贵，开通周期长。

（2）无质量保证的因特网

作为公共网络，因特网的覆盖率很高，开通快，但是运营商通常不承诺 SLA 质量。

（3）自建 POP 组网

运营商 /MSP 依托自建骨干网，通过 SD-WAN 提供“最后一公里”接入的特殊 WAN 服务。运营商 /MSP 创建 POP GW，并且通过自建的高品质骨干网实现跨地域互联，然后借助 SD-WAN 将企业站点通过 Overlay 网络接入 POP GW，从而实现跨区域互联。

5.1.2　组网设计原则

基于上述组网场景，为了实现按需、灵活以及安全的 SD-WAN 组网，SD-WAN 组网子方案需要遵循以下设计原则。

- 通过IP隧道技术实现Overlay企业网络与运营商提供的Underlay WAN的解耦。Underlay传输网络支持在MSTP、MPLS、因特网、LTE等多种WAN类型，同时也支持IPv4和IPv6两种IP网络。无论是哪一种运营商的WAN，只要能够为两端站点的CPE提供IP路由可达，SD-WAN就可以在两端站点之间建立Overlay隧道，实现站点的互联互通，从而保证SD-WAN组网的普适性和灵活性。
- 支持加密和隔离，满足企业用户内部不同业务部门的安全需求。即支持对企业站点之间互访的数据加密，同时由于不同部门的隔离需求，还要支持基于Overlay技术的VPN隔离功能。
- 支持多种网络拓扑，满足站点间业务互访需要。即能对不同的企业用户，根据其业务的地域分布、行政管理特点以及业务诉求，搭建多种多样的拓扑，比如Hub-spoke、Full-mesh、Partial-mesh以及分层网络等，从而满足站点间业务互访的体验和安全等需要。
- 支持网络业务编排和自动化发放，提升网络的敏捷性。通过对企业WAN网络模型的抽象和定义，让客户在组网时无须了解技术细节，同时借助网络业务编排，实现网络自动化配置。在降低企业WAN使用复杂度的同时，大大提升网络的敏捷性。

根据上述设计原则，下面将展开介绍 SD-WAN 组网子方案。

| 5.2 Overlay 网络设计 |

5.2.1 组网拓扑的多样性

根据企业 WAN 业务以及企业内部管理的需要，企业 WAN 需要支持多种不同的拓扑，总体来说，主要分为单层网络拓扑和分层网络拓扑。

1. 单层网络拓扑

单层网络拓扑也被称作扁平网络拓扑，特点是企业的分支站点之间可以直接互联，也可以通过一个或多个中心站点互联，如图 5-2 所示。

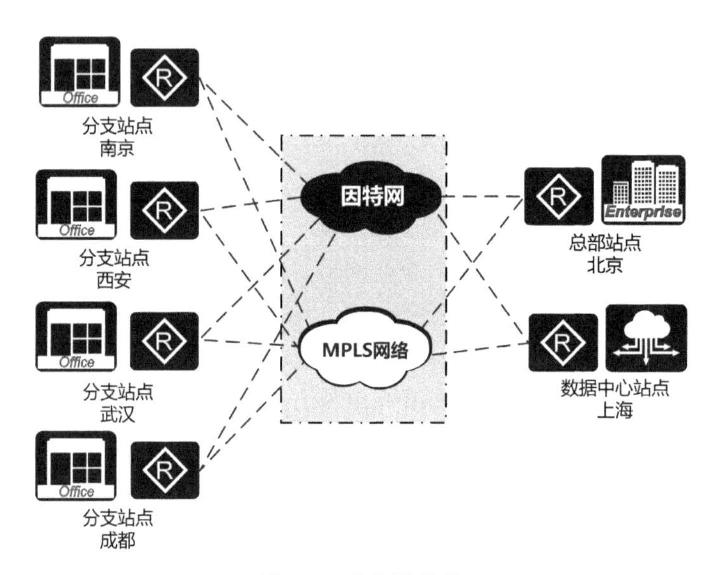

图 5-2　单层网络拓扑

中小型企业以及站点数量不多的大型企业，一般都采用单层网络拓扑组网。按照网络的拓扑进行细分，单层网络拓扑进一步又可以划分为 Hub-spoke、Full-mesh 和 Partial-mesh 等方式。

（1）Hub-spoke 拓扑

在 Hub-spoke 拓扑中，一般由企业总部和数据中心作为 Hub 站点，企业各分支作为 Spoke 站点，通过 WAN 集中访问部署在总部或者数据中心站点的服务器应用。此外，企业的分支站点之间如果需要互通，分支站点之间的流量需经过 Hub 站点中转，如图 5-3 所示。

Hub-spoke 拓扑一般适用于以分支站点与 Hub 站点的互访为主要业务的企业

中，这类企业的应用集中部署在总部站点和数据中心站点的服务器中，主要的业务流量是分支站点访问 Hub 站点的流量，而分支站点之间互访的流量较少。比如连锁企业的流量主要来自每个连锁分支访问总部站点 / 数据中心站点的流量，而连锁分支之间几乎不存在协同工作互访的流量；如果存在分支站点之间的东西向互访流量，则选择 Hub 站点进行中转互访。

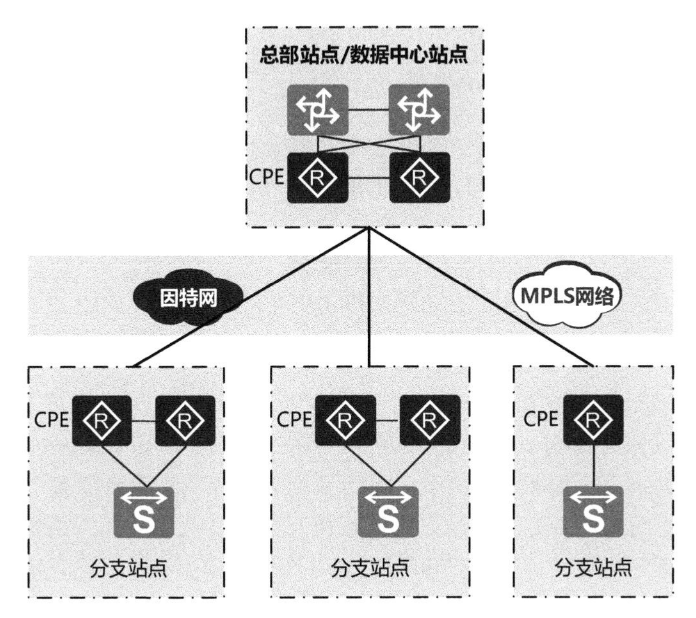

图 5-3　单层 Hub-spoke 组网

Hub-spoke 拓扑组网简单，扩展性较好，能够组建分支比较多的网络，通常分支站点的规模为 100 ～ 1000 个。需要注意的是，随着网络规模的增大，Hub 站点设备的性能面临比较大的挑战，需要部署转发平面和控制平面性能比较好的 CPE。

（2）Full-mesh 拓扑

在 Full-mesh 拓扑中，企业的分支站点之间如果存在业务互访流量，则数据直接交互，不需要经过其他中间站点，如图 5-4 所示。

Full-mesh 拓扑主要适用于站点规模不大的小企业或分支站点之间需要协同工作的大企业。大企业的协同业务，如 VoIP 和视频会议等重要的应用，对网络丢包率、时延和抖动等网络性能具有很高的要求，因此这类业务更需要分支站点之间直接进行互访。

Full-mesh 拓扑组网简单，业务互访效率高，但是组网扩展性一般，一般适用于 10 ～ 100 个分支站点的网络规模。

由于不是所有的分支站点之间都具备与 Underlay 网络的 WAN 直接互联的能力，因此 Full-mesh 拓扑衍生出了一个特殊的 Partial-mesh 拓扑模型。

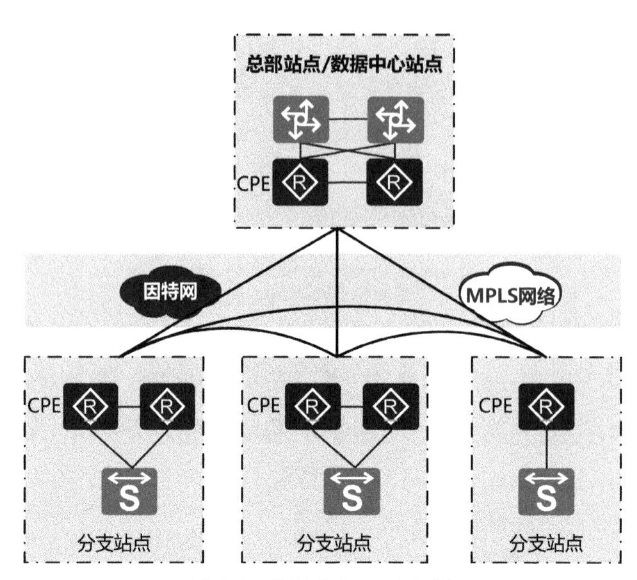

图 5-4　单层 Full-mesh 组网

（3）Partial-mesh 拓扑

Partial-mesh 即部分 mesh 拓扑，可以被看作一个特殊的 Full-mesh 拓扑。在希望进行 Full-mesh 组网的企业中，因当地运营商 WAN 线路覆盖率不足，部分分支站点无法同其他所有分支站点进行直接互联或者互联互通网络质量较差（此类站点下文称为 P 站点）。此时，可以选择一个重定向站点，该站点通常具备同其他相关站点（包括 P 站点）高质量互联的条件，将 P 站点同重定向站点建立 SD-WAN Overlay 网络连接，从而实现 P 站点与其他相关站点的互联，如图 5-5 所示。

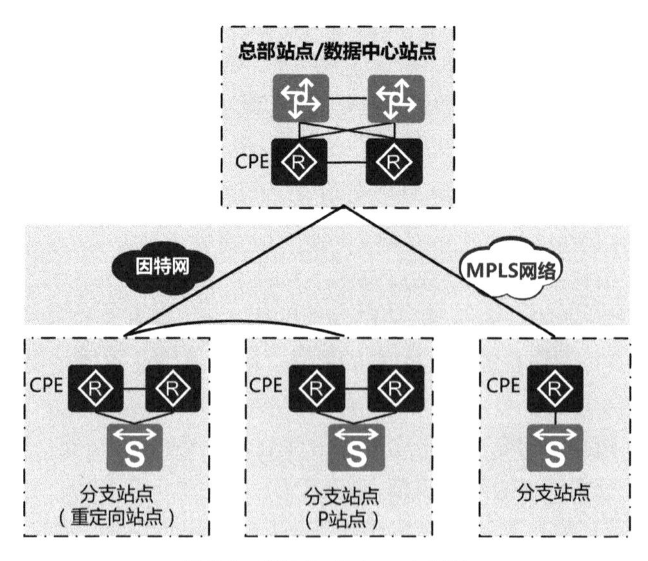

图 5-5　单层 Partial-mesh 组网

2. 分层网络拓扑

如果企业分支站点数量比较多，并且分布区域比较广，比如跨越多个省（区、市）甚至跨越多个国家与大洲，采用扁平的网络拓扑组网很难解决网络规模大、管理复杂度高等问题，这时就需要采用分层网络拓扑进行组网。

分层网络拓扑可以看作单层网络拓扑的叠加，WAN 被划分成多个区域，多个区域又通过集中的骨干区域进行互联，从而实现海量站点之间跨区域的互访。

以某个跨国企业为例，如图 5-6 所示，可以根据企业管理结构，划分为中国、欧洲、美洲等区域，每个区域是一个单层网络拓扑，可以是 Hub-spoke 拓扑或者 Full-mesh 拓扑，同时各个区域选择一个或多个站点来作为区域边界站点，各个区域边界站点就构成了区域之间互联的骨干区域，即一级区域网络。区域边界站点同时连接二级区域网络，也连接着一级区域网络。二级区域的 WAN 建设一般基于本地运营商提供的本地公用网络或本地 MPLS 网络，而一级区域的 WAN 由于地域跨度广、对网络性能要求高，一般使用运营商专线如 MPLS 专线来组建，组网的费用也相应较高。

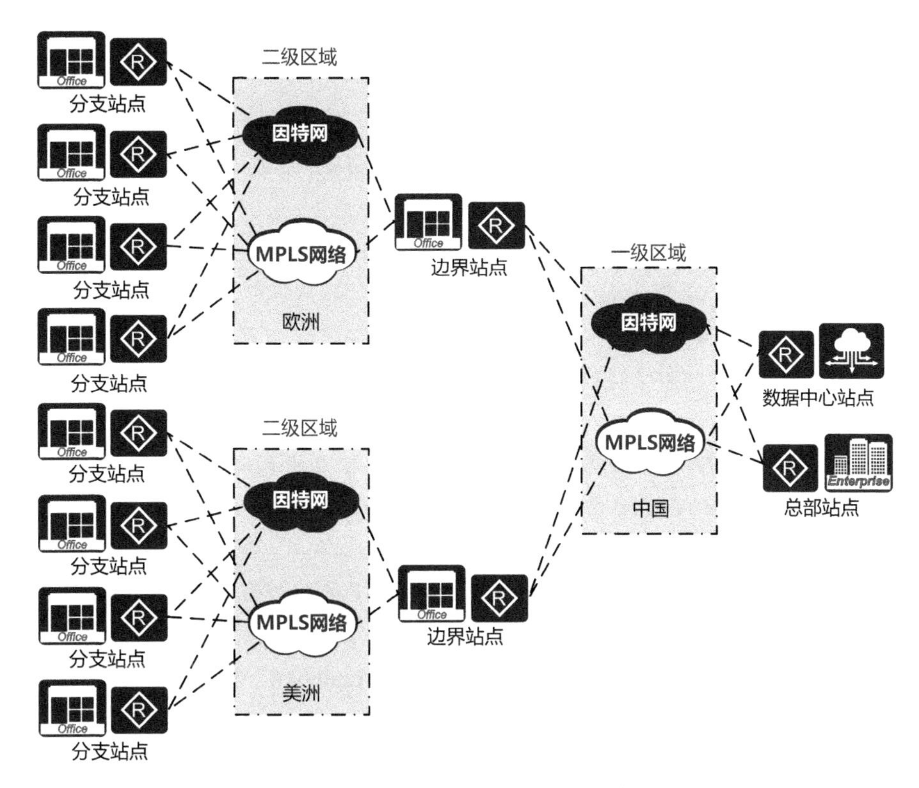

图 5-6　分层网络拓扑

分层网络拓扑适用于网络站点规模庞大或者站点跨地域分布在多个国家或地区的大型企业，网络结构清晰，网络可扩展性好。

5.2.2 SD-WAN 网络模型

分析企业的业务类型和相应的 WAN 组网模型之后，接下来就该考虑如何构建站点间互联互通的网络了。如前所述，不同站点之间的企业 WAN 互联，主要涉及两层网络，一个是 Underlay 网络，另一个是 Overlay 网络。Underlay 网络即通常说的 WAN，由不同的运营商基于不同的 WAN 专线或者公用网络构建；Overlay 网络连接不同站点，其依托底层的 Underlay 网络具备 IP 可达性，与具体的 WAN 互联技术无关。SD-WAN Overlay 网络如图 5-7 所示。

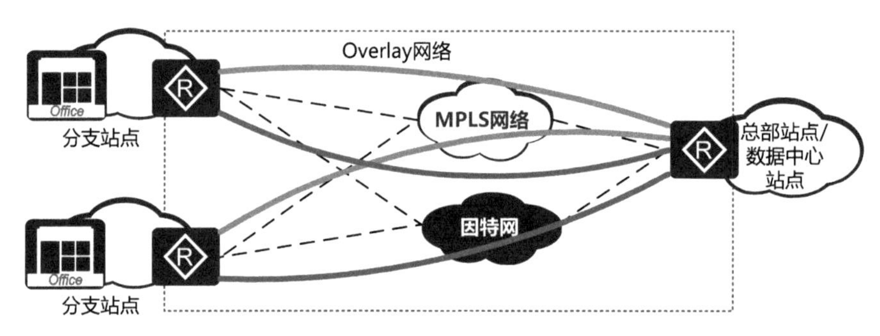

图 5-7 SD-WAN Overlay 网络

1. MEF 的 SD-WAN 网络模型定义

为了阐述 SD-WAN Overlay 网络的工作原理，首先要对 SD-WAN Overlay 网络模型进行定义，明确组成 SD-WAN 网络中的关键元素及其相互之间的关系。首先可以参考一下 MEF 国际标准组织对 SD-WAN 的标准网络模型定义 [3]，如图 5-8 所示。

MEF 定义的 SD-WAN 服务指的是应用感知和基于策略转发的网络连接服务。围绕 SD-WAN 连接服务，SD-WAN 网络模型中的一些关键的概念定义如下。

- SWVC，即SD-WAN Virtual Connection，SD-WAN的虚拟连接服务，也就是IP Overlay隧道。
- SWVC EP，即SD-WAN Virtual Connection Endpoint，SD-WAN虚拟连接的端点。
- SD-WAN Service Provider Network，即SD-WAN服务提供商的网络。
- SD-WAN UNI，即SD-WAN User Network Interface，SD-WAN用户网络接

口。该接口是Subscriber Network和Service Provider Network的分界点，即LAN侧业务接口。

- Subscriber Network，即企业自己的站点的本地业务网络。
- SD-WAN Edge，即企业站点的CPE。
- UCS，即Underlay Connectivity Service，Underlay 连接服务，指提供用户站点之间的网络服务，通常就是指运营商提供的WAN。
- UCS UNI，即UCS的用户网络接口，WAN侧业务接口。
- TVC，即Tunnel Virtual Connection，隧道虚拟连接，指Edge的广域接口之间经过Underlay网络互联的虚拟连接。由于两台Edge可能通过多个Underlay网络的WAN专线互联，因此一个SWVC可以构建于多个TVC之上。

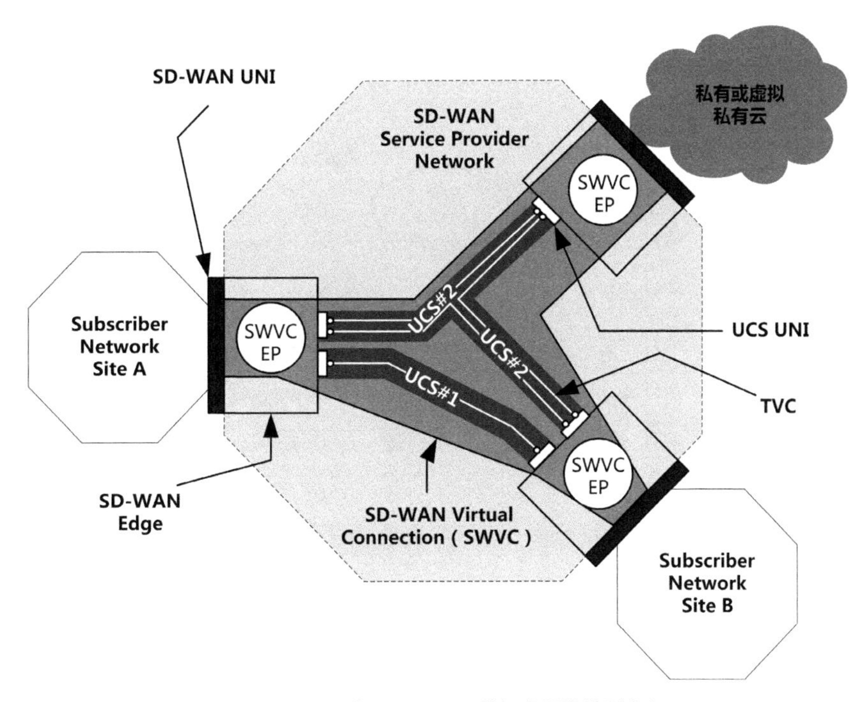

图 5-8　MEF 对于 SD-WAN 的标准网络模型定义

为了便于读者理解 SD-WAN 网络模型的定义，MEF 简述了其认为的典型的 SD-WAN 服务的端到端操作过程。

（1）企业自己的 IP 业务报文从企业 LAN 侧网络（Subscriber Network）经过 SD-WAN UNI 到达 SD-WAN Edge。

（2）SD-WAN Edge 识别出报文来源的应用类型，或者进一步将报文关联到特定的应用。

（3）Edge 进行应用选路或者执行其他与应用相关的策略，然后选择符合应用

SLA 诉求的 TVC，将该应用的报文从 TVC 转发出去。

（4）该业务报文被发送到 TVC 的对端站点的 Edge，然后经过对端站点的 SD-WAN UNI 到达目的网络。

2. 华为 SD-WAN 网络模型实践

如前所述，MEF 给出了 SD-WAN 模型的标准定义，华为 SD-WAN 网络模型定义严格遵守 MEF 标准，在设计和落地过程中，又进行了适当的丰富和细化。华为 SD-WAN 网络模型如图 5-9 所示。

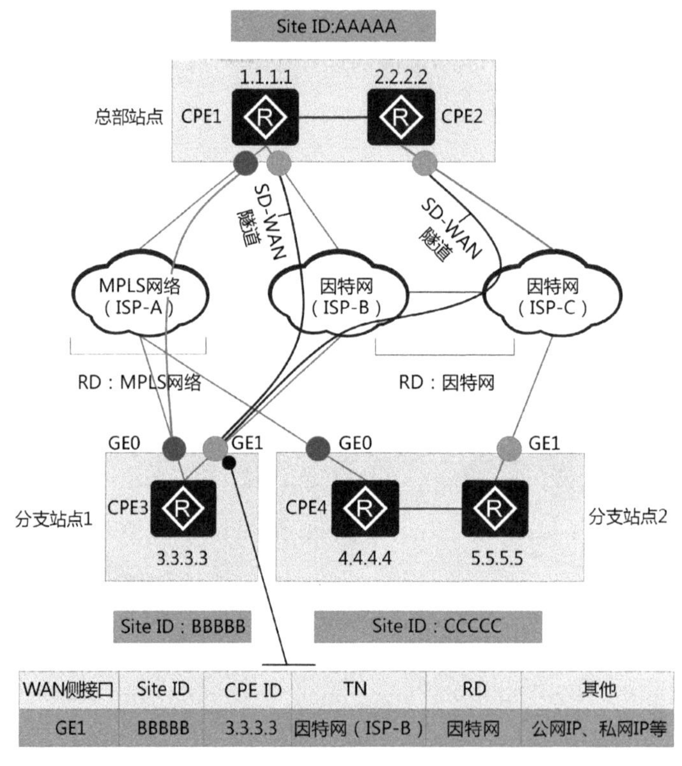

WAN侧接口	Site ID	CPE ID	TN	RD	其他
GE1	BBBBB	3.3.3.3	因特网（ISP-B）	因特网	公网IP、私网IP等

注：ISP即Internet Service Provider，因特网服务提供商；
RD即Routing Domain，路由域；
TN即Transport Network，传输网。

图 5-9 华为 SD-WAN 网络模型

下面介绍华为 SD-WAN 网络模型中关键元素的基本概念。

（1）Site ID

Site ID，即站点 ID，是企业站点在 SD-WAN 中的全局唯一标识，通常用一串数字或者用 IP 地址表示，由网络控制器统一自动分配。这里的 Site 对应于 MEF 定义的 Subscriber Network Site。

（2）CPE ID

CPE ID，即站点 CPE 的 Router ID，是站点 CPE 在 SD-WAN 中的全局唯一标识。一个站点通常包含一个 CPE 或者两个 CPE，CPE ID 通常用 CPE 的 Loopback 接口的 IP 地址表示，由网络控制器统一自动分配。这里的 CPE 对应于 MEF 定义的 Edge。

（3）WAN

WAN 也被称为 TN，是运营商提供的广域网络，通常包括运营商专线和公用网络等，不同的 WAN 有不同的 SLA 质量、开通流程以及收费策略。图 5-9 中，ISP-A、ISP-B 和 ISP-C 提供的因特网就是不同的 TN。

TN 是构建 SD-WAN Overlay 网络的基础，这里的 TN 对应于 MEF 定义的 Underlay Connectivity Service。

（4）WAN 侧接口

WAN 侧接口也被称为 TNP（Transport Network Port，传输网接口），它指的是 CPE 接入传输网的 WAN 侧接口，企业分支站点的互联本质上是通过两端站点 CPE 的 WAN 侧接口进行互联。CPE 的 TNP 的关键信息包括所属 Site ID、CPE ID、TN、接口公网 IP 地址和端口号、接口私网 IP 地址和端口号、隧道封装格式类型等。

TNP 是站点 CPE 彼此隧道互联的端点，这里的 TNP 对应于 MEF 定义的 UCS UNI。

（5）RD

不同运营商提供的 WAN 一般是彼此独立建设的，通常不能互通。但也存在不同运营商提供的 WAN 可以互联互通的情况，这种情况下的广域网络属于同一个 RD。图 5-9 中，ISP-B 和 ISP-C 提供的因特网彼此能够互通，因此二者属于同一个 RD。

（6）SD-WAN 隧道

SD-WAN 隧道即 SD-WAN Overlay 隧道。不同的站点之间要实现互通，需要在两者之间建立一条隧道，隧道的两端是两个互联站点 CPE 的广域接口（TNP）。该广域接口归属于同一个 TN 或者同一个 RD 内的不同 TN，这样就可以在 Underlay 网络实现互通，两个广域接口之间可以直接建立 SD-WAN 隧道。

这里的 SD-WAN 隧道对应于 MEF 定义的 TVC。

5.2.3　VPN 的设计

SD-WAN 组网的核心是基于 Underlay 网络构建 Overlay 网络，实现企业站点间的互访。出于安全性的考虑，企业希望 Overlay 网络和 Underlay 网络之间相互隔离，不同部门的业务之间也相互隔离。为了满足企业业务安全隔离的诉求，SD-WAN 需要支持 VPN 组网技术，每个 VPN 是一个独立的私有网络，多个不同的 VPN 彼此逻辑隔离，相互之间无法直接进行网络访问，从而保证了企业业务的安全性。

VPN 的端到端隔离体现在站点上的 VPN 隔离和隧道中的 VPN 隔离两个方面。

1. 站点上的 VPN 隔离

在站点上通常是采用传统的 VRF（Virtual Routing and Forwarding，虚拟路由转发）的方式实现 VPN 隔离，由于不同的 VRF 之间的转发表是独立的，互相无法访问，因此就能实现该站点上 VPN 之间的隔离，如图 5-10 所示。

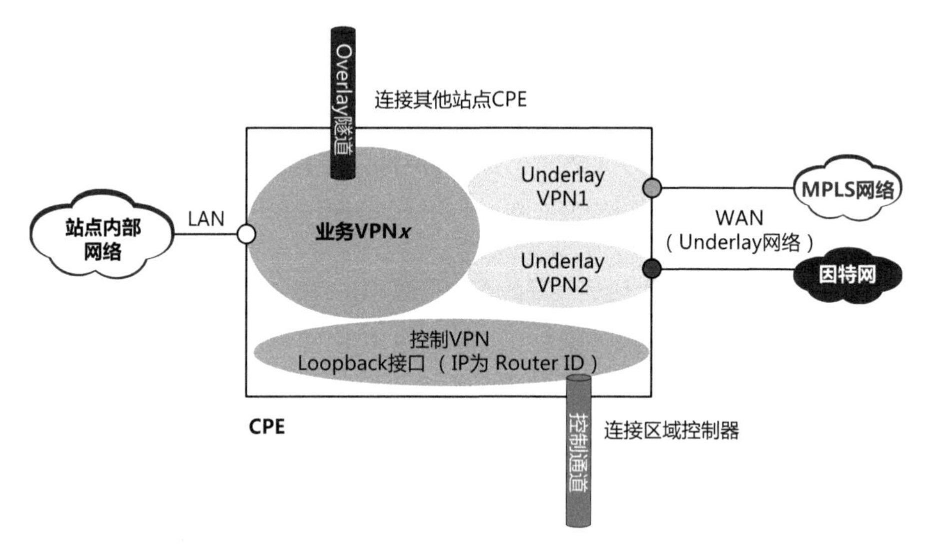

图 5-10　站点 VPN 隔离

（1）Underlay VPN

CPE 的每个 WAN 侧接口都单独部署在一个独立的 VPN 中，称为 Underlay VPN。这样做一方面是为了实现 CPE 上 Underlay 网络和 Overlay 网络的隔离，另一方面是为了规避不同运营商分配的 IP 地址可能发生冲突的问题。

（2）控制 VPN

站点的 CPE 需要与远端的区域控制器建立连接。为此，专门在站点 CPE 上规划了一个独立的控制 VPN，其中包含了一个 Loopback 接口，作为 Edge 的 Router ID，与区域控制器建立 BGP 控制通道。

（3）业务 VPN

业务 VPN 承载了企业每个站点的 LAN 侧业务，是企业 WAN 互通的业务实体。

业务 VPN 可能是一个，也可能是多个，根据企业实际需要隔离的业务数量而定。比如，某银行有生产、办公和安保等 3 类业务，就可以对应规划 3 个不同的业务 VPN。在这些 VPN 上可以运行多种路由协议，如静态路由、OSPF 和 BGP 等；可以在 LAN 侧部署 VRRP，也可以部署 QoS、应用选路、安全和 WOC 策略等网络增值服务。

2. 隧道中的 VPN 隔离

隧道中的 VPN 隔离主要指的是在同一条 Overlay 隧道中隔离不同的 VPN 流量。通常情况下，企业不同部门之间的业务隔离通过业务 VPN 来实现，每个业务 VPN 对应一个 VN（Virtual Network，虚拟网络），如图 5–11 所示。

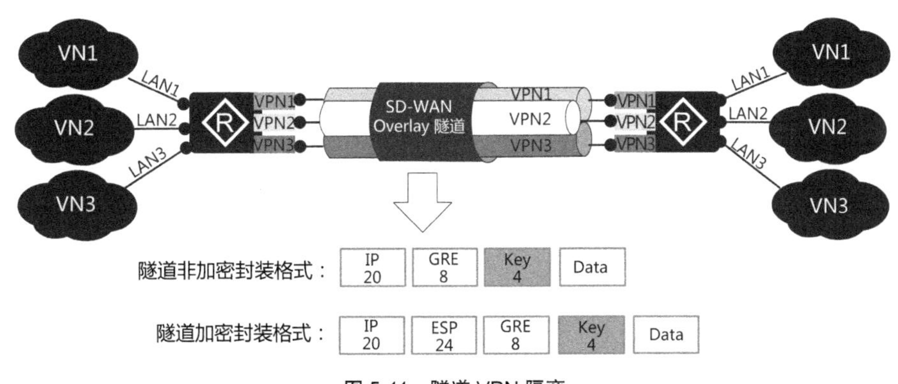

图 5-11　隧道 VPN 隔离

在两个需要通信的站点之间建立一条或者多条 Overlay 隧道，隧道的外层源 IP 地址和目的 IP 地址分别是源站点 CPE 和目的站点 CPE 所对应的 WAN 侧接口的 IP 地址。具体采用哪种隧道技术可以灵活选择，例如选择 GRE 协议、IPSec 或 VXLAN 等隧道技术。

为了区分每个 VPN 在 Overlay 隧道中的业务流量，需要在隧道内为不同的 VPN 流量增加一个标识。通常是在报文中增加一个 ID，ID 的封装形式根据具体的隧道技术而定。例如，如果采用的是 VXLAN 隧道技术，那么可以使用 VNI（VXLAN Network Identifier，VXLAN 网络标识符）来标识每个 VPN；如果采用的是 GRE 隧道技术，那么可以使用 GRE 报头中的 Key 字段来标识每个 VPN。

5.2.4　隧道设计

IP Overlay 隧道承载和传送不同站点之间的企业业务数据，因此 IP Overlay 隧道技术的选择非常重要。在选择具体的隧道技术之前，需要先对 SD–WAN 隧道的技术特征进行深入分析。

1. SD-WAN 隧道设计原则

原则上，选择 SD-WAN 隧道技术可以不拘泥于某种具体的 IP Overlay 技术，VXLAN 或者基于传统的 GRE 和 IPSec 隧道技术理论上都是可行的。但是无论是哪种方式，需要遵循如下设计原则，才能满足 SD-WAN 的组网方案的需要。

（1）与 Underlay 解耦，不依赖具体的运营商 WAN 组网技术

IP Overlay 隧道要与具体的 WAN 物理组网技术解耦，只需要 WAN 提供可达的 IP 路由即可。

（2）支持数据加密

SD-WAN 支持混合 WAN，隧道需要在因特网等不安全的 WAN 链路上运行，因此必须支持加密技术，IPSec 就是最常用的 IP 加密技术。针对某些安全 WAN 链路，用户也可以选择不加密。

（3）支持 VPN 隔离

SD-WAN 需要支持企业多租户以及单租户内多个部门的 VPN 隔离，因此需要在隧道技术上支持 VPN 逻辑隔离，即通过 VPN 标识进行隔离。

（4）支持 NAT 穿越

由于 IPv4 地址资源宝贵，很多企业不具备公网 IP 地址，只能通过 NAT 后的公网 IP 地址进行通信。SD-WAN 需要提供类似 STUN（Session Traversal Utilities for NAT，NAT 会话穿越效用）的机制进行广域网的 NAT 穿越，此外，在 CPE 之间的 Overlay 隧道报文的封装也需要支持 NAT 穿越。而标准的 VXLAN 不支持 NAT 穿越，因而需要对其进行改造。

（5）扩展性好，支持 IPv6

WAN 的 IP 分组技术多种多样，当前的 IPv4 技术，已经逐渐被 IPv6 技术代替，同时也不断涌现出 SRv6 等新技术，SD-WAN 在隧道封装格式方面需要具备良好的可扩展性，能够按照站点之间实际互通的 WAN IP 技术灵活替换隧道封装格式。

（6）封装效率高

IP Overlay 的隧道封装格式需要简洁高效、没有冗余，做到了“增之一分则太长，减之一分则太短”，从而避免隧道封装占用太多的网络带宽资源。

2. IP Overlay 隧道技术

下面简单介绍 VXLAN、GRE/NVGRE 这两个通用的 IP Overlay 隧道技术的原理，然后给出具体的 SD-WAN 隧道设计建议。

（1）VXLAN

VXLAN 是由 IETF（Internet Engineering Task Force，因特网工程任务组）定义的 NVo3（Network Virtualizaiton over Layer 3，跨三层网络虚拟化）标准技术之一，采用 MAC in UDP 的报文封装格式，将二层报文用三层协议进行封装，可实现二层网络在三层范围内的扩展，它本质上是一种隧道技术。VXLAN 网络模型如图 5-12 所示。

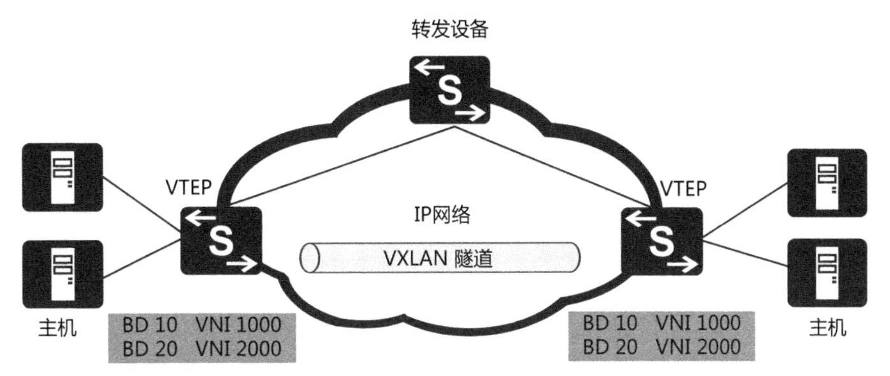

图 5-12　VXLAN 网络模型

VXLAN 隧道在三层网络基础上构建虚拟网络的基本结构如下。

- VTEP是VXLAN的边缘设备，也是VXLAN隧道的起点或终点，对VXLAN报文进行封装和解封装。VXLAN报文中，源IP地址为源端VTEP的IP地址，目的IP地址为目的端VTEP的IP地址。一对VTEP地址就对应着一条VXLAN隧道。
- VNI类似传统网络中的VLAN ID，用于区分同一VN内的不同子网，VNI不同的用户不能直接进行二层通信。VNI由24 bit的字段组成，可提供多达约1600万个子网的标识。
- BD：BD在VXLAN中，将VNI以一对一的方式映射到BD，同一个BD内的用户可以进行二层通信。

作为一种网络虚拟化技术，VXLAN 在隧道源端 VTEP 上将主机发出的数据报文封装在 UDP 中，封装时使用物理网络的 IP、MAC（Media Access Control，媒体接入控制）作为 Outer Header，在隧道目的端 VTEP 上进行解封装，然后将数据发送给目标主机。VXLAN 报文的封装格式如图 5-13 所示。VXLAN 报文的各个字段说明如表 5-1 所示。

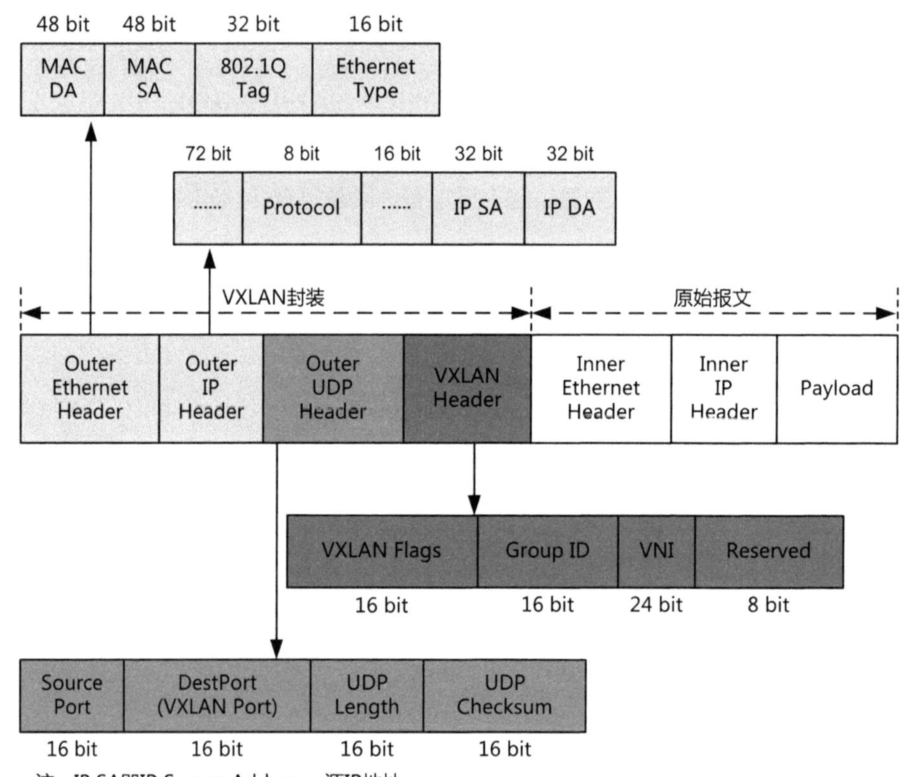

图 5-13　VXLAN 报文的封装格式

表 5-1　VXLAN 报文的各个字段说明

字段	描述
Outer Ethernet Header（外层以太头封装）	• MAC DA：目的 MAC 地址，48 bit，到达目的端 VTEP 的路径上下一跳设备的 MAC 地址。 • MAC SA：源 MAC 地址，48 bit，发送报文的源端 VTEP 的 MAC 地址。 • 802.1Q Tag：可选字段，32 bit，该字段为报文中携带的 VLAN Tag。 • Ethernet Type：以太报文类型，16 bit，IP 报文中该字段取值为 0x0800
Outer IP Header（外层 IP 报头封装）	• Protocol：指出该数据报文携带的数据使用的是何种协议，8 bit。 • IP SA：32 bit，VXLAN 隧道源端 VTEP 的 IP 地址。 • IP DA：32 bit，VXLAN 隧道目的端 VTEP 的 IP 地址
Outer UDP Header（外层 UDP 报头封装）	• Source Port：源 UDP 端口号，16 bit，根据内层以太报头通过哈希计算后得到的值。 • DestPort：目的 UDP 端口号，16 bit，设置为 4789。 • UDP Length：UDP 报文的长度，16 bit，即 UDP Header 加上 UDP 数据的比特数。 • UDP Checksum：UDP 报文的校验和，16 bit，用于检测 UDP 报文在传输中是否有错

续表

字段	描述
VXLAN Header（VXLAN 报头封装）	• VXLAN Flags：标记位，16 bit。 • Group ID：用户组 ID，16 bit。当 VXLAN Flags 字段第一位取 1 时，该字段的值为 Group ID；取 0 时，该字段的值为全 0。 • VNI：VXLAN 标识。 • Reserved：保留未用，8 bit，设置为 0

从 VXLAN 的网络模型和报文结构可以看出，VXLAN 有以下几个特点。

- 与当前普遍通过12 bit VLAN ID来进行二层隔离的方式相比，通过24 bit的VNI可以支持多达约1600万个子网的网络隔离，可满足海量租户的需求。
- VNI为VXLAN自有的封装格式，可以将其与其他业务灵活关联，比如和VPN实例关联，可以支持L2VPN、L3VPN等复杂业务。
- 除VXLAN边缘设备，网络中的其他设备不需要识别主机的MAC地址。
- 通过采用MAC in UDP的封装形式来延伸二层网络，实现了物理网络和虚拟网络的解耦，租户可以规划自己的虚拟网络，不需要考虑物理网络IP地址和BD的限制，大大降低了网络管理的难度。
- VXLAN封装的UDP源端口号信息，由内层的流信息经哈希计算得到，Underlay网络不需要解析内层报文就可进行负载分担，提高网络吞吐量。

综合来说，VXLAN 具备良好的扩展性，同时支持二层和三层网络；但是在数据加密和 NAT 穿越方面仍然存在“先天不足”，如果要作为 SD-WAN 隧道协议，仍然需要和 IPSec 等传统加密协议结合。

（2）GRE/NVGRE

GRE 是一种传统的 IP over IP 的隧道技术，虽然历史悠久，但是仍然在业界中存在广泛的应用。简单地说，GRE 是一种协议的封装格式。它规定了如何用一种网络协议去封装另一种网络协议。GRE 封装后的报文格式如图 5-14 所示，各字段介绍如下。

Delivery Header	GRE Header	Payload Packet

图 5-14　GRE 封装后的报文格式

- Delivery Header：封装的外部协议报头（如IP报头），即隧道所处网络的协议数据头，是实现一种协议报文穿越另一种协议网络的传输工具。
- GRE Header：对数据报文进行封装后加入的数据，包含GRE协议本身以及和负载协议有关的信息。
- Payload Packet：需要封装和传输的数据报文，被称为净荷（Payload）。系统收到一个净荷后，首先使用封装协议对这个净荷进行GRE封装，加上GRE报头，使其成为GRE报文；然后再把封装好的原始报文和GRE报头封装在IP报文中，这样就可完全由IP层负责此报文的转发了。

与 VXLAN 不同的是，NVGRE 没有采用标准传输协议（TCP/UDP），而是借助 GRE 封装二层报文。NVGRE 使用 GRE 报头 Key 字段的前 24 bit 作为租户网络标识符，与 VXLAN 一样可以支持约 1600 万个子网。此外，NVGRE 与 VXLAN 的区别还体现在如何对流量进行负载分担，因为 NVGRE 使用了 GRE 隧道封装，通过 GRE 扩展字段 FlowID 进行流量负载分担，这就要求物理网络能够识别 GRE 隧道的扩展信息。

NVGRE 不需要依赖泛洪和 IP 组播进行学习，而是以一种更灵活的方式进行广播，但是这需要硬件 / 供应商的支持。此外，NVGRE 与 VXLAN 在报文分片方面也存在差异，NVGRE 支持减小数据报文最大传输单元以减小内部虚拟网络数据报文，不要求传输网支持传输大型帧。NVGRE 报文的格式如图 5-15 所示，说明如下。

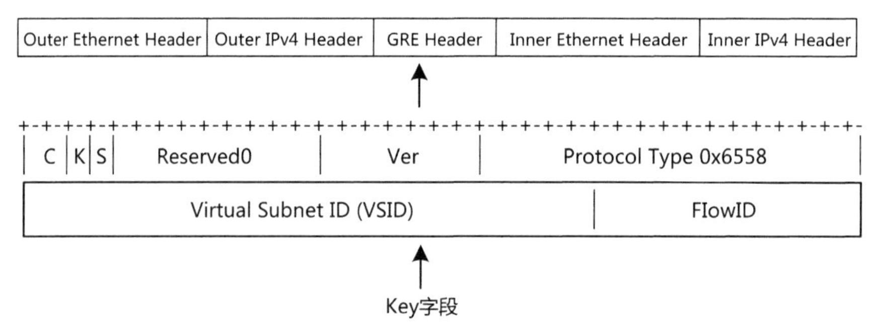

图 5-15 NVGRE 报文的格式

- Outer Ethernet Header：即外层以太报头。
- Outer IPv4 Header：即外层IP报头，IPv4和IPv6都可以作为GRE的传送协议。外层帧中的IP地址被称为PA（Provider Address，供应商地址）。
- GRE Header：即GRE报头，关键的字段说明如下。
  - C（Checksum）和S（Sequence Number）字段必须设置为0。
  - K（Key）字段必须为1。32 bit的K字段用于承载VSID和可选的FlowID。
  - Protocol Type：协议类型字段设置为0x6558（透明以太桥）。
  - Virtual Subnet ID（VSID）：Key字段的前24 bit用作VSID。
  - FlowID：Key字段的后8 bit是FlowID，是可选字段。如果没有生成FlowID，则必须设置为0。

从 GRE/NVGRE 的技术原理看，GRE 也具备很好的通用性以及很强的协议扩展能力，同样可以结合 IPSec 等传统加密协议一起使用，通过适当的扩展，满足 SD-WAN 隧道所有的功能需求。

5.2.5　路由设计

路由方案设计是 SD-WAN 组网方案的核心。优秀的路由方案设计可以保证业务的畅通，同时在网络出现故障时，借助路由的收敛，能使网络转发及时恢复正常，从而保证业务的体验不受影响。

SD-WAN 路由方案的核心需要支持 VPN 路由、IP Overlay 隧道转发以及 NAT 穿越等 WAN 特色功能。在众多的可选技术中，BGP EVPN 凭借着出色的协议扩展性和良好的业界接受度，近年来迅速发展，正广泛应用于数据中心和运营商网络，已成为 SD-WAN 首选的路由技术。

1. EVPN 原理介绍

EVPN 由 RFC 7432（BGP MPLS-Based Ethernet VPN）定义。EVPN 设计的初衷是作为一种用于二层网络互联的 VPN 技术，采用了类似于 BGP/MPLS IP VPN 的机制，通过扩展 BGP 的 UPDATE 报文，使控制平面承担起不同站点的二层网络间 MAC 地址学习和发布的任务。

EVPN 通过扩展 BGP，使设备在管理 MAC 地址时像管理路由一样，让目的 MAC 地址相同但下一跳不同的多条 EVPN 路由进行负载分担。EVPN 控制层是 MP-BGP，采用 MP-BGP 通告 MAC/IP 的可达性，其策略控制类似于传统的 MPLS VPN，非常灵活。

从协议实现的角度来说，MP-BGP 为 EVPN 定义了一套通用的控制平面，引入了一个新的子地址族，即 EVPN 地址族，并新增了一种 NLRI（Network Layer Reachability Information，网络层可达信息），即 EVPN NLRI。

EVPN NLRI 定义了多种 BGP EVPN 路由类型，其中最初的 Type 2 路由用于携带二层 MAC/IP 路由。随着 EVPN 技术的扩展，EVPN 也被用来传递 IP 三层路由信息，Type 5 路由就是 IP 前缀路由，主要用于通告引入的外部路由，在以 SD-WAN 的三层互联为主的网络中将发挥重要作用。

（1）EVPN 涉及的主要概念

EVPN 涉及的主要概念如下。

- EVI（EVPN Instance，EVPN实例）：站在整个网络的角度来看，一个EVI 就是一个EVPN实例。EVI使用VNI标识。VNI相同的实例属于同一个二层广播域或者三层VPN。
- EVPN-VRF（Ethernet Virtual Private Network-Virtual Routing and

Forwarding，以太网虚拟专用网虚拟路由转发）：EVPN网关上一个EVI学习到的二层或者三层虚拟路由转发表，类似于IP VPN里的IP虚拟路由转发表。

• VTEP（VXLAN Tunnel Endpoint，VXLAN隧道端点）：EVPN的网关设备位于EVPN的边缘，是EVPN中IP Overlay隧道的端点。在SD-WAN中，Edge和GW可以作为EVPN的边缘网关设备。

（2）EVPN 控制平面的工作机制

首先，建立 BGP EVPN 邻居，BGP 新增 EVPN 子地址族，用于与 BGP EVPN 邻居进行协商。部署 IBGP（Internal Border Gateway Protocol，内部边界网关协议）时，为简化全连接配置，可以引入RR。所有站点都只和RR建立BGP对等体关系。RR 发现并接收 VTEP 发起的 BGP 连接后形成客户端列表，将从某个 VTEP 收到的路由反射给其他所有的 VTEP。路由反射器可以独立设置，也可以同已有 CPE 合并设置，如图 5-16 所示。

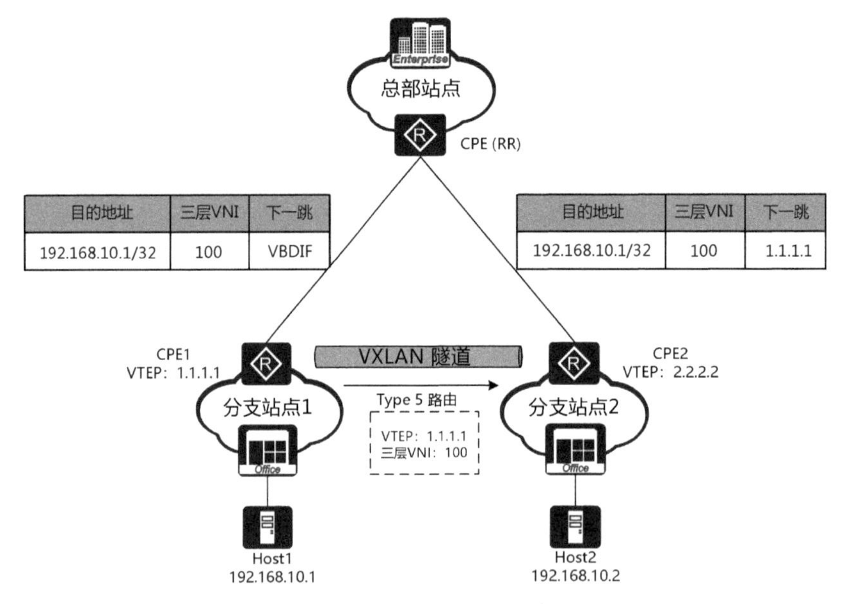

图 5-16　EVPN 控制平面的工作机制

EVPN 路由在发布时，会携带 RD（Route Distinguisher，路由标识符）和 VPN Target（也称为 Route Target）。RD 用来区分不同的 EVPN 路由。VPN Target 是一种 BGP 扩展团体属性，用于控制 EVPN 路由的发布与接收。也就是说，VPN Target 定义了本端的 EVPN 路由可以被哪些对端所接收，以及本端是否接收对端发来的 EVPN 路由。

EVPN 中的设备属于同一个 AS（Autonomous System，自治系统）时，为了避免在所有 VTEP 之间建立 IBGP 对等体的复杂配置，可以将核心设备配置为 RR。

此时，RR 需要发布、接收 EVPN 路由，但不需要封装、解封装 VXLAN 报文。RR 的部署可以大大降低网络的部署难度。

EVPN 是一种“IP in IP”技术，是在 IP 网络基础之上构建的一种 Overlay 架构。当一个站点接收到远端站点通告的 IP 前缀路由，并且此路由通过 VRF 的 RT（Route Target，路由目标）策略检查后可以下发时，EVPN 也会尝试跟对端的下一跳 IP 地址建立 IP Overlay 隧道。此隧道用于三层转发时的外层加封装。通过上述过程，EVPN 在控制平面就先将转发通路打通，类似于交通网络中先建好高速公路，后续的报文转发过程如同汽车在高速公路上行驶。

总之，EVPN 保留了 MP-BGP 和 IP Overlay 的优势，具有如下优点。

- 简化配置：通过MP-BGP实现边缘网关自动发现、IP Overlay隧道自动建立、EVPN路由与IP Overlay隧道自动关联，无须用户手工配置，降低了网络部署的难度。
- 控制平面与转发平面分离：控制平面负责发布路由信息，转发平面负责转发报文，分工明确，易于管理。
- 优化网络：基于纯IP Overlay技术构建，具备良好的网络互通性和可扩展性。

凭借上述优势，EVPN 技术在以数据中心网络为代表的企业场景中得到了广泛的应用，这些技术的特点和优势同样符合 SD-WAN 组网的需求。

2. SD-WAN 路由方案设计

不同于数据中心或者园区网络，企业 WAN 组网更加灵活多变，同时存在多个 WAN 链路互联以及广域 NAT 穿越等 WAN 互联特有的问题，传统的 BGP EVPN 协议在 SD-WAN 领域面临一系列新的问题和挑战。

具体来说，由于广域 NAT 的存在，企业站点可能部署在 NAT 设备之后，即不具备公网 IP 地址，因此站点之间无法直接互联互通。同时由于混合 WAN 的存在，每个站点可能存在多个互通的 WAN 侧接口，而 BGP EVPN 等 VPN 技术通常基于设备的 Loopback 接口地址建立端到端的隧道，和具体 WAN 链路没有确定性关系，不能很好地支持业务流量在多 WAN 链路上选路。另外，基于可靠性的考虑，在 SD-WAN 应用中，往往要求同一个站点能支持 CPE 双活部署。因为站点间通常有多条 WAN 互联链路，站点间往往有多条隧道，这些隧道是动态的，传统的路由基于下一跳 IP 地址来迭代隧道，所以 Underlay 链路状态的变化和站点间隧道状态的变化会导致全网路由的震荡。为了解决这个问题，可以考虑在 BGP 控制平面引入路由和隧道的下一跳分离机制，将传统的 Overlay 路由前缀加下一跳 IP 地址的路由传播方式，转变成 Overlay 路由前缀加下一跳站点的路由传播方式，以及独立发布下一跳站点 WAN 链路封装路由的方式，这样无论链路、隧道如何变化，路由的状态还会保持稳定。

为了解决上述问题，有些厂家通过开发全新的私有协议来传递 SD-WAN 路由信息，但是，更好的解决方案应该兼顾协议的标准性和互通性，所以需要发明一种更加通用的实现机制。于是基于标准的 BGP VPN 进行必要扩展和增强的方案便出现了。具体来说，在沿用了 BGP EVPN 基于 IP 前缀路由传播的基本机制的基础上，对 SD-WAN 路由的下一跳等关键信息进行增强扩展，新增 SD-WAN 的 WAN 端口封装路由信息来承载和传递站点的 WAN 侧接口的相关信息，用于设备两端 SD-WAN 隧道的建立。同时在 BGP EVPN 的 IP 前缀路由中携带相关信息，与路由的下一跳站点及隧道封装信息进行关联。路由方案的设计原则如图 5-17 所示，具体内容如下。

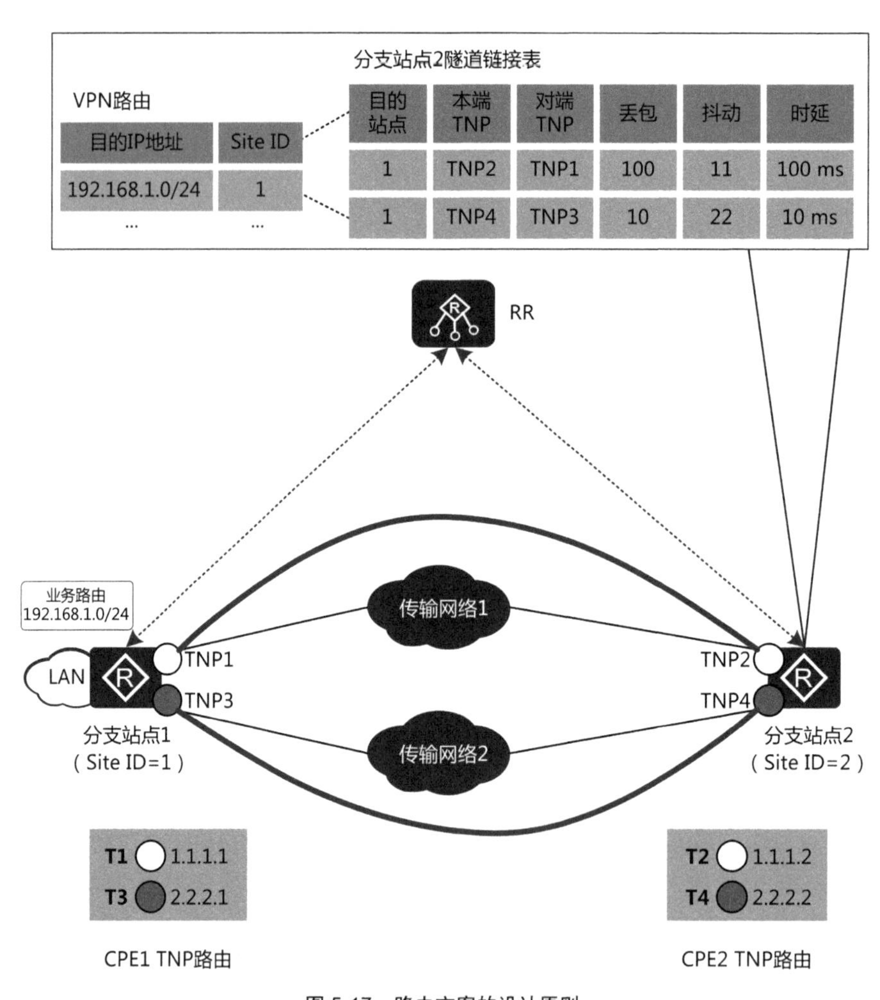

图 5-17　路由方案的设计原则

（1）VPN 路由

来自分支站点的 VPN 路由信息，来源主要是 CPE 上相关 VPN 的 LAN 侧业务路由。该路由除了携带路由前缀 / 掩码、Origin、Originator、AS Path、下一跳 IP 地址、Preference 和 VPN 标识等常见的 BGP 属性，同时还携带了下一跳 Site ID 和隧道封装相关属性信息。

CPE 在查路由进行流量转发时，根据 VPN 路由指定的下一跳 Site ID 去查找对应的 SD-WAN 隧道连接表，进行隧道封装后转发出去。如果到同一目的站点存在多条活跃的隧道，根据智能选路策略或哈希负载分担等算法，选择其中的一条隧道转发流量。

（2）TNP 路由

TNP 路由主要描述了 CPE 与 WAN 侧接口相关的网络可达性信息，如 WAN 侧接口的公网 IP 地址、私网 IP 地址、Site ID 以及相应的路由优先级信息等，只有 VPN 路由相关的 TNP 信息可达的时候，该 TNP 路由才会被导入 CPE 的转发表。TNP 作为 SD-WAN 隧道的端点，关键字段是 Site ID、CPE ID、TNP ID 以及隧道封装类型（比如 GRE 或者 IPSec）。除此之外，TNP 还携带 TNP 的私有 IP 地址、公网 IP 地址、运营商、优先级、IPSec 加 / 解密信息以及权重等信息。

CPE 通过 BGP 学习到远端站点的 TNP 路由后，创建到远端源站点的 SD-WAN 类型的隧道连接。当站点间存在多条 WAN 链路时，可能会同时创建多条 SD-WAN 隧道。

如图 5-18 所示，针对单个 CPE，路由部署方案建议如下。

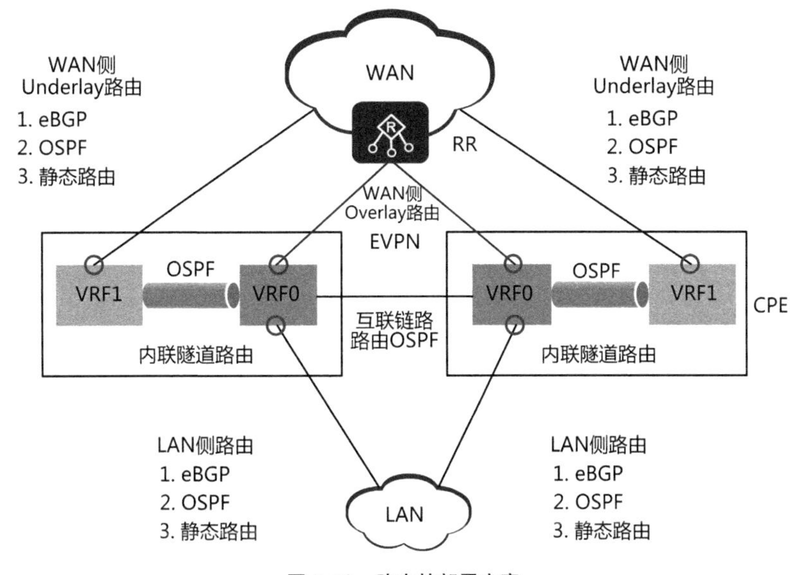

图 5-18　路由的部署方案

- LAN侧路由：站点的本地业务路由。可以在CPE的LAN侧接口部署路由协议进行站点LAN侧路由收发。这里常见的路由协议包括静态路由、OSPF或者

eBGP（external Border Gateway Protocol，外部边界网关协议）等路由协议，具体采用哪一种，往往由LAN侧对接的网络设备的路由部署方式决定，两边保持一致即可。具体的配置需要由网络管理员在网络控制器上手工指定。

- WAN侧Underlay路由：设备通过WAN链路接入Underlay WAN时，需要和WAN的对端设备进行路由协议对接，实现WAN侧接口在Underlay WAN中IP路由可达。同时在本地上网或本地访问传统网络站点的场景中，需要把站点本地业务路由发布给WAN。WAN侧Underlay路由的配置类似LAN侧路由部署方式，CPE的WAN侧接口支持部署传统的静态路由、OSPF或者eBGP等路由协议，具体采用哪一种，由WAN侧Underlay网络对接的网络设备的路由部署方式决定，两边保持一致即可，具体的配置需要由网络管理员在网络控制器上手工指定。
- Overlay路由：站点通过区域控制器（RR）学习到远端站点路由，在BGP EVPN模式下，站点与RR建立BGP邻居，实现Overlay网络域路由的发布和学习。该配置由网络控制器自动编排。
- 内联隧道路由：同一个CPE内部的不同VRF之间的路由在缺省情况下是互相隔离的，转发自然也是不能互通的。但在某些场景下，如本地上网或本地访问传统网络站点时，就需要Underlay VRF与某个VPN的Overlay业务VRF之间实现路由和转发互通。这就需要在Underlay VRF与业务VPN的VRF之间建立一条内联隧道，通过部署动态路由协议进行路由互学习。
- 互联链路路由：当站点部署双CPE时，其中一台设备的LAN或WAN链路发生故障时，可以通过另一台设备进行路由绕行转发，这需要在CPE间建立一条互联链路并部署动态路由协议，用于两个CPE上同一个VPN的路由发布与学习。类似的，默认采用某种固定的路由协议，如OSPF或者BGP，该配置可以由网络控制器自动编排。

3. 区域控制器的部署

总体上，由于 SD-WAN 的规模可能比较大，往往由成百上千的分支站点组成，为了避免站点之间的路由邻居数过多导致网络很难扩展的问题，考虑在网络中部署区域控制器。区域控制器具有 RR 的能力，负责站点之间跨越广域交换路由。RR 与网络控制器配合，能够基于用户定义的策略，进行 CPE 之间的 VPN 路由和拓扑信息按需分发，不同站点的 CPE 之间实现安全按需互联，如组网拓扑的按需发放，以及 Hub-spoke、full-mesh、Partial-mesh、分层组网等。

RR 作为解决方案中的一个部件，在实际部署时可采用如下方式。

（1）方式一：RR 与站点 CPE 共部署

共部署设备既要承担 RR 本身的控制平面的工作，又要承担 CPE 转发平面的工作，负责站点的业务流量转发。对于 RR 与 CPE 共部署的场景，在 RR 选型时，除了要考虑该设备 RR 的规格，还要考虑设备的转发性能以及 EVPN 隧道数。RR 与 CPE 共部署如图 5-19 所示。

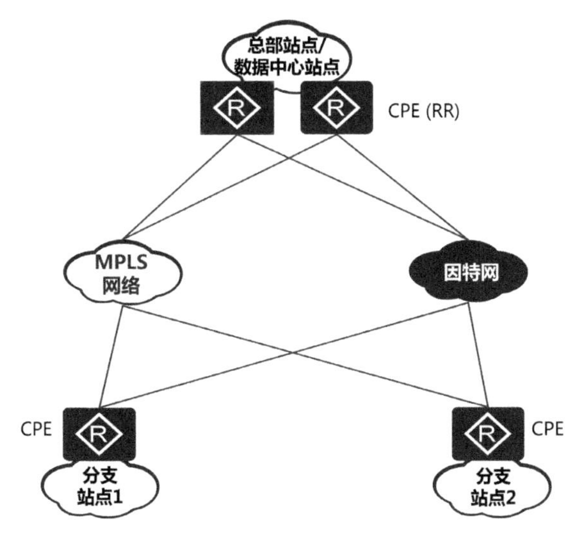

图 5-19　RR 与 CPE 共部署

（2）方式二：RR 独立部署

独立部署的 RR 设备只承担本身控制平面的工作，不转发业务数据。对于 RR 独立部署的场景，在选型时除了要考虑该设备的 RR 规格，还要考虑用于承载 BGP 的 EVPN 隧道数量。RR 独立部署如图 5-20 所示。

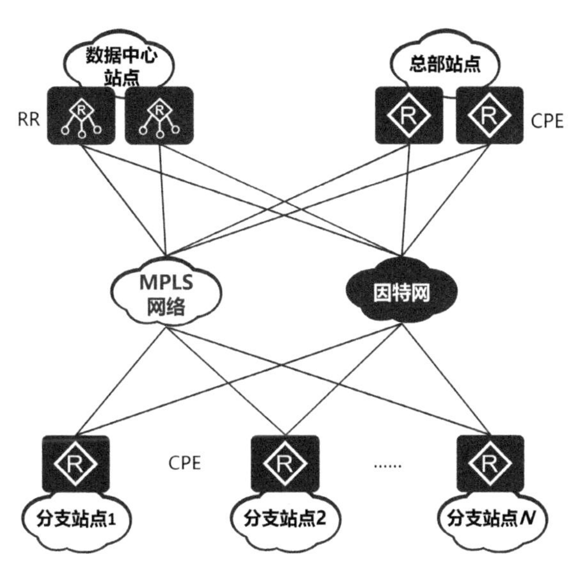

图 5-20　RR 独立部署

(3) 方式三：RR 多区域部署

在拥有众多分支的企业 WAN 场景，由于企业的站点规模过大，或者跨地域过大，拥有大量的 CPE 需要被管理。但是一对 RR 管理 CPE 的规模有限，因此需要考虑划分多个区域，每个区域布放至少一对 RR，不同区域的 RR 之间彼此建立 BGP EVPN 邻居，互相传播和学习不同区域的 VPN 路由。RR 多区域部署如图 5-21 所示。

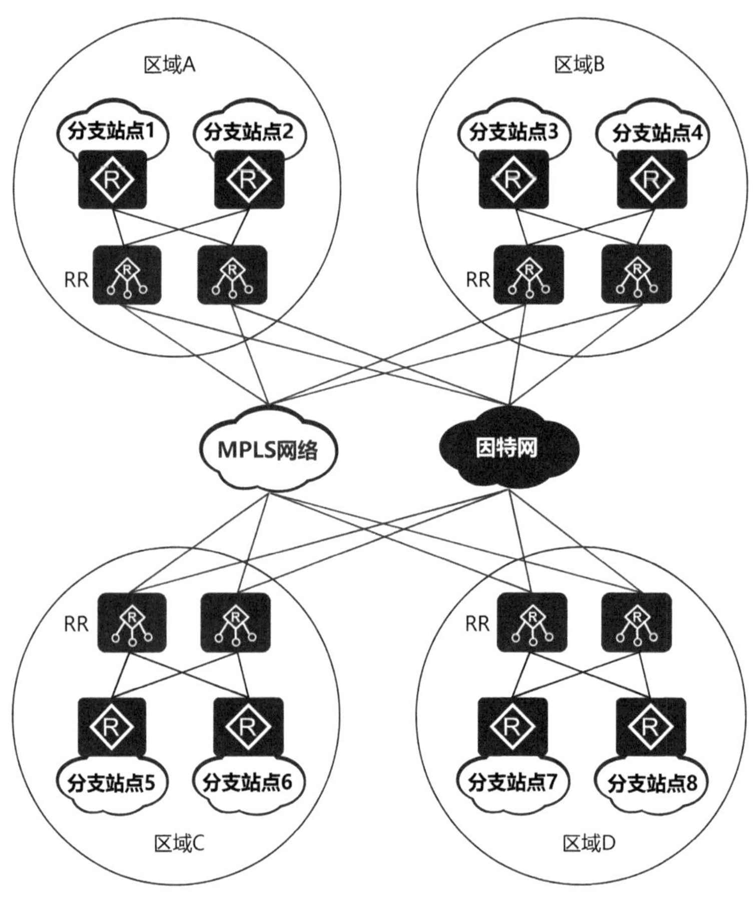

图 5-21　RR 多区域部署

5.3 网络编排与自动化

5.3.1 网络编排原理

传统企业 WAN 的部署和调整过程涉及交换、路由、安全和广域优化等多个网络技术领域，技术复杂度高，且由人工手动操作，因而耗时长、效率低、容易出错。因此，人们希望通过引入网络自动化来解决这个问题，网络编排正是实现网络自动化的核心技术手段。

编排的概念最早产生于艺术领域，通常是指选择不同的乐器来演奏音乐作品的不同部分。网络编排则是一种由策略驱动，通过协调应用程序或服务运行所需的硬件和软件，实现网络自动化的方法。

网络编排是一种自动执行网络业务部署需求的方式，可最大限度地减少部署业务或服务所需的人工干预。例如，企业同一个业务部门的员工分别在两个不同的站点，网络管理员希望为这些分隔在异地的员工创建一个互联互通的网络，具体是通过网络控制器创建站点和 VPN，并由网络控制器自动向两端站点的 CPE 下发相关的网络配置。

SDN 的核心是对网络的行为进行集中编排控制，因此首先要对网络的行为和能力进行抽象。网络编排的过程可以简单理解为对抽象网络对象的组织和调配，包含网络资源的分配调度等。对网络服务的抽象设计可以细分为点、线、面 3 个层次，具体如下。

1. 点：单点网元功能的服务抽象

WAN 中包含多个不同厂商或者不同型号的设备，为了最小化不同厂商、不同型号设备的差异对组网的影响，让网络管理员将精力聚焦在服务本身，就必须抽象化网络设备的业务功能。

举例来说，网络管理员希望将某个 CPE 的 WAN 侧接口加入某个 VPN 中，网络管理员向网络控制器发出服务请求后，网络控制器需要自动将该接口配置到该 VPN 对应的 VRF 中，并且自动修改接口相关的网络资源信息（如 VLAN、IP 地址、QoS 队列等）和路由协议参数等。整个过程中，网络管理员不需要像采用传统手工方式一样，去了解和手动输入该 VPN 对应的 VRF 信息、接口信息以及手工规划 IP 地址等接口参数。再比如，网络管理员需要创建包含两个 CPE 的站点，这时候需要抽象出一个站点创建的服务，网络管理员申请创建站点的服务，并指定加入的两台网络设备即可。网络控制器自动对该服务进行转换，自动完成对两个 CPE 的网络配置。

2. 线：网元连接功能的服务抽象

在单点网元的基础上继续发展，就是网元之间要进行连接的服务抽象。举例来说，两个站点要进行互联，需要抽象出一个站点互联的服务，用户只需要创建该服务，指定两个相关站点即可。网络控制器将自动在两个站点之间下发相关的 BGP 邻居等配置。

那么，为什么不直接采用抽象出来的单点网元设备功能进行编排呢？事实上，这也是一种可行的做法，但这要求网络管理员具有非常丰富的专业知识和经验，对每个 CPE 的网络功能和技术细节非常了解。这就使得创建服务具有很高的技术门槛，服务编排变得比较困难，因此更适合非常专业的用户。

3. 面：组网功能的服务抽象

采用抽象层次更高的网络服务单元（面）进行编排，将为网络管理员提供更接近业务语言的设计能力，与直接采用网络设备的单点网元功能的编排对比，就相当于面向对象的高级编程语言和汇编语言的区别。同时在编排过程中，服务对象可与各种不同的物理网络设备进行关联，实现网络服务的复用。

编排时根据网络模型对网络服务单元进行组织和配置，网络模型的复杂度决定了服务编排的复杂度。

SD-WAN 解决方案通过网络编排的方式使企业的多分支组网变得简单便捷，具体操作包括以下 3 个步骤，如图 5-22 所示。

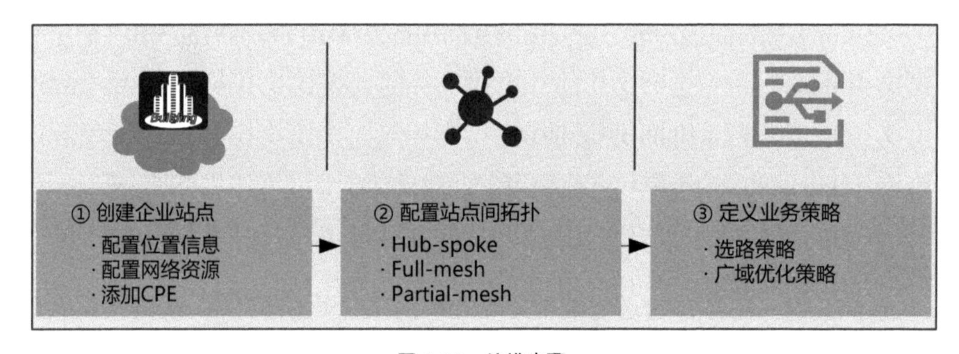

图 5-22　编排步骤

步骤①　创建企业站点，可以是分支站点、总部站点以及数据中心站点，甚至可以是一个公有云上的云站点，输入站点的基本连接信息，如站点内 CPE 的类型和数量以及 WAN 侧接口的数量和类型，加上一些与 ZTP 所需要的控制器相关的连接信息等。

步骤②　配置站点之间的内网互联拓扑结构，可以是 Hub-spoke、Full-mesh 及 Partial-mesh 等多种拓扑方式的组合，然后规划 VPN 以及站点间的拓扑关系。

步骤③　定义 SD-WAN 运行过程中所需要的业务策略，比如选路策略以及广域优化策略等。

5.3.2　隧道编排

SD-WAN 站点通常会有多条上行物理链路，连接不同运营商提供的各类型网络。如何在两个站点间，基于多条连接不同类型网络的物理链路构建可互通的

Overlay 隧道，需要进行合理的规划和设计。

1. Overlay 隧道构建原理

SD-WAN Overlay 隧道的构建过程包括 CPE 学习到对端 CPE 的 WAN 侧接口信息后，检测连通性，决定是否和对端 CPE 的 TNP 之间建立 Overlay 隧道。建立 Overlay 隧道前，要进行必要的准备工作，如确定站点 WAN 侧链路的数量，确定接入网的类型以及这些网络之间是否可以实现路由互通等，主要包括以下两方面。

（1）规划与定义 WAN 链路

通常情况下，可以将同一运营商的同一类型的 WAN 定义为一个独立的 TN，例如，将运营商 A 的因特网定义为一个 TN1，将运营商 B 的因特网定义为一个 TN2。

（2）规划与定义路由域

通过路由域（下称 RD）来定义不同的 CPE 的不同 TN 之间是否路由可达，属于同一 RD 的 TN 对应的 WAN 侧接口之间路由可达。通常情况下，把同一类型路由可互通但属于不同 TN 的网络（不区分运营商）定义为同一个 RD，例如，运营商 A 的因特网和运营商 B 的因特网可以定义为同一个 RD。

确定了 TN 和 RD 后，根据 TN 和 RD 的实际情况构建 Overlay 隧道。例如，站点之间如果存在多个属于不同 TN 的 WAN 侧接口，且 TN 之间彼此路由不可达（属于不同的 RD），则针对每种不同的 TN 创建一条 Overlay 隧道。如图 5-23 所示，Hub 站点和 Spoke 站点 1 以及 Spoke 站点 2 可以通过 MPLS 这个 TN 构建 Overlay 隧道，也可以通过因特网这个 TN 来构建 Overlay 隧道。

如果站点存在多个属于不同 TN 的 WAN 侧接口，且 TN 之间彼此路由可达（属于相同的 RD），则彼此之间可以构建多条 Overlay 隧道，如图 5-24 所示。

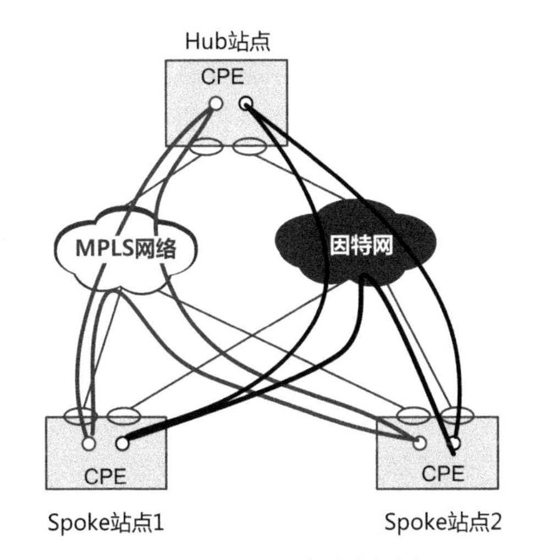

图 5-23　不同 RD 中的站点之间构建 Overlay 隧道

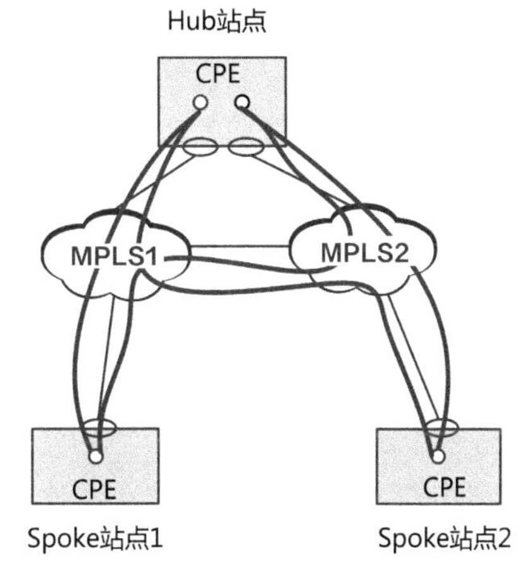

图 5-24　相同 RD 中的站点之间构建 Overlay 隧道

2. Overlay 隧道编排举例

了解了 Overlay 隧道构建的原理后，再具体看一下 Overlay 隧道编排的实例。如图 5-25 所示，以典型的双网关场景为例，站点 1 和站点 2 是双网关站点，有两条 WAN 侧链路，一条 MPLS 链路连接 CPE1，一条因特网链路连接 CPE2。站点 3 是单网关站点，也有两条WAN 侧链路，一条是MPLS 链路，一条是因特网链路。

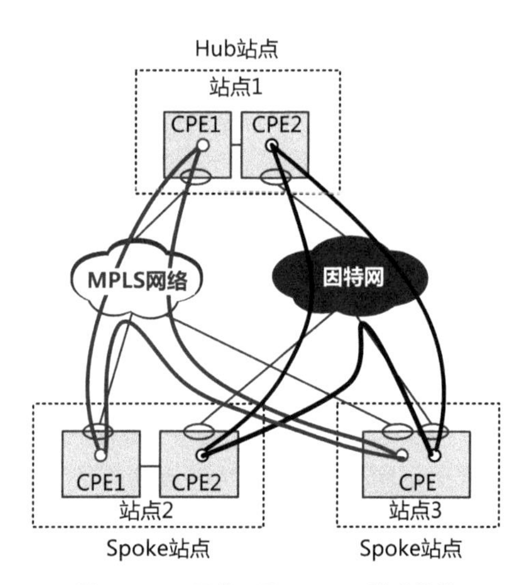

图 5-25　双网关组网 Overlay 隧道编排

为了实现站点间的互联互通，Overlay 隧道设计如下。

- 站点1、站点2和站点3之间通过MPLS链路构建Overlay隧道。
- 站点1、站点2和站点3之间通过因特网链路构建Overlay隧道。

基于上述组网情况，为了实现 Overlay 隧道的编排，在网络控制器上需要定义两种类型的模板，包括两种 TN（MPLS 网络和因特网），分别属于不同的 RD（MPLS 网络和因特网）。

- 双网关双链路模板：一条MPLS链路属于CPE1，一条因特网链路属于CPE2，绑定到站点1和站点2。
- 单网关双链路模板：一条MPLS链路和一条因特网链路都属于同一台CPE，绑定到站点3。

5.3.3　拓扑编排

根据企业不同业务的互通诉求，SD-WAN 解决方案支持以下几种典型的站点间互联拓扑模型。

1. Hub-spoke 拓扑模型

Hub-spoke 拓扑模型主要适用于企业的所有分支站点之间的互访都必须经过总部，须统一进行安全管控的场景。在 Hub-spoke 拓扑模型中，为了提高可靠性，可以部署双 Hub 站点，如图 5-26 所示。

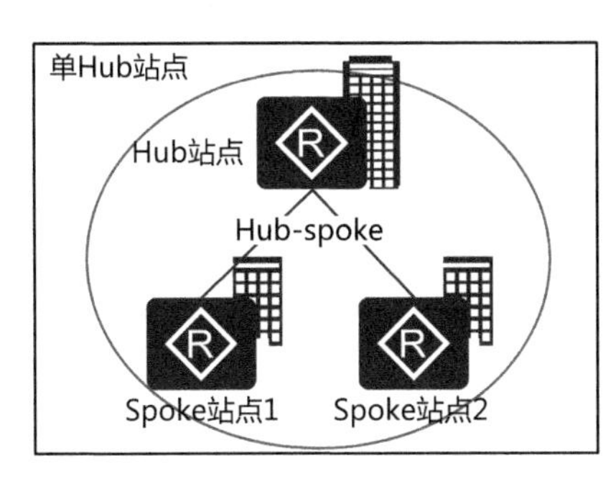

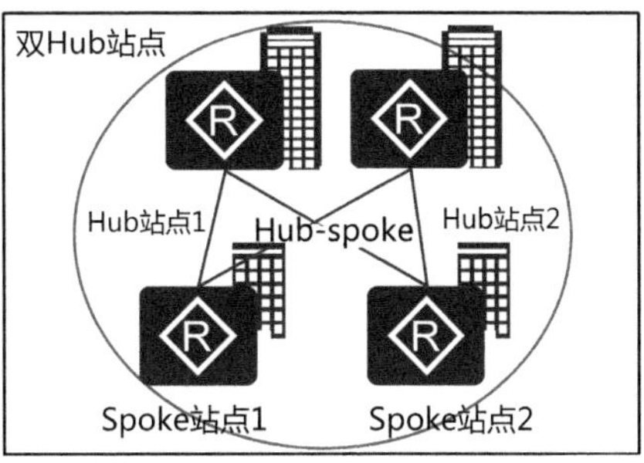

图 5-26　Hub-spoke 拓扑模型

2. Full-mesh 拓扑模型

Full-mesh 拓扑模型主要适用于企业的所有站点之间的互访都需要直接互通，需减少经过总部站点的互访以免增加时延的场景，如图 5-27 所示。

3. Partial-mesh 拓扑模型

Partial-mesh 拓扑模型主要适用于企业的大部分站点之间的互访都需要直接互通，但是部分站点之间互访要经过第 3 个站点的场景，这里的第 3 个站点也被称作重定向站点。如图 5-28 所示，Spoke 站点 2 和 Spoke 站点 3 无法直接访问 Spoke 站点 4，必须要经过 Spoke 站点 1，Spoke 站点 1 就是重定向站点。

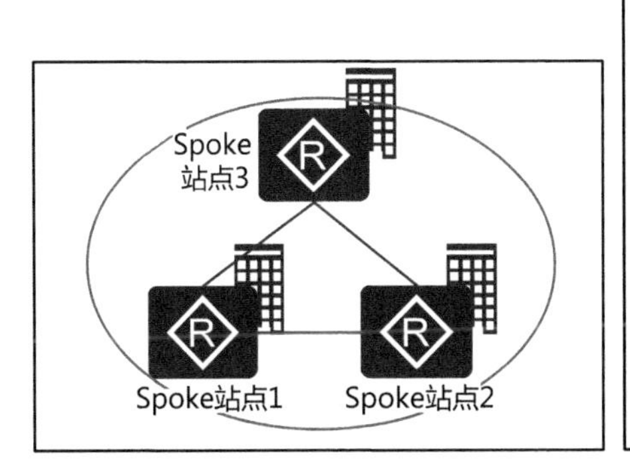

图 5-27　Full-mesh 拓扑模型

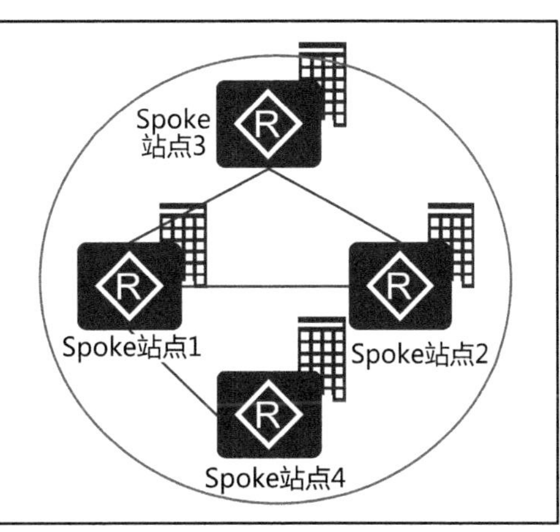

图 5-28　Partial-mesh 拓扑模型

4. 分层拓扑模型

分层拓扑模型主要适用于大型的跨区域企业，企业站点分区域部署，区域内站点直接互联或通过区域内中心站点互联，区域间的站点都需要通过区域内中心站点互通的场景。每个区域内的站点和其他区域内的站点通信时的边缘站点也称为 Border 站点。为了提高可靠性，每个区域内还可以部署两个 Border 站点，如图 5-29 所示。

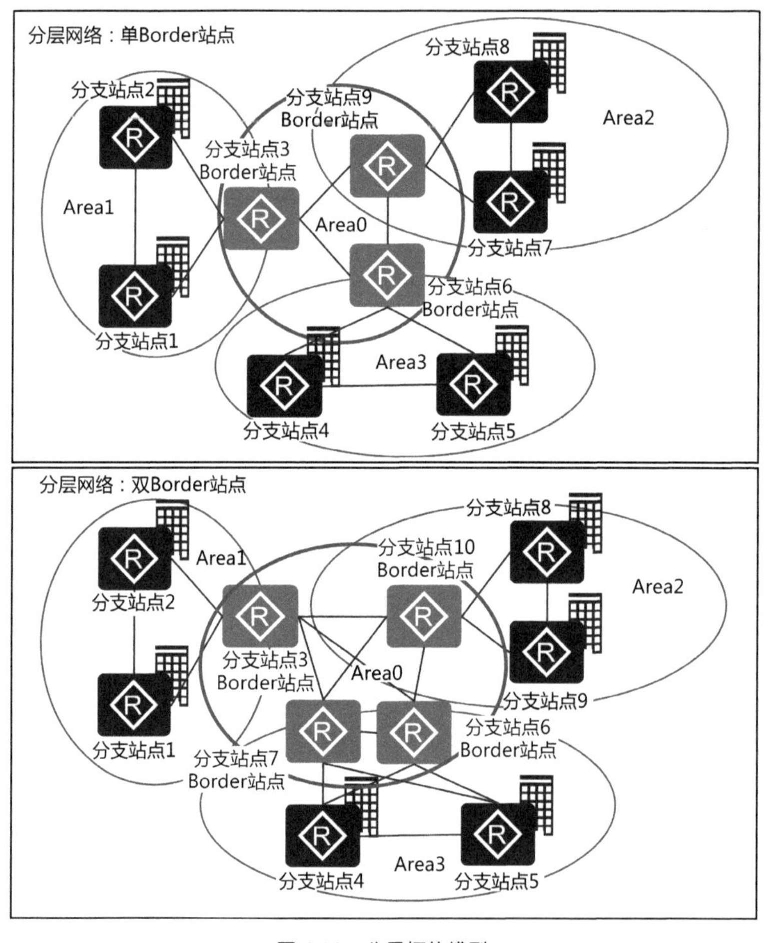

图 5-29　分层拓扑模型

综上所述，Hub-spoke、Full-mesh、Partial-mesh 和分层拓扑模型均由网络控制器来进行编排。通常情况下，网络管理员通过网络控制器指定相关站点间的拓扑模型，网络控制器根据对应的拓扑模型生成对应的网络模型，转换为路由策略下发给区域控制器。区域控制器按照网络控制器下发的路由策略控制不同站点的路由收发，最终使站点间按照网络管理员所规划的拓扑模型实现互访。

拓扑编排原理如图 5-30 所示，简要介绍如下。

- 在网络控制器上可以为每个业务VPN指定不同的拓扑网络模型。
- 通过在区域控制器上配置路由策略来影响站点上的路由学习，区域控制器上的路由策略由网络控制器根据网络管理员配置的拓扑网络模型自动编排生成。
- 路由策略基于Site ID进行匹配，进行路由过滤或者是修改路由下一跳的Site ID。

拓扑组网基于区域构建，不同区域内的站点可以构建不同的组网模式，具体如下。

- Hub-spoke组网：对于Spoke站点，接收其他Spoke站点路由时，下一跳需要修改为Hub站点。
- Full-mesh/Partial-mesh组网：允许接收所有站点的路由，如果存在重定向站点，需要在所有站点发送的路由里增加重定向站点作为下一跳的备份。
- 分层组网：区域内非Border站点接收其他区域的站点路由时，修改下一跳Site ID为本区域的Border站点；对于区域内的Border站点，接收其他区域的路由时，下一跳指向其他区域的Border站点或者指向区域互联的Hub站点。

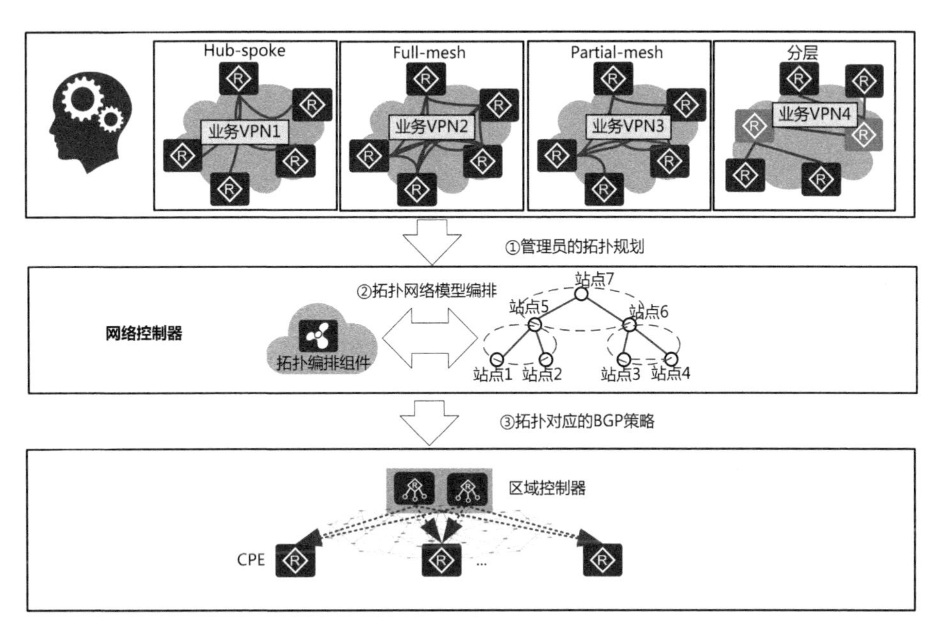

图 5-30 拓扑编排原理

| 5.4 访问因特网 |

随着企业业务的全球化、数字化、云化，企业各站点访问因特网的需求越来越强烈，访问因特网的业务也越来越丰富。通常情况下，站点内的用户使用私网地址，CPE 使用向运营商申请的公网地址连接因特网，这就要求 CPE 提供 NAT 功能，将站点内用户的私网地址转换为公网地址，使其能够访问因特网。

如图 5-31 所示，典型的 NAT 处理过程首先需要确保 CPE（NAT 设备）位于私网的出口位置，私网到因特网的流量和因特网到私网的流量都要经过该 CPE；其次需要维护一张 NAT 表，用于保存私网地址和公网地址的关联信息，从而实现地址转换功能。

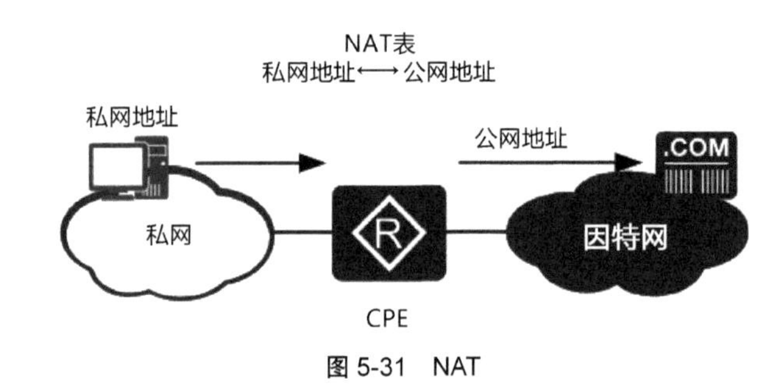

图 5-31 NAT

在 SD-WAN 解决方案中，CPE 提供了源 IP 地址转换功能，可将私网地址转换为公网地址，使站点内的私网用户可以访问因特网，其中主要用到了 NAPT（Network Address and Port Translation，网络地址和端口翻译）和 Easy-IP 两种转换方式。

1. NAPT

NAPT 表示同时对 IP 地址和端口号进行转换。NAPT 方式属于多对一的地址转换，它通过使用“IP 地址 + 端口号”的形式进行转换，使多个私网用户可共用一个公网 IP 地址访问外网。

NAPT 的工作原理如图 5-32 所示。

步骤① 私网内的一台主机 Host A 访问因特网的服务器，将报文发送至 CPE，报文的源 IP 地址是 10.1.1.100，源端口号是 1025。

步骤② CPE 收到 Host A 的报文后，从地址池中选取一个空闲的公网 IP 地址（如 1.1.1.1），替换报文的源 IP 地址，同时使用新的端口号替换报文的源端口号，并建立 NAT 表，然后将报文发送至因特网。此时报文的源 IP 地址是 1.1.1.1，源端口号是 10025。

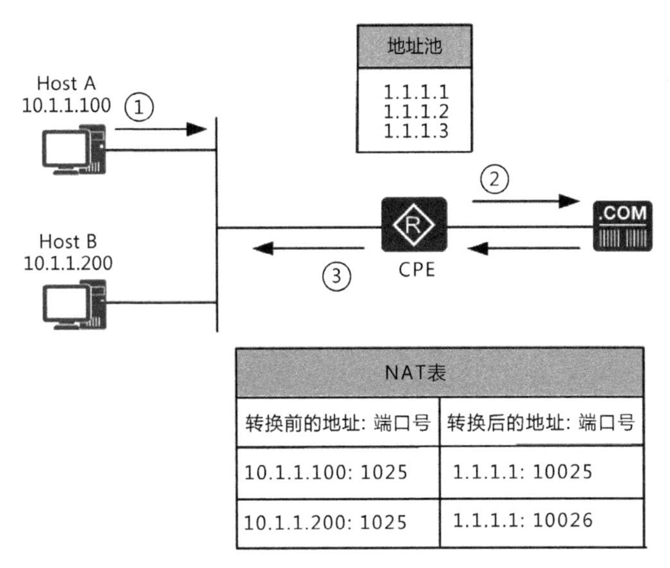

图 5-32　NAPT 的工作原理

步骤③　CPE 收到服务器响应 Host A 的报文后，通过查找 NAT 表，匹配到步骤②中建立的表项，将报文的目的地址替换为 Host 的地址，将报文的目的端口号替换为原始的端口号，然后将报文发送至 Host A。如果私网内另一台主机 Host B 同时也访问服务器，CPE 还是为其分配公网 IP 地址 1.1.1.1，但是会将源端口号替换为新的端口号（如 10026），并建立新的 NAT 表。

NAPT 方式实现了公网 IP 地址的复用，可以利用少量的公网 IP 地址来满足大量私网用户访问因特网的需求，是一种应用广泛的地址转换方式。

2. Easy-IP

Easy-IP 是一种利用 CPE 出接口的公网 IP 地址作为 NAT 后的地址，同时转换 IP 地址和端口的转换方式。与 NAPT 方式相同，Easy-IP 方式中，一个公网 IP 地址也可以同时被多个私网用户使用，可以将 Easy-IP 方式看成 NAPT 方式的一种特殊情况。

Easy-IP 的工作原理如图 5-33 所示。

步骤①　私网内的一台主机 Host A 访问因特网上的服务器，Host A 将报文发送至 CPE，报文的源 IP 地址是 10.1.1.100，源端口号是 1025。

步骤②　CPE 收到 Host A 的报文后，使用与因特网连接接口的公网 IP 地址（如 1.1.1.1）替换报文的源 IP 地址，同时使用新的端口号替换报文的源端口号，并建立 NAT 表，然后将报文发送至因特网。此时报文的源 IP 地址是 1.1.1.1，源端口号是 10025。

步骤③　CPE 收到服务器响应 Host A 的报文后，通过查找 NAT 表，匹配到步骤②中建立的表项，将报文的目的地址替换为 Host A 的地址，将报文的目的端口号替换为原始的端口号，然后将报文发送至 Host A。如果私网内另一台主机 Host B 同时也访问服务器，CPE 还是为其分配公网 IP 地址 1.1.1.1，但是会将源端口号替换为新的端口号（如 10026），并建立新的 NAT 表。

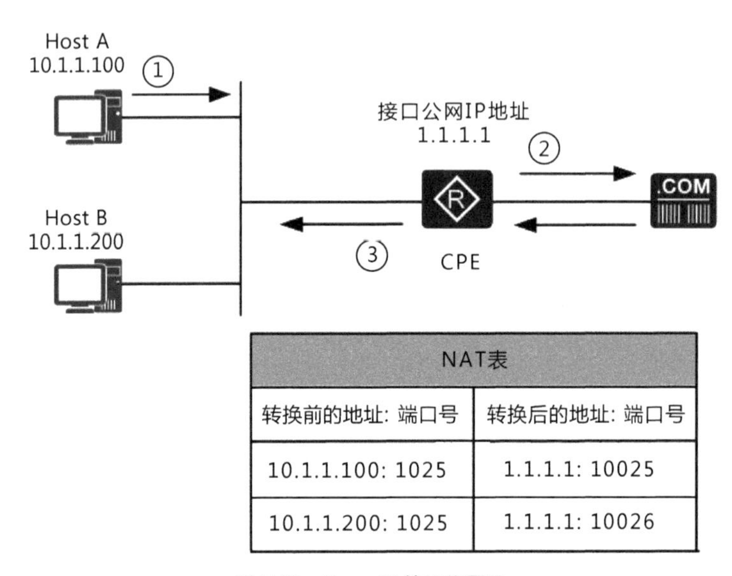

NAT表	
转换前的地址：端口号	转换后的地址：端口号
10.1.1.100: 1025	1.1.1.1: 10025
10.1.1.200: 1025	1.1.1.1: 10026

图 5-33　Easy-IP 的工作原理

Easy-IP 方式特别适合小型站点访问因特网的情况，小型站点的私网中内部主机较少，CPE 的出接口通常会通过拨号方式获得动态公网的 IP 地址。对于这种情况，可以使用 Easy-IP 方式使私网用户都通过 CPE 接口的 IP 地址接入因特网。

根据企业规模和 IT 管控策略的不同，不同的企业会有不同的访问因特网的方式。SD-WAN 解决方案提供了以下几种访问因特网的方式。

- 本地上网：企业内所有站点的上网流量均从本地站点的因特网链路接口直接出局上网。一般适用于较小企业或不需要对上网流量集中安全管控的场景。
- 集中上网：企业内所有站点的上网流量均需要通过集中上网网关出局上网。一般适用于大中型企业或需要对上网流量进行集中安全管控的场景。
- 混合上网：默认企业内站点的上网流量均需要通过集中上网网关出局上网，仅有部分指定的业务流量可通过本地站点的因特网链路直接出局。一般适用于大中型企业，或需要对上网流量集中安全管控，但是对于明确的指定业务（如Office 365）的上网流量可以放宽管控的场景。让部分业务流量从本地上网，可以减小访问时延，提升效率。

5.4.1　本地上网

本地上网（又称为本地出局）一般适用于规模较小的企业，每个站点都具有独立的因特网链路，并且所有站点上网流量不需要集中管控。企业可以基于不同的部门、不同的站点定制本地上网策略。

在 SD-WAN 解决方案中，本地上网方式支持站点同时选择多个访问因特网的出接口。通过对出接口指定优先级，可实现多个上网链路的主 / 备可靠性保护。

本地上网方式支持配置 NAT 功能。可以根据出接口选择是否开启 NAT 功能，如 Easy-IP 方式的 NAT，即用出接口的 IP 地址作为 NAT 后的公网地址。本地上网场景如图 5-34 所示。

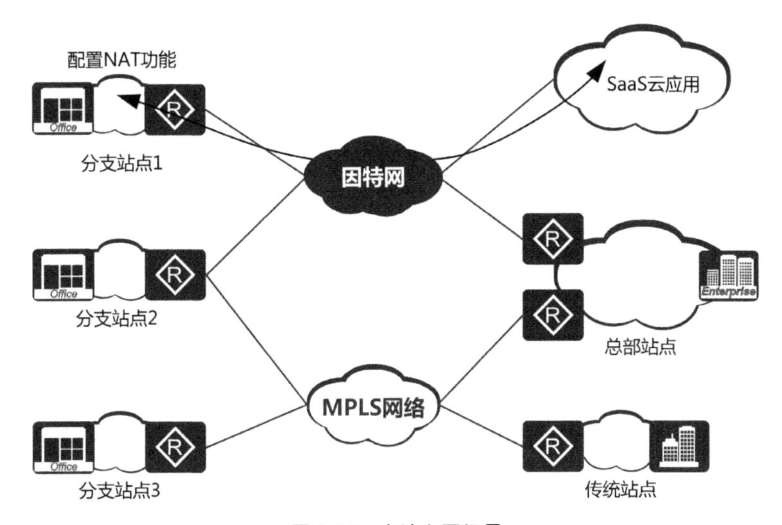

图 5-34　本地上网场景

5.4.2　集中上网

集中上网一般适用于大中型企业，企业各站点自身没有访问因特网的链路，均需通过集中上网站点设备接入因特网，便于企业对访问因特网的流量进行集中管控。

根据企业网络拓扑的规划，集中上网包括区域内集中上网和全局集中上网两种方式。这两种方式可以并存，以提升因特网访问的可靠性。

1. 区域内集中上网

基于互联区域选择集中上网站点，每个区域选择各自的集中上网站点。

系统会在向其他区域发布区域内集中上网站点发布的默认路由时进行过滤，从而确保区域内集中上网站点发布的默认路由只在集中上网站点所在的区域内扩散。

区域内集中上网场景如图 5-35 所示。

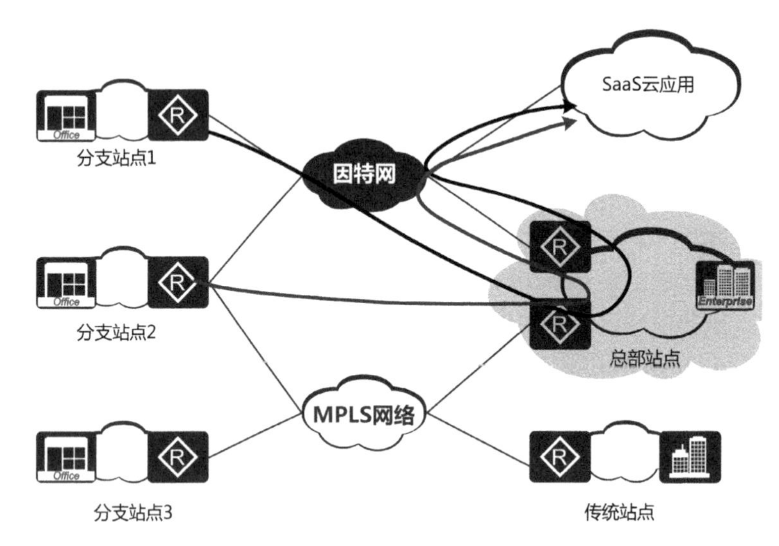

图 5-35　区域内集中上网场景

2. 全局集中上网

基于全局选择集中上网站点，所有互联区域内的站点都通过该集中上网站点上网。

全局集中上网场景如图 5-36 所示。

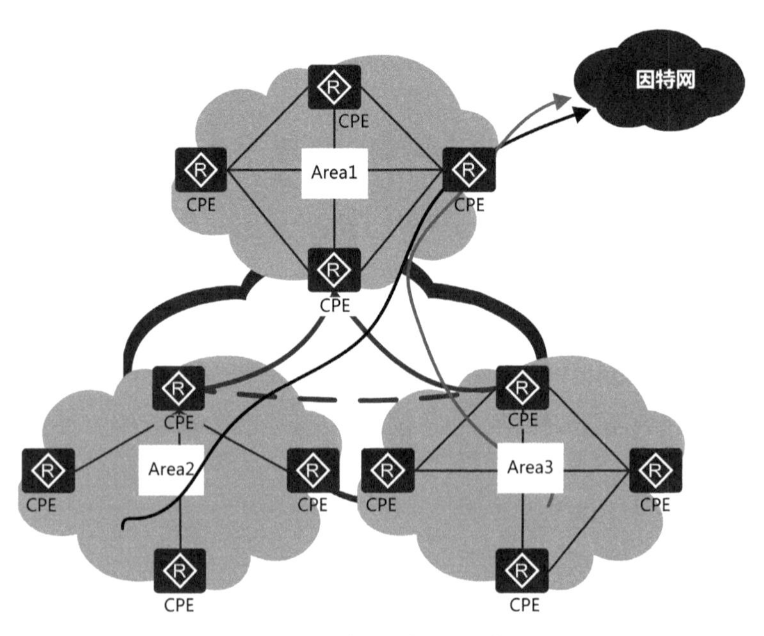

图 5-36　全局集中上网场景

为了确保集中上网的可靠性，可同时选择两个站点作为集中上网站点，且这两个集中上网站点之间是主备方式。

集中上网站点存在两种可供选择的上网方式。一种是集中上网站点的 LAN 侧有因特网出口，所有的上网流量都通过集中上网站点的 LAN 侧出局上网，需要在 LAN 侧配置默认路由或者是配置动态路由协议，从 LAN 侧防火墙学习到默认路由。另一种是集中上网站点通过 WAN 侧接口上网，所有的上网流量都通过该站点的 WAN 侧出局上网。

5.4.3　混合上网

混合上网一般适用的场景是：需要对上网流量进行集中安全管控，同时对于特定业务（如 Office 365）的上网流量可指定从本地上网，以减少应用访问时间，从而获取最佳的应用体验。基于可靠性考虑，可以让所有流量优先从本地上网，当本地因特网出口发生故障时，切换到集中上网方式。

混合上网通常包括如下几种方式。

第一种是本地上网 + 集中上网方式。该方式默认所有上网流量从本地出局，当本地上网接口发生故障时，上网流量绕行到集中上网站点出局，如图 5-37 所示。

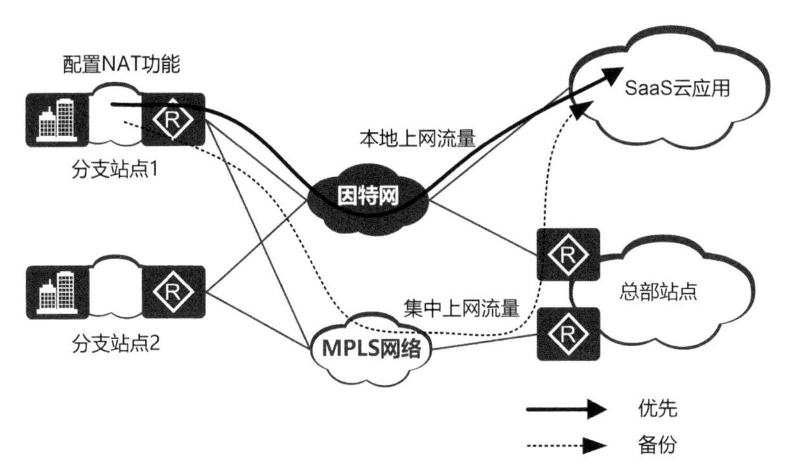

图 5-37　本地上网 + 集中上网方式

第二种是集中上网 + 指定业务流量本地上网方式。该方式默认所有上网流量通过集中上网站点出局，部分指定业务流量（如 Office 365 的流量）通过本地 WAN 侧接口直接上网。同样，在本地上网接口发生故障时，本地出局的业务流量仍然可以通过集中上网站点出局，如图 5-38 所示。

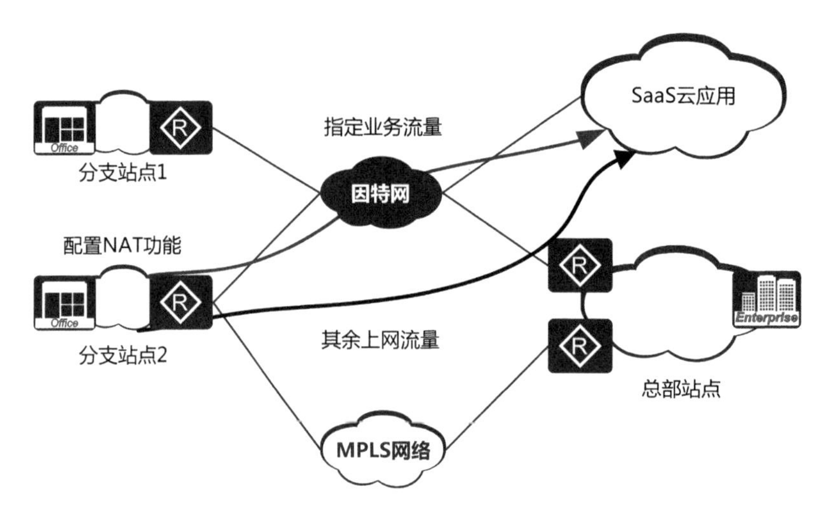

图 5-38　集中上网 + 指定业务流量本地上网方式

| 5.5　广域 NAT 穿越 |

NAT 技术解决了 IPv4 公网地址短缺的问题，同时也带来了新的问题。例如，NAT 的原理决定了只有在报文从私网发往公网时，NAT 设备上才会创建 NAT 表，因此公网中的网络个体无法主动与 NAT 设备后的私网个体建立连接。如何让公网上个体的连接请求能够穿越 NAT 设备，主动与私网内的个体建立连接，这就引出了 NAT 穿越（NAT Traversal）问题。

在 SD-WAN 解决方案中，除了 CPE 提供 NAT 功能，实现站点内私网用户上网之外，还要考虑在 NAT 设备后的站点之间互联时发生的 NAT 穿越。因为对因特网链路构建的 Underlay 网络来说，CPE 位于 NAT 设备后的情况很普遍。

当 CPE 位于 NAT 设备之后，网络控制器以及其他站点的 CPE 如何与该 CPE 建立网络连接，是 SD-WAN 组网时必须要重点考虑的。在 SD-WAN 解决方案中，不同组件之间的通信都可能会经过 NAT 设备，如图 5-39 所示。

SD-WAN 解决方案中涉及的 NAT 穿越场景如下。

（1）CPE 和网络控制器的连接

CPE 和网络控制器之间会建立管理通道，由于网络控制器会使用公网地址进行部署，CPE 会主动向网络控制器的公网地址发出连接请求，所以在这种情况下，可以认为 CPE 和网络控制器之间的 NAT 穿越问题已解决。

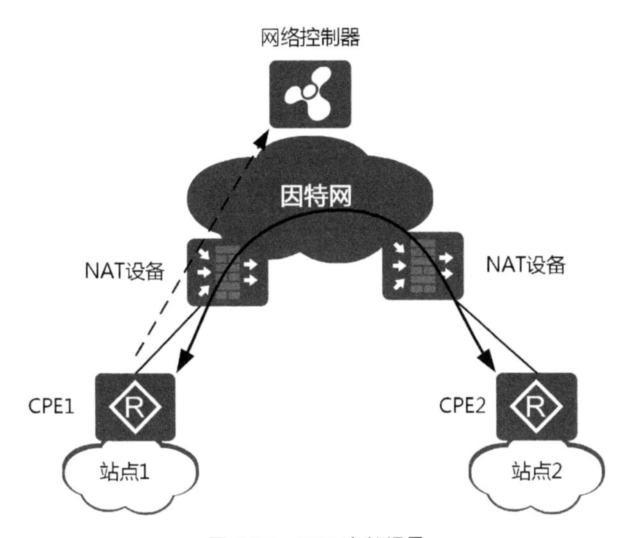

图 5-39　NAT 穿越场景

（2）CPE 和 CPE 之间的连接

CPE 和 CPE 之间会建立数据通道，站点间互访的流量会通过数据通道传输，此时 CPE 和 CPE 之间的就属于 P2P（Peer-to-Peer，点对点）类型的连接。当 CPE 位于 NAT 设备后的私网，特别是两个站点的 CPE 同时位于 NAT 设备后的私网时，CPE 之间要建立 P2P 连接，就必须考虑 NAT 穿越的问题。

要解决 CPE 之间建立网络连接时的 NAT 穿越问题，可以考虑使用 STUN 技术。在最新的标准中，STUN 被定位成一种实现 NAT 穿越的工具，被终端用于检查 NAT 设备为其分配的 IP 地址和端口，同时也被用来检查两个终端之间的连接性。

STUN 技术的应用需要服务器和客户端的配合。服务器部署在公网，具有公网 IP 地址；客户端部署在私网，位于 NAT 设备后。在 SD-WAN 解决方案中，将网络控制器或者区域控制器作为 STUN 服务器，CPE 作为 STUN 客户端。以网络控制器作为 STUN 服务器为例，CPE 与网络控制器建立的 STUN 连接如图 5-40 所示。

利用 STUN，需要建立数据通道连接的两个 CPE 能够获取对方经过 NAT 后的真实公网地址，然后两个 CPE 的 TNP 会基于 NAT 后的地址建立连接，实现 NAT 穿越。

下面将介绍 STUN 实现 NAT 穿越的基本工作原理，关于 STUN 以及 NAT 穿越的其他技术的详细信息，请参考相应的标准文档。

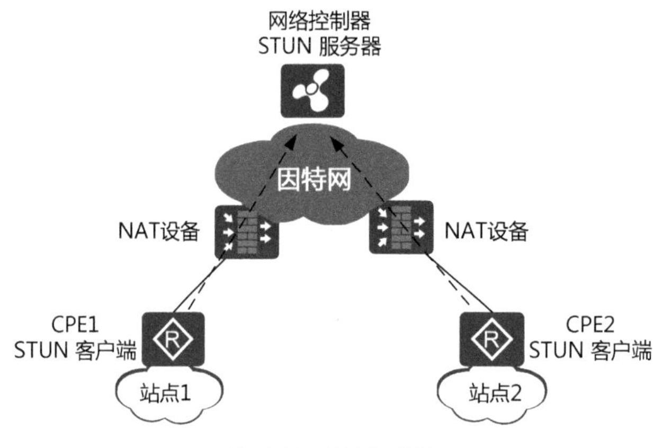

图 5-40　STUN 连接

5.5.1　NAT 映射和过滤

首先来介绍 STUN 中 NAT 映射行为和过滤行为的概念。映射行为指的是 NAT 设备对内网发送到外网的报文进行映射，使一组主机可以共享唯一的外部 IP 地址，所有不同的信息流看起来好像来自同一个 IP 地址。主要有以下 3 种的映射行为。

- 与外部地址无关的映射行为：对于一个内网IP地址和端口，其映射的外网IP地址和端口是固定的。即从相同的IP地址和端口发送到任何外部IP地址和任何外部端口的报文在NAT设备上使用相同的映射。
- 与外部地址相关的映射行为：从相同的内网IP地址和端口发送到相同外部IP地址和任何外部端口的报文在NAT设备上使用相同的映射。
- 与外部地址和端口都相关的映射行为：从相同的内网IP地址和端口发送到相同外部IP地址和相同外部端口的报文在NAT设备上使用相同的映射。

NAT 过滤行为指的是 NAT 设备对外网发送到内网的报文进行过滤，主要包括以下 3 种。

- 与外部地址无关的NAT过滤行为：来自任意外部地址的报文都可以穿越NAT设备，被发送给内部主机。
- 与外部地址相关的NAT过滤行为：只有来自特定外部地址的报文才可以穿越NAT设备，被发送给内部主机。
- 与外部地址和端口都相关的NAT过滤行为：只有来自特定外部地址和端口的报文才可以穿越NAT设备，被发送给内部主机。

STUN 将 UDP 报文的 NAT 方式分为两大类，锥形 NAT（Cone NAT）和对称型 NAT（Symmetric NAT）。其中锥形 NAT 又可分为 Full Cone（全圆锥形）、

Restricted Cone（受限锥形）和 Port Restricted Cone（端口受限锥形）。不同 NAT 类型的映射行为和过滤行为各有差异，下面分别进行介绍。

1. Full Cone

Full Cone 这种类型指的是 NAT 设备在进行地址转换时，将内部同一个 IP 地址和端口的主机发送的报文都映射到同一个公网 IP 地址和端口，并且任意外部 IP 地址与端口的主机都可以通过映射后的公网 IP 地址和端口访问内网的主机。简而言之，只要内网的主机在 NAT 设备上由内到外建立一个映射，外部主机就可以通过该映射向内部主机发送数据。

如图 5–41 所示，位于内网的 Host A，使用 IP–A:Port–A 向外网中 IP–B:Port–B 的 Host B 发送报文，NAT 设备会将该报文的源 IP 地址映射为公网 IP 地址 IP–X，将端口映射为 Port–X。这就相当于 NAT 设备打开了一个“洞”，外网的任意主机（如 Host C）就可以通过 IP–X:Port–X 向 Host A 发起连接。

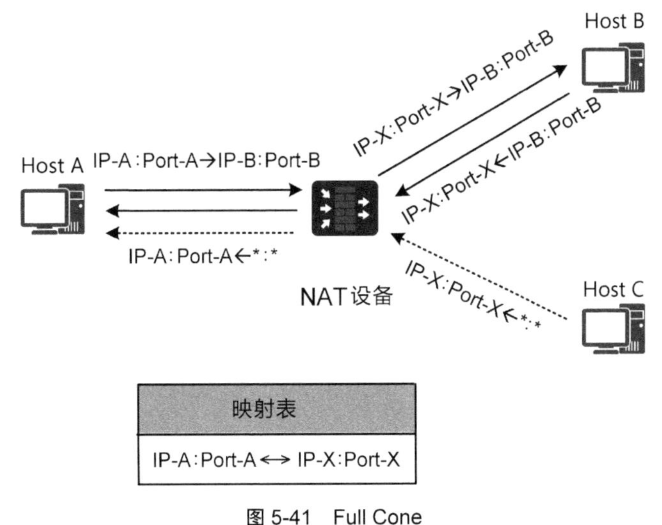

图 5-41　Full Cone

Full Cone 的映射行为的特点是从内部地址（私网 IP 地址 + 端口）发送到任何目的地址的报文都会被映射到同一个外网地址（公网 IP 地址 + 端口），与外部地址无关。Full Cone 的过滤行为的特点是 IP 地址和端口都不受限制，任意的外部主机发送的报文都可以通过 Full Cone 的映射表项穿越 NAT 设备，到达内网的主机。因此，Full Cone 属于映射行为和过滤行为均与外部地址无关的类型。

2. Restricted Cone

Restricted Cone 也叫作 Address Restricted Cone，指的是 NAT 设备在进行地址转换时，将内部同一个 IP 地址和端口的主机发送的报文都映射为同一个公网 IP 地址和端口。与 Full Cone 不同的是，对于 Restricted Cone 的映射端口，NAT 设备并不允许所有 IP 地址的主机访问该端口，只有内部主机对某个外部 IP 地址发起过连接，这个外部 IP 地址的主机才可以通过映射后的端口访问内部主机。

如图 5-42 所示，位于内网的 Host A，使用 IP-A:Port-A 向外网中 IP-B:Port-B 的 Host B 发送报文，NAT 设备会将该报文的源 IP 地址映射为公网 IP 地址 IP-X，端口映射为 Port-X。只有 Host B 可以使用任何端口向 Host A 发起连接，Host C 不能通过 IP-X:Port-X 向 Host A 发起连接。

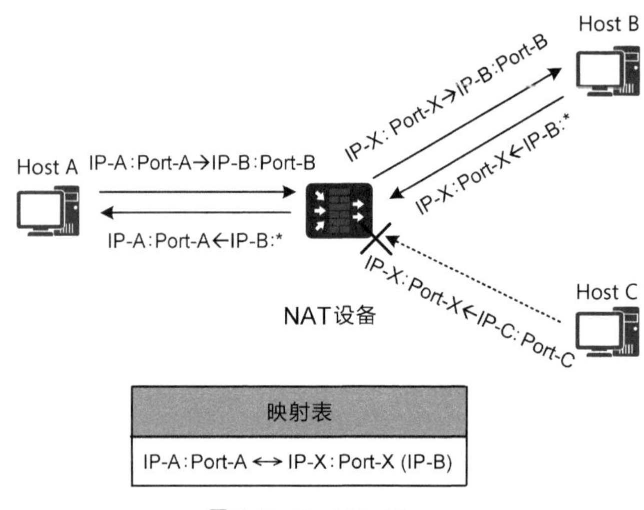

图 5-42　Restricted Cone

Restricted Cone 的映射行为的特点是从内部地址（私网 IP 地址 + 端口）发送到任何目的地址的报文都会被映射到同一个外网地址（公网 IP 地址 + 端口），与外部地址无关。Restricted Cone 的过滤行为的特点是 IP 地址受限，端口不受限，只有先前内部主机已经发起过连接的外部主机，才可以通过 Restricted Cone 类型的映射表项穿越 NAT 设备。因此，Restricted Cone 属于映射行为与外部地址无关、过滤行为与外部地址相关的类型。

3. Port Restricted Cone

Port Restricted Cone 指的是 NAT 设备在进行地址转换时，将内部同一个 IP 地址和端口的主机发送的报文都映射到同一个公网 IP 地址和端口。相比于 Restricted Cone，Port Restricted Cone 对外部访问的要求更加严格，只有内部主机对某个外部 IP 地址和端口发起过连接，且来自这个外部 IP 地址的主机必须使用之前内部主机访问过的端口，该主机才可以访问内部主机。

如图 5-43 所示，位于内网的 Host A，使用 IP-A:Port-A 向外网中 IP-B:

Port–B 的 Host B 发送报文，NAT 设备会将该报文的源 IP 地址映射为公网 IP 地址 IP–X，将端口映射为 Port–X。NAT 设备只允许 Host B 使用 Port–B 向 Host A 发起连接，Host B 使用其他端口无法向 Host A 发起连接，其他主机也不能通过 IP–X: Port–X 向 Host A 发起连接。

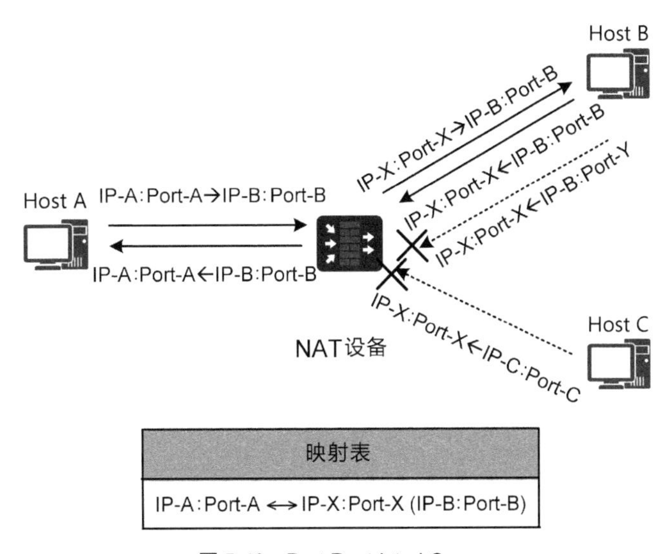

图 5-43　Port Restricted Cone

Port Restricted Cone 的映射行为的特点是从内部地址（私网 IP 地址 + 端口）发送到任何目的地址的报文都会被映射到同一个外网地址（公网 IP 地址 + 端口），与外部地址无关。Port Restricted Cone 的过滤行为的特点是 IP 地址和端口都受限，只有先前由内部主机发起过连接的外部主机使用先前的 IP 地址和端口发送的报文，才可以通过 Port Restricted Cone 类型的映射表项穿越 NAT 设备。因此，Port Restricted Cone 属于映射行为与外部地址无关、过滤行为与外部地址和端口相关的类型。

4. Symmetric NAT

Symmetric NAT 的特点是 NAT 设备在进行地址转换时，内部同一个 IP 地址和端口的主机发送到特定的目的 IP 地址和端口的报文会被映射到同一个公网 IP 地址和端口。而同一内部主机发送到不同的目的 IP 地址和端口的报文，则会被映射到不同的端口。

如图 5–44 所示，位于内网的 Host A，使用 IP–A:Port–A 向外网中 IP–B: Port–B 的 Host B 发送报文，NAT 设备会将该报文的源 IP 地址映射为公网 IP 地址 IP–X，将端口映射为 Port–X；Host A 向外网中 IP–C:Port–C 的 Host C 发送报文，NAT 设备会将该报文的源 IP 地址映射为公网 IP 地址 IP–X，将端口映射为

Port–Y。Host B 只能通过 IP–X:Port–X 向 Host A 发起连接，Host C 只能通过 IP–X:Port–Y 向 Host A 发起连接。

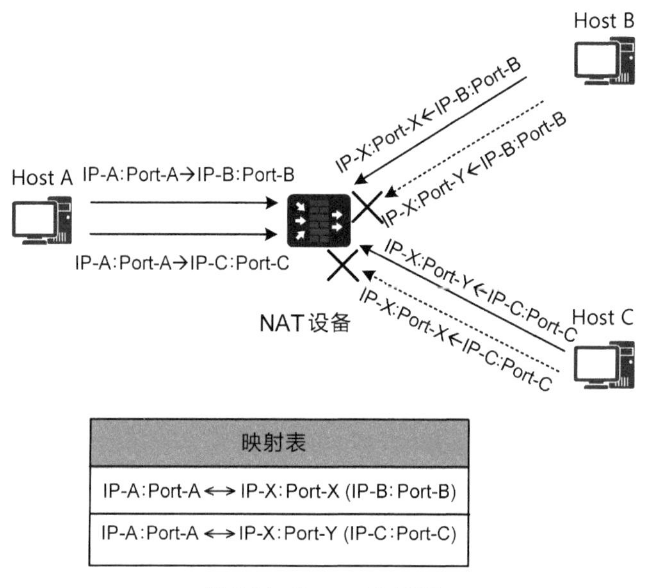

图 5-44　Symmetric NAT

Symmetric NAT 的映射行为的特点是与外部地址有关，内部主机访问不同的外部主机时，映射后的端口都不相同。Symmetric NAT 的过滤行为的特点是 IP 和端口都受限，而且由于 Symmetric NAT 的映射行为与外部地址有关，映射后的端口是不相同的，外部主机必须收到内部主机发送来的报文，才能获知自己应该通过哪个端口发送报文，穿越 NAT 设备。因此，Symmetric NAT 属于映射行为和过滤行为均与外部地址及端口相关的类型。

5.5.2　NAT 探测和打洞

Full Cone、Restricted Cone、Port Restricted Cone、Symmetric NAT 的映射行为和过滤行为各有特点。一般情况下，外网主机不可能直接与内网主机建立连接。要想实现外网主机与内网主机的交互，内网主机就要在自己的 NAT 设备上打一个"洞"，使得外网主机的访问能够通过这个洞穿越进来，这个过程俗称"打洞"。

在 SD–WAN 解决方案中，位于 NAT 设备后的 CPE 首先要获取自己的 NAT 类型、映射后的公网 IP 地址和端口信息，同时还要获取要建立连接的另一个 CPE 的 NAT 类型、映射后的公网 IP 地址和端口信息，然后两个 CPE 才能根据 NAT 类型决定是否可以进行 NAT 打洞，以及如何进行 NAT 打洞。NAT 类型以及映射后信息的获取是通过 STUN 提供的 NAT 探测功能来实现的，相关的探测和打洞过程可以参见 STUN 协议标准。

华为 SD-WAN 解决方案中，以下类型的 NAT 设备之间才支持 NAT 穿越：

- 静态NAT/Full Cone类型的设备和其他任何类型的NAT设备之间；
- Restricted Cone类型的NAT设备和Restricted Cone/ Port Restricted Cone/ Symmetric类型的NAT设备之间；
- Port Restricted Cone 类型的NAT设备之间。

以下类型的 NAT 设备之间无法穿越：

- Port Restricted Cone类型的NAT设备和Symmetric类型的NAT设备之间；
- Symmetric NAT类型的NAT设备之间。

5.6　与传统站点互通

企业在部署 SD-WAN 之前，可能已经存在了很多采用传统网络技术互联（如 MPLS VPN 等）的站点，比如传统总部、数据中心以及分支站点，甚至包括某些采用异构 VPN 技术部署的云网络，都可以泛指为广义的传统站点。

当新建 SD-WAN 站点或把部分已有的传统站点改造成 SD-WAN 站点后，企业将在一段时间内，同时存在 SD-WAN 站点和传统站点这两类站点，且这两类站点间需要进行互通。由于 SD-WAN 网络域和传统网络域部署了不同的网络技术，前者是 EVPN 这样的 Overlay VPN，后者是 MPLS VPN 这样的传统 Underlay VPN，因而从控制平面到转发平面，两者都无法直接互通，这就需要允许 SD-WAN 站点与传统站点之间进行网络互通的解决方案。

总体来讲，与传统站点互通的方案主要分为两大类，如图 5-45 所示。

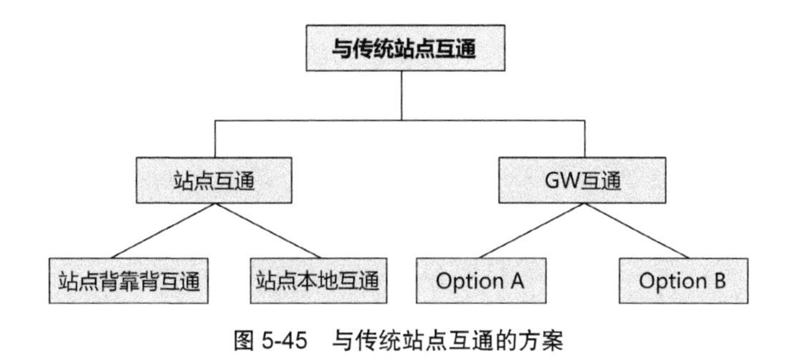

图 5-45　与传统站点互通的方案

- 第一类是通过站点互通，即选取某个SD-WAN站点，将该站点与传统网络的连接打通，方案又可以进一步细分为站点背靠背互通和站点本地互通两种方式。

- 第二类是GW互通方案，即通过部署独立的IWG实现互通。IWG具备同时连接SD-WAN以及传统网络的能力，因此可以作为网关连通SD-WAN网络域和传统网络域，按照IWG与传统网络对接技术的不同，方案又可以进一步细分为Option A和Option B两种方式。

总体而言，通过站点互通的方式比较适合单个企业自建自营的场景；而 IWG 具备多租户的能力，该 GW 设备不属于任何一个单独的企业，可以被多个租户共享。因此，IWG 适合在运营商 /MSP 转售场景下，由运营商 /MSP 创建，作为一种可运营的服务，统一提供给有需要的租户。

下面以 SD-WAN 站点与传统的 MPLS VPN 站点互通为例，分别详细介绍这些方案的原理和特点。

5.6.1 通过站点互通

1. 站点背靠背互通

当 SD-WAN 站点连接的 WAN 和传统站点连接的 MPLS 网络无法互通，即两类站点的 Underlay 网络无法直接互通时，可以分别选择一个 SD-WAN 站点和一个传统站点进行背靠背互通，这两个不同类型的站点从逻辑上可以看作一个网关站点。

具体做法是在传统站点和 SD-WAN 站点的 CPE 上分别选择一个 LAN 侧接口，并通过一条专用的互通链路进行物理互联。在该链路上，按需运行 BGP/OSPF 等协议，用来交换传统 MPLS 网络域和 SD-WAN 网络域的路由，并且将路由发布给各自域内的其他站点。这样，所有其他的 SD-WAN 站点和传统网络站点之间的互访也可以中转到该专用互通链路，从而实现所有 SD-WAN 站点和传统站点的互访，如图 5-46 所示。

当一个企业有多个 VPN 并且同一个 VPN 的用户同时分布在 SD-WAN 和非 SD-WAN 两个网络中时，可以在该背靠背站点的互通链路上创建多个逻辑链路，每个逻辑链路分别加入不同的 VPN，实现多 VPN 下的业务互通。

2. 站点本地互通

当 SD-WAN 站点连接的 WAN 和传统 MPLS 网络是同一张网络或可互通的网络，即两类站点的 Underlay 网络可以直接互通时，则可以借助 SD-WAN 站点的本地出局技术，在该站点直接打通 SD-WAN Overlay 网络域与 Underlay 网络域，彼此学习路由，从而实现 SD-WAN 站点与传统站点的本地直接互通。

基于上述的方案原理，根据客户实际的业务需要和组网特点，通过灵活的方案部署，又可以适用于以下 3 种不同的场景。

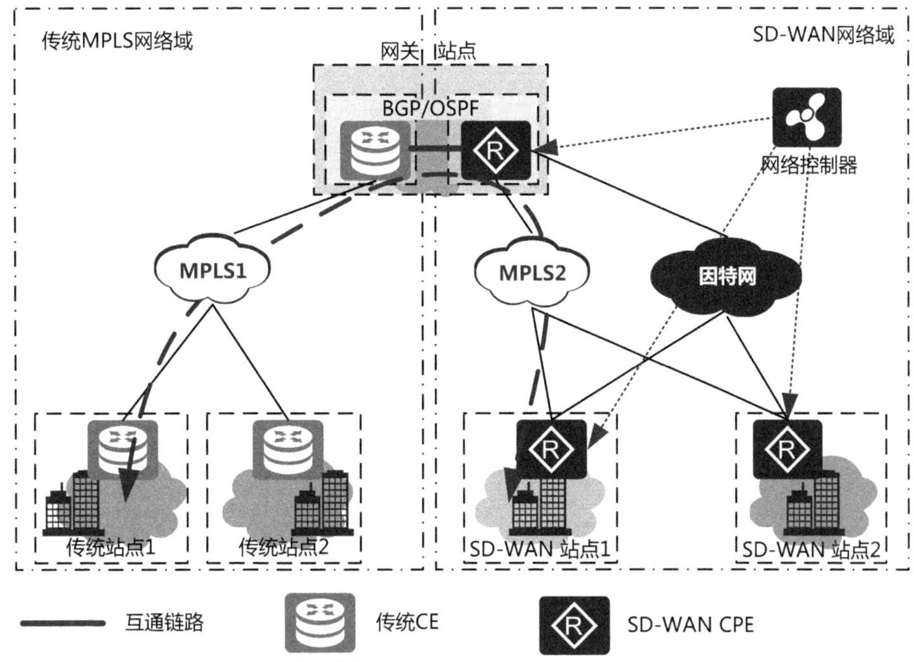

图 5-46　通过互通链路互访

（1）分布式本地互通

当所有 SD-WAN 站点的 WAN 和传统站点的 MPLS 网络在本地 Underlay 网络直接互通时，所有的 SD-WAN 站点都可以部署本地出局的互通方式，从而实现整个 SD-WAN 对传统站点的分布式互通。这种方式的优点是每个站点的互访流量可以直接本地转发，无须借助 Overlay 网络域到其他 SD-WAN 站点中转，转发效率高，如图 5-47 所示。

（2）集中式互通

当某些 SD-WAN 站点无法通过本地出局访问传统网络时，可以选择一个能和传统站点进行本地出局互访的站点作为集中互通站点，集中访问站点通过 Overlay 网络域发布相应的路由，其他 SD-WAN 站点学习到路由后，将流量通过 Overlay 隧道转发到该集中互通站点，再通过该站点本地出局转发到传统网络站点。这种方式的优点是部署简单，互通流量集中，易于管控，如图 5-48 所示。

（3）混合式互通

基于上述分布式和集中式两种互通方式，可以提供混合式的站点互通，即具备与传统网络域直接互通条件的 SD-WAN 站点直接本地互通，而不具备与传统网络直接互通条件的 SD-WAN 站点通过可直接互通的 SD-WAN 站点进行中转集中互通。

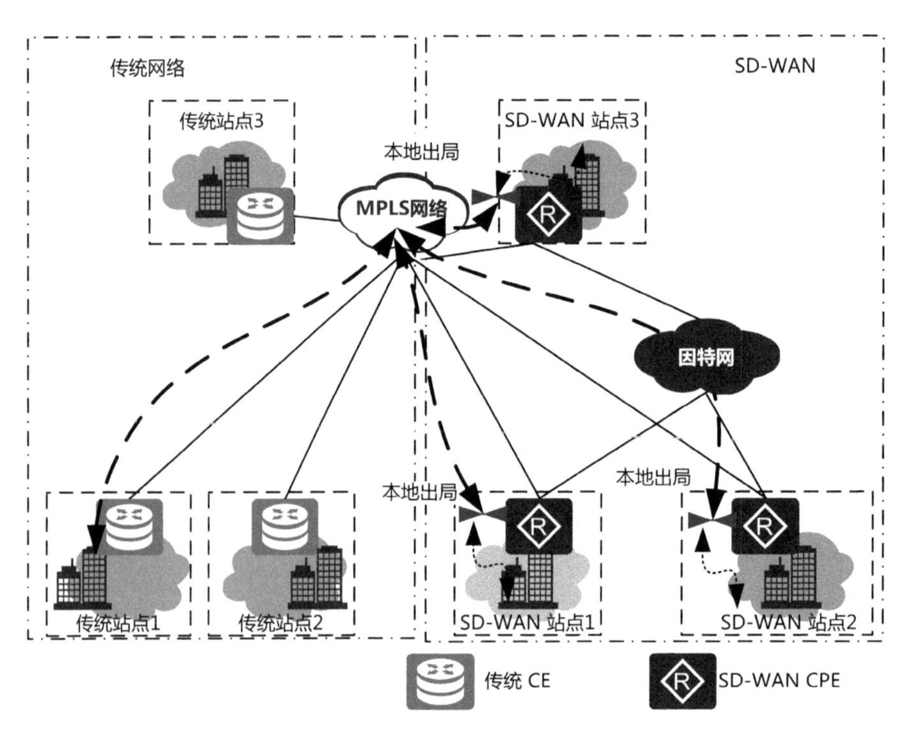

图 5-47　分布式本地互通模型

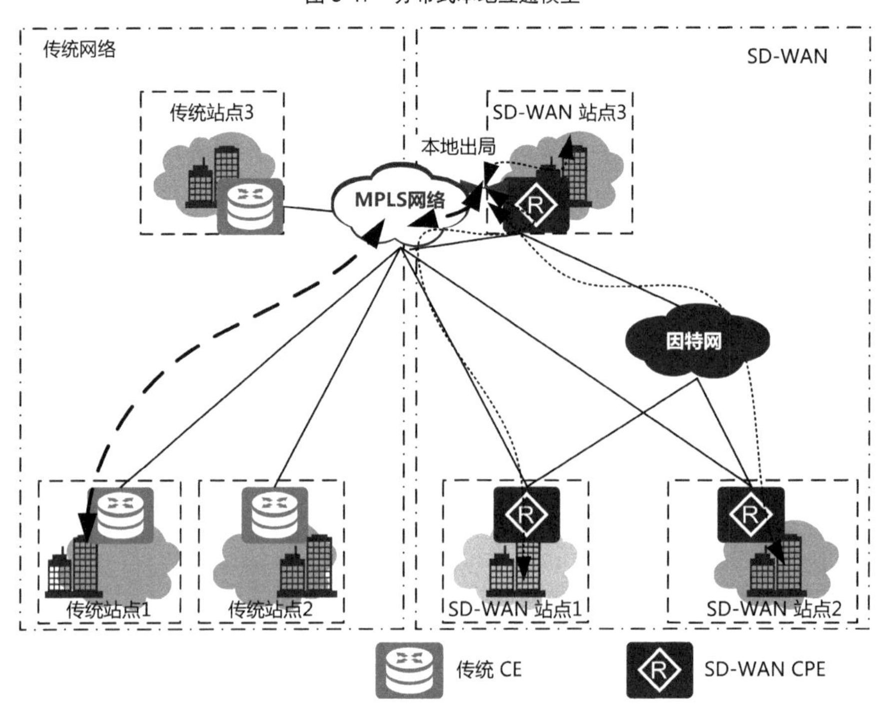

图 5-48　集中式互通模型

这种方式的优点是在满足了不同组网特点的 SD-WAN 站点访问传统网络需求的同时，提升了 SD-WAN 站点通过本地访问传统网络业务的可靠性。当 SD-WAN 站点的本地互通 MPLS 链路出现故障时，流量会自动切换到 Overlay 网络域，通过 Overlay 隧道中转给集中互访站点，通过这种混合方式，实现了访问传统站点业务的备份，保证了高可靠性。

5.6.2 通过 IWG 互通

运营商通过传统的 MPLS VPN 技术，在一张 MPLS 网络上同时为多个企业提供虚拟专线服务。当运营商面向企业提供全新的 SD-WAN 站点互联服务时，可在运营商自身的 Underlay 网络或第三方 Underlay 网络的基础上，构建 SD-WAN Overlay 隧道，实现企业新建的或改造后的 SD-WAN 站点互联互通。

如前文所述，如果某企业同时存在传统 MPLS 站点和 SD-WAN 站点，则存在互联互通的需求，这时运营商可以对所有的企业租户统一提供站点互联互通服务，即 IWG 服务。具体做法是，运营商自建具备多租户能力的 IWG，该 IWG 设备具备同时和运营商传统 MPLS VPN 以及 SD-WAN Overlay 网络域互联的线路互通的能力。IWG 服务作为运营商对外提供的一种管理服务，可供企业租户按需通过 SD-WAN 网络控制器的界面订购。

与传统的 MPLS VPN 的跨域 VPN 方案类似，IWG 作为 SD-WAN 的 IP Overlay VPN 网络域的 ASBR（Autonomous System Boundary Router，自治系统边界路由器），与传统的 MPLS VPN 的网络 ASBR（通常是 PE 兼做）之间也需要设计跨域互通，主要分为 Option A 和 Option B 两种互通方式。

1. Option A 方式

传统 MPLS VPN 体系架构中跨域 VPN Option A 方式的工作原理如下。

- 跨域的VPN在ASBR间通过专用的接口管理自己的VPN路由。
- ASBR之间不需要运行MPLS，也不需要为跨域互通进行特殊配置。两个自治系统的边界ASBR直接相连，ASBR同时也是各自所在自治系统的PE。两个ASBR都把对端ASBR看作自己的CE（Customer Edge，用户边缘设备），为每一个VPN创建一个VRF实例，使用eBGP/IGP（Interior Gateway Protocol，内部网关协议）方式向对端发布IP路由。

IWG 的 Option A 方式的原理与上述原理类似。首先，针对每个租户的每个 VPN，在 SD-WAN 的 IWG 和传统 MPLS 的 PE 上各创建一个 VRF 实例，并且在背靠背的物理互联链路上，相应地创建一对逻辑子接口，该子接口可以是以太子接口、VLAN 子接口或 VXLAN 隧道子接口等；然后，分别在 IWG 和 PE 上将这些子接口绑定到对应的 VRF 实例上，有多少个 VPN 需要互通就创建多少个子接口；最后，在子接口上配置静态路由或动态路由协议（eBGP、OSPF 协议等），完成企业 SD-WAN 网络域和传统 MPLS 网络域的路由交换，如图 5-49 所示。

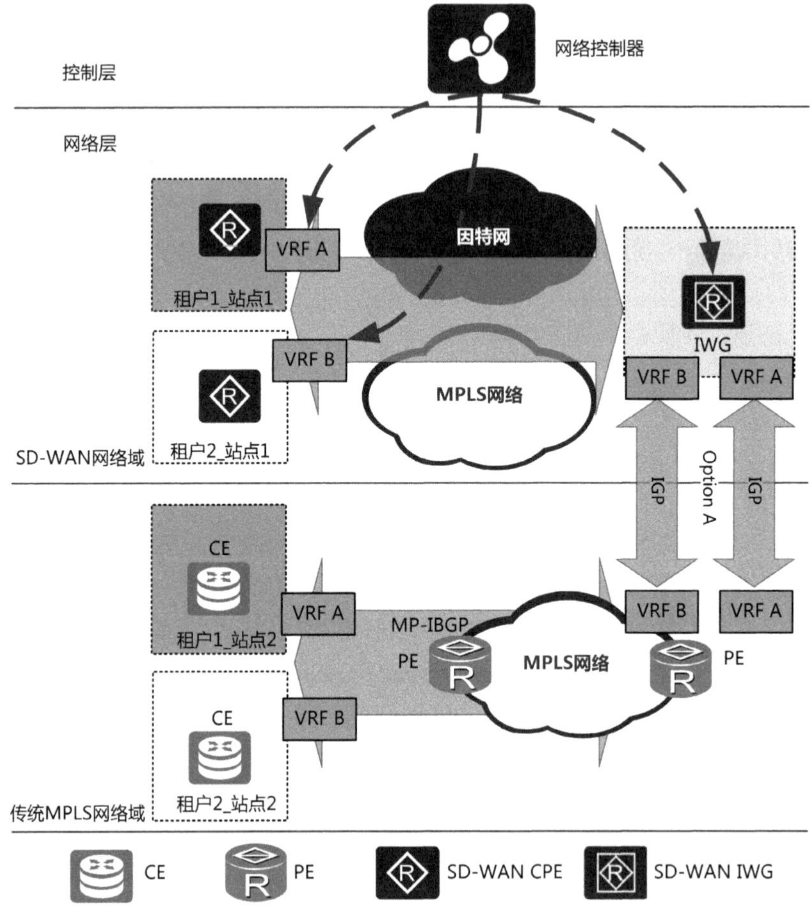

图 5-49　Option A 方式

Option A 方式的优点是简单易用，且 VPN 路由发布容易控制，安全可靠；缺点是可扩展性较差，业务开通效率较低，因为每新增一个 VPN，除了在 IWG 部署业务外，还需要配置传统 MPLS VPN 的 PE 节点。IWG 设备由 SD-WAN 网络控制器编排和配置，而 PE 设备属于 Underlay 骨干网设备，需要借助运营商的 MPLS 骨干网网管系统进行配置，这往往需要跨部门沟通和协调，导致端到端业务开通效率低。

2. Option B 方式

传统 MPLS VPN 体系结构中跨域 VPN Option B 方式的工作原理如图 5-50 所示。

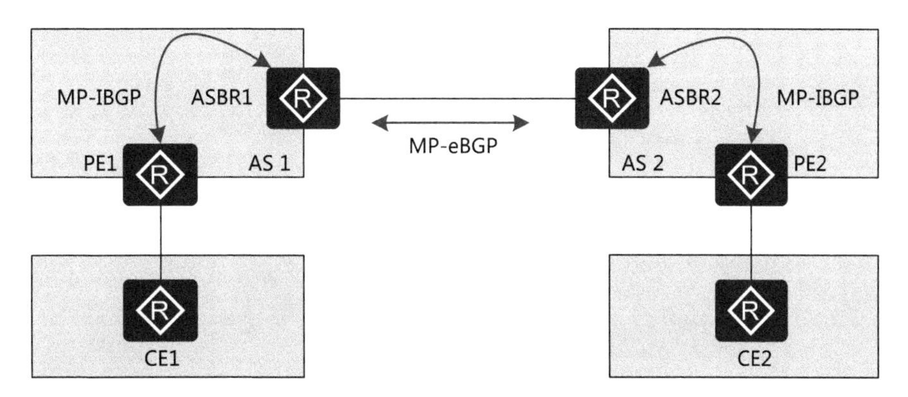

注：MP-eBGP即Multi-Protocol eBGP，eBGP多协议扩展。

图 5-50　跨域 VPN Option B 方式的工作原理

在两个 AS 域的 ASBR 之间运行 MP-eBGP，将 VPNv4 路由和标签信息传递给另外一个域，因为 MP-eBGP 在传递路由时要改变路由的下一跳，根据标签分配的原则，当一个路由的下一跳被改变时，必须在本地更换标签，因此 ASBR 在收到域内的 VPN 路由信息后再向外发布时，必须给这些 VPN 路由信息重新分配标签，VPN 路由信息伴随着新的标签被发布出去，而在 ASBR 本地，新旧标签之间产生了一个标签的交换操作。

对端的 ASBR 收到从 MP-eBGP 传来的 VPN 路由信息并保存到本地后，再继续向自己域内的 PE 扩散。当这个 ASBR 向域内的 MP-IBGP 邻居发布路由时，它可以选择不改变路由的下一跳，或是将路由的下一跳改为自己，如果改变了路由的下一跳，同上面的标签分配原则，也需要为这些 VPN 路由重新分配标签，在本地完成标签的交换操作。

IWG 的 Option B 方式与上述原理类似，IWG 与对端 MPLS VPN 的 PE 物理直连，彼此之间运行 MP-eBGP，IWG 将 SD-WAN 网络域的 EVPN 业务路由转换为 VPNv4 路由，通过 MP-eBGP 发送给对端的 PE，同时接收对端发送的传统站点的 VPNv4 路由，本地转换为 EVPN 路由发送给 SD-WAN 网络域内站点，实现业务互通。

Option B 方式如图 5-51 所示。

Option B 方式的优点是配置简单，业务发放效率高，只需要在方案开始部署时，在 ASBR-PE 进行一次配置，即配置好 IWG 和 PE 之间的 MP-eBGP 邻居，则所有的 VPN 都可复用一对 BGP 邻居。后续即使新增 VPN，也无须再配置 PE，业务开通自动化程度高。Option B 方式的缺点是路由扩散原理比较复杂，不同企业的 VPN 路由会在域间扩散，需要借助 Route VPN Target 策略做好不同租户间的路由控制和隔离，路由管控复杂度较高，运营商的运维复杂度高。

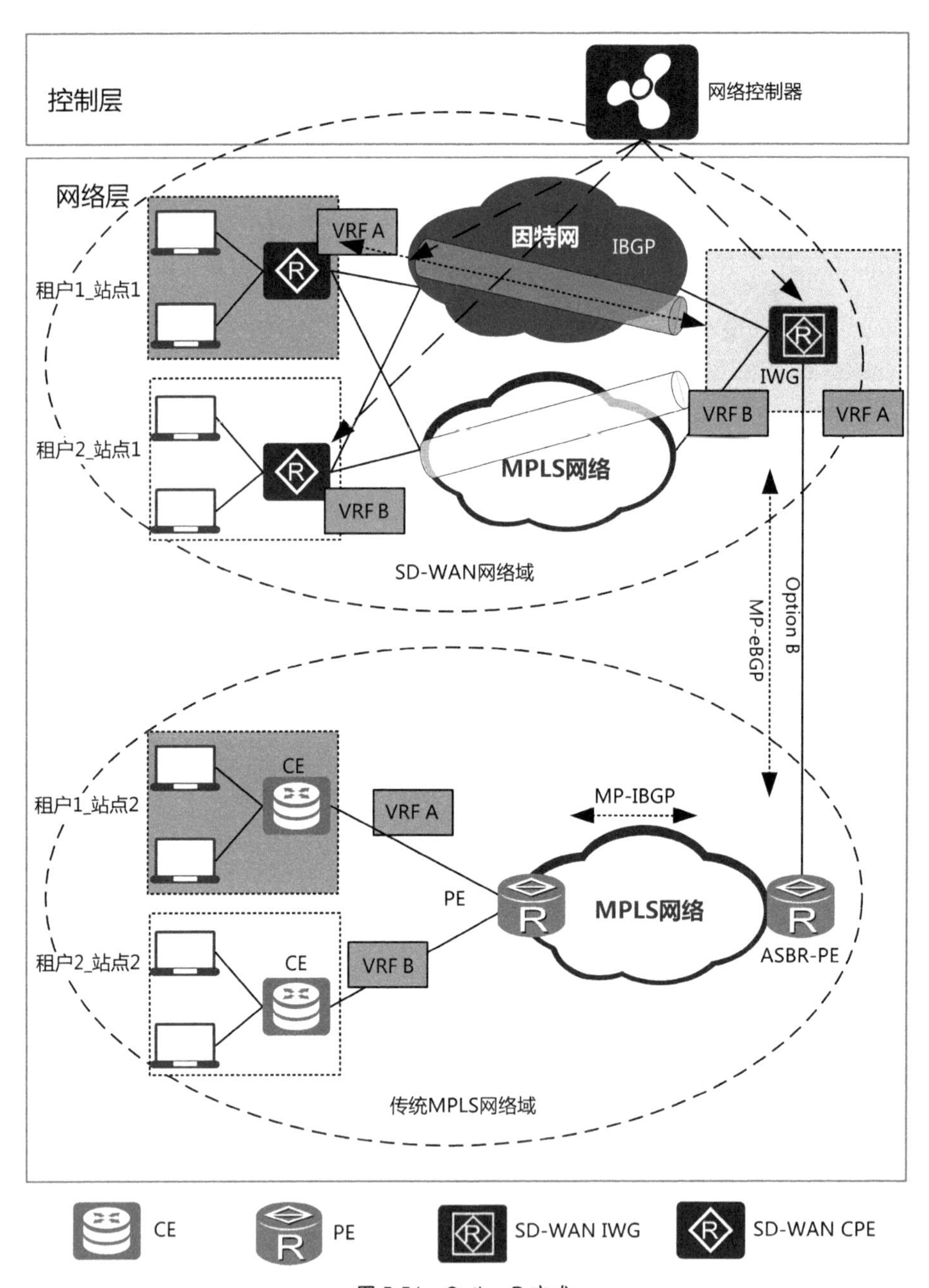

图 5-51　Option B 方式

综上所述，Option A 方式和 Option B 方式各有优缺点。Option A 方式简单易用，但是扩展性和业务部署自动化程度不高，特别适用于网络和 VPN 规模不大的互通场景。Option B 方式扩展性好，但是技术较复杂，运维挑战大，在需要大量的 VPN 互通且有频繁的 VPN 变化的互通场景下更加适用。在实际的应用中，不同的运营商应结合具体的场景和自身特点选择具体的方案。

3. 可靠性设计

IWG 是实现 SD-WAN 网络域和传统 MPLS 网络域互通的关键设备，所以必须保证部署冗余以及业务高可靠，具体方案如图 5-52 所示。

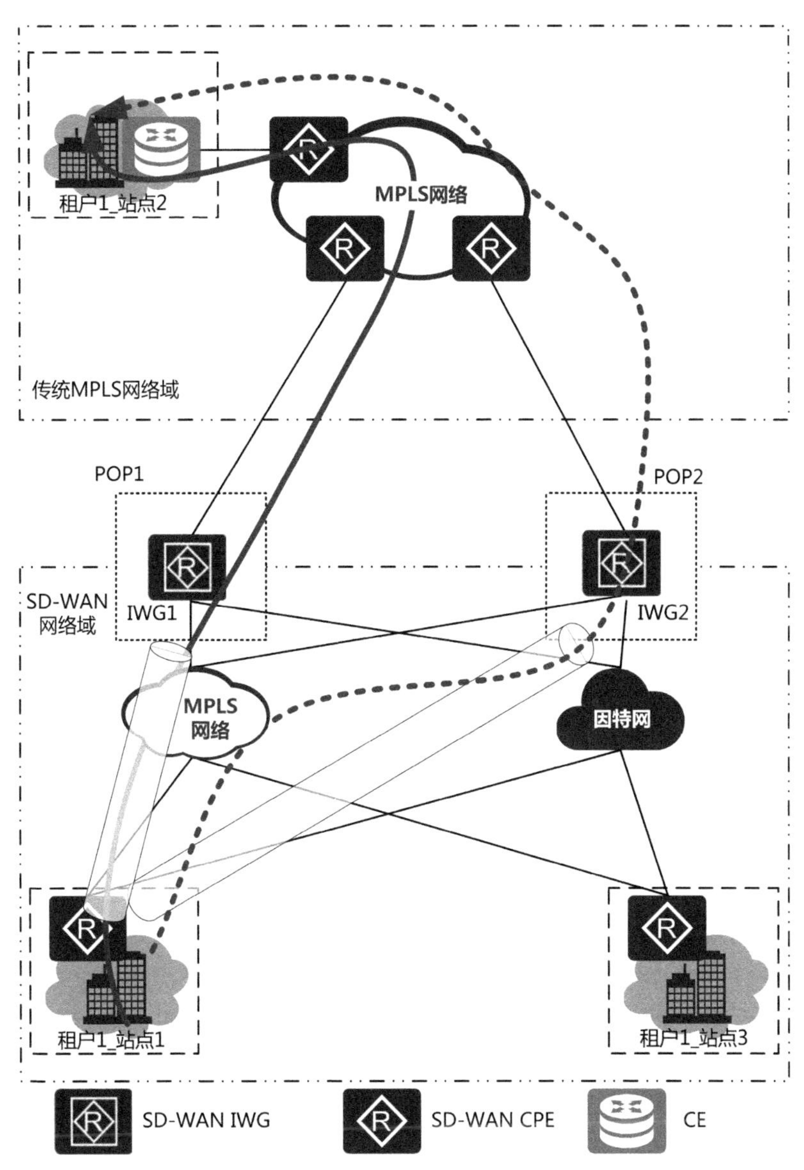

图 5-52　IWG 可靠性方案

运营商拥有跨地域的多个 POP 机房，且每个 POP 部署一个或者多个 IWG。按照地域和可靠性要求，将 IWG 统一划分为多个接入区，每个接入区可以包含一个或者多个 POP，因此包含多个 IWG，每个接入区的 IWG 具备同等的可靠性水平。

租户通过 SD-WAN 网络控制器为每个站点选择两个不同 IWG 接入区，其中一个作为主接入区，另外一个作为备接入区。SD-WAN 网络控制器根据所选的 IWG 接入区，选出网络性能最优的主备 IWG 各一个。

IWG 分别从对端 PE 学习到传统 VPN 的路由，在向 SD-WAN 网络域发布时，SD-WAN 网络控制器编排主 IWG 发布的路由优先级高于备 IWG 发布的路由优先级，使得 SD-WAN 访问传统网络优先选择主 IWG。同样，IWG 设备通过 BGP 路由策略反向控制发布给传统 MPLS 网络域的路由，使传统 MPLS 网络从主 IWG 学习到的路由优先级高于从备 IWG 学习到的路由。

当主 IWG 发生故障，SD-WAN 网络域的区域控制器感知到与主 IWG 之间的 BGP 发生故障，然后向 SD-WAN 网络域内所有站点发布撤销路由的消息，使得 SD-WAN 网络域访问传统网络的路由切换到备 IWG。

5.7 POP 组网方案

随着经济数字化以及经济全球化的发展，越来越多的企业跨地域扩张或者实施了全球化战略。企业在更广的地域内进行分支互联、数据同步以及云 /SaaS 应用访问成为必然趋势。这样的大背景下，如何为这类企业提供更加快速、安全和高品质的跨地域 WAN 互联成为一个亟待运营商解决的问题。比如，随着中国经济的发展以及“一带一路”倡议的推出，越来越多的中国企业选择走出国门，将企业业务推向全球。在这种情况下，企业及时建设跨地域、跨国家的 WAN 互联显得尤为重要。

为了实现跨国或者跨越多个区域的企业站点之间的网络互通，企业往往会选择全球性的运营商专线或者因特网来进行总部和分支之间的组网互联，而这两种方式都存在各自的问题，具体说明如下。

全球性的运营商专线除了存在线路成本高、建设周期长等问题，还存在网络覆盖率低的问题。在某些经济发展程度较低的区域，可能根本没有专线接入资源可以使用。这时候很多企业是通过架设微波通信的方式来解决问题的，但该方式部署成本极高且网络带宽有限。此外，因特网虽然覆盖范围很广，线路容易获得，近几年区域性因特网的质量大大提升，但是跨国跨地区的因特网访问往往涉及多家运营商的因特网的网间互联互通问题，网络传输质量无法得到有效保证。

跨地域发展的企业同样存在类似的问题。举例来说，国内一些大型物流企业，下属大大小小的分支可能有数千个，由于区域经济发展以及分支所在地运营商 WAN 覆盖范围和质量不平衡的问题，不同地区的分支可能选择不同的运营商

WAN 线路来实现分支互联，由此带来不同运营商 WAN 之间互联互通质量不佳导致 WAN 应用体验不佳的问题。

如何在组网成本和访问体验 / 效率之间找到一个最佳的解决方案，是每一个跨国或者跨地域发展的企业进行网络互通时亟待解决的重要问题，该问题的答案是 SD-WAN POP 组网解决方案。

5.7.1 方案的背景

为了实现企业站点跨国 / 跨区域的高品质互联，POP 组网方案要解决两个主要的问题。一是要有高品质的跨国 / 跨区域的 WAN 骨干网（下称骨干网），保证企业 WAN 应用的高品质传输和体验；二是要解决骨干网覆盖范围不够的问题，即企业站点无论在哪里，“最后一公里”都能快速接入骨干网。前者正是跨区域运营商 /MSP 的优势所在，而后者正是 SD-WAN 的用武之地，可以借助 SD-WAN 的 Overlay 网络自动编排和基于 SDN 的业务快速发放方式解决“最后一公里”的接入问题。因此运营商拥抱 SD-WAN，可以很好地提供企业站点跨国 / 跨区域的高品质互联网络。

具体来说，首先，具备跨国或者跨地域专线级骨干网的运营商 /MSP，在骨干网的边缘建立 POP，在 POP 内部署 SD-WAN 的网关设备，也可以称这些设备为 POP GW。POP GW 一般是 CPE，软件形态或者硬件盒子形态均可，POP GW 同运营商骨干网边缘设备进行了 Underlay 互联。通过与运营商骨干网的互联，POP GW 之间实现了物理互联，组成了一张跨国 / 跨区域的 SD-WAN POP 网络，如图 5-53 所示。

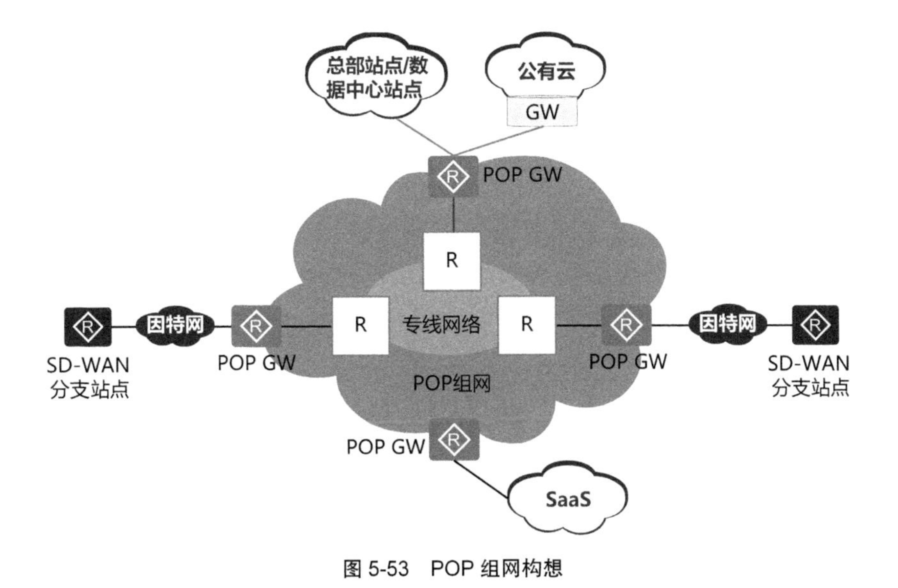

图 5-53 POP 组网构想

其次，要解决各地域WAN站点以及各种关键企业应用快速接入POP网络的问题。例如，在分支站点互联方面，主要是解决分支站点“最后一公里”接入POP网络的问题，由于POP网络覆盖范围有限，解决该问题的主要做法是借助本地运营商的因特网链路接入。在企业分支站点部署SD-WAN CPE，在SD-WAN网络控制器的集中管控下，实现站点CPE与最近的POP GW的IP Overlay隧道对接，从而将跨国企业分支站点的流量导入POP组网，并借助POP网络，最终实现跨地域分支站点之间的高品质互联。

跨国/跨区域的企业是POP组网方案的直接受益者，拥有全球或者跨区域专线资源的运营商、MSP，甚至公有云提供商也是POP组网方案的受益者。运营商、MSP和公有云提供商共同的特点是拥有高品质的跨区域骨干网，渴望跨区域拓展企业业务，但是又无法完全覆盖企业“最后一公里”的接入，通过POP组网与SD-WAN的完美结合，可以有效地解决该问题。

运营商与设备提供商本质区别在于运营商提供网络运营服务，主营业务是网络资源。为了满足客户组建SD-WAN的业务需求，运营商需要在现有网络的基础上建立POP，打造运营商级的SD-WAN，从而面向客户进行营销推广。如果不打造该网络，运营商就变成了集成商，一单一单做项目，无法标准化，也就无法做规模化的市场推广。

此外，运营商既要满足普通客户的需求，又要满足高端客户的定制化需求，因此运营商的POP要具备多厂家合作和多租户能力，POP之间支持智能选路的能力也是关键要素。

综上所述，运营商在提供SD-WAN业务所需的基础线路资源和全网服务交付能力方面有着天然优势，因此POP组网方案是非常适合运营商或者MSP进行运营的方案。

5.7.2 方案的设计

SD-WAN POP组网方案主要由网络控制器、POP GW和各种需要互联的SD-WAN站点构成，如图5-54所示。在SD-WAN网络控制器的统一编排和管理下，完成POP GW的创建、POP GW之间的互联以及各种站点与POP GW的互联。

（1）POP GW

POP GW可以看作SD-WAN GW中的一种，具备SD-WAN GW的共性。

首先POP GW是多租户设备，可被多个租户共享，不专属于任一特定租户。在SD-WAN网络控制器上，POP GW由MSP账户创建并由MSP负责维护，对租户不可见。其次，POP GW作为网络的中转节点，一方面是分支站点接入POP组网的入口，另一方面又借助跨域的Underlay骨干网，实现与其他区域的POP GW互联。

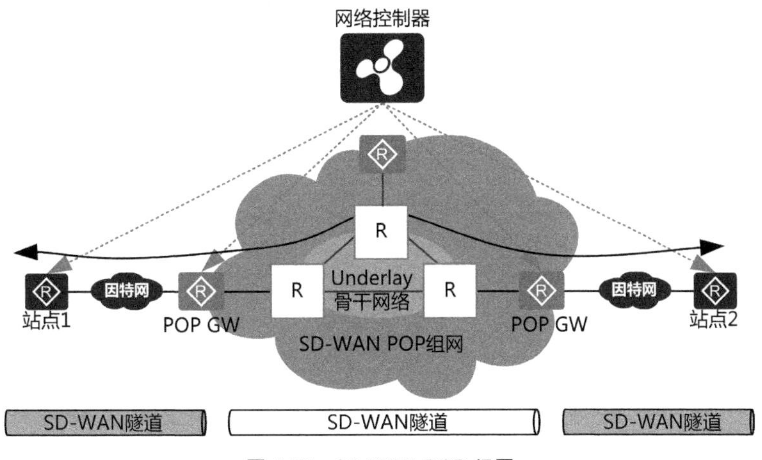

图 5-54　SD-WAN POP 组网

POP GW 由 SD-WAN 网络控制器统一控制和管理，所有 POP GW 上的业务均由网络控制器进行编排和发放，除了 POP GW 进行 ZTP 需要的配置外，主要包括 POP GW 之间互联以及同 SD-WAN 站点之间互联所需要的配置。

POP GW 可以是硬件形态，也可以是软件形态。软件形态比较灵活，适合 POP 具备计算虚拟化环境或者直接在公有云上创建 POP 的场景。

（2）站点

需要借助 POP 组网进行互联的各种 SD-WAN 站点，主要包括分支站点、总部站点 / 数据中心站点以及公有云站点等。虽然 SD-WAN GW 不被租户所感知，但是 POP 组网是作为一项 MSP 服务提供给租户的，因此在租户视图下，租户需要按需选择为哪些站点或者站点中的哪些部门提供 POP 组网服务。

1. 关键技术

POP 组网需要解决的关键问题包括：POP GW 之间如何互联、CPE 如何选择最优 POP GW、POP 组网如何选路、如何进行运营和计费等。

（1）POP GW 之间如何互联

POP GW 一般通过运营商 /MSP 的自建广域骨干网进行互联。比如某 MSP 拥有全球或者跨区域 MPLS VPN，可以将 POP GW 与 PE 共机房建设，并将 POP GW 与离其最近的 PE/MCE（Multi-VPN-instance Customer Edge，多 VPN 实例用户边缘设备）进行物理线路直连，控制平面通过部署 Option A 方式对接，采用 Option A 背靠背互通，同时在双方设备上创建 VLAN 子接口或者 VXLAN 隧道，并分别通过 BGP 交换彼此的 VPN 路由，实现业务互通。

另外，运营商 /MSP 没有自建的广域骨干网，也可以直接租用第三方的因特网进行 POP GW 的互联，因特网的方式灵活但是质量不可靠，这种情况下建设的

POP 网络一般需要进行特殊的选路优化。

（2）CPE 如何选择最优 POP GW

分支站点的 CPE 上线后，需要就近选择最优的 POP GW 进行互联，从而接入 POP 组网。CPE 在网络控制器的指导下，进行 POP GW 的选择和 SD-WAN 隧道的建立。

网络控制器进行最优 POP GW 选择的算法多种多样，可以提前规划并静态指定，比如提前对 POP GW 进行规划分区，然后按照地理位置与距离远近，由 MSP 管理员静态指定与分支站点关联的 POP GW 分区。一个 POP GW 分区往往包含数个 POP GW，由网络控制器根据 POP GW 的负载情况，如 POP GW 的转发资源、租户数量等，选择一个相对空闲的 POP GW 给分支站点作为主 POP GW。

另外，网络控制器可以在站点 CPE 上线后向 CPE 通知一个 POP GW 组，CPE 发起对 POP GW 组内所有 POP GW 的探测，并通知网络控制器该探测结果，然后由网络控制器选择一个综合转发性能和负载最优的 POP GW 给 CPE 作为主 POP GW。随着网络条件的变化，主 POP GW 可以按需重新选择。

同时，为了实现分支站点接入 POP 组网的可靠性，网络控制器需指定一个备 POP GW 接入分区，即为分支站点选择一个备 POP GW。正常情况下，分支站点使用主 POP GW 进行流量转发，在主 POP GW 发生故障或者相应链路发生故障时，将流量切换到备 POP GW。不同的站点可以选择不同的 POP GW 作为主备，从而使得所有的 POP GW 都工作在活动状态下，实现 POP GW 的负载分担。

（3）POP 组网如何选路

前面说到 POP GW 之间一般通过运营商 /MSP 的全球广域骨干网互联，那么如何通过选路保障 POP GW 之间的网络质量？一般来说，POP 骨干网是轻载的，比如针对运营商的 MPLS 骨干网，直接按照路由转发就能保证较好的网络传输质量。如果无法保证 POP 骨干网轻载，就需要为重要应用选择能保证 SLA 的转发路径，一般有如下两种做法。

方法一：运营商的 POP 骨干网提供能够基于应用诉求进行选路的功能，可以基于丢包率、时延以及带宽等条件选择最优的路径。这就需要 POP 骨干网作为 Underlay 层，提供 MPLS TE 或者 SRv6 的选路功能。

方法二：有少部分运营商 /MSP 基于第三方因特网构建 POP 组网，在这种情况下，通过因特网无法保证选择出最优路径，需要通过 SD-WAN 解决方案的选路方式实现。

（4）如何进行运营和计费

POP 骨干网的长途线路资源宝贵，SD-WAN POP 组网方案可以提供有效的流量和 QoS 控制手段，确保 POP 网络资源的合理使用。网络控制器可以对每个站点接入 POP GW 的 Overlay 隧道做流量限速，也可以对 POP GW 接入骨干网设备的链路进行带宽限制。MSP 可以基于带宽包月或者按照实际经过 POP 组网的流量进行收费。

2. 总体业务流程

SD-WAN POP 组网业务配置流程如下所示。

（1）创建 POP 组网

- MSP管理员通过网络控制器创建POP GW，并准备好ZTP的参数。
- 完成配置POP GW与POP骨干网的互联参数，包括子接口以及BGP等。
- MSP管理员将POP GW上电并进行ZTP，POP GW将主动在网络控制器上注册。注册成功后，网络控制器自动向POP GW下发配置。
- POP GW成功上线。

（2）分支站点 CPE 上线，并选择 POP 组网服务

- 网络控制器向分支站点CPE分配最近的POP GW。
- 分支站点CPE同POP GW之间建立SD-WAN Overlay隧道。
- 分支站点成功接入POP 网络，可以通过POP组网进行互联。

5.7.3 方案的优势

SD-WAN POP 组网方案的优势如下。

1. 高性价比地实现对多种业务的跨域高品质访问

除了分散的分支站点，还有公有云和 SaaS 等关键应用也可能是跨地域部署的。这些关键应用所处的数据中心往往具备丰富的专线。借助 POP 组网，可以实现企业分支站点与公有云以及 SaaS 等云业务的高速互联，这样使得本来遥不可及的云和 SaaS 等企业关键业务变得“触手可及”。

举例来说，某跨国企业将数据中心及研究工具均部署在 AWS 位于美国的服务器上，该企业的中国分支机构在开展日常业务时，需要与美国服务器间进行数据同步工作。但是因为中美两国物理距离过远，且数据传输需跨运营商，因特网访问效果很差，这时采用 POP 组网就可以很好地解决该问题。通过在 AWS 附近部署 POP GW，可获得比因特网传输质量高、比专线网络综合成本低的网络服务。

2. 借助因特网解决“最后一公里”的接入问题

因特网是世界上覆盖范围最广、高度商业化的 WAN。在激烈的市场竞争中，对因特网接入侧的网络质量的要求也越来越高，近些年因特网接入侧的网络质量已经获得了较大的提升。经过专业机构的调查分析，各运营商因特网接入侧的网络质量非常稳定，网络时延短，从而对长距离网络传输的性能影响小。在这种情

况下，借助因特网并结合 SD-WAN 的 Overlay 隧道技术，可以解决“最后一公里”的接入问题。

由于因特网接入侧的网络质量已经达到一定的水平，对 POP 组网端到端的网络质量没有负面的影响，这将帮助 MSP 扩大自己的骨干网服务范围，解决企业客户跨国分支因运营商 /MSP 的接入网无法覆盖而无法互联的问题，提升企业客户的满意度，帮助运营商 /MSP 拓宽市场。

3. 快速开通

解决了端到端的网络高质量互联问题后，还要解决业务的快速开通问题。跨国企业的分支由于地域跨度大，因而 WAN 运维成本高，对此，SD-WAN 解决方案可有效应对。在 SD-WAN 网络控制器的集中管理和控制下，POP 网络的创建以及分支站点到 POP GW 的 Overlay 隧道接入等关键业务流程都可以做到远程自动化发放，实现了跨国企业分支的互联及关键应用业务的快速开通。

| 5.8 连接公有云 |

随着云计算技术的快速发展，公有云已经可以提供比较完善的网络和 IT 服务，如计算、网络、存储和安全等 IaaS，微服务引擎、云容器引擎和 AI 开发平台等 PaaS（Platform as Service，平台即服务），以及企业 ERP（Enterprise Resource Planning，企业资源计划）等 SaaS。相比传统的企业 IT 建设方式，公有云在业务快速开通、资源按需发放（扩容或缩容）、资源利用效率以及运维成本等方面也具备比较明显的优势。因此，越来越多的企业将自己的关键的 IT 业务系统和应用部署在公有云上。同时，为了资源扩张的需要以及提升业务可靠性，企业的关键业务和应用有可能会同时部署在多个公有云上。这种情况下，企业 SD-WAN 除了要提供分支站点、总部站点和数据中心站点之间的网络互联外，还要实现各种企业站点到公有云以及公有云之间的网络互联。

简而言之，云与网络具备不可分割的关系，云网本应为一体，而 SD-WAN 就是实现企业云网融合的关键一环。

5.8.1 公有云概述

在对 SD-WAN 连接公有云展开需求分析和方案设计之前，有必要先介绍一下公有云的相关概念。下面就以 AWS 的架构为例，简单介绍常见公有云的关键概念与架构特征，如图 5-55 所示。

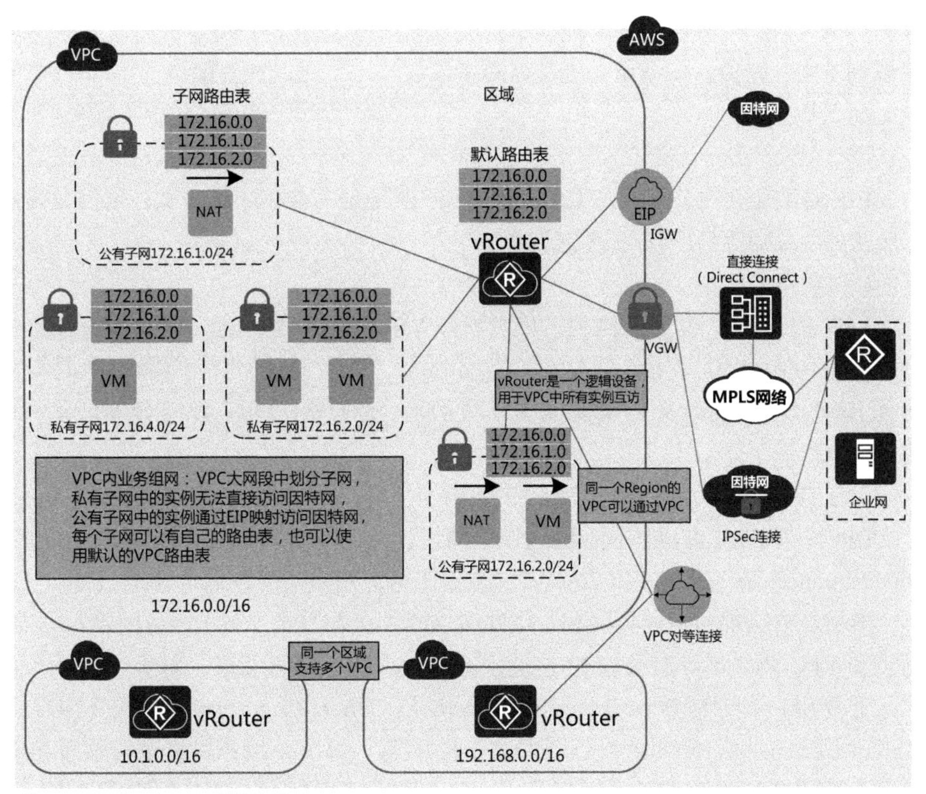

注：EIP即Elastic IP，弹性公网IP；
IGW即Internet Gateway，因特网互联网关；
VGW即Virtual Gateway，虚拟网关。

图 5-55 公有云的关键概念与架构特征

（1）Region

Region，即地理区域，是指按照实际的地理位置划分的数据中心。公有云服务于不同区域的客户，通常在全球不同的区域都部署了数据中心，如华为云已部署在我国的华北、华南地区，以及亚太地区和欧洲等地，一般企业租户会根据业务需要就近选择数据中心。因此，可以将某个地区的公有云数据中心集合统称为一个 Region。

（2）AZ

AZ（Availability Zone，可用区域）是指同一 Region 内，具有独立的供电系统和冷却系统的物理区域。一个 Region 内可以有多个 AZ，不同 AZ 之间物理隔离。通常一个数据中心可以看作一个 AZ。如果企业应用需要较高的可靠性，通常会将资源部署在同一个区域的不同 AZ 内。

（3）VPC

VPC 为企业提供自主规划配置和管理的虚拟网络环境，是企业租户在公有云上的“家”。每个 VPC 是一个独立的三层 IP 网络，企业租户可以根据需要在 VPC 中规划子网、路由、安全组、带宽等网络参数。VPC 之间相互隔离，不同 VPC 的 IP 地址可以重叠。

（4）EIP

EIP 提供独立的公网 IP 资源，包括公网 IP 地址与公网出口带宽，可以与弹性云服务器、NAT 网关等资源绑定。

（5）IGW

IGW 作为 VPC 的接入网关，可以看作 VPC 网络和外网通过因特网连接的一扇“门”，IGW 提供了 EIP 到 VPC 网络的映射，外网通过因特网访问 EIP 时会连接到 IGW，从而实现 VPC 和外网的互联互通。企业租户的每个 VPC 都只有一个逻辑的 IGW。

（6）直接连接（Direct Connect）

Direct Connect 可以让企业通过专线网络，建立从本地到公有云 VPC 的连接。Direct Connect 是一种安全可靠的 VPN 专线服务，用来构建 MPLS 专线。

多数公有云都支持因特网和专线网络这两种接入方式。对于因特网接入方式，站点和 VPC 两端都具有公网 IP 地址，通过任意隧道即可互通；对于专线接入方式，需要用户有专线接入 Direct Connect 机房。Direct Connect 机房一般是由 IXP（Internet eXchange Provider，互联网交换提供商）提供，租户可以选择放置自有的路由器或者租用公有云提供商的路由器，租户路由器与公有云路由器在 Direct Connect 机房交叉互联即可。

（7）VGW

VGW 类似 IGW，可以看作公有云服务商为租户 VPC 与外网设立的另一扇“门”。不同于 IGW 之处在于，VGW 支持标准的 IPSec VPN 功能，对外提供 IPSec GW 的功能，外网设备可以通过建立 IPSec 隧道连接 VGW，从而实现和 VPC 的互通；同时，VGW 可以连接到专线网络，通过 Direct Connect 专线的方式实现和外网的高品质互联。

（8）VPC 对等连接

VPC 对等连接是指不同 VPC 之间的网络互通服务。通常大部分的公有云可以提供同一个 Region 内不同的 VPC 之间的连接服务，但不支持不同 Region 之间的 VPC 对等连接服务，这种情况下可以借助 SD-WAN 实现。

5.8.2 云网融合场景

对公有云的架构有了基本的认识之后，下面分析 SD-WAN 连接公有云的主要业务场景和需求。

企业业务上云后带来的云网互联相关的业务场景是非常丰富的。总体来讲，主要包括两大类：一类是企业分支站点连接公有云的业务场景，即在传统企业分支站点、总部站点与数据中心站点之间互访的基础上，增加上述各种站点与公有云之间的互访；另一类是混合云业务场景，即同时部署了企业关键业务应用的私有云和公有云之间及多个不同的异构公有云之间的网络互通，如图 5–56 所示。

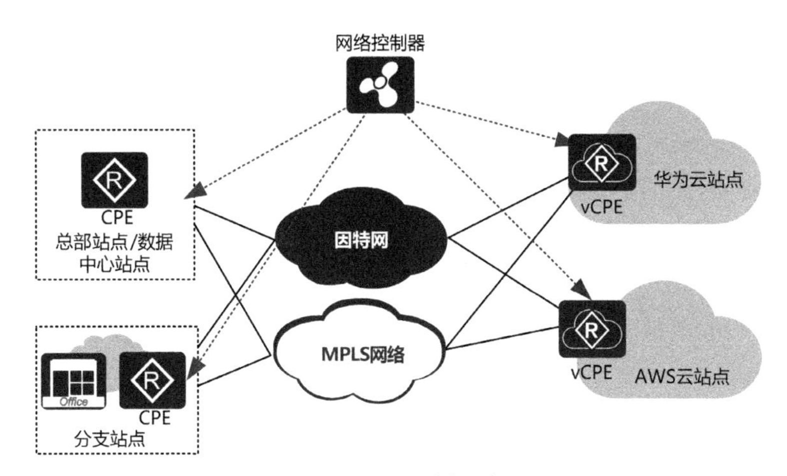

图 5-56　云网融合业务

1. 分支站点连接公有云

企业业务上云意味着关键应用系统将逐渐部署在公有云上，例如，企业 OA（Office Automation，办公自动化）、ERP、在线供应链以及数据采集存储等系统。这时，企业分支若需要访问公有云上部署的系统，就必须解决连接公有云的问题。根据业务特征可以将分支站点连接公有云的场景分为以下 3 类。

（1）简单连接公有云

很多中小型企业，在公有云上部署的业务单一，比如应用系统通常集中部署在公有云的同一个 VPC 内部，企业分支集中访问 VPC 内的应用系统，对业务的开通速度以及网络质量要求并不高，这时方便地实现企业分支与公有云的互通是企业业务上云的首要目标，如图 5–57 所示。

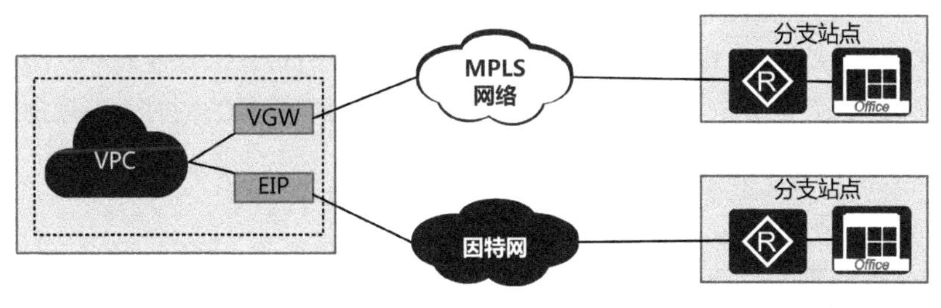

图 5-57　简单连接公有云

（2）增强连接公有云

很多大企业在公有云部署了丰富的业务系统，部署方案复杂，同时对于业务的开通速度和云上的业务体验有较高的要求。例如，企业将多个应用系统分别部署在公有云的不同 VPC 内部，企业分支要能够按需访问不同的 VPC，同时由于这些应用系统之间也需要互访，因此 VPC 之间存在互访的需求，如图 5-58 所示。

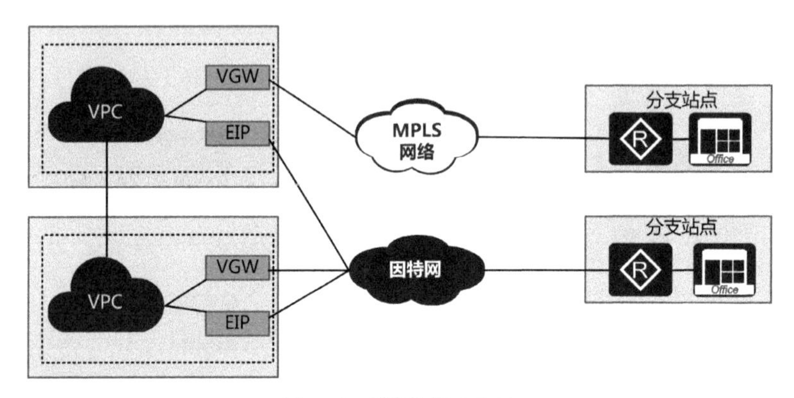

图 5-58　增强连接公有云

同时，针对在公有云 VPC 内部署的应用系统，若要保障其理想的应用体验，则对网络质量有较高的要求，否则因网络拥塞等导致的网络时延增大和丢包增多将会影响应用体验。因此，如何基于链路质量为应用选路从而保证应用体验是此时面临的问题；针对在公有云 VPC 内部署的数据存储系统或者视频系统，当需要传输大文件以及视频时，需要考虑如何快速和稳定地传输。

（3）自建 GW 连接公有云

很多 SD-WAN 服务提供商同时自建自营公有云，并对企业提供公有云服务。这种情况下，无论是 SD-WAN 还是企业的公有云方案，都由该服务提供商统一提供，因此对这类服务提供商而言，将 SD-WAN 连接公有云形成端到端一体化的方案是一个很合理的选择。

SD-WAN 服务提供商可以通过 SD-WAN 和云服务深度融合为企业租户提供一站式的上云服务，此时 SD-WAN 服务提供商面临如何将 SD-WAN 管理的网络与自建公有云连通的问题。SD-WAN 服务提供商可以考虑在公有云部署一个多租户的 SD-WAN GW，将其已有的公有云多租户 GW 进行背靠背连通，从而打通端到端的云网融合服务，使得为企业租户开通 SD-WAN 服务的同时，也让企业用户获得一站式的良好上云体验。

2. 混合云

混合云的主要应用场景包括利用公有云进行应用数据的备份、容灾以及弹性负载扩缩容等，如图 5-59 所示。无论哪种场景，都面临如何解决私有云和公有云互联、多个公有云互联以及对多云站点进行集中管理的问题。

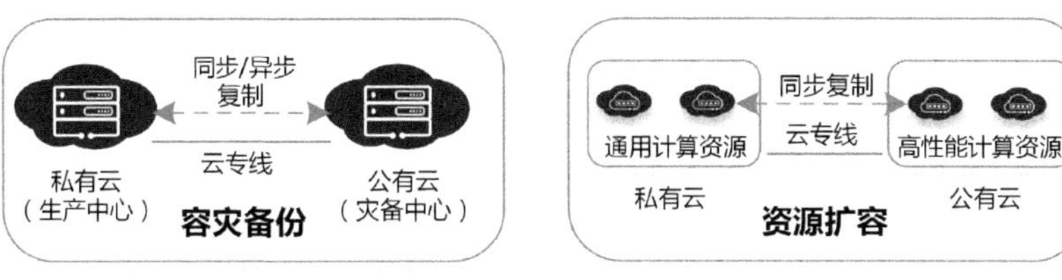

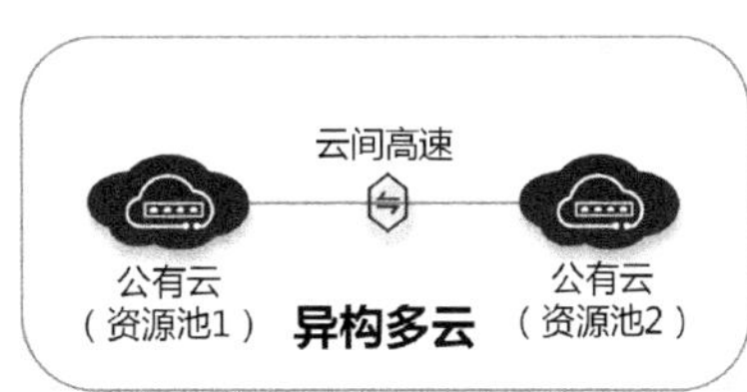

图 5-59　混合云

SD-WAN 在混合云场景部署的总体思路是在需要互联的混合云站点部署边缘设备或者网关设备，在网络控制器的统一管控下，实现混合云的按需灵活互联。

5.8.3　连接公有云方案

以上分析了 SD-WAN 的云网融合的主要场景。分支站点连接公有云的场景如图 5-60 所示。

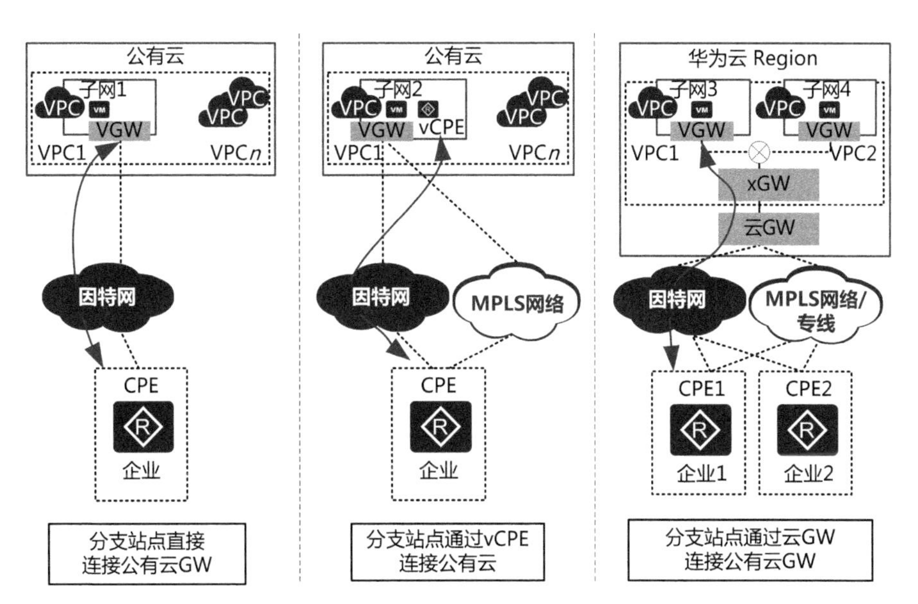

图 5-60　分支站点连接公有云的场景

对应分支站点连接公有云的 3 种场景，有 3 种 SD-WAN 解决方案。

- IPSec VPN GW方案：企业站点CPE直接建立IPSec隧道连接公有云的VGW，这种方案比较简单，IPSec的配置可以统一由SD-WAN网络控制器完成。
- vCPE云站点方案：企业在公有云VPC中部署vCPE，vCPE成为VPC云站点的边缘设备，统一被SD-WAN网络控制器纳管，并且通过SD-WAN Overlay隧道与企业站点进行互联。
- 多租户网关方案：在公有云边缘部署SD-WAN GW（云GW），在SD-WAN网络控制器的纳管下，统一和公有云内的网关进行对接。

1. IPSec VPN GW 方案

租户在公有云创建 VPC 后，一般可通过两种方式使 VPC 同租户本地部署的分支站点和数据中心站点等外部站点进行互通。

（1）基于因特网的 IPSec VPN 方案

IPSec VPN 方案就是在企业外部站点 CPE 和 VGW 上同时创建 IPSec VPN 隧道，以及相应的 IKE（Internet Key Exchange，因特网密钥交换）协议实现隧道互通，同时在隧道之上继续创建 BGP 邻居来交换两端的业务路由，如图 5-61 所示。具体的业务发放方式又可以分为两种：一种是松耦合方式，即 SD-WAN 网络控制器配置 CPE，公有云的云平台配置 VGW；另一种是由 SD-WAN 网络控制器统一编排 IPSec VPN 的创建，既负责站点 CPE 的 IPSec VPN 配置，又由 SD-WAN 网络控制器调用公有云的相关北向 API 间接进行 IPSec VPN 配置。

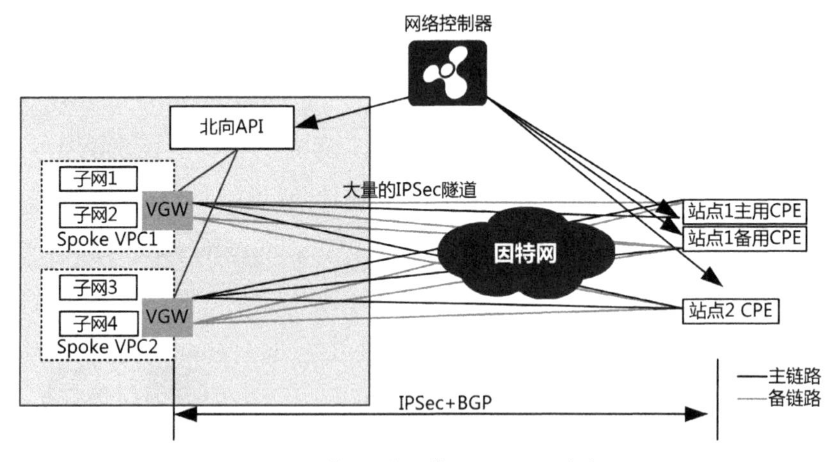

图 5-61　基于因特网的 IPSec VPN 方案

（2）基于 MPLS 专线（或其他专线）的直接互联方案

用户专线接入 VPC 方案，即用户专线在接入公有云 Direct Connect 机房后，租户需要通过公有云控制台调用 API 来创建专用 VIF（Virtual Interface，虚拟接口）并绑定到某个 VPC 的 VGW 上。同一根物理专线可以创建多个专用虚拟接口，不同专用虚拟接口之间通过 VLAN 相互隔离。VGW 负责在 VPC 和站点之间创建 BGP 进行路由交换。

上述分支站点直连 VGW 的方案简单易操作，综合成本较低，非常适合中小型企业客户。客户一般只需要为 VPN 连接以及流量交付月租费用，带宽费用为出方向单向收费。该方案适用于企业简单连接公有云的场景，即企业用户的应用系统集中部署在云上某个区域内的 VPC，企业分支站点集中访问 VPC 内的应用系统。通过直连 VGW 方案可以实现网络业务的快速开通以及统一集中式的管理。

无论采取哪种方式，都会在租户需要互联的 VPC 中创建一个逻辑的 VGW，VGW 还提供 BGP 的动态协议创建功能，从而可以和外网相互进行路由学习。

2. vCPE 云站点方案

在某些场景下，用户希望 VPC 侧的设备能够提供更加丰富的连接功能，比如多 VPC 互联、更加丰富的隧道（VXLAN 等）、应用选路以及网络增值服务（比如广域加速、安全服务等），同时用户希望路由协议的选择以及路由的控制可以更加灵活。这时候可以采用 vCPE 云站点方案。

vCPE 云站点方案适用于企业增强型连接公有云的场景，既可以灵活控制多 VPC 和企业分支站点网络互联，又可以通过应用选路来保证对网络要求较高的应用的体验，还可以对传输数据进行广域加速等。

该方案将 vCPE 组件部署在云端构建云站点，并由 SD-WAN 网络控制器统一编排和管理。通过 vCPE 云站点方案可以实现企业分支站点和公有云 VPC 网络的访问控制，可以实现应用选路、广域加速业务的快速部署，可以做到企业分支站点和公有云 VPC 网络之间的统一控制。

vCPE 本质是 SD-WAN CPE，具备 SD-WAN CPE 所有的关键特性，如多 VPN 互联、应用选路以及广域加速等。部署 vCPE 时，首先，用户需要在 VPC 内部创建一个或一对 vCPE，并配置业务子网的 VPC 路由指向 vCPE；其次，在 vCPE 内部，需要通过静态方式向站点发布 VPC 内的路由。所有上述操作可以通过 SD-WAN 网络控制器调用公有云的北向 API 自动编排和配置。

根据连接 VPC 的方式不同，vCPE 云站点方案又可以分为 Transit VPC 方案和 Host VPC 方案。下面分别以 AWS 为例介绍 Transit VPC 方案，以华为云为例介绍 Host VPC 方案。vCPE 云站点方案做到了和具体的公有云架构的解耦，只需要适配具体公有云的 API 即可，所以该方案在其他的公有云中同样适用。

（1）Transit VPC 方案

Transit VPC 是指连接用户业务 VPC 的独立 VPC。该方案是 SD-WAN 站点接入 AWS 公有云的推荐方案，在 Transit VPC 中部署 vCPE 作为企业的一个云站点，并由 SD-WAN 网络控制器统一编排和管理。Transit VPC 同时也是业务 VPC 云上的一个 Hub 站点，用于连接企业已经部署在云上的业务 VPC。对企业来说，通过 Transit VPC 方案可以实现云站点与 SD-WAN 站点互联，如图 5-62 所示。

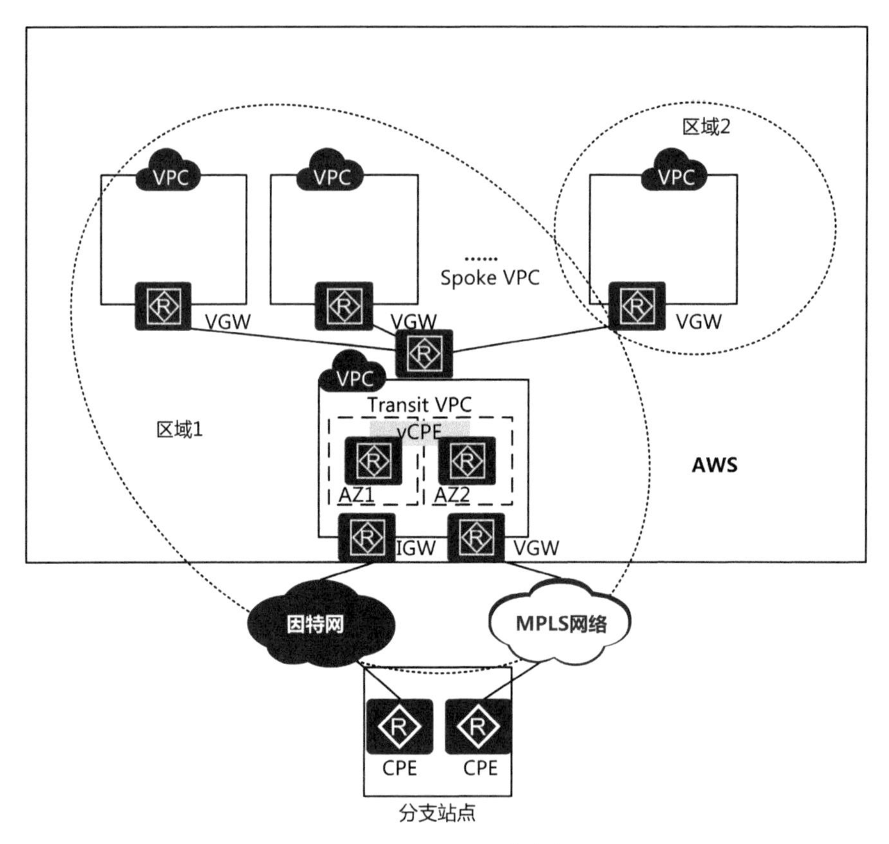

图 5-62　Transit VPC 方案介绍

Transit VPC 方案可以实现 VPC 的跨区域互联。对于已经在云上多个区域部署了 VPC 的企业，可以选择一个区域部署 Transit VPC，并通过这个 Transit VPC 连接云上不同区域的业务 VPC 以及远端站点。

Transit VPC 方案中通过引入 vCPE，基于 vCPE 的路由和 VPN 功能，灵活控制 CPE 和 VPC 的互联互通。Transit VPC 方案的原理如图 5-63 所示。

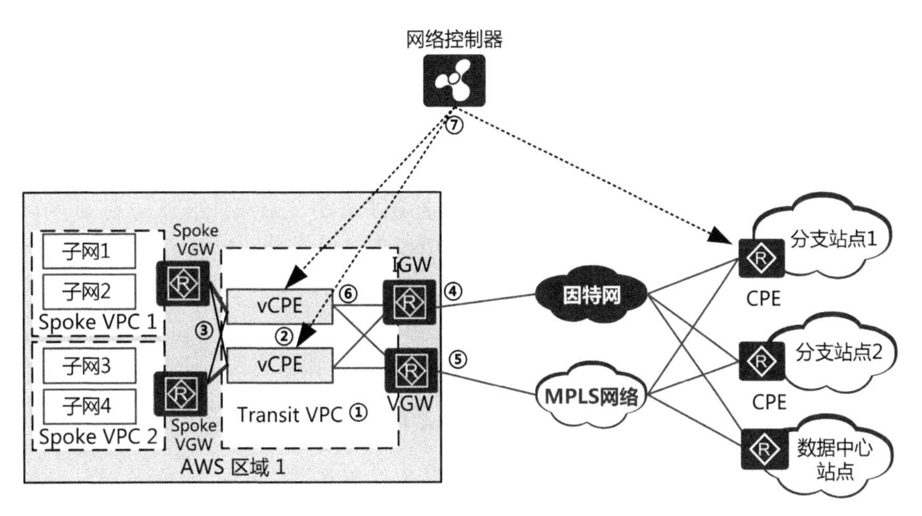

图 5-63　Transit VPC 方案的原理

Transit VPC 方案通过在一个专用的 VPC 即 Transit VPC 中部署一个或一对 vCPE 来让远端站点连接云上不同区域的业务 VPC。vCPE 的 WAN 侧可以支持采用因特网和直接连接这两种接入方式连接远端站点。vCPE 的 LAN 侧通过与业务 VPC 的 VGW 之间建立 IPSec VPN+BGP 来交换路由，实现全网路由的学习，从而使得远端站点和 VPC 互联互通，并具备多 VPN 互联、智能选路、广域加速等特性。以下是对 Transit VPC 方案原理的具体描述。

① 租户在云上创建一个新的 VPC，即 Transit VPC。该 Transit VPC 将作为企业租户在云上的一个汇聚站点，用于连接云端企业业务 VPC、数据中心站点和分支站点。

② 在 Transit VPC 中部署 vCPE，根据 WAN 侧链路数量为 vCPE 添加等量的 WAN 侧接口，并分配一个 LAN 侧接口。

③ 在 Transit VPC 中为 vCPE 所在的实例 WAN 侧和 LAN 侧申请 EIP，WAN 侧通过 IGW 接入因特网，通过在 LAN 侧创建 GRE 接口与业务 VPC 的 VGW 之间建立 IPSec VPN+BGP 连接，实现业务 VPC 和 Transit VPC 互访。同时业务 VPC 间可以通过 vCPE 的多 VPN 互联特性（不同的业务 VPC 可以属于不同的 VPN）实现按需访问控制。

④ AWS 云端 Transit VPC 的 vCPE 可通过 IGW 接入因特网，非云端站点的 CPE 也可以接入因特网，这样 SD-WAN 网络控制器可对 vCPE 和线下 CPE 进行统一业务编排。

⑤ 当 Transit VPC 部署了 Direct Connect 连接时，vCPE 和 CPE 之间可以构建 IGW+VGW 双链路，并可使用智能选路特性。

⑥ vCPE 支持丰富的 QoS 特性，用于流量控制。

⑦ vCPE 上报接口流量统计信息，可以通过网络控制器监控云上流量的统计和分析结果。

Transit VPC 方案具备如下优势。

- 引入Transit VPC，对租户业务VPC的业务冲击小，适应性好。
- 引入vCPE，统一由网络控制器管理和编排业务，用户操作具备一致性。可以提供丰富的路由特性和策略特性，可扩展性好。
- Transit VPC作为集中的控制点，可以简化网络拓扑，避免Full-mesh拓扑带来的复杂度。
- Transit VPC作为集中的控制点，可以做到应用可视、安全可视，增值业务的扩展空间大。

某企业的 SD-WAN 组网及云上 VPC 部署如图 5-64 所示。

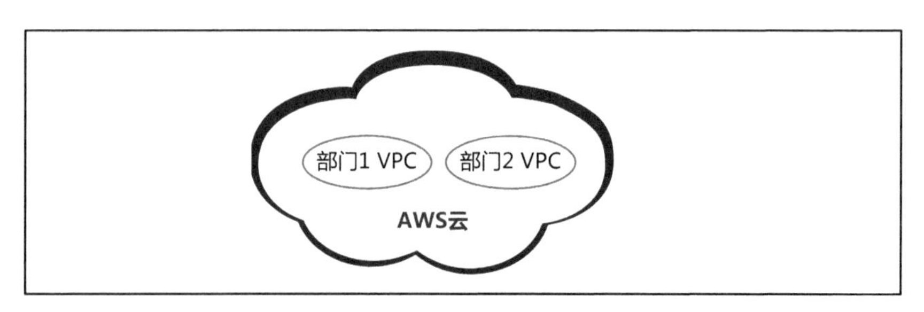

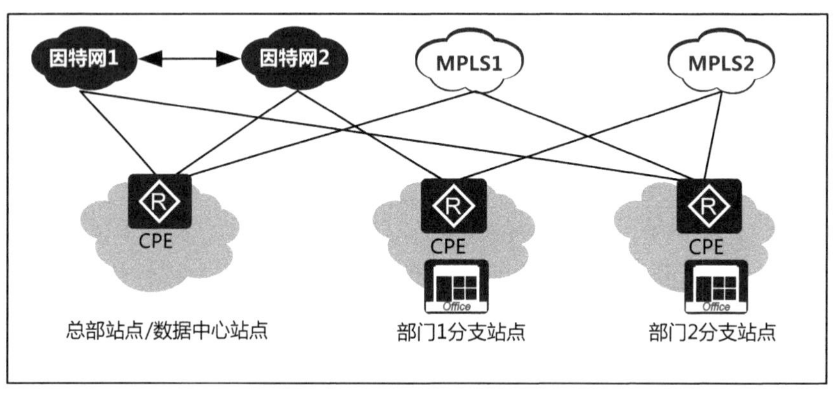

图 5-64　云上 VPC 部署

企业不同部门的分支站点分别通过因特网 1、因特网 2、MPLS1 和 MPLS2 网络互联。其中因特网 1 和因特网 2 是互通的。企业在 AWS 上为不同部门申请独立的 VPC，要求每个部门的 VPC 可以与其分支站点多网络互通，但不同部门 VPC 间均不能互访。

Underlay 网络部署

创建 Transit VPC，并部署 vCPE，Underlay 网络的部署如图 5-65 所示。

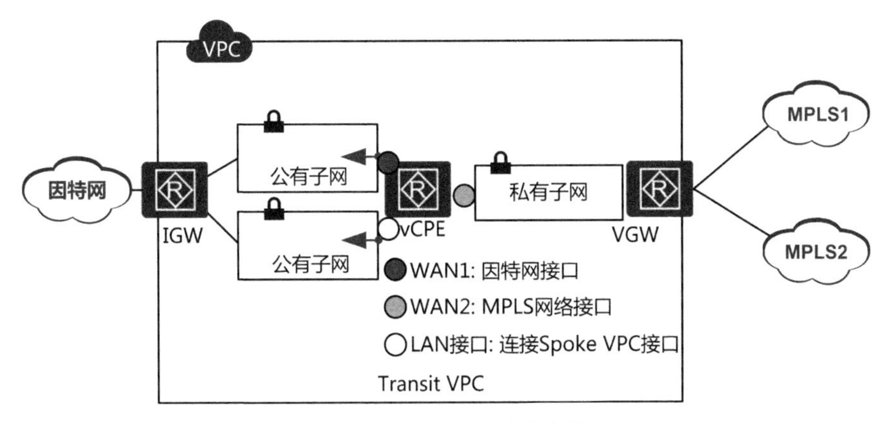

图 5-65　Underlay 网络的部署

vCPE 上申请 3 个接口，分别接入 Transit VPC 的 3 个不同的子网。WAN1（因特网接口），用于连接公有子网。申请 EIP 后，可通过 IGW 接入因特网。WAN1 基于因特网可以与企业 CPE 站点的因特网链路互通。WAN2（MPLS 网络接口），用于连接私有子网。通过 VGW 分别接入 MPLS1 和 MPLS2。VGW 将学习到分支 CPE 站点接入 MPLS1 和 MPLS2 的 WAN 链路路由，实现 vCPE 与分支站点之间 MPLS Underlay 网络可达。LAN 侧接口用于连接公有子网。申请 EIP 后，可通过 IGW 接入因特网。该接口通过因特网可以与业务 VPC 的 VGW 互联。

Overlay 网络部署

将 vCPE 设为云站点，并在 SD-WAN 网络控制器中完成注册。vCPE 的 WAN 侧接口分别绑定因特网和 MPLS 网络的路由域。将 vCPE 加入部门 VPN 并指定要连接的 VPC，网络控制器将进行 SD-WAN 业务自动编排和发放，在 vCPE 上创建 VRF，并基于 VRF 建立到 CPE 和 VPC 的 Overlay 网络。

Transit VPC 方案的可靠性设计涉及如下几个维度。

- vCPE主备、多区域部署：用户可在Transit VPC中部署两个vCPE，且可部署在不同的可用区域内。利用可用区域本身的可靠性提供数据中心级及设备级的故障隔离。
- vCPE主备独立部署EIP：独立申请vCPE的主备EIP，提供网络级故障隔离。
- vCPE多子网、多EIP部署：vCPE连接因特网的WAN侧接口、连接数据中心的WAN侧接口和LAN侧接口分别绑定不同子网和EIP，以提供子网级的故障隔离。

Transit VPC 方案中业务互联的可靠性设计如图 5-66 所示。

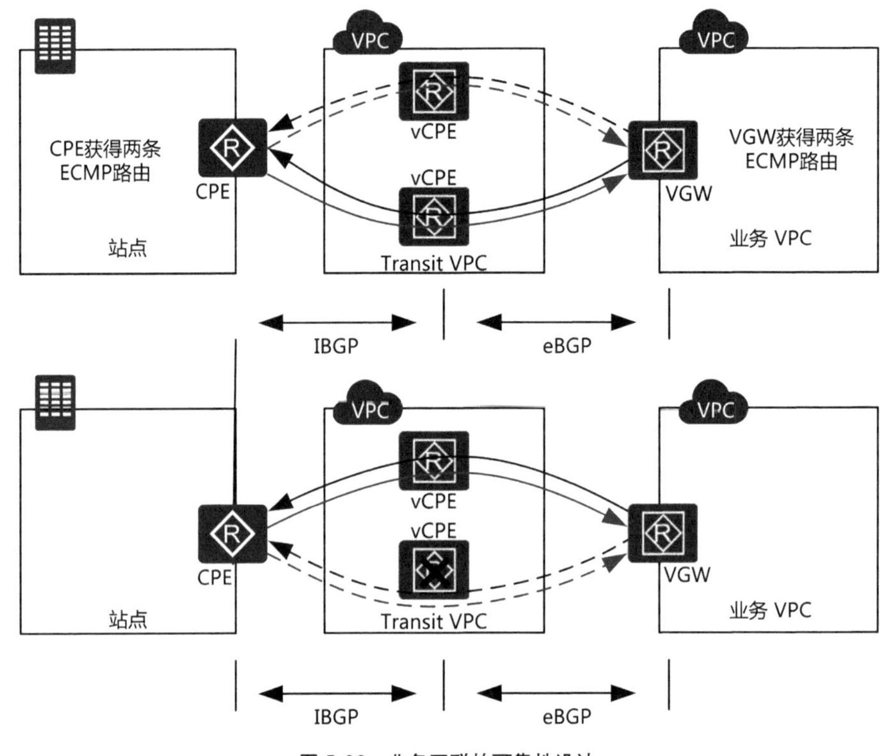

图 5-66　业务互联的可靠性设计

默认情况下，业务 VPC 中的 VGW 通过 IPSec VPN 隧道从两个 vCPE 获得两条 ECMP（Equal-Cost Multi-Path，等价多路径）路由。网络控制器自动为该业务 VPC 在两个 vCPE 之间选主备，通过调整路由属性（eBGP），在业务 VPC 出方向选择一个特定的 vCPE 作为网关。

默认情况下，CPE 站点通过 SD-WAN Overlay 隧道从两个 vCPE 获得两条 ECMP 路由。网络控制器调整其中一条路由的属性（IBGP），在 CPE 站点出方向选择一个特定的 vCPE 作为网关。

网络控制器集中编排 vCPE 的路由属性设置，确保同一条流量的往返路径由同一个 vCPE 转发。当 vCPE 发生故障时，可通过 BGP 的路由处理能力，自动完成流量在 vCPE 主备间的切换。

在多业务 VPC 场景下，网络控制器可以在两个 vCPE 之间做负载分担。

对于安全性部署，Transit VPC 中的 vCPE 所接入的各个子网需要通过网络控制器基于安全组进行安全隔离。

Transit VPC 自动化方案通过 SD-WAN 网络控制器调用 AWS 提供的 API 来完成自动化部署。由于 Transit VPC 中资源众多，如果逐个调用 AWS API 来创建和修改，逻辑复杂、操作困难。所以 SD-WAN 网络控制器通过 AWS 模板将 Transit VPC 内资源的创建工作交给了 AWS 本身。模板实例化是一个原子操作，SD–WAN 网络控制器不需要考虑单个资源创建失败后的回滚，大大降低了实现的复杂度，保证了可靠性。SD–WAN 网络控制器将开局配置注入 vCPE 中，在 vCPE 启动过程中会加载开局配置，启动后可以被 SD–WAN 网络控制器管理。

（2）Host VPC 方案

Host VPC 是指用户的业务 VPC，通过在用户的 VPC 中部署 vCPE，将 vCPE 作为企业 SD–WAN 的云站点，由网络控制器统一管理和编排。

Host VPC 方案可以实现 VPC 间的跨区域互联。若企业已经在云端的多个区域部署了 VPC，可在每个 Host VPC 中部署 vCPE，由网络控制器进行统一业务编排，实现云端不同区域的 Host VPC 以及远端分支站点间的互访。

Host VPC 方案引入 vCPE 后，通过 vCPE 的路由和 VPN 功能，可灵活控制 CPE 和 VPC 的互联互通，如图 5–67 所示。

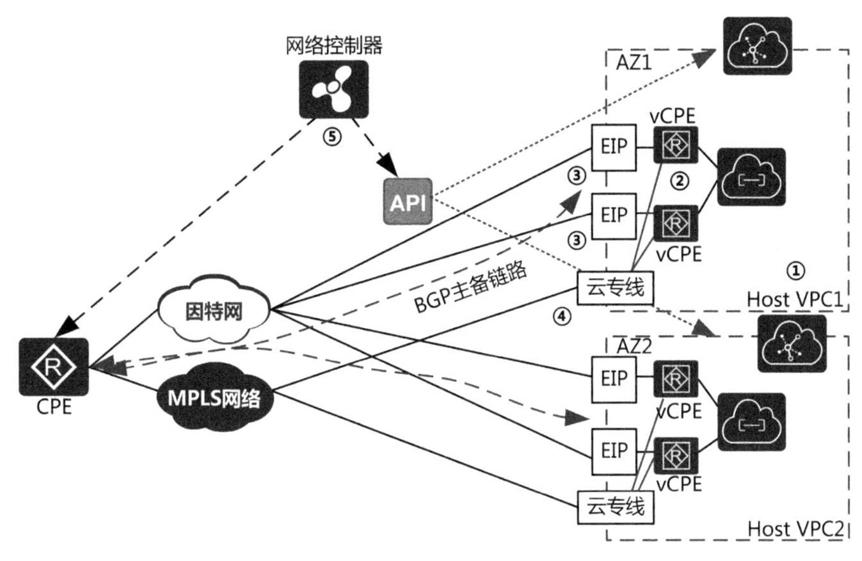

图 5-67　Host VPC 方案原理

Host VPC 方案通过在业务 VPC 内部署一个或一对 vCPE 来实现远端站点与业务 VPC 的连接。vCPE 的 WAN 侧可以支持因特网和云专线这两种接入方式用于连接远端站点。vCPE 的 LAN 侧与 Host VPC 的子网相连，并在 Host VPC 中配置 VPC 路由指向 LAN 侧接口，让 Host VPC 访问远端站点的流量都经过 vCPE，从而使得远端站点和 VPC 互联互通，并具备多 VPN、智能选路、广域加速等特性。以下是对 Host VPC 方案的具体描述。

① 在每个 Host VPC 内部署 vCPE，使 vCPE 作为 VPC 的出口网关，成为

企业 SD-WAN 在云端的站点。若需增强可靠性，可在两个 AZ 内各部署一台 vCPE，由网络控制器进行统一业务编排、监控 vCPE 的状态和指导 VPC 路由切换。

② vCPE 上申请 3 个接口分别接入 Host VPC 的 3 个不同子网，其中一个 WAN 侧接口通过 EIP 连接因特网，另一个 WAN 侧接口连接云专线；LAN 侧接口与子网相连，并作为连接其他子网的汇聚站点。在 Host VPC 中配置汇聚或默认路由，将其他子网前往默认或汇聚路由的下一跳指向 vCPE LAN 侧接口，实现 Host VPC 的出口流量都经过 vCPE。

③ 基于因特网，不同 Host VPC 之间通过 vCPE 建立 SD-WAN 连接，实现站点 CPE 和 Host VPC 之间的互通。

④ 基于云专线网络，Host VPC 和 CPE 之间可以构建云专线和因特网双链路。

⑤ 网络控制器通过 vCPE 上报接口流量统计信息，可监控云端流量的统计数据和分析结果。

为了实现 CPE 至 Host VPC 之间互通，可在业务 VPN 中创建两个 Overlay 隧道分别经过因特网和云专线与 CPE 互通，并通过 IPSec 加密；在 Overlay 隧道之上建立 BGP 邻居，互相发布 LAN 侧路由，CPE 可学习到 VPC 的业务子网的路由，vCPE 也可学习到 CPE 侧路由。

为了实现 vCPE 至 VPC 内的业务互通，当访问 VPC 的业务流量进入 vCPE 的 WAN 侧接口时，根据 vCPE 内的路由信息，将流量转发到 vCPE LAN 侧接口的网关地址，即 VPC 内的 vRouter；vRouter 会根据访问 VPC 的目的地址将流量转发到 VPC 内的业务地址。vCPE 至 VPC 内的业务互通如图 5-68 所示。

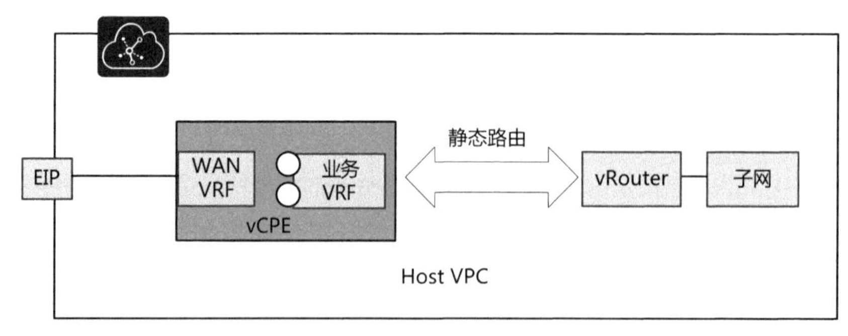

图 5-68　vCPE 至 VPC 内的业务互通

Host VPC 方案中业务互联的可靠性设计如图 5-69 所示。

建议用户在 Host VPC 中部署两个 vCPE，且位于不同的 AZ。利用 AZ 本身的可靠性提供数据中心级和设备级的故障隔离。

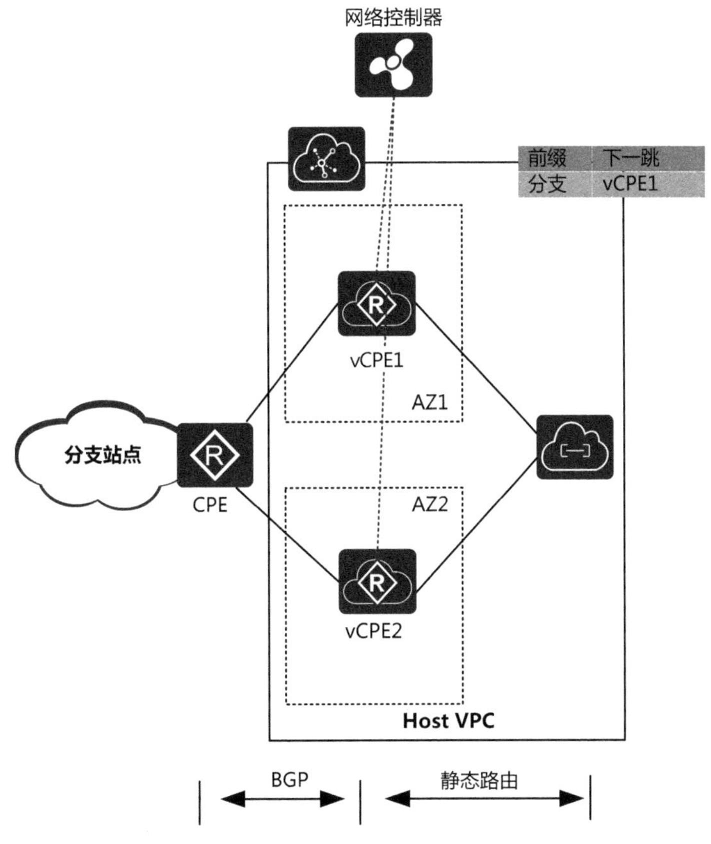

图 5-69　业务互联的可靠性设计

- vCPE多子网部署：vCPE连接因特网的WAN侧接口、连接数据中心的WAN侧接口和LAN侧接口分别绑定不同子网及EIP，以提供子网级的故障隔离。
- 当Host VPC中部署两个vCPE时，分支站点CPE与vCPE之间均需建立连接。
- 网络控制器为Host VPC选择vCPE主备，并调整主vCPE上的路由优先级高于备vCPE，同时调整Host VPC路由下一跳指向主vCPE，从而使往返流量均经过主vCPE。

网络控制器可监控 vCPE 的状态，一旦主 vCPE 发生故障，网络控制器修改 Host VPC 回程路由，使下一跳指向备 vCPE，实现主备切换。

3. 多租户云 GW 方案

IPSec VPN GW 方案和 vCPE 云站点方案是适合企业自建 SD-WAN 场景下的连接公有云方案，多租户云 GW 方案则是适合运营商运营的一种 SD-WAN 上云方案。这几种方案各有优劣，适用于不同的业务场景和公有云架构，实际部署中，可以按需灵活选择。

多租户云 GW 方案在公有云上部署一台或者多台多租户的 SD-WAN GW 设备（云 GW）。一方面，在网络控制器的编排和控制下，在分支 CPE 和云 GW 之间创建 SD-WAN 隧道，从而实现分支站点与云 GW 互通；另一方面，按需配置云 GW 与租户 VGW 的互联，比如通过背靠背的 Option A 方式，在每个租户的 VPN 配置 VLAN 侧接口或者与 VXLAN 侧接口对接，并运行 eBGP，从而实现企业分支网络与公有云的互通，如图 5-70 所示。

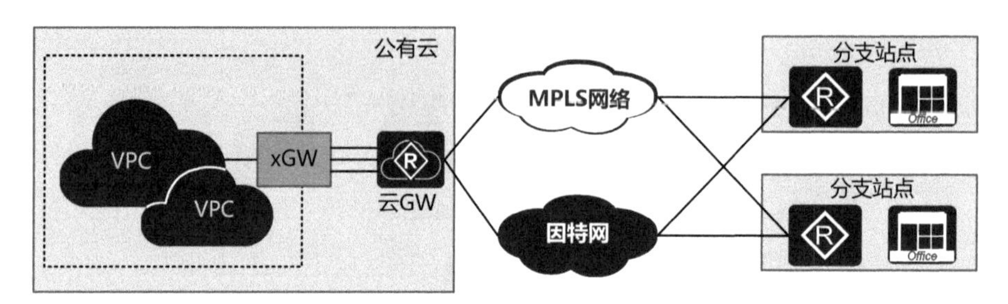

图 5-70　云 GW 方案

下面介绍多租户云 GW 方案的部署原理。

- 将云GW部署在公有云。
- 根据用户接入业务的需要，可以分配两个WAN侧接口，一个通过因特网接入，另一个通过专线接入。
- 通过因特网接入的WAN侧接口一般建议连接到因特网出口的网关设备。通过专线接入的WAN侧接口一般建议连接到专线出口的网关设备。
- 分配LAN侧接口，连接到公有云的接入边界设备上（如xGW）。
- 云GW由运营商通过SD-WAN网络控制器进行统一管理和编排。
- 运营商可以在SD-WAN网络控制器的MSP视图下，按需为租户的每个VPN配置对接方式，包括与因特网的接入交换机对接以及与MPLS专线的接入交换机对接，可以通过VLANIF或者VXLAN侧接口，经由BGP路由或者静态路由将租户VPC路由发布到云GW。
- 运营商可以在SD-WAN网络控制器的MSP视图下为租户按需发放云GW互联服务。企业租户可以选择远端站点连接云GW，使得远端站点和云GW之间建立SD-WAN隧道。云GW会将租户VPC路由发布到租户的远端站点，将租户的远端站点路由发布到接入的交换机，从而实现租户的远端站点和VPC互联。由于路由发布学习都是基于租户VPN的，从而实现了多个租户连接到同一个云GW的网络隔离，达到了多租户云GW的效果。

5.8.4　混合云方案

传统混合云场景是云网分离的，无法基于业务的要求对公有云相关网络资源进行灵活的调度。在 SD-WAN 混合云方案中，各种云被抽象成一种特殊的云站点，统一由 SD-WAN 网络控制器管控，并借助 IP Overlay 技术，屏蔽多云互联技术的差异，从而实现多个不同类型的混合云网络之间快速、简单和高品质的互联。同时，面向云业务开放北向 API，将 SD-WAN 统一集成到混合云业务平台中，实现云应用端到端的统一管理，做到云网深度融合。

1. 私有云与公有云互联

企业私有云和公有云的互联是最常见的混合云场景，如图 5-71 所示。在该场景下，可以根据 SD-WAN 的商业模式和企业自身的业务特点，选择多种不同的 SD-WAN 解决方案。

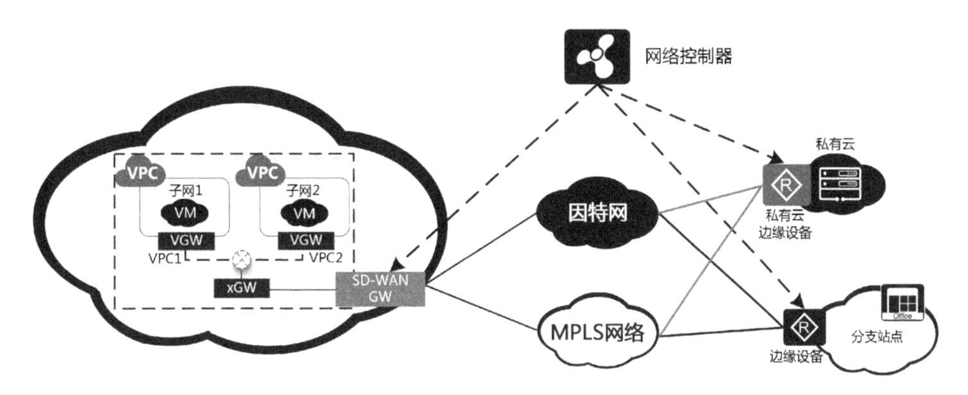

图 5-71　企业私有云与公有云互联

如果企业自建 SD-WAN，可以采用 vCPE 云站点的方案。首先，通过 SD-WAN 网络控制器离线规划和配置公有云站点；然后，通过 SD-WAN 网络控制器远程自动拉起公有云的 vCPE，在 SD-WAN 网络控制器的统一管控下，自动建立私有云站点和公有云 vCPE 站点之间的网络互联。如果企业在公有云租用了多个 VPC，则可以部署 Transit VPC 方案或 Host VPC 方案。

如果公有云提供商除了向企业提供公有云服务外，还提供 SD-WAN 服务，则建议优先考虑部署多租户云 GW 方案。在公有云部署一台或者多台支持多租户的 SD-WAN GW 后，一方面，为了实现该 GW 与公有云网络的互联，通常公有云会提供一个多租户的 GW 与 SD-WAN GW 进行对接，两个 GW 之间可以通过部署背靠背的子接口或者 VXLAN 隧道方式进行互联（Option A 方式），同时部署 BGP 等动态路由协议进行路由学习和业务互通；另一方面，在 SD-WAN 网络控制器的统一管控下，完成私有云站点到公有云 SD-WAN GW 的网络互联，从而最终实现企业的私有云到公有云、企业各站点到公有云 / 私有云之间网络的互联互通。

2. 异构公有云互联

受限于单一公有云提供商的资源和区域覆盖能力的不足，企业通常会同时在多个不同的公有云上部署业务，如图 5-72 所示。由于涉及多个不同的公有云提供商，可以优先考虑采用 vCPE 云站点互联方案。该方案采用的架构与公有云的基础架构解耦，只需 SD-WAN 与公有云业务平台进行轻量级的对接，即可快速部署。

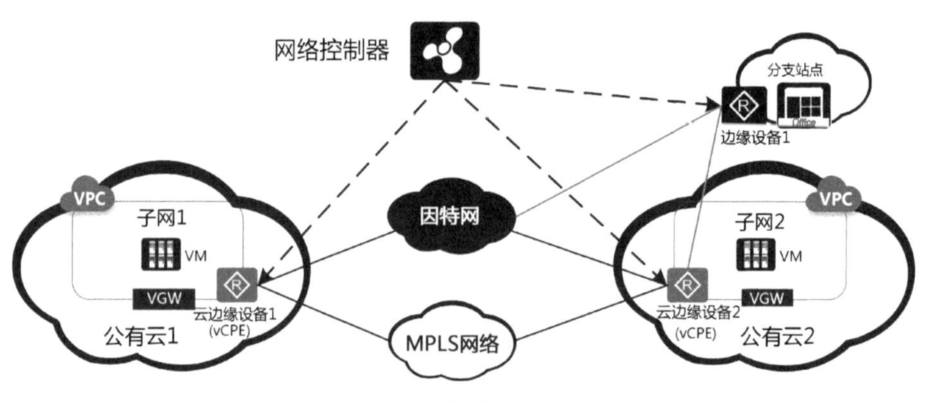

图 5-72 异构公有云互联

具体来说，首先通过 SD-WAN 网络控制器离线规划和配置各个不同的公有云站点；然后，SD-WAN 网络控制器远程自动拉起各个公有云的 vCPE，在 SD-WAN 网络控制器的统一管控下，自动建立起不同公有云 vCPE 站点之间的网络互联。如果企业在同一个公有云租用了多个 VPC，则可以混合部署 Transit VPC 方案，通过 Transit VPC 实现多 VPC 的互联。

| 5.9 IPv6 |

5.9.1 IPv6 技术概述

IPv6 是网络层协议的第二代标准协议，也被称为 IPng（IP Next Generation，互联网协议的第二代标准协议）。它是 IPv4 的升级版本。在因特网发展初期，IPv4 以其协议简单、易于实现、互操作性好的优势而得到快速发展。但随着因特网的迅猛发展，IPv4 设计的不足也日益明显，IPv6 的出现解决了 IPv4 的一些弊端。IPv6 和 IPv4 之间最显著的区别就是 IP 地址长度从原来的 32 bit 升级为 128 bit。

IPv6 以其简化的报头格式、充足的地址空间、层次化的地址结构、灵活的扩展头、增强的邻居发现机制，将在未来的市场竞争中充满活力。

1. IPv6 基本报头

IPv6 基本报头有 8 个字段，固定大小为 40 Byte，每个 IPv6 数据报文都必须包含报头。基本报头提供报文转发的基本信息，会被转发路径上的所有设备解析。IPv6 基本报头格式如图 5-73 所示。

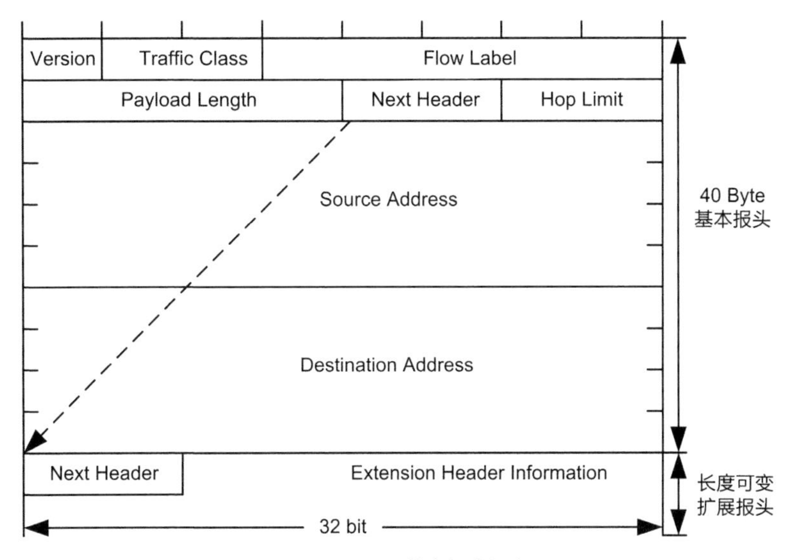

图 5-73　IPv6 基本报头格式

IPv6 报头格式中主要字段说明如下。

- Version：版本号，长度为4 bit。对于IPv6，该值为6。
- Traffic Class：流类别，长度为8 bit，等同于IPv4中的ToS（Type of Service，服务类型）字段，表示IPv6数据报文的类或优先级，主要应用于QoS。
- Flow Label：流标签，长度为20 bit。这是IPv6中的新增字段，用于区分实时流量，不同的流标签+源地址可以唯一确定一条数据流，中间网络设备可以根据这些信息更加高效地区分数据流。
- Payload Length：有效净荷长度，长度为16 bit。有效净荷是指紧跟IPv6报头的数据报文的其他部分（即扩展报头和上层协议数据单元）。该字段只能表示最大长度为65535 Byte的有效净荷。如果有效净荷的长度超过这个值，该字段会被置0。有效净荷的长度用逐跳选项扩展报头中的超大有效净荷选项来表示。
- Next Header：下一个报头，长度为8 bit。该字段定义紧跟在IPv6报头后面的第一个扩展报头（如果存在）的类型，或者上层协议数据单元中的协议类型。

- Hop Limit：跳数限制，长度为8 bit。该字段类似于IPv4中的Time to Live字段，它定义了IP数据报文所能经过的最大跳数。每经过一个设备，该数值减去1，当该字段的值为0时，数据报文将被丢弃。
- Source Address：源地址，长度为128 bit，表示发送方的地址。
- Destination Address：目的地址，长度为128 bit，表示接收方的地址。

IPv6 和 IPv4 相比，去除了 IHL、Identifiers、Flags、Fragment Offset、Header Checksum、Options、Padding 域，只增加了流标签域，因此 IPv6 报头的处理较 IPv4 大大简化，提高了处理效率。另外，IPv6 为了更好支持各种选项处理，提出了扩展报头的概念，新增选项时不必修改现有结构，理论上可以无限扩展，体现了优异的灵活性。下面介绍 IPv6 扩展报头的一些信息。

2. IPv6 扩展报头

在 IPv4 中，IPv4 报头包含可选字段 Options，内容涉及 Security、Timestamp、Record route 等，这些 Options 可以将 IPv4 报头长度从 20 Byte 扩充到 60 Byte。在转发过程中，处理携带这些 Options 的 IPv4 报文会占用设备很多的资源，因此实际中很少使用。

IPv6 将这些 Options 从 IPv6 基本报头中剥离，增加到扩展报头中。扩展报头被置于 IPv6 报头和上层协议数据单元之间。一个 IPv6 报文可以包含 0 个、1 个或多个扩展报头，仅当需要设备或目的节点进行某些特殊处理时，才由发送方添加一个或多个扩展报头。与 IPv4 不同,IPv6 扩展报头长度任意，不受 40 Byte 的限制，这样便于日后扩充新增选项，这一特征加上选项的处理方式，使得 IPv6 选项能被真正地利用起来。但是为了提高处理选项头和传输层协议的性能，扩展报头的长度总是 8 Byte 的整数倍。

当使用多个扩展报头时，前面报头的 Next Header 字段指明下一个扩展报头的类型，这样就形成了链状的报头列表。如图 5-74 所示，IPv6 基本报头中的 Next Header 字段指明了第一个扩展报头的类型，而第一个扩展报头中的 Next Header 字段指明了下一个扩展报头的类型（如果不存在，则指明上层协议的类型）。

IPv6 扩展报头中主要字段说明如下。

- Next Header：下一个报头，长度为8 bit，与基本报头中Next Header的作用相同。指明下一个扩展报头（如果存在）或上层协议的类型。
- Extension Header Len：报头扩展长度，长度为8 bit，表示扩展报头的长度（不包含Next Header字段）。
- Extension Header Data：扩展报头数据，长度可变，扩展报头的内容是一系列选项字段和填充字段的组合。

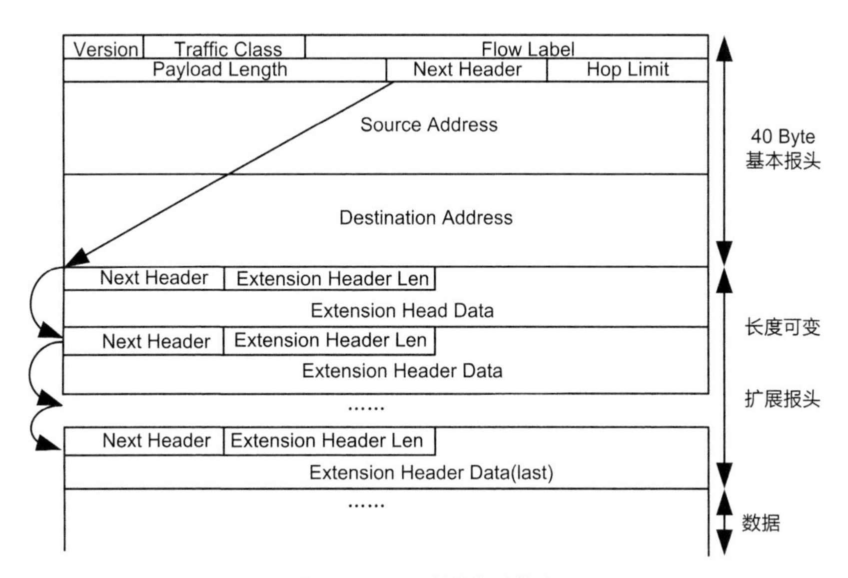

图 5-74　IPv6 扩展报头格式

目前，RFC 中定义了 6 个 IPv6 扩展报头：逐跳选项报头、目的选项报头、路由报头、分段报头、认证报头、封装安全净荷报头。具体如表 5–2 所示。

表 5-2　IPv6 扩展报头

报头类型	代表该类报头的 Next Header 字段值	描述
逐跳选项报头	0	该选项主要用于为在传送路径上的每跳转发指定发送参数，传送路径上的每个中间节点都要读取并处理该字段。逐跳选项报头目前的主要应用有以下 3 种。 • 用于巨型净荷（净荷长度超过 65 535 Byte）。 • 用于设备提示，使设备检查该选项的信息，而不是简单地转发出去。 • 用于资源预留（RSVP）
目的选项报头	60	目的选项报头携带了一些只有目的节点才会处理的信息。目前，目的选项报头主要应用于移动 IPv6
路由报头	43	路由报头和 IPv4 的 Loose Source and Record Route 选项类似，该报头能够被 IPv6 源节点用来强制数据报文经过特定的设备
分段报头	44	同 IPv4 一样，IPv6 报文发送受到 MTU（Maxium Transmission Unit，最大传输单元）的限制。当报文长度超过 MTU 时，就需要将报文分段发送，而在 IPv6 中，分段发送使用的是分段报头
认证报头	51	该报头由 IPSec 报文使用，提供认证、数据完整性以及重放保护。它还对 IPv6 基本报头中的一些字段进行了保护
封装安全净荷报头	50	该报头由 IPSec 报文使用，提供认证、数据完整性以及重放保护和 IPv6 数据报文的保密，类似于认证报头

5.9.2 IPv6 SD-WAN 场景概述

在 SD-WAN 组网中，存在不同的 IPv4/IPv6 组网场景：Underlay 传输网络可能支持 IPv4/IPv6 双栈，也可能仅仅支持 IPv4 或 IPv6。企业内部网络业务同样可能支持 IPv4/IPv6 双栈，也可能仅仅支持 IPv4 或 IPv6。

不同的组网场景需要不同的组网隧道技术和解决方案，如图 5-75 所示。

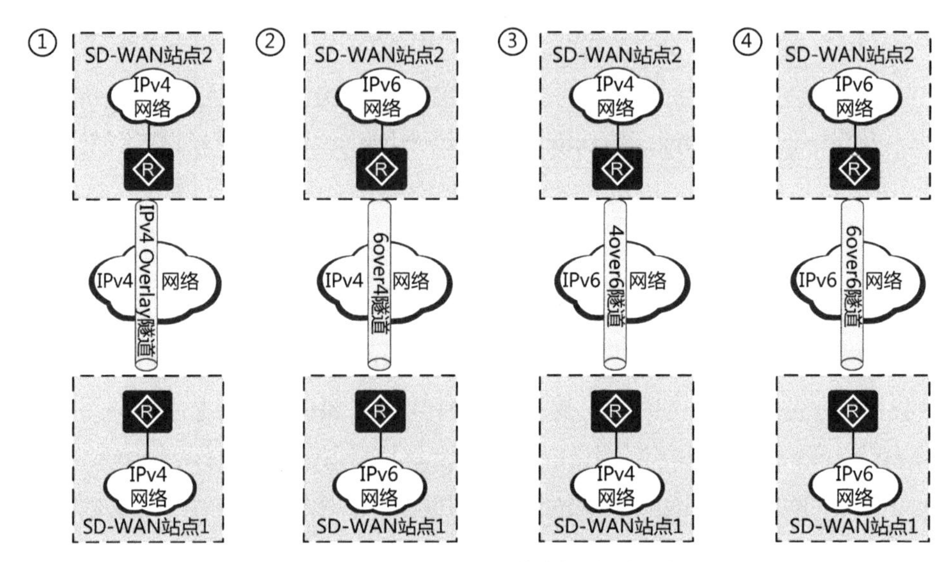

图 5-75　SD-WAN 组网隧道技术和解决方案

① 企业广域接入网络为 IPv4 网络，企业内部网络也是 IPv4 网络，通过 SD-WAN 提供 IPv4 Overlay 隧道，实现站点间的企业 IPv4 网络用户流量互访。

② 企业广域接入网络保持 IPv4 网络，企业内部网络用户业务升级成 IPv6 网络，需要通过 SD-WAN 提供 6over4 隧道，实现站点间的企业 IPv6 网络用户流量互访。

③ 企业广域接入网络升级成 IPv6 网络，企业内部网络用户业务保持 IPv4 网络，需要通过 SD-WAN 提供 4over6 隧道，实现站点间的企业 IPv4 网络用户流量互访。

④ 企业广域接入网络升级成 IPv6 网络，企业内部网络用户业务也升级成 IPv6 网络，需要通过 SD-WAN 提供 6over6 隧道，实现站点间的企业 IPv6 网络用户流量互访。

5.9.3 IPv6 SD-WAN 实践

1. IPv6 开局

当企业广域 Underlay 网络升级到 IPv6 网络后，SD-WAN 的 CPE 开局也需要考虑支持 IPv6 能力，以连接外部 IPv6 广域接入网络，并通过 IPv6 管理通道在网络控制器上注册，接收网络控制器的管理。如第 4 章所述，在 SD-WAN 解决方案中有多种开局部署方案，均需要考虑 IPv6 相关的实现，这里仅以典型的开局方式为例。

（1）邮件开局

开局邮件中包含了经过网络控制器特殊处理的 URL，该串 URL 中包含 CPE 的 WAN 链路配置 IP 地址以及网络控制器的 IP 地址，均是 IPv6 的地址。CPE 解析 URL，转换为本设备的配置，连接上 WAN 后，向网络控制器发起 IPv6 的 NETCONF 注册。

（2）DHCPv6 开局

DHCPv6 开局指的是以 DHCPv6 服务器为传递信息的媒介，实现 CPE 即插即用的过程。与 IPv4 DHCP 开局不同，DHCPv6 开局场景下，CPE 的 WAN 侧接口地址有如下两种获取方式。

- 无状态自动地址分配（即Stateless Address Autoconfiguration，SLAAC）：CPE根据接口ID生成链路本地地址，再根据上行路由器发送的RA（Router Advertisement，路由通告）报文包含的前缀信息，自动配置本机全局地址。
- 有状态自动地址分配（DHCPv6）：由DHCPv6服务器自动分配IPv6地址。

另外，DHCPv6 服务器将网络控制器的 IPv6 注册地址、Token 信息通过 DHCPv6 Option 17 报文传送给 CPE。站点开局人员在开局时只需对 CPE 进行连线上电，无须进行其他操作。DHCPv6 开局流程如图 5-76 所示。

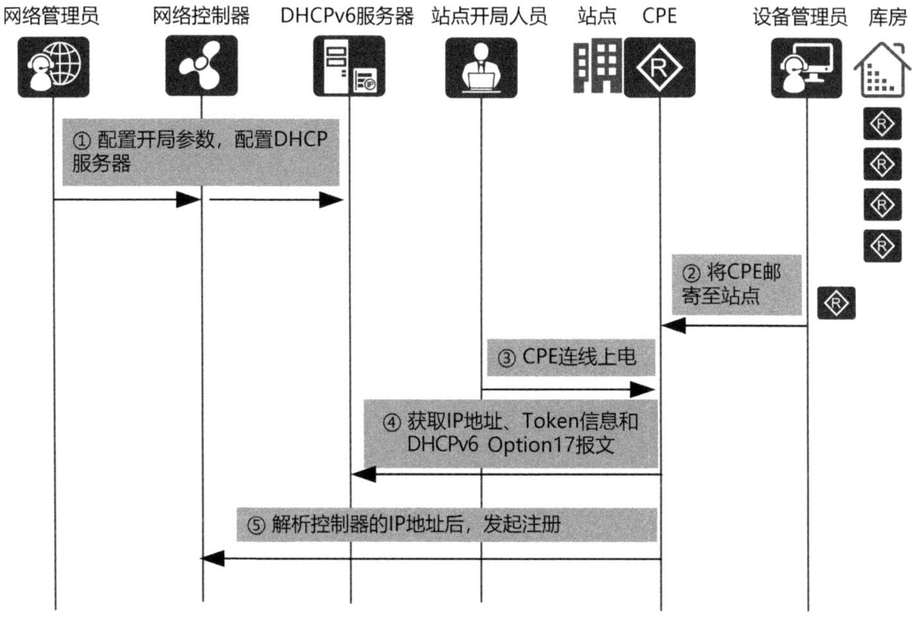

图 5-76　DHCPv6 开局流程

2. 控制器的部署与注册

在 SD-WAN 解决方案实践中，当企业广域 Underlay 网络升级到 IPv6 网络后，SD-WAN 网络控制器纳管 CPE 也需要考虑 IPv6 网络。

如果网络控制器能支持 IPv6 网络，CPE 直接可以通过 IPv6 NETCONF 在网络控制器上进行注册。而当网络控制器不支持 IPv6 网络时，推荐采用一种过渡方案来予以支持，如图 5-77 所示。

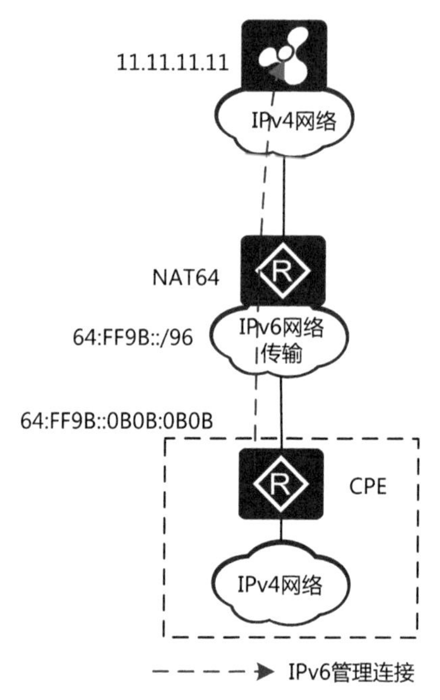

图 5-77　网络控制器部署过渡方案

如图 5-77 所示，在网络控制器所在的 IPv4 网络和 IPv6 Underlay 网络边界上部署一台 NAT64 网关，定义 NAT64 转换地址前缀“Pref64::/n”（如 64:FF9B::/96）。网络控制器根据配置的 IPv4 南向地址（如 11.11.11.11）和 NAT64 地址前缀合成一个 IPv6 的南向注册地址（如 64:FF9B::0B0B:0B0B），通过开局部署下发到 CPE。当 CPE 向该网络控制器 IPv6 地址发起注册，注册报文的目的 IP 地址在 NAT64 网关上被转换成 IPv4 地址，最终实现在 IPv6 网络和网络控制器间建立 NETCONF 管理连接。

3. SD-WAN EVPN 隧道的建立

（1）Underlay IPv6

当 Underlay 网络为 IPv6 网络时，SD-WAN 解决方案的主要控制流程如图 5-78 所示。

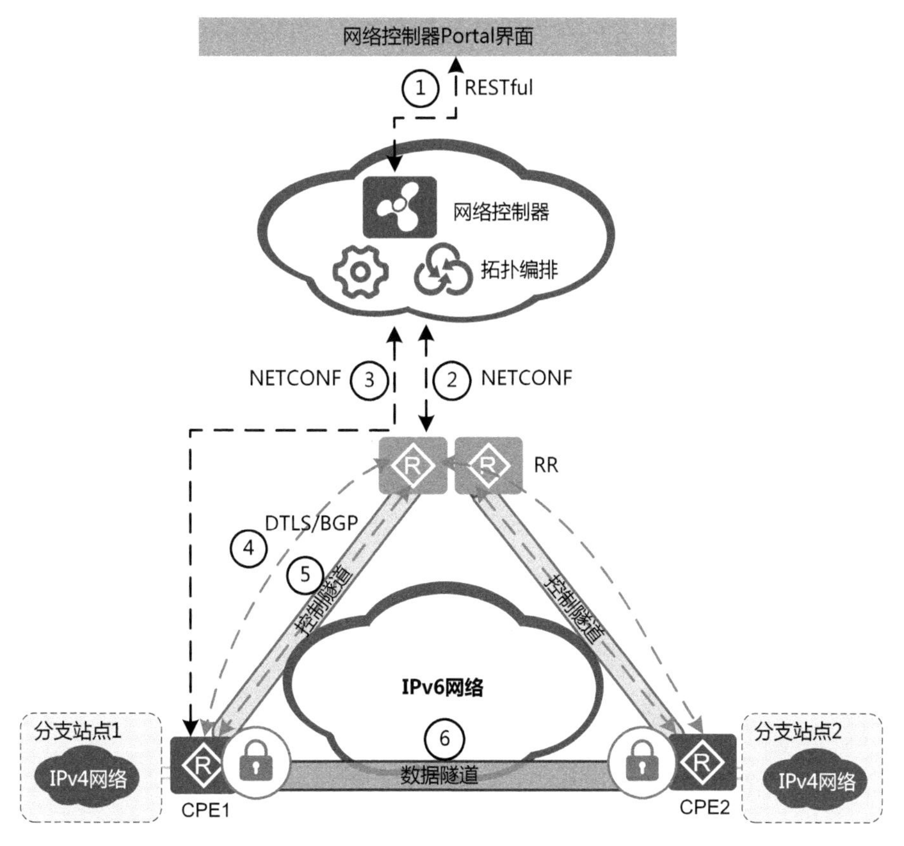

图 5-78　SD-WAN 解决方案的主要控制流程　(Underlay 网络为 IPv6 网络)

华为 SD-WAN 基于 EVPN 架构，当 Underlay 网络是 IPv6 网络时，SD-WAN 解决方案的主要控制流程如下。

步骤①　通过网络控制器的 Portal 界面定义 SD-WAN 业务，调用 RESTful 接口通知网络控制器，网络控制器进行网络业务的编排和管理。

步骤②　RR 通过 IPv6 开局流程，在网络控制器上进行注册，完成开局。网络控制器为 RR 分配全局唯一的 IPv4 系统地址，下发路由拓扑编排策略。

步骤③　CPE 上线，通过 IPv6 开局流程在网络控制器上进行注册。网络控制器为 CPE 分配 IPv4 系统地址，同时给 CPE 指定 RR 的 IPv6 注册地址。

步骤④　CPE 向 RR 发起注册（采用 DTLS 协议，这里针对 IPv6 Underlay 建立 IPv6 的 DTLS 连接）。CPE 携带 TNP 信息（即网络 WAN 侧接口和 IPSec SA 等信息，这里 TNP 扩展成 IPv6 TNP）通知 RR，RR 反向通知 CPE 自身的 IPv6 TNP 信息。RR 和 CPE 之间根据学习的 IPv6 TNP，编排出 IPv6 SD-WAN EVPN 的加密控制隧道（隧道外层地址是 IPv6 地址，内层乘客协议是 IPv4）。

步骤⑤　RR 和 CPE 之间在控制隧道上建立 IPv4 BGP（EVPN）会话，CPE 向 RR 通告站点 IPv6 TNP 路由和 IPv4 用户路由，RR 再将这些路由反射给其他站点的 CPE。

步骤⑥　CPE 和 CPE 之间根据 BGP 扩散的 IPv6 TNP 信息，编排出 IPv6 SD-WAN EVPN 的加密控制隧道（隧道外层地址是 IPv6 地址，内层乘客协议是 IPv4）。CPE 和 CPE 之间根据 BGP 学习的 IPv4 用户路由，把企业互访 IPv4 业务流量引导到 IPv6 SD-WAN EVPN 数据隧道上进行转发。

（2）Overlay IPv6

当 Underlay 网络为 IPv6 网络时，SD-WAN 解决方案的主要控制流程如图 5-79 所示。

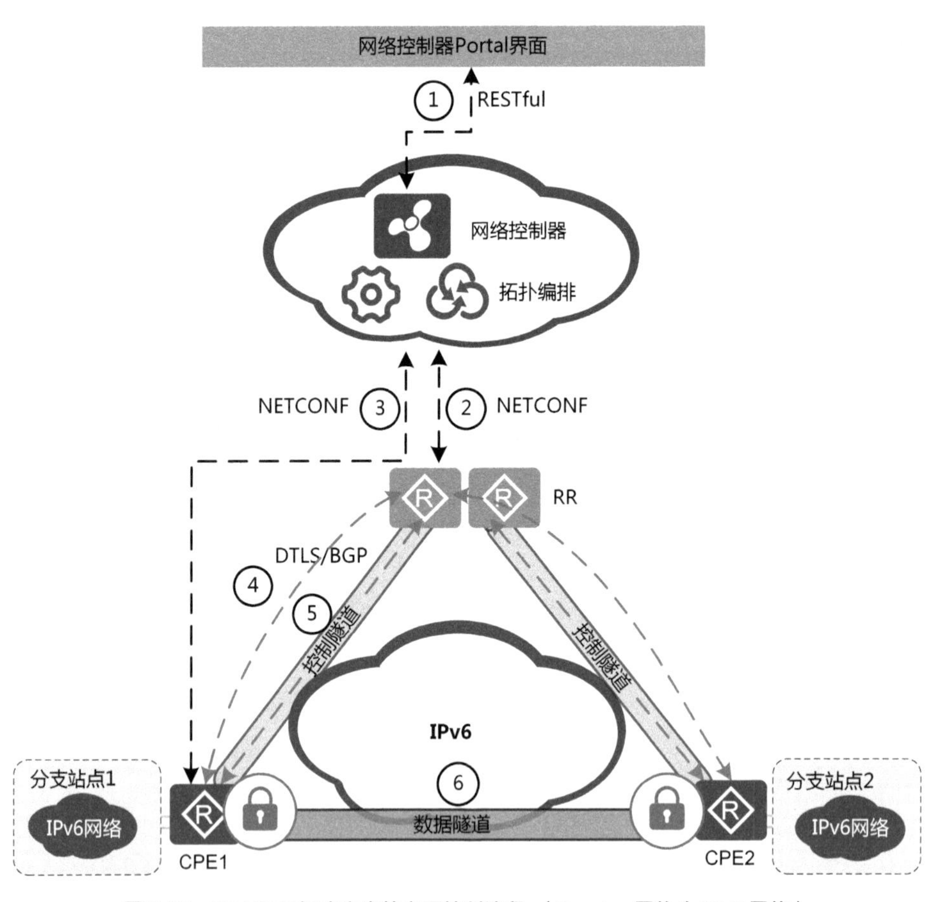

图 5-79　SD-WAN 解决方案的主要控制流程（Overlay 网络为 IPv6 网络）

当 Overlay 网络是 IPv6 网络时，主要控制流程如下。

步骤①　通过网络控制器的 Portal 界面定义 SD-WAN 业务，调用 RESTful 接口通知网络控制器，网络控制器进行网络业务的编排和管理。

步骤②　RR 通过 IPv6 开局流程，在网络控制器上进行注册，完成开局。网络控制器为 RR 分配全局唯一的 IPv6 系统地址，下发路由拓扑编排策略。

步骤③　CPE 上线，通过 IPv6 开局流程在网络控制器上进行注册。网络控制器为 CPE 分配 IPv6 系统地址，同时给 CPE 指定 RR 的 IPv6 注册地址。

步骤④　CPE 向 RR 发起注册（采用 DTLS 协议，这里针对 IPv6 Underlay 建立 IPv6 的 DTLS 连接）。CPE 携带 TNP 信息（即网络 WAN 侧接口和 IPSec SA 等信息，这里 TNP 扩展成 IPv6 TNP）通知 RR；RR 反向通知 CPE 自身的 IPv6 TNP 信息。RR 和 CPE 之间根据学习的 IPv6 TNP，编排出 IPv6 SD-WAN EVPN 的加密控制隧道（隧道外层地址是 IPv6 地址，内层乘客协议是 IPv6）。

步骤⑤　RR 和 CPE 之间在控制隧道上建立 IPv6 BGP（EVPN）会话，CPE 向 RR 通告站点 IPv6 TNP 路由和 IPv6 用户路由，RR 再将这些路由反射给其他站点的 CPE。

步骤⑥　CPE 和 CPE 之间根据 BGP 扩散的 IPv6 TNP 信息，编排出 IPv6 SD-WAN EVPN 的加密控制隧道（隧道外层地址是 IPv6 地址，内层乘客协议是 IPv6）。CPE 和 CPE 之间根据 BGP 学习的 IPv6 用户路由，把企业互访 IPv6 业务流量引导到 IPv6 SD-WAN EVPN 数据隧道上进行转发。

| 5.10　网络可靠性设计 |

随着信息技术的快速发展和普及，企业对信息的依赖程度越来越高。网络作为信息传输的载体，企业对其可靠性的要求也越来越高，而建立一个可靠的网络系统是一项复杂且艰巨的工作。

网络可靠性设计是网络规划设计的关键一环且非常复杂，本节将重点介绍 SD-WAN 解决方案的可靠性设计，其中包括 3 个部分：网络链路可靠性设计、网络设备可靠性设计和网络核心站点可靠性设计。

5.10.1　网络链路可靠性设计

网络链路作为最基本的信息数据载体，是网络的命脉。网络链路的中断意味着信息传递的中断，这对很多领域（如金融、证券、航空、铁路、邮政等）的用户来说是灾难性的。这些领域的网络一旦发生故障，会带来非常巨大的经济损失。

从物理层面看，网络是由多种网络设备和线缆构建的，本身存在发生故障的可能性，如网络传输设备发生故障、物理线缆被暴力施工挖断、网络核心节点因天灾人祸失效等，这些都可能导致网络端到端连接的中断。为了规避这些风险，通常采用主备网络链路的策略，即同时建设一条主链路和一条备链路。这样的设计简单、可靠，美中不足的是备链路通常情况下处于备份的状态，不转发网络流量，这将导致企业客户为了可靠性不得不支付额外的专线费用。

SD-WAN 解决方案提供的链路主备方式摒弃了上文介绍的这种单纯的主备模式，网络站点的多条上行链路会同时处于活动状态，基于预设的流量调度策略使业务流量在多条链路中进行负载分担。当某条链路发生故障时，可以在极短的时间内检测出链路质量发生劣化，从而及时调整业务的流量策略，将流量从故障链路切换到正常链路上，提升链路的可靠性。如此可充分利用企业的接入专线，提高企业接入带宽，加强企业站点的互联。

1. CPE 与 Underlay 网络全互联的场景

企业站点之间可基于多种 Underlay 网络（如 MPLS 网络和因特网）互联。如图 5-80 所示，站点 CPE 各有两条链路，这两条链路分别接入 MPLS 网络和因特网，并各自维护 Underlay 网络的连接信息，当其中某个 Underlay 网络发生故障（如 MPLS 网络发生故障）时，站点 CPE 主动将业务流量切换至另一个 Underlay 网络的链路，确保分支站点之间能够正常通信。

2. CPE 分别连接一个 Underlay 网络的场景

当某个站点采用双 CPE 作为出口网关，CPE 之间通过互联链路连接，同时 CPE 上行仅连接一个 Underlay 网络（如 MPLS 网络或因特网），如图 5-81 所示。各 CPE 仅负责检测自身上行互联的 Underlay 网络的状态，并通知另一台 CPE 检测结果。当某台 CPE 检测到互联的 Underlay 网络链路发生故障后，会通知另一台 CPE，同时对报文转发策略进行调整，将报文通过互联链路转发到另一台 CPE，从而规避上行链路的故障问题。

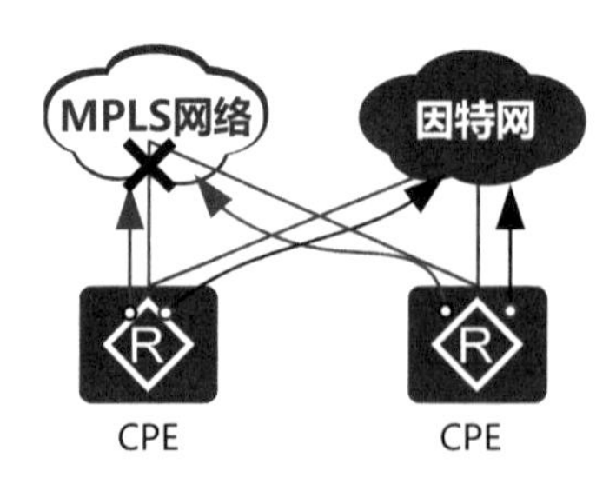

图 5-80 CPE 与 Underlay 网络全互联

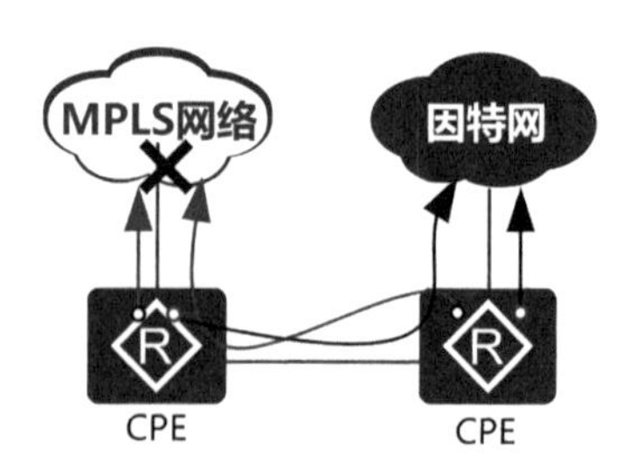

图 5-81 单链路上行且 CPE 间通过互联链路连接

5.10.2　网络设备可靠性设计

除了线路故障外，网络设备也是影响网络可靠性的重灾区，特别是作为站点出口的网关设备，一旦发生故障，将直接影响站点间的互通。出于保障站点可靠性的考虑，站点出口处通常会部署两台 CPE。与传统备份方式不同的是，这两台 CPE 不是工作在主备模式下，而是工作在双活模式下，即两台设备同时工作，当其中一台 CPE 发生故障时，另一台 CPE 将承担所有流量的转发。

由于两台设备同时工作，需要同步其业务信息（如业务会话、应用识别的信息）、链路统计信息和报文调度的策略，使两台设备可以像一台设备那样工作。除了各种信息的同步外，两台设备间可通过探测协议识别彼此的状态。一旦发现邻居设备出现故障，当前正常的设备将接管所有站点的业务，保证网络通信的连通性，并实时调整报文调度的机制，使业务体验达到最佳。

站点内设备的备份有以下两种方式。

（1）LAN 侧二层组网：可通过 VRRP 进行备份。VRRP 可以支持多个 VRRP 实例，通过多个实例实现设备的负载分担。LAN 侧二层组网如图 5-82 所示。

（2）LAN 侧三层组网：可通过路由的控制实现流量主备或负载分担。用户路由器或交换机从 SD-WAN 设备中学习到等价路由，在正常情况下通过 ECMP 进行负载分担，当设备出现故障时，对应的邻居关系被撤除，相应的路由信息被撤销。LAN 侧三层组网如图 5-83 所示。

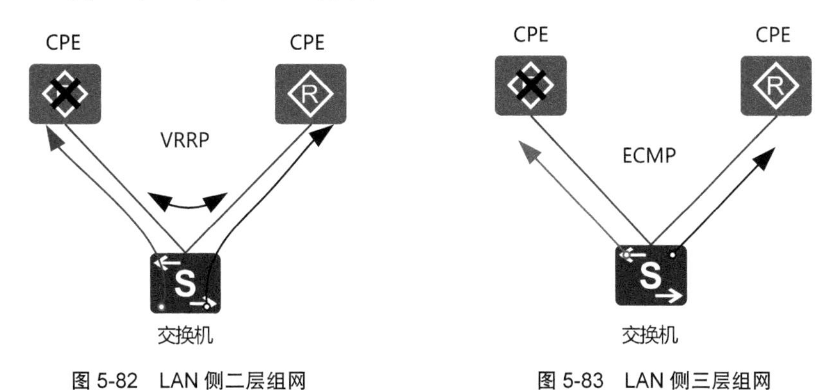

图 5-82　LAN 侧二层组网　　图 5-83　LAN 侧三层组网

5.10.3　网络核心站点可靠性设计

自然灾害等不可抗拒的因素（如地震、火灾等）会导致企业核心站点（如 Hub 站点）出现故障。核心站点失效后，其他站点将处于信息孤岛中，与外界完全失去网络联系，严重影响企业网络的正常运转。因此，核心站点的可靠性显得尤其重要。

1. Hub 站点冗余设计

采用 Hub-spoke 组网模式时，所有分支站点的数据都需经过 Hub 站点，若 Hub 站点失效，则可能导致整网的瘫痪。因此，不仅 Hub 站点内的设备需采用可靠性方案，同时站点本身也需要采用冗余方案。SD-WAN 解决方案提供了双 Hub 站点冗余方案，当主 Hub 站点发生故障后，所有流量将能很快地切换至备份 Hub 站点，该过程无须人工干预，如图 5-84 所示。

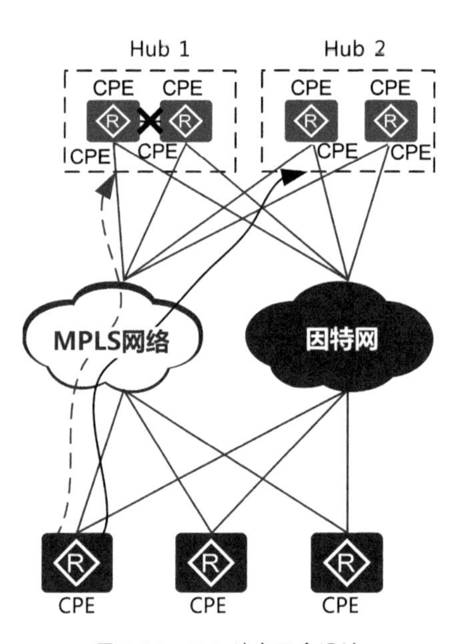

图 5-84　Hub 站点冗余设计

2. 重定向站点冗余设计

如前所述，在 Full-mesh 组网中，站点间是通过建立直连隧道进行通信的；若站点间 Underlay 网络无法互通，则站点间无法建立直连隧道。为了解决此问题，SD-WAN 解决方案引入了重定向站点。站点间互访流量通过重定向站点中转到目的站点。为了提升重定向站点的可靠性，需要针对重定向站点进行冗余设计，即当其中一个重定向站点出现故障时，流量能很快地切换至备用重定向站点。

因重定向站点需要中转其他站点间的流量，对吞吐量有较高的要求，所以一般选择企业的总部站点、数据中心站点或大中型的分支站点来兼任此角色。如图 5-85 所示，分支站点 2 与云站点之间无法建立直连隧道，故在数据中心侧和企业总部分别设立了两个重定向站点互为主备，站点之间的流量需经过重定向站点进行中转，实现互通。

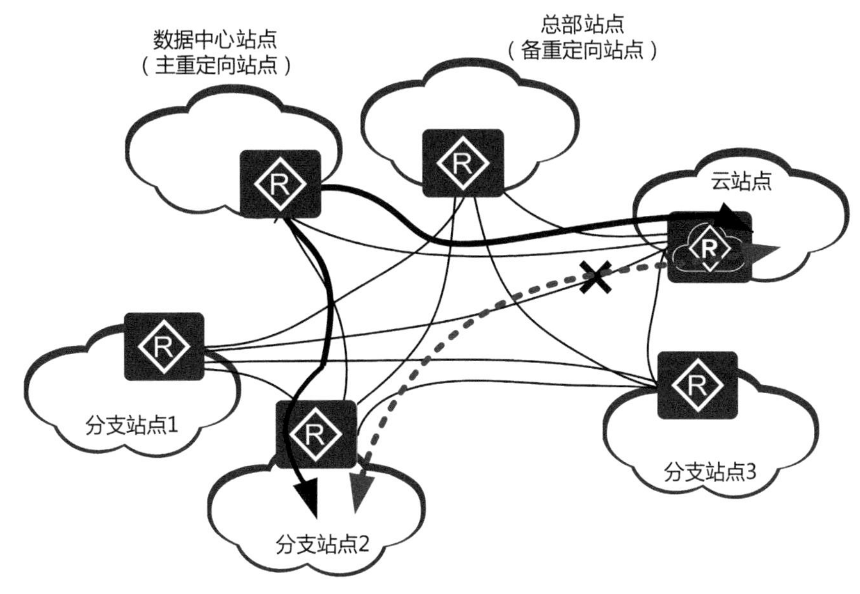

图 5-85　重定向站点冗余设计

第 6 章
应用体验有保障

伴随着企业业务全球化的浪潮，企业通过分支之间的WAN链路互联，实现了国家和地区的跨越。企业分支互联使用的介质多种多样，从有线的以太电缆和跨洋光缆到无线网络和卫星链路，多种多样的互联技术以更紧密的方式连接了企业中不同区域的分支，促进了企业业务的发展。

但是复杂的网络也导致了链路质量的不可控，由于WAN链路的物理距离较长，中间转发节点较多，网络质量充满不确定性，网络丢包、时延、抖动等成为困扰企业的难题。

因此，能够充分利用多种链路来持续保障应用的可用性和良好体验，成了具有混合WAN链路的企业的必然需求。为满足这种需求，SD-WAN的应用体验保障方案应运而生。

| 6.1　保障方案概述 |

企业的应用种类繁多，常见的有生产类、协同类、云化类、娱乐类等。不同类型的应用对带宽和链路质量的要求各不相同。例如，在协同类应用中，实时视频会议对链路的丢包率、时延、抖动的容忍度非常低，链路一旦出现丢包，就会导致卡顿、花屏；而在生产类应用中，电子邮件、FTP（File Transfer Protocol，文件传送协议）等文件传输类应用则对丢包率相对不敏感，但是对带宽要求高，要求尽快完成传输。

从企业各类应用对网络的需求来看，传统 WAN 存在以下问题。

（1）不同价值的应用运行在相同链路上

这包含了两层含义：不能区分多种应用的流量，不能动态调整低优先级的应用流量来避让高优先级流量。以语音通话和 FTP 文件传输为例，语音通话和 FTP 文件传输这两种应用对链路质量的要求不同，但是当两种应用的目的地址相同时，由于传统路由技术不能识别应用，无法将不同应用分流到不同链路上，可能导致网络拥塞。若网络拥塞，无法让低价值的 FTP 文件传输应用动态避让语音通话应用，即无法把 FTP 文件传输流量调整到因特网链路，以保证语音通话一直运行在高质量的 MPLS 链路上。

（2）链路质量下降时，应用不能动态选路

传统的 IP 网络使用路由协议计算报文的路径，但这些路由协议（BGP、OSPF 协议等）只看到报文，而看不到应用。因此，路由协议的算法仅考虑报文的可达性，而没有考虑链路质量对应用可用性的影响。这导致网络运维管理和应用体验管理间存在鸿沟，只能靠网络运维人员静态配置网络。在链路质量发生变化时，要通过手工方式调整网络的转发路径，不能自动地根据链路质量的变化动态选择转发路径。

（3）链路质量劣化时，缺少有效的改善手段

由于因特网不提供可靠的传输，所以在网络发生丢包时，应用的传输效率会降低。当企业无法选择更好的链路时，缺少有效的改善手段会导致应用的体验变差。例如，在所有可用链路的质量同时变差时，语音应用在数据报文丢失过多的情况下会导致语音模糊，甚至呼叫中断，因此需要利用网络优化技术解决此类问题。

从传统 WAN 的问题中可以看到，企业需要一种可以识别应用并且保障应用体验的方案。SD-WAN 解决方案针对以上问题，提出了企业的应用体验保障方案，该方案包含以下几部分，如图 6-1 所示。

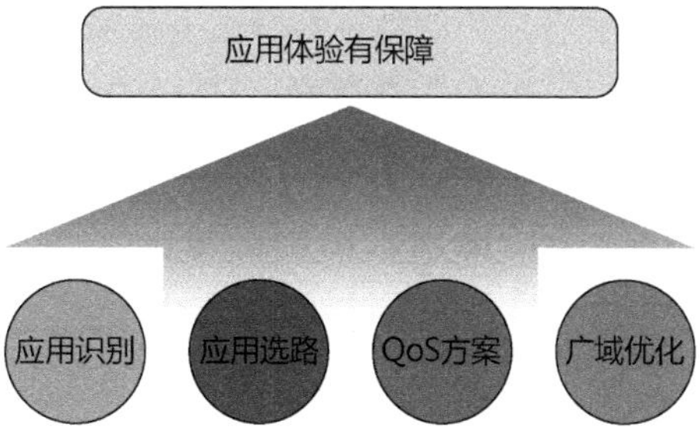

图 6-1　应用体验保障方案

1. 应用识别

应用识别是指根据网络流量的特征，确定流量归属于哪个企业应用的技术。因为不同企业应用对链路质量的要求各不相同，相应的优化保障措施也有所不同，所以应用识别是体验保障方案的前提。

2. 应用选路

传统网络技术不能根据不同应用对链路质量的要求动态选择路径。应用选路方案是基于企业应用的优先级和对链路质量的要求，通过持续监测多条 WAN 链路的状态，从而实现链路选择的方案。该方案既可以使多种企业应用充分利用高质量的链路，也能保证在链路拥塞时高价值应用的体验不会下降。

3. QoS 方案

QoS 方案是在传统的 QoS 技术（流量监管、流量整形、队列调度等）功能的基础上进一步扩展，增加企业业务感知功能，从而实现对纷繁的企业应用提供差异化服务的方案。此外，在企业多部门需要隔离的场景下，该方案还提供基于企业部门的服务质量保障，形成“业务—部门—站点”这种层次化的质量保障。

4. 广域优化

广域优化是提高数据在 WAN 链路上的传输质量和效率的一系列技术，包括广域优化技术、抗丢包技术等。广域优化技术关注如何在低质量的链路上获得良好的企业应用体验。抗丢包技术则在链路质量下降、出现大量丢包时，保证视频不出现卡顿和花屏。此外，广域优化还提供传输优化和数据优化技术以提升数据传输的效率。

以上 4 个子方案可以单独配置，也可以综合使用。通过配置多种策略，可以做到识别应用后，自动应用选路、QoS 和广域优化，从而自动地保障应用体验。

| 6.2 应用识别 |

企业应用的数据在网络上传输，就像汽车在公路上行驶，只有识别出车辆的类型，才能对其进行有针对性的管理。例如，小汽车可以在快车道迅速通行，行动笨重的大型汽车需要在慢车道通行，而要求安全稳妥的公交车则有专门的车道。同样，在对应用进行识别后，也可以针对不同应用提供差异化服务。因此，应用识别是应用选路、QoS 和广域优化技术的前提。

接下来介绍企业应用的特点并探讨应用识别技术。

6.2.1 应用分类

首先来看企业 WAN 主要承载哪些企业应用。简单来说，常见的企业应用主要分为以下几类，如图 6-2 所示。

注: CRM即Customer Relationship Management， 客户关系管理。

图 6-2 常见的企业应用分类

1. 生产类应用

生产类应用主要包括 ERP、CRM 以及电子邮件等与企业生产业务紧密相关的重要集中访问型应用。这类应用一般集中部署在总部或者数据中心的服务器上，因此需要多个分支站点跨越 WAN，到总部或者数据中心进行集中访问。

2. 协同类应用

协同类应用主要是指企业办公期间，个人以及组织之间进行 VoIP、视频会议沟通和交流的协作类应用。这类应用一旦建立会话，出于对业务性能的考虑，一般需要在通信的分支站点之间直接进行数据交换。

3. 云化类应用

随着云计算的普及，越来越多的企业应用向 SaaS 云化转变。比如随着 Office 365 的逐渐流行，企业本地安装 Office 办公软件的传统使用方式，转变为借助浏览器访问云中的 Office 365 应用服务器的方式，从而构成了企业分支站点到 SaaS 云的流量模型。

4. 娱乐类应用

除了上述企业办公类相关业务，企业中还会存在员工或者访客通过因特网听音乐以及观看视频等业务。

应用体验保障方案需要针对不同应用，采用不同的技术手段进行优化，所以首先要对应用的特点进行分析，才能选取合适的体验保障技术。

对于企业应用，主要考虑其在 WAN 传输时，对网络的带宽、丢包率、时延、抖动等指标的要求。

（1）丢包率

丢包率是指在传输时，丢失数据报文的数量占所发送数据报文的数量的比例。网络传输报文时，很多情况会导致丢包。例如，因为网络拥塞，中间网络设备在缓存被占满后还无法及时转发，从而导致丢包；或者无线网络有遮挡或干扰时，信号强度变差，传输出现差错，从而导致丢包。丢包后，视频如果继续播放，就会出现花屏，且下一幅关键图像会出现卡顿。

（2）时延

时延是报文在指定的两台设备之间的链路上传输的延迟时间。时延与链路的传输速度、中间设备的缓存占用有关。如果时延很大，语音视频通话就会感觉到延迟，对方反应迟缓或者要停顿一下才能反应。一般情况下，双向通话类应用的时延只有小于 100 ms 时，用户才能得到良好的体验。

（3）抖动

抖动是指相邻两个报文的接收时间间隔减去这两个报文的发送时间间隔的差。抖动反映了时延的变化。在网络传输时，各个数据报文从发送端到接收端的时延并不相同，有的数据报文时延小，有的数据报文时延大，这就产生了抖动。不同数据报文时延有差异的原因有很多，例如前后报文到达对端的路径不同，或者中间网络设备的 CPU 负载发生变化、缓存占用发生变化或者经过不同队列等。

音视频应用一般通过缓存的方式来解决抖动的问题，虽然报文的到达速率不一致，但通过缓存后都能够以平稳的速率播放。但是抖动过大时，通过缓存来解决抖动就会出现问题，这是因为如果增大缓存，就会增加等待时间，从而导致音视频播放延迟；如果不增大缓存，就会出现丢包，从而导致视频卡顿或花屏、声音听不清或丢失。

不同应用对链路质量的要求各不相同，所以对体验的保障措施也就不同。一些典型应用对链路质量的要求如表 6-1 所示。

表 6-1　一些典型应用对链路质量的要求

应用类别	典型应用	优先级	带宽 /(kbit · s^{-1})	丢包率 /%	时延 /ms	抖动 /ms
生产类	ERP	最高	30	1 ~ 2	50 ~ 100	—
	电子邮件	高	40	5 ~ 10	200 ~ 750	—
	文件共享	中	100	2 ~ 5	200 ~ 750	—
协同类	VoIP	最高	80	1 ~ 2	100 ~ 200	25 ~ 40
	视频会议	高	4000	0 ~ 1	50 ~ 150	15 ~ 30
	屏幕共享	中	200	1 ~ 3	100 ~ 150	—
云化类	SaaS	高	50	1 ~ 2	100 ~ 200	—
	其他应用	中	30	2 ~ 5	100 ~ 400	—
娱乐类	社交软件	低	400	2 ~ 5	1000 ~ 2000	—
	新闻资讯	低	200	5 ~ 10	1000 ~ 2000	—

了解应用的种类和需求后，接下来就是把它们从“公路车流”中挑出来分门别类。识别应用的方式有多种，传统的方式有根据报文五元组识别、根据报文流量特征识别、根据报文净荷识别等；比较特殊的方式有根据 DNS（Domain Name System，域名系统）识别、关联识别等。

企业应用的数量浩如烟海，SD-WAN 应用识别面临的挑战是在海量的应用中，根据流经 CPE 的报文快速准确地识别应用。只有快速准确地识别报文归属的应用，才能基于应用进行有效选路、实施质量保证和应用优化。如果以是否能在接收到首包时就识别应用为标准对识别技术进行划分，大致可以将其分成两类：首包识别技术和特征识别技术，且每一类又都有相应的子技术，如图 6-3 所示。具体来看，在首包到达时就能识别应用的技术，被称为首包识别技术；需要深入分析多个报文特征才能识别应用的技术，被称为特征识别技术。

在 SD-WAN 使用场景下，对应用进行识别和分类后需要继续进行业务处理，因而应用识别技术非常重要，不像防火墙只需做简单的阻断或放行即可。接下来将详细介绍应用识别技术。

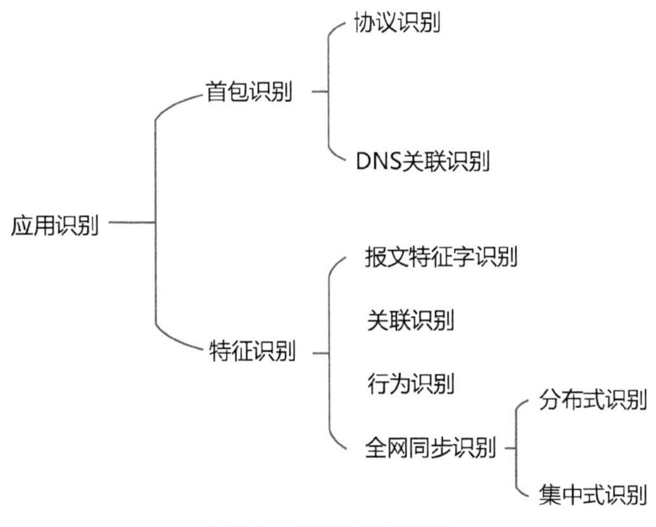

图 6-3　应用识别技术分类

6.2.2　首包识别

首包识别是指对数据流的第一个报文进行检测，从而识别应用的技术。该技术可以使网络设备在会话的第一个报文到来时就进行相应的处理，从而节约了网络资源。

在下面这些场景中需要使用首包识别技术。

- 在基于应用的选路场景中，如果在接收到第一个数据报文时就正确识别应用，让流量在正确的链路上传输，就可以避免应用在识别前在A链路上传输，在识别后在B链路上传输，从而避免因为链路切换影响应用体验。
- 在云化应用场景中，SaaS云应用的流量需要从分支机构直接发送到因特网，而不是浪费带宽将流量绕行到数据中心，以此来减少网络时延和费用。
- 在员工上网场景中，当应用的流量所经过的链路上存在NAT设备时，如果不能通过首包识别技术来识别应用，就会因为TCP握手报文没有经过NAT处理，导致应用的报文被丢弃。
- 在安全场景中，首包识别让设备有能力在应用发送的第一个报文到来时就能识别出是什么应用，及时匹配安全策略，及时阻断恶意应用，避免安全风险和流量浪费。此外，首包识别无须关注应用的净荷，可以解决加密的应用流量无法被识别的问题。

首包识别技术通常采用以下几种方式。

1. 协议识别

通过提取数据报文中的关键信息，查找首包识别表来匹配应用的方式就是协议识别。

因为首包识别主要针对 IP 报文中 IP 报头、TCP 报头、UDP 报头中的一个或多个字段进行识别，所以可以把报文五元组、DSCP（Differentiated Services Code Point，区分服务码点）等信息记录到首包识别表中。首包匹配时直接查表，从而在数据流的第一个报文到达后即可识别应用。

首包识别表可以匹配的 IP 字段如图 6-4 所示。首包识别的 IP 字段包括 ToS（Type of Service，服务类型）、源 / 目的 IP 地址、协议字段等，具体介绍如下。

<table>
<tr><td>版本
4 bit</td><td>头部长度
4 bit</td><td>ToS
8 bit</td><td colspan="2">总长度（字节数）
16 bit</td></tr>
<tr><td colspan="3">标识
16 bit</td><td>标志
3 bit</td><td>片偏移
13 bit</td></tr>
<tr><td colspan="2">生存时间
8 bit</td><td>协议
8 bit</td><td colspan="2">头部检验和
16 bit</td></tr>
<tr><td colspan="5">源IP地址
32 bit</td></tr>
<tr><td colspan="5">目的IP地址
32 bit</td></tr>
<tr><td colspan="5">选项（如果有）</td></tr>
<tr><td colspan="5">数据</td></tr>
</table>

图 6-4　首包识别的 IP 字段

（1）ToS

ToS 字段用于标识 IP 报文的优先级和业务对网络的要求。

- 时延要求：正常时延或低时延。
- 吞吐量要求：正常吞吐量或高吞吐量。
- 可靠性要求：正常可靠性或高可靠性。

IETF DiffServ 工作组在 RFC 2474 中将 IPv4 报头 ToS 域中的 bit 0 ～ 5（共 6 bit）重新定义为 DSCP，并将 ToS 域改名为 DiffServ（Differentiated Service，区分服务）域。DiffServ 域根据 DSCP 的值选择相应的行为。因此，很多企业使用 DSCP 值对企业业务进行分类，并提供不同的服务。

DSCP 的取值范围是 0 ～ 63，数字越大，优先级越高。由于通过数字不容易理解其含义，因而可将 DSCP 的值分成 4 类，并分别命名，具体如下。

- CS（Class Selector，类选择器），二进制格式为“aaa 000”，由于前3 bit可变，所以CS类有CS1～CS7。

- EF（Expedited Forwarding，加速转发），二进制格式为“101 110”，值为46。
- AF（Assured Forwarding，确保转发），二进制格式为“aaa bb0”，分成AF1、AF2、AF3、AF4共4个小类，每一类有3个值。
- BE（Best Effort，尽力而为），值为0，作为DiffServ域的默认值。

对于企业业务，一般可以采用如下方法分配 DSCP 值。

- CS6和CS7用于协议报文。如果无法接收这些报文的话，会引起协议中断，所以需要用最高优先级传输。
- EF用于承载语音的流量。因为语音要求低时延、低抖动和低丢包率，是仅次于协议报文的最重要的报文。
- AF4用于承载语音的信令流量。信令是电话的呼叫控制信息，用户可以忍受在接通的时候等待几秒，但是不能允许在通话的时候发生中断，所以语音要优先于信令。
- AF3用于承载视频会议的流量。因为会议的实时性很强，所以需要连续性和大吞吐量的保证。
- AF2用于承载视频点播的流量。因为相对于视频会议，点播业务对实时性的要求不是很强，允许有时延或者缓冲。
- AF1用于承载一般的业务，例如数据备份、电子邮件等。
- BE用于承载不重要的业务，例如上网和娱乐类业务等。

可以说，有了 DSCP，就初步实现了通信业务中的优先级划分，从而使重要的业务保质保量地高效运行。所以，SD-WAN 解决方案可以基于 DSCP 识别企业业务。

（2）源 / 目的 IP 地址

通过源 / 目的 IP 地址，可以知道报文从何处来、去往何处。因为 IP 地址可以分配给不同的设备、部门、公司、区域 / 国家，所以通过 IP 地址可以识别这些业务信息。

例如，在企业内部管理时，通常会知道重要的业务所在的服务器的 IP 地址，所以可以通过报文中的服务器的 IP 地址来识别相关业务。

（3）协议字段

IP 报头中的协议字段表示 IP 层上承载的协议，通过解析协议字段可以知道业务类型，如 ICMP（Internet Control Message Protocol，因特网控制消息协议）、DNS 等。

如果协议为 TCP 或 UDP，还可以进一步检测 TCP 或 UDP 头部字段中的端口号。以 TCP 为例，如图 6-5 所示。

<table>
<tr><td colspan="8">源端口号
16 bit</td><td>目的端口号
16 bit</td></tr>
<tr><td colspan="9">序号
32 bit</td></tr>
<tr><td colspan="9">确认序号
32 bit</td></tr>
<tr><td>头部长度
4 bit</td><td>保留
6 bit</td><td>URG</td><td>ACK</td><td>PSH</td><td>RST</td><td>SYN</td><td>FIN</td><td>窗口大小
16 bit</td></tr>
<tr><td colspan="8">校验和
16 bit</td><td>紧急指针
16 bit</td></tr>
<tr><td colspan="9">选项</td></tr>
<tr><td colspan="9">数据</td></tr>
</table>

图 6-5　首包识别的 TCP 字段

由于很多服务或应用使用固定端口，所以可以根据端口号来识别业务。

端口号被划分成 3 段，具体如下。

- 知名端口号为0～1023，这些端口号一般固定被分配给一些服务，比如21端口被分配给FTP服务。
- 注册端口号为1024～49151，这些端口号多数没有明确定义服务对象，不同应用可根据实际需要自己定义。
- 剩下的端口号为49152～65535，这些端口号为动态端口号或私有端口号，一般不固定用于某个企业应用。

对于常见的应用，可以通过预置首包识别库供用户使用。对于预置首包识别库里没有的应用，可以由用户自定义。

由于首包识别最终都是通过报文的二层～四层信息进行匹配的，因此自定义应用时，要注意不同应用的二层～四层信息不能完全相同。

通过查找首包识别表，可以有效地识别具有固定端口或地址的业务，但是识别的精度有限，一般只能识别应用协议。因而如果多种应用使用相同协议，则无法区分，需要使用高级的识别方式进一步检测。

例如，HTTP 使用 80 端口通信，因此，通常典型的 Web 应用就使用 80 端口，但是也存在以下特殊情况。

- Web应用有很多，不同网站都使用80端口。仅从端口无法区分流量来自哪个网站。所以需要对流量进行深入检测，识别HTTP请求中的Host字段或者URL，进行关键词匹配，从而识别具体来自什么网站。
- 有些应用为了避免被防火墙拦截，也会使用80端口。例如，Skype在其他端口不可用时，可能会使用80端口。在这种情况下，需要检测报文中是否有应用的关键字，如果应用是加密的流量，还要配置特征识别，进行深度检测。

- 一些应用也使用80端口提供RESTful接口，供客户端应用或者Web网站访问。对于这类流量，进行关键字匹配即可识别。
- 即使是Web应用，也不一定使用80端口。管理员可能配置为8080或采用更安全的SSL（Secure Socket Layer，安全套接字层）加密协议，例如使用443端口。此时从80端口检测不到该应用的流量，于是就需要检查该应用可能使用的其他端口。

2. DNS 关联识别

首包识别还提供了基于 DNS 的关联识别技术。如果应用是以域名方式定义的，当进行 DNS 解析时，CPE 可以将域名（如 www.example.com）和 DNS 应答的 IP 地址（如 1.1.1.1）进行匹配和缓存，使得在后续 TCP 握手时，可以根据首包的 IP 地址检测出应用类型，如图 6-6 所示。

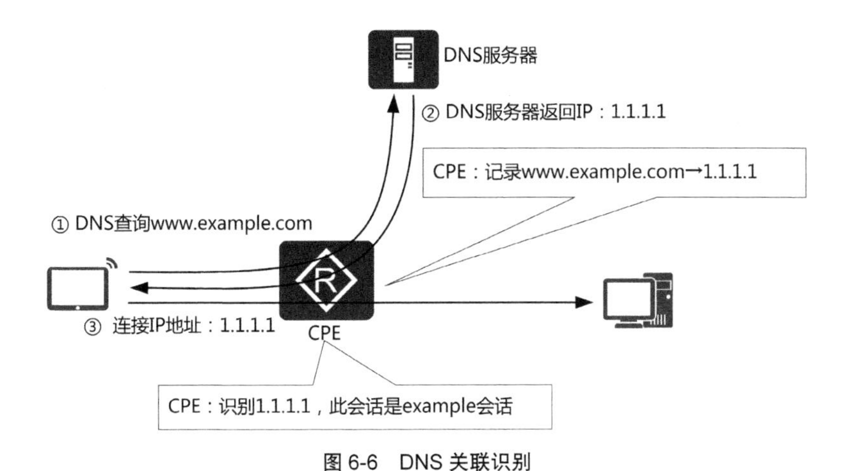

图 6-6　DNS 关联识别

此外，DNS 关联识别在数据流量加密的场景下也可以使用。虽然数据经过加密后，对外显示的是无法被理解的密文，但是由于 IP 地址是不加密的，可以匹配在 DNS 关联识别过程中得到的 IP 地址，所以 DNS 关联识别也可以用于识别加密流量。

6.2.3　特征识别

如前文所述，虽然首包识别可以在第一时间识别应用，但不是对所有应用都有效。有些应用的特征深深地隐藏在会话的数据流中。此时首包识别只是浮光掠影一瞥，很难识别出应用的真面目，这就需要采用特征识别了。

特征识别技术是通过匹配应用报文的特征来识别应用的一种技术。对于基于

TCP 的应用，由于 TCP 握手阶段的 3 次握手报文不传输应用净荷，因此只有在握手成功后、传输有净荷的报文时，才能进行识别。

相比首包识别，特征识别更细致、精确。特征识别所考察的应用的特征信息不再是简单的 DSCP、协议号、IP 地址和端口号，而是报文净荷中的某些特征关键字、应用发送报文的速率、多个报文的长度序列等信息。特征识别通过对这些信息进行更细致、更综合的考察，从而确定报文所属的应用。由此可见，特征识别适合应用在多通道协议或者端口号不固定的场景下。

从识别方法上看，特征识别应用一般有报文特征字识别、关联识别、行为识别和全网同步识别等。

1. 报文特征字识别

对于未公开的协议（如当前多数的 P2P、VoIP），厂家出于多方面的考虑，不公开其协议细节，这时可通过报文流中的某些有明显特征的字符序列来识别应用。该方法工作量大，而且协议变化快，必须不断进行技术跟踪才能保证检测的高效、可靠。

在报文特征字的识别过程中，如果单个报文的特征比较弱，就需要结合多个报文的特征来增强特征。特征识别过程可分为单报文识别和多报文识别两种情况。多报文识别由于需要检测和记录多个报文的检测结果，所以资源开销高于单报文识别；同时也由于无法做到首包识别，会影响需要首包识别的业务。

此外，因为特征字识别需要对报文净荷进行匹配来识别关键字，而 TCP 的握手阶段不传输净荷，所以在 TCP 的握手阶段不可能进行特征字识别。因此，一般把特征字识别归入特征识别类技术。

2. 关联识别

当应用变得复杂时，为了追求更好的性能和更灵活的架构，很多应用会采用协议通道和数据通道分离的方式通信，这就使得实际传输数据的通道是动态协商出来的。如图 6-7 所示，VoIP、P2P 应用以及一些文件传输类应用（例如 FTP）采用端口号识别的方式时，仅能被识别出协议通道，而真正的音频、视频和文字的数据传输通道是无法被识别的。

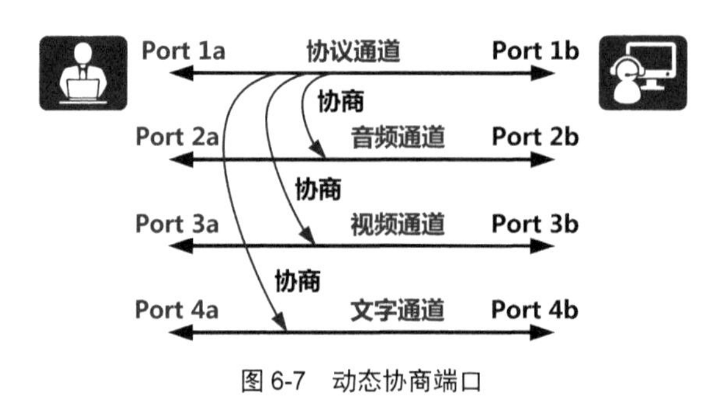

图 6-7　动态协商端口

多媒体通信中，实际的音频、视频和文字通道是协商后再动态产生的。这些通道的源、目的端口号等不同于初始连接时的知名端口号，且这些端口号被承载于协商的报文内容中。因此需要解析协商报文，才能提取动态协商的端口号，然后将这样的流量标记为相应应用的类型。这种需要多个通道协同检测的技术被称为关联识别技术。

3. 行为识别

对于一些复杂的加密应用，试图使用端口号或者特征字来识别都是徒劳的，这是因为端口可以动态协商，特征字被加密流量保护，且每次加密都不相同。

对这种应用流量的识别有两个思路：一是解密再识别；二是流量行为识别。其中，第一种方式需要对流量做代理，并在设备上内置企业的私钥，方案部署复杂，本书不详细分析。第二种方式是对应用报文进行行为特征分析，具体是指根据报文中端口号的范围、报文长度统计、报文发送频度、报文收发比例以及目的地址的分散程度等情况综合识别应用。例如在 VoIP 应用中，语音数据报文长度通常较为稳定，发送频率较为恒定；P2P 网络应用单 IP 地址的连接数多，每个连接的端口号都不同；文件共享数据报文比较大并且大小稳定；等等。通过以上这些行为特征可以识别应用。

行为识别适用于比较复杂的协议和加密协议识别的场景。这是因为复杂协议没有特征关键字作为识别特征，加密报文也不能提取关键字。

4. 全网同步识别

在 SD-WAN 场景下，多个站点和设备是协同工作的，所以相比传统的应用识别技术，该场景下又多了一种全网同步识别结果的方式。

全网识别有两种部署架构，具体如下。

（1）分布式识别

与首包识别表类似，动态映射表里面也记录了报文五元组、DSCP 等信息，用于首包匹配时查表识别应用。不同的是，这些信息是特征识别的结果，并且是动态加入的。如图 6-8 所示，CPE1 通过特征识别，将识别结果（如应用 A 和应用 B）导入网络控制器，然后再分发到其他 CPE。其他 CPE 因此可以共享这些识别信息，复用这些识别结果，这就是分布式识别方式。

对于 SaaS 云应用的识别，还有一种特例。因为 SaaS 云应用的地址集比较大，并且会经常变化，所以可以把网络控制器部署在公网，由厂家维护应用识别结果，并定期向各 CPE 推送识别结果。这种方式可以向不同地域的 CPE 有针对性地推送最佳的 SaaS 地址，以供 CPE 选择最佳的链路进行数据转发。

（2）集中式识别

在 SD-WAN 场景中有可能存在设备对一个应用的流量收集不完整的情况。一种典型情况是站点有多个出口时，可能会有流量路径不对称的情况，例如去方向的流量和反方向的流量所流经的路径不一致，从而导致中间设备只有一个方向的流量。

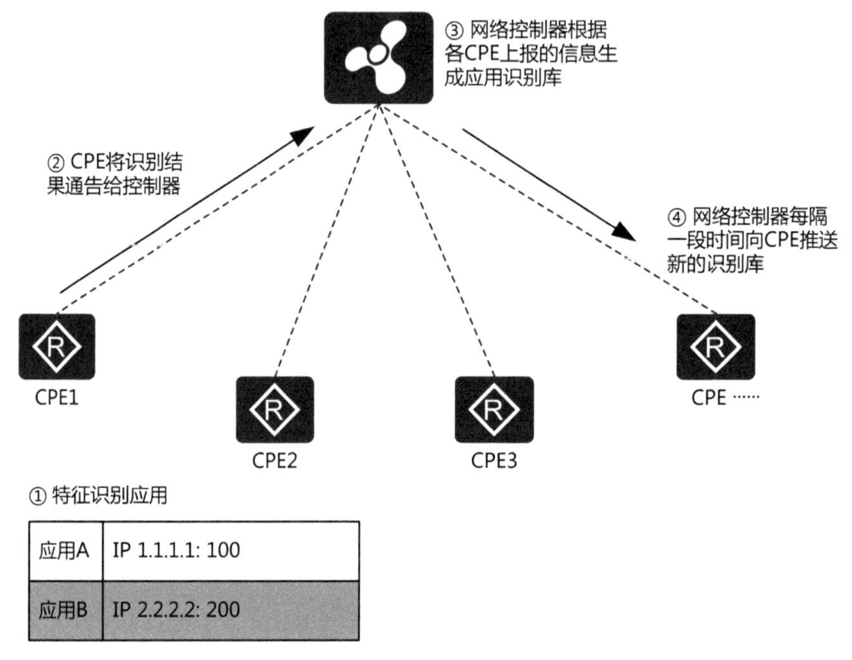

应用A	IP 1.1.1.1: 100
应用B	IP 2.2.2.2: 200

图 6-8　分布式识别

此时，中间设备基于应用的部分流量可能无法用于应用的识别，需要全网集中识别。通常做法是部署一个集中识别的网络控制器，各 CPE 将不能识别的流量发送到网络控制器并由其集中识别。网络控制器获取完整的流量后，就可以做应用识别，然后把识别结果发布到各设备上，过程如图 6–9 所示。

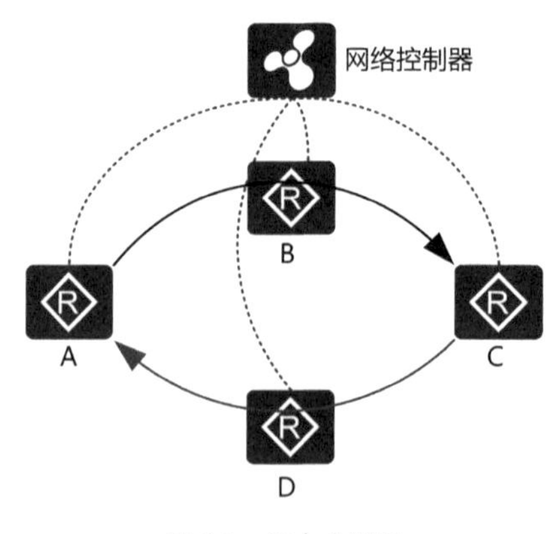

图 6-9　集中式识别

B 和 D 都只能得到一个方向的流量，不能识别应用，所以各 CPE 把需要识别的数据发送到网络控制器并由其集中识别。网络控制器识别后，把识别结果发送给有需要的设备。

| 6.3　应用选路 |

6.3.1　选路场景

实际生活中，出门有多种交通方式可选择时，人们通常会考虑以下多种因素。

- 时间：办紧急重要的事情时坐高铁甚至乘飞机，而不紧急时坐大巴或者普通火车。
- 道路拥堵：前方道路拥堵则改道而行。
- 确定性：坐公交和打车时会堵车，不能保证准点到达，而地铁则比较准时。
- 备用方式：交通工具坏了，备用方式是步行。
- 价格：打车贵，兜里没带钱，只能坐公交。

以上这些是交通方式或道路的相关属性，人们从中根据事情的紧急程度、经济状况、出行目的等，选择一种能接受的出行方式。

城市交通的管理者不仅基于以上考虑，还会站在整体规划交通网的层面做更深的考虑，具体如下。

- 道路负载情况：有的道路拥堵，有的道路畅通，可分流一部分拥堵道路的车去畅通的道路。
- 特权车辆：遇到消防车、救护车等，其他车辆都要避让。

网络中的流量转发选路也有着与交通管理类似的场景。需要思考的是：应用的流量被区分出来以后，应该根据什么标准选路？具体有什么样的选路策略？

仿照实际生活中的选路方式，从应用自身和全局视角出发，可以总结出下面 3 种典型的选路场景：链路质量选路、链路负载分担选路和应用优先级选路，具体如下。

1. 链路质量选路

有的应用对链路质量要求高，而有的应用对链路质量要求低，不能把所有的应用都放到链路质量最好的链路。例如，把 FTP 流量放到昂贵的 MPLS 链路上并不是一个好主意，这样做不仅会占用带宽，还会影响音视频的质量。通常情况下，各个企业会根据自己的带宽和可以负担的经济条件，为不同应用选择不同的链路。例如，VoIP优先选择链路质量较好但价格较高的MPLS网络，FTP优先选择时延较大、丢包率相对高但带宽大、成本低的因特网，如图6-10所示。

图6-10　为不同应用选择不同的链路

WAN的链路质量是应用选择这条链路最重要的决策因素，但链路质量并不是一成不变的，随着链路上传输数据量的增加，链路的时延、丢包率、抖动都可能发生变化。如果链路质量变了或链路发生故障，就需要把不满足质量要求的应用迁到可以满足质量要求的链路上。如图6-11所示，链路质量下降时，VoIP的后续流量或后续报文会被切换到质量较好的备份链路上。

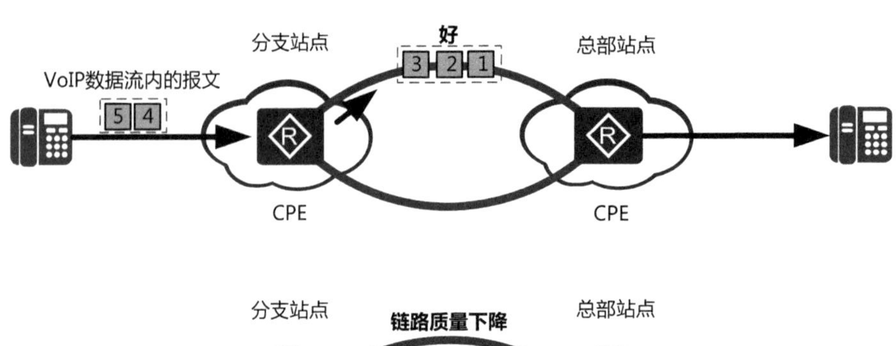

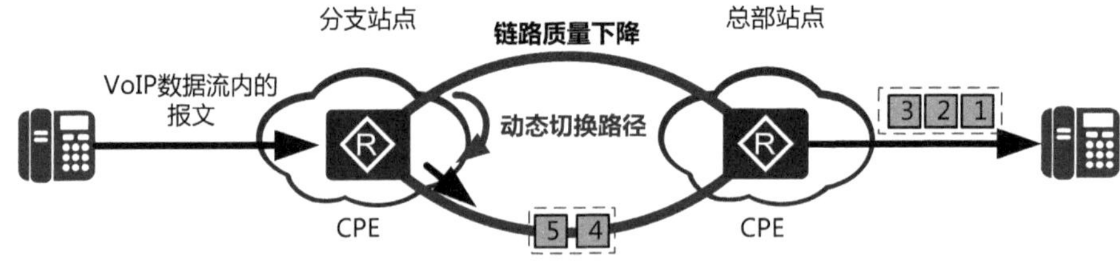

图6-11　链路质量选路

使用链路质量选路，可以通过使用多条链路，在链路质量不同时劣化的情况下，通过切换链路来选用满足质量要求的链路，从而保障应用体验。

链路质量选路的关键点如下。

（1）配置各种应用对链路的质量要求，使得只有满足应用要求的链路才能被选中。但是，在通常情况下，除了专业的网络管理人员外，一般技术人员不是很清楚应用对链路的质量要求，因此 SD-WAN 解决方案提供了预置应用模板，并列出了各种应用所需要的链路质量。

SD-WAN 解决方案支持的链路质量模板的常见类型如表 6-2 所示。

表 6-2　链路质量模板的常见类型

编号	类型	说明
1	语音	语音类应用要求低时延、低丢包率的网络，但语音类应用本身占用的带宽并不大
2	实时视频	实时视频要求低时延、低丢包率的网络，带宽占用较大
3	低时延数据	普通的低时延数据，一些协议数据要求低时延
4	普通数据	普通的上网数据，要求带宽大，但是对丢包率和时延的要求并不高
5	自定义	满足用户自定义应用对链路质量要求的诉求

（2）动态检测链路质量，判断当前链路是否满足应用的要求。这需要 SD-WAN 解决方案能够对所有链路进行大量的实时检测。质量检测技术比较复杂，下一节将专门介绍。

（3）当路径链路质量下降或不可用（如链路断了）时，能够自动切换到其他低优先级的链路上，以保障网络的高可用性，即再次选路。此外，再次选路需要考虑链路的优先级和逃生链路，具体如下。

- 链路的优先级表达了用户对希望使用的链路的倾向性。例如，如果用户希望VoIP应用优先使用MPLS专线，但是当MPLS专线质量下降时，也可以使用因特网。那么就可以对VoIP应用进行链路优先级定义：MPLS链路的优先级是1（首选），因特网链路的优先级是2（次选）。
- 逃生链路是低优先级的一种特殊定义。例如，企业经常使用LTE网络作为逃生网络，因为LTE网络虽然接入方便，随时随地可用，但是速率相比企业专线不高，并且按流量计费，成本昂贵，因而企业并不希望将其作为常用链路。此时，可以把LTE定义为逃生链路，使只有当其他链路都中断时，SD-WAN才会把应用流量引入LTE网络逃生。

2. 链路负载分担选路

当存在多条链路时，企业希望能够充分利用链路的带宽，让带宽大的链路上多跑流量，带宽小的链路上少跑流量。此时可配置链路负载分担方式的选路调度方式，基于链路带宽进行负载分担选路。

例如，企业购买了不同运营商的两条 MPLS 链路，一条链路的带宽是 100 Mbit/s，另一条链路的带宽是 50 Mbit/s。可将 VoIP 业务的主链路设置为这两条 MPLS 链路。在两条链路质量均满足 VoIP 业务链路质量要求的前提下，VoIP

业务可以以流量的方式进行负载分担，运行在两条 MPLS 链路上。通过实时监控带宽的利用率，充分利用链路带宽，如图 6-12 所示。

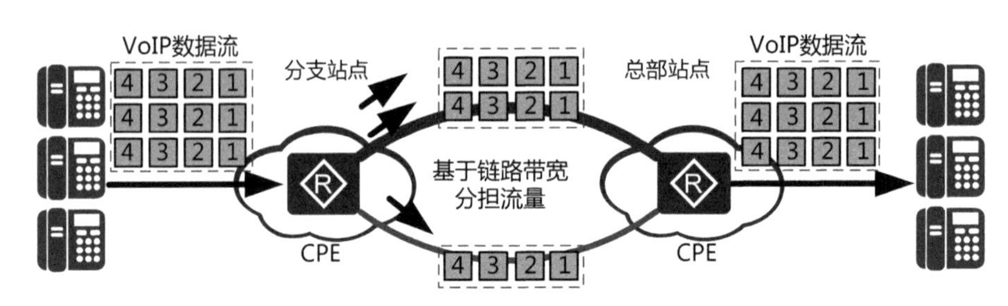

图 6-12　链路负载分担选路

在网络上使用负载分担选路，需要 CPE 能够实时探测和统计链路的带宽利用率、应用的带宽占用率等，做出智能的流量分担决策。

需要说明的是，以上过程是通过把多条链路设置成相同优先级来实现的。当多条链路都满足链路的质量要求，并且优先级相同时，会基于多条链路的带宽进行负载分担，使得带宽大的链路分担的流多，带宽小的链路分担的流少。

3. 应用优先级选路

如果在同一条链路上有多种业务报文，为了在链路出现拥塞时保证高优先级应用优先使用链路，使低优先级应用避让高优先级应用，可设置应用优先级选路。例如 VoIP 和 FTP 的数据流都运行在 MPLS 链路上，在链路带宽不够时，优先保证 VoIP 业务不受影响。

由于 MPLS 链路质量比因特网链路好，为充分利用 MPLS 链路，将 VoIP 业务和 FTP 业务的主链路选择为 MPLS 链路，备链路选择为因特网链路，并设置 VoIP 业务的优先级高于 FTP 业务。初始时，VoIP 业务和 FTP 业务均选择 MPLS 链路，随着 VoIP 业务和 FTP 业务的增加，MPLS 链路出现拥塞，为保证 VoIP 业务的体验，将 FTP 业务逐步迁移到因特网链路上。此外，为充分利用 MPLS 链路的带宽，可以配置成在 MPLS 链路恢复时，将 FTP 业务逐步迁移回 MPLS 链路，如图 6-13 所示。

应用优先级选路的关键技术与链路质量选路有些类似，都需要实时检测各种链路的质量，但应用优先级选路在链路质量选路的基础上增加了带宽统计，由 CPE 统计各种应用流量占用的带宽，当链路拥塞时，可以按应用的优先级迁移流量，优先把低优先级的流量迁移到其他链路。

综合上述各种选路场景来看，SD-WAN 选路方案需要实时检测应用的运行质量和链路质量，当应用的运行质量不理想或者链路质量不理想时，系统可以动态地执行选路策略。因此，质量检测是选路的前提条件。

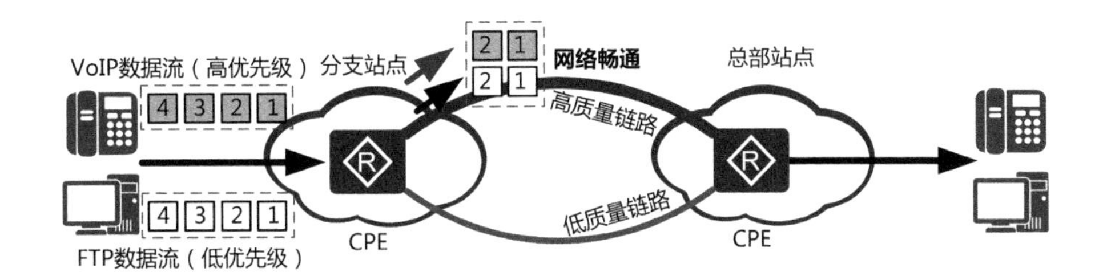

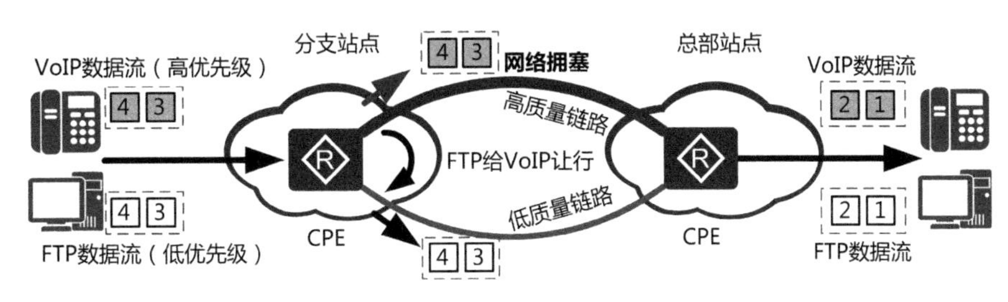

图 6-13　应用优先级选路

6.3.2　质量检测

上一节讲到，应用选路需要实时地根据链路质量进行选路策略的动态调整。因此，链路质量实时检测技术是高质量应用选路的关键技术。

实时检测应用和链路质量的技术可以分为主动检测技术和被动检测技术，具体如下。

主动检测技术要求设备主动发送探测报文，通过双端交互收发包的数量、时间戳等信息，计算出网络的丢包率、时延、抖动等。通过固定周期的主动探测，能够定时获取网络质量的信息，但是需要额外占用网络带宽，并引入时延。主动检测技术测量的结果实际是探测报文的结果，确切来讲并不是应用数据的质量。

常见的主动检测技术是 NQA（Network Quality Analyzer，网络质量分析）。NQA 是一种实时的网络性能探测和统计技术，可以对响应时间、网络抖动、丢包率等网络信息进行统计。NQA 能够实时地监视网络质量，并在网络发生故障时进行有效的故障诊断和定位。

NQA 通过监测网络上运行的多种协议的性能，使用户能够实时地采集各种网络运行的指标，例如 HTTP 的总时延、TCP 连接的时延、DNS 解析的时延、文件的传输速率、FTP 连接的时延、DNS 解析的错误率等。

例如，NQA 使用 HTTP 测试用例测试客户端是否可以与指定的 HTTP 服务器建立连接，从而判断该设备是否提供了 HTTP 服务以及建立连接的时间，如图 6-14 所示。

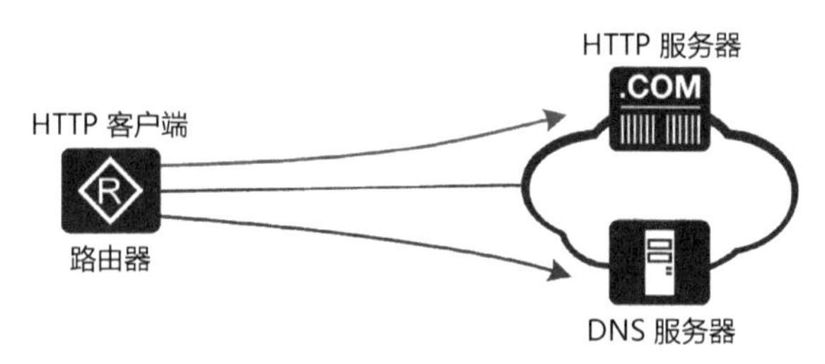

图 6-14　NQA 检测

NQA 测试可以得到 DNS 的查询时间、TCP 连接的建立时间、HTTP 的交互时间。这些结果和历史记录将被记录在测试用例中，可以通过命令行来查看，也可以被其他业务引用来判断链路或业务的运行情况。

被动检测技术是新开发的一种探测技术，相比于 NQA，该技术不需要专门发送带外的探测报文，而是直接在原始报文里携带检测信息。该技术的检测对象是应用报文，所以更精确，更能表示应用的实际传输质量，并且不会额外占用网络带宽。

IP FPM（IP Flow Performance Measurement，IP 流性能测量）是一种基于 IP 的网络性能的被动检测方案，通过对报文设置标记的方式（又称为染色）来携带统计信息，实现三层网络端到端的性能统计。一方面，IP FPM 可以直接对业务报文进行测量，测量数据可以真实反映 IP 网络的性能；另一方面，IP FPM 可以基于隧道监控 IP 网络承载业务的变化情况，真实准确地反映出各个路径下应用的运行情况，如图 6–15 所示。

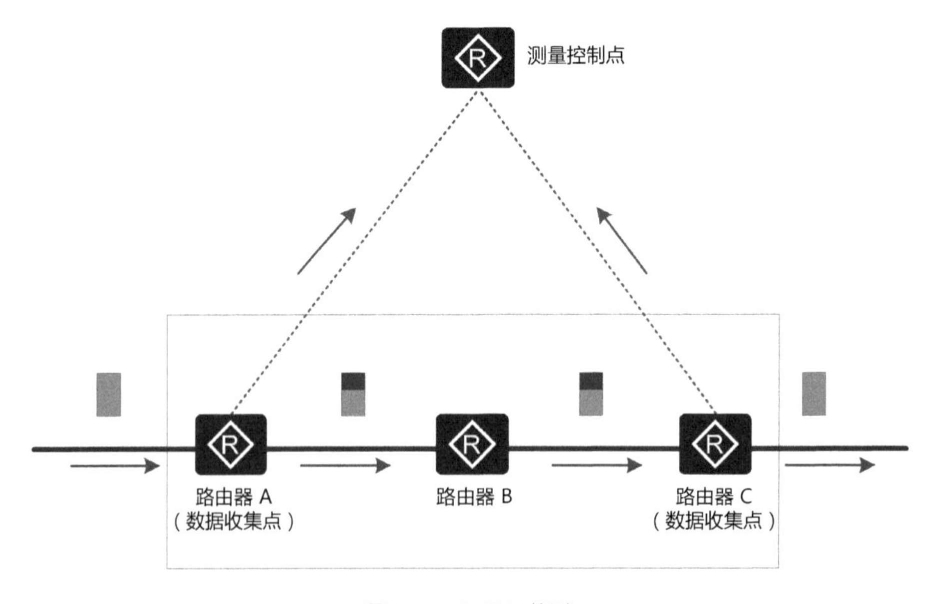

图 6-15　IP FPM 检测

通过对每个链路启动一个测试实例，可以获得所有链路的实时质量。当链路质量下降时，可以根据配置的选路策略实现应用流量的实时切换。

由于被动检测技术依赖于业务的实际流量，当一段时间内没有应用流量时，就无法获取实时的链路质量，所以 SD-WAN 解决方案需综合运用被动检测技术 IP FPM 和主动检测技术 NQA。

链路质量由 3 个指标构成：丢包率、时延和抖动。下面分别介绍在 SD-WAN 解决方案中对这几个指标采用的检测技术。

1. 丢包检测技术

丢包检测技术包括染色单个周期内的所有报文、隧道两端互发 KeepAlive 报文和主动发送探测报文等。

（1）染色单个周期内的所有报文

染色技术是通过对 IP 报头中保留的比特（位）进行标记（即染色）来实现的。通常在隧道的一端染色，在另一端去除染色，这是一种在业务报文中捎带统计信息的技术。用这种技术可以区分不同时间周期的报文。例如，在周期 T1 内发送红色报文，在周期 T2 内发送绿色报文等。

染色技术是一种带内测量技术，该技术直接使用业务报文探测，对业务无干扰且不占用带宽，基于业务报文周期染色，检测精度高。例如，在 CPE A 向 CPE B 发报文的过程中，通过染色技术，可以统计一个周期（T1）里发送端的发送报文计数 SndA（5 个）。在接收端统计接收到的报文计数 RcvB（4 个），随后通过双端协商机制，可以知道网络上在 T1 周期内丢失了 1 个报文，如图 6-16 所示。

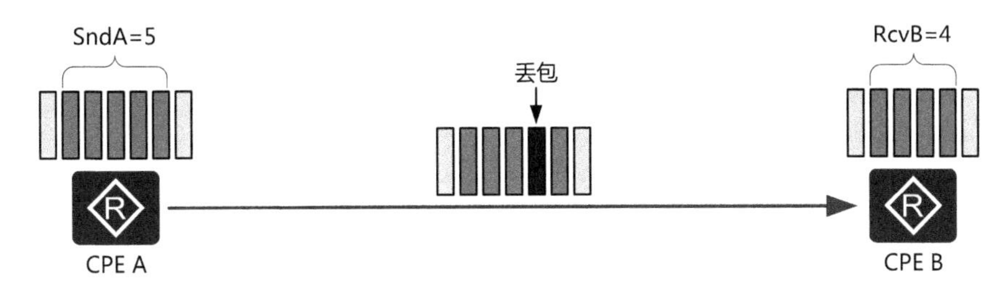

图 6-16 报文染色检测丢包

（2）隧道两端互发 KeepAlive 报文

CPE A 发给 CPE B 的 KeepAlive 报文携带业务周期 T1 内发送的报文计数 SndA（T1）、发送时刻时间戳 TsA（T1）；CPE B 收到 KeepAlive 报文后发送业务周期 T1 内接收到的报文计数 RcvB（T1）、CPE A 的 KeepAlive 报文的接收时间 TrB（T1）。CPE A 到 CPE B 的统计信息同步后，双端可以计算 CPE A 发送报文的丢包率。单向丢包率计算公式如下。

$$LossA = (SndA - RcvB) / SndA \times 1000‰$$

同样，CPE B 把 T1 时间发送报文的信息发到 CPE A，CPE A 把收到报文的统计信息发往 CPE B。这样可以计算 CPE B 发送报文的丢包率。

以上多次统计后的平均值可以作为选路依据。

（3）主动发送探测报文

企业各种业务和应用有不同的特点，并非一直在发送报文。例如，有些网页类应用，在用户不点击网页时就没有流量，采用被动捎带检测信息的做法就获取不到网络的丢包信息。因此，单纯依靠业务报文进行染色统计并不总是有效的，需要寻求一种即使没有业务流量也能可靠检测业务和链路质量的方式，这就是主动发送探测报文技术。

主动发送探测报文技术可以在系统检测到业务没有流量或者链路上没有流量时，自动以较低的速率发送探测报文，在不额外占用过多带宽的情况下，检测网络的连通性和网络的丢包率，如图 6–17 所示。

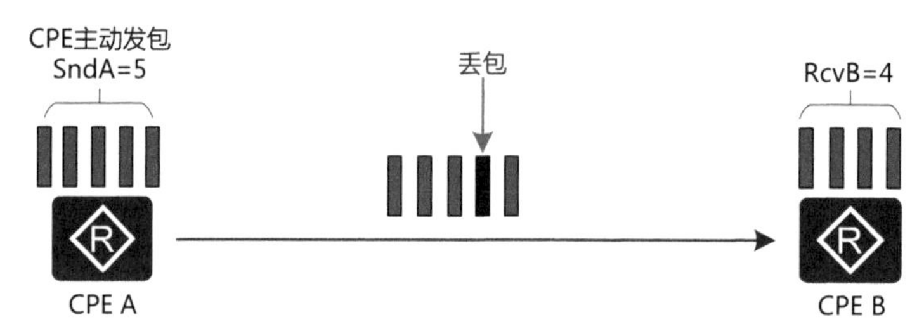

图 6-17　主动发送探测报文检测丢包

在实际使用时，主动探测技术可以与上述的 KeepAlive 技术融合，在有实际业务流量时不占用额外带宽。

2. 双向时延检测技术

时延检测不需要额外发送其他报文，因为丢包检测的 KeepAlive 报文会携带时间戳（发送时刻 Ts、接收时刻 Tr），可以直接使用该时间戳。

假设 CPE A 与 CPE B 的时间差为 M，如图 6–18 所示，则单次双向传输时延的计算公式如下。

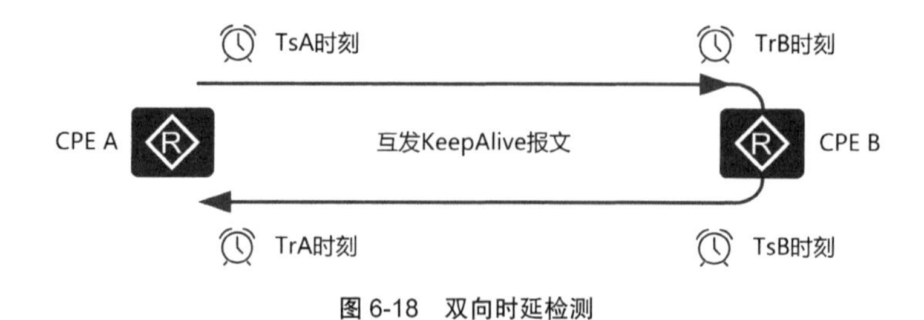

图 6-18　双向时延检测

$$Delay = TrB - (TsA + M) + (TrA + M) - TsB = (TrB - TsA) + (TrA - TsB)$$

以上多次统计后的平均值可以作为选路依据。从以上公式可以看出，时延为双向测量值，时间差可抵消，因而不依赖于 NTP（Network Time Protocol，网络时间协议）。

3. 抖动检测技术

抖动检测也不需要额外发送其他报文，这是因为抖动是时延的变化情况，所以只需要对多次测量得到的时延进行计算，即可得到抖动值。

在 SD-WAN 解决方案中，抖动被定义为统计周期内的所有双向时延（Delay）的标准差，可通过标准差反映这个周期内时延偏离平均值的严重程度。

抖动的计算方式为：

$$pdv=\sqrt{\frac{1}{N}\sum_{i=M}^{N+M-1}(Delay[i]-avrDelay\{N,M\})^2}$$

其中：

pdv 是待计算的抖动值；

N 是周期内统计时延的次数；

M 是开始统计的时延；

Delay[i] 是第 i 次统计的时延；

avrDelay{N, M} 是 N 次时延统计的平均值。

6.3.3 选路策略

在 SD-WAN 解决方案中，为了使用选路功能，需要先配置选路策略。CPE 探测到链路质量变化后，刷新选路策略。待后续应用流量到达后，执行选路策略。上一节介绍了链路质量检测，本节将介绍如何配置、刷新和使用选路策略。

1. 配置选路策略

选路策略是基于流分类模板创建的，并且需要在站点上使能。在选路之前，得先把需要选路的流量挑出来，因而就需要使用流分类模板。流分类模板的定义规则可以是以下一种或多种的组合：基于 IP 五元组、基于应用 / 应用组以及基于 DSCP。

选路策略中需要配置的内容如下。

（1）应用对链路质量的要求

包括应用对链路丢包率、时延、抖动的要求。这个配置会作为链路质量选路的切换阈值，即当链路质量达不到阈值时，触发链路切换。

（2）链路组

用于配置业务正常使用时可选的链路和逃生链路。在主链路组中有链路可用时，不会选择备链路组中的链路。

（3）链路组中的链路

配置链路组中的链路，需要指定链路的优先级。可以指定多条链路使用相同的优先级，即进行负载分担，也可以指定多条链路使用不同的优先级。

（4）是否进行负载分担

如果使能了负载分担模式，则会在相同优先级的链路中运行基于链路带宽权重的负载分担算法。通过该算法，高带宽的链路会分担更多的流量。

（5）应用的优先级

将应用的优先级用于选路，当链路拥塞时，可以实现低优先级应用的流量避让高优先级应用的流量。

2. 刷新选路策略

流量通过应用识别后，会依据链路质量进行选路。由于链路质量是动态变化的，因此链路状态的记录也不是固定不变的，应该动态刷新。刷新时的参数包括链路质量、链路是否发生故障、链路带宽等。这些链路状态参数被记录在“选路策略”中，反映某类应用对链路的质量要求、链路偏好和链路的当前状态。

链路状态信息刷新的过程为：遍历所有选路策略中记录的可选链路，并检查每个可选链路的质量是否满足应用的要求，如果不满足，则设置状态为不可用。

刷新过链路状态后，对应用不能使用的链路采取相应策略：应用的后续流量不会被调度到不可用的链路上；应用的当前流量从不满足要求的链路调整到满足要求的链路上。

上述信息刷新后会用于指导报文转发。由于一段时间内，特定应用不可用的链路已被过滤，应用的后续流量不会被调度到状态标记为不可用的链路上，因而刷新选路策略实现了链路质量的选路功能。

3. 使用选路策略

设备使用选路策略的过程为：收到报文后先识别应用，根据目的 IP 地址查找到可达目的站点的链路集合，过滤出符合质量和带宽要求的链路，然后根据链路优先级、是否启用负载分担和应用优先级为数据流选择链路，具体如下。

（1）链路优先级的处理

用户在选路策略里配置了应用可选的链路和链路的优先级。选路时，按链路优先级从高到低的顺序进行。

如果配置了负载分担，当具有相同优先级的可用链路有多条时，在相同优先级的多条链路中，按带宽权重进行负载分担选路。

（2）应用优先级的处理

设备对每条链路进行流量统计，以获得链路的拥塞情况。当链路拥塞时，低优先级的流量会被调度到其他符合质量要求的链路上，从而实现不同优先级应用之间的避让关系。

综合来看，CPE 支持多种选路方案的过程如下。

首先，总体上是基于应用，按配置的链路优先级顺序选路，其中链路优先级是用户配置的，因而不会动态变化。选路时，先选择基于应用配置的高优先级的链路。如果链路质量动态变化，按照选路策略会只使用符合应用要求的链路。

其次，设备转发报文时，要考察某条链路对该报文所在的流是否可选，主要考虑链路的拥塞状态。通过协调多个应用优先级间的带宽占用，实现不同优先级应用的动态选路。

最后，设备转发报文时，如果配置了负载分担并且可以筛选出多条符合质量要求的链路，则在这些链路间进行基于链路权重的负载分担。

通过执行上述质量检测、配置选路策略和报文处理流程，设备可实现基于应用的灵活选路。

6.3.4　配置实践

前面各节介绍了应用识别、链路质量检测和选路的原理，接下来通过具体的实例帮助读者深入理解如何综合运用上述技术进行选路。

在下面的例子中，企业有 MPLS 网络和因特网两条链路。语音业务主选 MPLS 网络，在 MPLS 网络发生故障时使用因特网作为备份；FTP 业务主选因特网，在因特网发生故障时使用 MPLS 网络作为备份，如图 6–19 所示。

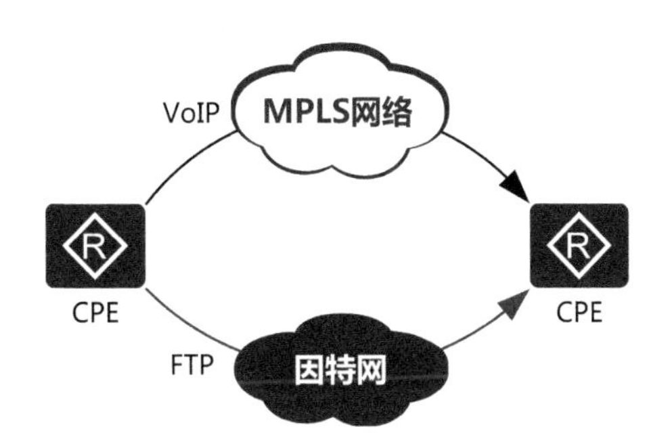

图 6-19　企业 MPLS 网络和因特网组网选路配置

接下来，对选路策略的重要参数做规划，如表 6–3 所示。

表 6-3　选路策略的重要参数

选路策略	配置项	参数
语音应用策略	策略名称	voip_traffic_steering
	流分类模板	voip_traffic_classification # 识别语音业务
	策略优先级	10 # 高优先级应用
	切换指标	语音 # 语音对链路质量的要求
	传输网络优先级	2：MPLS # 主链路 1：因特网 # 备链路
FTP 应用策略	策略名称	ftp_traffic_steering
	流分类模板	ftp_traffic_classification # 识别 FTP 业务
	策略优先级	1 # 低优先级应用
	切换指标	数据 # FTP 对链路质量的要求
	传输网络优先级	2：因特网 # 主链路 1：MPLS# 备链路

然后，按照上述参数创建两个选路策略，在控制器上针对不同的应用配置不同的切换指标，并将语音业务的主链路设置为 MPLS（优先级为 2），备链路设置为因特网（优先级为 1）；FTP 业务的主链路设置为因特网（优先级为 2），备链路设置为 MPLS（优先级为 1）。语音业务策略配置高优先级为 10，FTP 业务策略配置低优先级为 1，从而保证两个业务选择相同的链路时，FTP 业务不会抢占语音业务的带宽。FTP 业务与语音业务的配置相似，以下只以语音业务的配置为例进行描述，如图 6–20 所示。

图 6-20　配置语音应用策略

| 6.4　QoS 方案 |

在传统的网络中，已经证明 QoS 是语音、视频和数据等多业务融合的关键。在 SD-WAN 解决方案中，QoS 同样是企业实现多业务差异化服务的关键。

6.4.1　整体方案

从流量模型上看，SD-WAN 解决方案中的 QoS 方案可以分为站点到站点限速、站点到运营商 GW 限速。其中，企业站点到站点限速分为出方向限速和入方向限速，站点到运营商 GW 限速分为站点到 IWG 限速场景和站点到 POP GW 限速场景，并且也分为出方向限速和入方向限速。QoS 整体场景如图 6-21 所示。

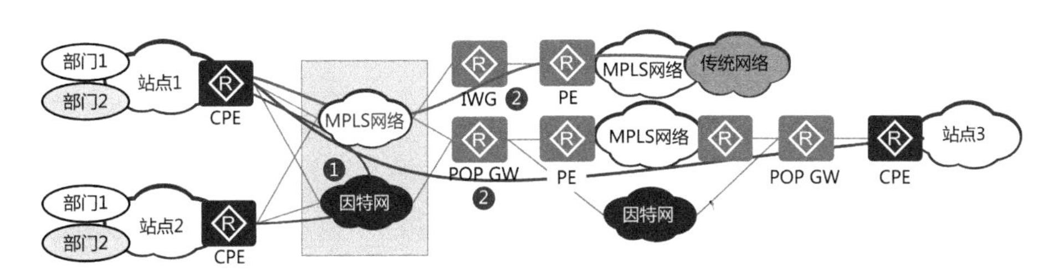

图 6-21　QoS 整体场景

1. 站点到站点限速场景

这是 SD-WAN 解决方案中最常见的场景，因企业站点的接入带宽有限，所以要在站点出口使用 QoS，以保障在链路拥塞时，高优先级的应用仍能通过该链路。

2. 站点到运营商 GW 限速场景

站点到运营商 GW 限速场景包括站点到 IWG 限速场景和站点到 POP GW 限速场景，针对这两种场景可以进行上行流量和下行流量的限速。运营商通过 IWG 向企业提供访问传统网络的服务，通过 POP GW 提供跨骨干网组建跨多域大网的能力，对多租户、多站点提供服务。因此，运营商自然就有对各类用户进行限速和提供服务质量保障的需求。

下面详细介绍这些场景的 QoS 需求和方案。

6.4.2　站点到站点限速

企业的出口带宽是有限的，虽然通过选路可以把合适的应用流量放到合适的链路上传输，但是当网络流量达到出口链路带宽的最大值时，仍然会出现拥塞和丢包。此时可以采用 QoS 策略，从应用和部门两个层面保证整体业务的平稳运行，该场景如图 6-22 所示。

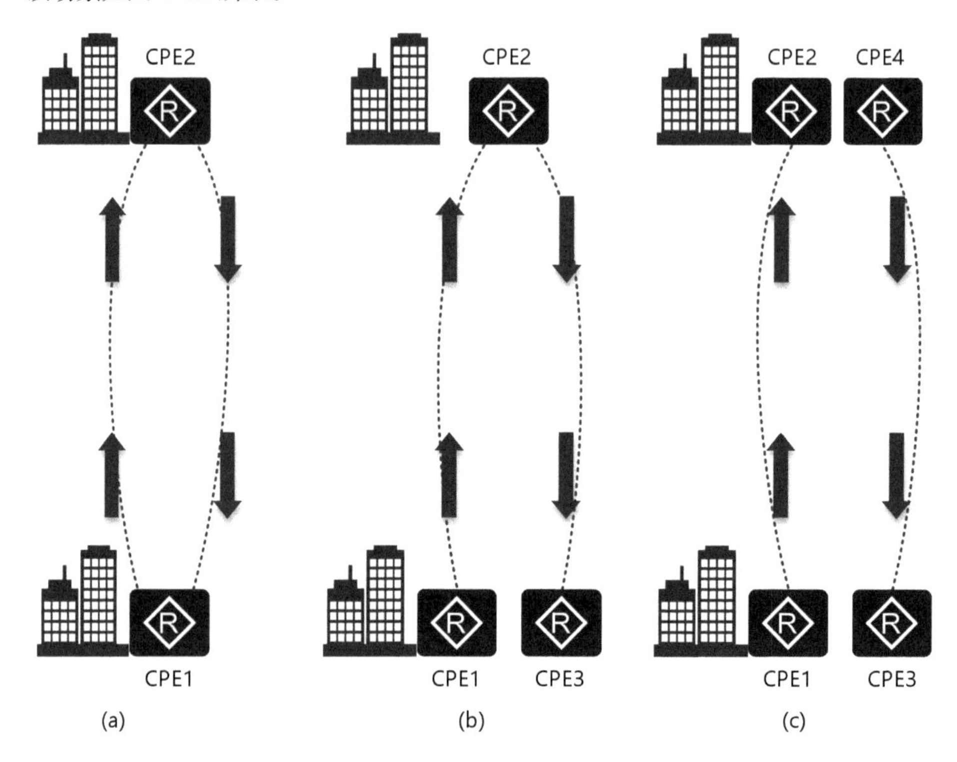

图 6-22 站点到站点限速场景

由于企业一般都是从运营商处按链路购买带宽，所以只需要限制流量不超过订购的各条链路的带宽即可。

站点到站点互访的 QoS 需求如下。

（1）对多种应用提供不同的优先级和带宽保障

当出口链路带宽有限时，应该优先保证重要应用的体验。例如，需要通过配置实现对如下多种应用的需求：

- 配置即时消息类应用使用最高优先级传输，即使网络出现拥塞也可以优先发送；
- 视频应用优先级次之，网页访问再次之；
- 电子邮件等业务在该调度方式下不会抢占其他业务的带宽。

（2）对企业的多个部门提供不同的带宽保障

企业通常都有多个部门，各个部门的重要性各不相同。既要隔离各部门的流量，又要为各部门提供不同的带宽。这意味着要保证不同部门的基础带宽，当各部门需要时，至少可以分配到指定的配额；当有的部门没有占用本部门的全部配额时，这些“空闲”的带宽要能够由其他带宽紧张的部门使用。

（3）基于出口链路限制带宽

企业通常从运营商处购买的是出口链路，运营商按其所购买的链路收费，所以需要限制出口链路的带宽。

例如，需要通过配置实现如下部门层级的需求。

- 物理链路的总出口带宽为100 Mbit/s，其中部门1占用40%的物理链路带宽，部门2占用60%的物理链路带宽，且要保证不同部门的基础带宽。
- 部门1带宽空闲时，部门2可以使用带宽；部门2带宽空闲时，部门1可以使用带宽。
- 部门1本地上网流量和站点间互访流量的带宽分配比例为4∶6，部门2本地上网流量和站点间互访流量的带宽分配比例为3∶7。在物理链路出现拥塞的情况下，可根据该带宽比例对流量进行最小带宽保证。

出方向和入方向的 QoS 实现方案有差异，出方向可以使用队列调度，而入方向一般使用 CAR（Committed Access Rate，承诺接入速率）限速。下面将对两种 QoS 方案分别展开介绍。

1. 出方向 QoS 方案

对于既要对不同应用提供差异化服务质量，又要按不同部门提供不同带宽保障的场景，SD-WAN 解决方案使用 HQoS 策略来满足客户需求，具体是用 VPN 隔离不同部门，如图 6-23 所示。

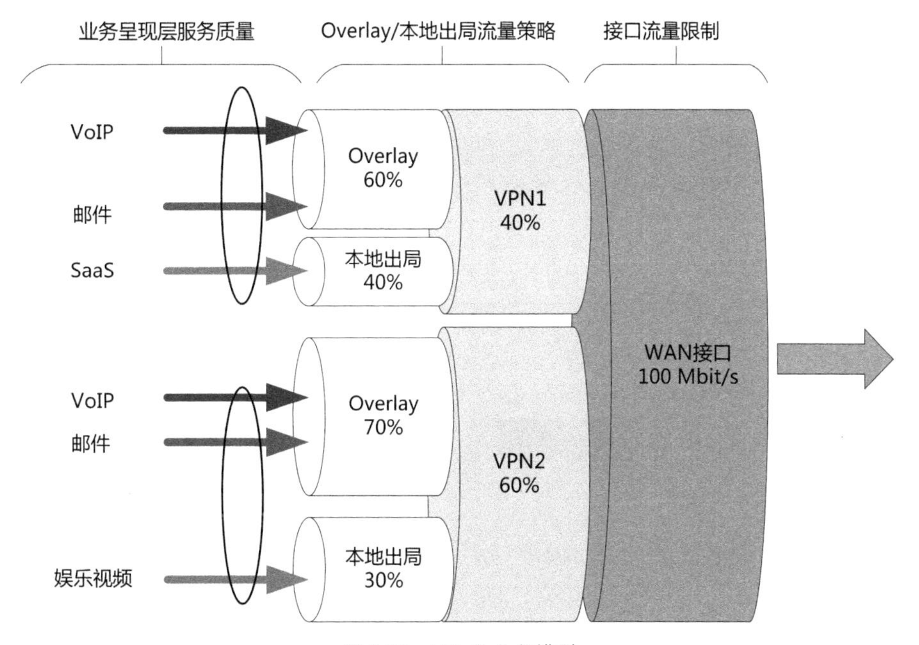

图 6-23　HQoS 业务模型

该业务模型包含 3 层配置，分别是业务呈现层服务质量、VPN 流量策略（Overlay/ 本地出局流量策略）和接口流量限制。每层的关键配置参数如表 6–4 所示。

表 6-4　HQoS 参数设置

业务模型的配置	配置项	参数
业务呈现层服务质量	策略名称（以部门 1 VoIP 举例）	voip_traffic_department1
	流分类模板	voip_traffic_classification # 识别语音业务
	策略优先级	10 # 高优先级应用
	队列优先级	最高
	队列保证带宽	40% # 保证部门带宽的 40% 给 VoIP 使用
	带宽限制	40 Mbit/s # 最大使用 40 Mbit/s
	重标记 DSCP	46 # 设置 LAN 侧报文 DSCP 值
VPN 流量策略（Overlay/ 本地出局流量策略）	VPN1 百分比	40% # 部门 1 保证带宽占接口总带宽的 40%
	VPN2 百分比	60% # 部门 2 保证带宽占接口总带宽的 60%
	VPN1 本地出局流量百分比	40% # 占部门 1 带宽的 40%
	VPN2 本地出局流量百分比	30% # 占部门 2 带宽的 30%
接口流量限制	接口带宽	100 Mbit/s

（1）业务呈现层服务质量

在网络控制器上基于每个 VPN 配置 QoS 策略，该策略控制的流量对象是来自每个 VPN 内用户的各种服务质量。网络控制器支持的 QoS 策略配置功能需要包括创建流分类模板和配置 QoS 策略动作，如图 6–24 所示。

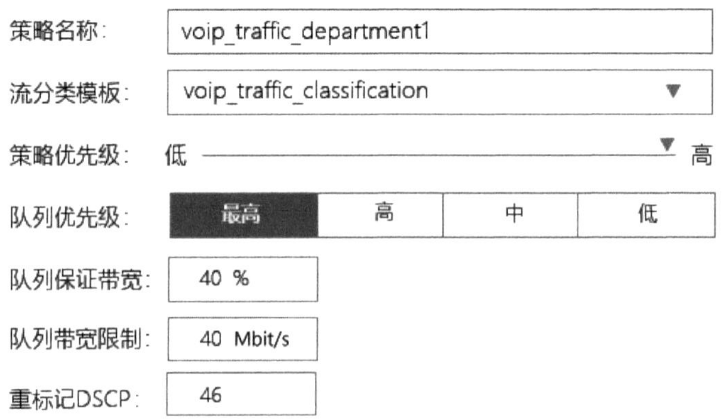

策略名称：voip_traffic_department1
流分类模板：voip_traffic_classification
策略优先级：低 高
队列优先级：最高 高 中 低
队列保证带宽：40 %
队列带宽限制：40 Mbit/s
重标记DSCP：46

图 6-24　配置 QoS 策略

第一，创建流分类模板。当 VPN 内用户的流量需要分类（如语音、数据、办公应用、普通上网等）时，需要预先为每一类流的分类对象创建一个流分类模板。流分类对象的定义规则可以是一种或多种组合：基于 IP 五元组；基于应用 / 应用组；以及基于 DSCP。

第二，配置 QoS 策略动作。创建 QoS 策略，且为每个 QoS 策略分别选择一个对应的流分类模板，然后指定该策略对应的流所要执行的 QoS 动作。QoS 动作包括优先级队列调度、带宽限制（流量监管和流量整形）和重标记 DSCP。

优先级队列调度是通过调整报文的调度次序来为对时延敏感的业务提供高质量服务的一种流量控制机制。可以指定流量进入最高优先级队列 LLQ（Low-Latency Queuing，低时延队列）、高优先级队列（EF 队列）、中等优先级队列（AF 队列）中的一种队列进行优先级调度，并根据配置的队列带宽进行最小带宽保证；没有匹配上述策略的其他剩余流量进入低优先级队列（BE 队列）。

这几种队列的特点介绍如下。

LLQ：设备除了提供普通的 EF 队列，还支持一种特殊的、时延更低的 EF 队列，这就是 LLQ。这种队列可以为对时延敏感的应用（如 VoIP 业务）提供良好的服务质量保证。LLQ 是一个有最小保证带宽的队列，当出现拥塞时，该队列的数据量不能超过所允许的带宽，否则会被丢弃。

EF 队列：是具有高优先级的队列，可以满足低时延业务的需求。可以设置一个或多个类别的报文使用 EF 队列，且可设定不同类别的报文占用不同的带宽。在调度报文出队的时候，若 EF 队列中有报文，则总是优先发送 EF 队列中的报文，直到 EF 队列中没有报文时，或者超过为 EF 队列配置的最大预留带宽时，才调度发送其他队列中的报文。当接口不出现拥塞时，EF 队列可以占用 AF 队列、BE 队列的空闲带宽。这样，属于 EF 队列的报文既可以获得空闲的带宽，又不会占用超出规定的带宽。

AF 队列：每个 AF 队列分别对应一类报文，用户可以设定每类报文占用的带宽来满足需要带宽保证的关键数据业务。在调度报文出队的时候，按用户为各类报文设定的带宽将报文出队发送，实现各类队列的公平调度。当接口有剩余带宽时，AF 队列按照权重分享剩余带宽。同时，当接口出现拥塞时，仍然能保证各类报文得到用户设定的最小带宽。

BE 队列：当报文不匹配用户设定的所有类别时，报文被送入系统定义的默认类。BE 队列使用 WFQ（Weighted Fair Queue，加权公平队列）调度，使所有进入默认类的流量按报文优先级进行基于流的队列调度。

带宽限制包括流量监管和流量整形。流量监管就是对流量进行控制，通过监督进入网络的流量速率，对超出部分的流量进行“惩罚”，使进入网络的流量被限制在一个合理的范围之内，从而保护网络资源和网络上其他应用的利益。流量整形是一种主动调整流量输出速率的措施。当对端设备的入接口速率小于本设备的出接口速率或发生突发流量时，对端设备入接口处可能出现流量拥塞，此时用户可以通过在本设备接口的出方向配置流量整形，对不规整的流量进行削峰填谷，从而输出一条比较平整的流量，解决对端设备的拥塞问题。流量整形一般通过令牌桶机制进行流量控制，具体是当报文的发送速度过快时，首先在缓冲区进行流量缓存，随后在令牌桶的控制下，均匀地发送被缓存的流量。

重标记 DSCP 的操作具体如下。可以在 LAN 侧和 WAN 侧设置 DSCP 优先级，也可以混合设置。

首先，配置 LAN 侧入口进行 DSCP 重标记，对进入 CPE 流量的 IP DSCP 进行修改。如果该报文后续进入 Overlay 隧道转发，隧道外层的 DSCP 会复制内部 IP 报文的 DSCP。最终效果是内 / 外层 IP 报文的 DSCP 都是重标记指定的值。

其次，配置 WAN 侧出口进行 DSCP 重标记，则对 WAN 侧出口发送的设备流量的 IP DSCP 进行修改。如果报文添加了 Overlay 隧道头，则只对隧道外层 IP 报文的 DSCP 进行修改，不会修改内部 IP 报文的 DSCP。最终效果是内 / 外层 IP 报文的 DSCP 可能不一样，外层 DSCP 是重标记指定的值。

最后，如果配置 LAN 侧入口和 WAN 侧出口同时进行 DSCP 重标记，对用户进入 CPE 流量的 IP DSCP 进行第一次修改，当该 IP 报文在 WAN 侧出口发送时，再进行一次隧道外层 IP DSCP 的修改。最终结果是，如果是封装了 Overlay 隧道 IP 报头的报文，其内层 IP 报文的 DSCP 是 LAN 重标记指定的值，外层 IP 报文的 DSCP 是 WAN 重标记的值；如果是本地出局的报文，则只有一层 IP 报头，DSCP 对应的是 WAN 侧重标记 DSCP 的值。

（2）VPN 流量策略（Overlay/ 本地出局流量策略）

该策略是把一个 VPN 的所有流量作为一个流对象，加入 AF 队列进行优先级调度。AF 队列的特点是，当接口有剩余带宽时，AF 队列按照权重分享剩余带宽。同时，当接口出现拥塞时，仍然能保证各类报文得到用户设定的最小带宽。这样，在链路出现拥塞的情况下，每个 VPN 都有自己的最小带宽保证；在链路不出现拥塞的情况下，一个 VPN 可以共享链路上其他 VPN 的剩余带宽。

此外，如果一个 VPN 有本地出局的因特网流量，还可以指定本地出局流量占该 VPN 总带宽的比例，并把其他带宽留给 VPN 内站点互访流量，如图 6-25 所示。

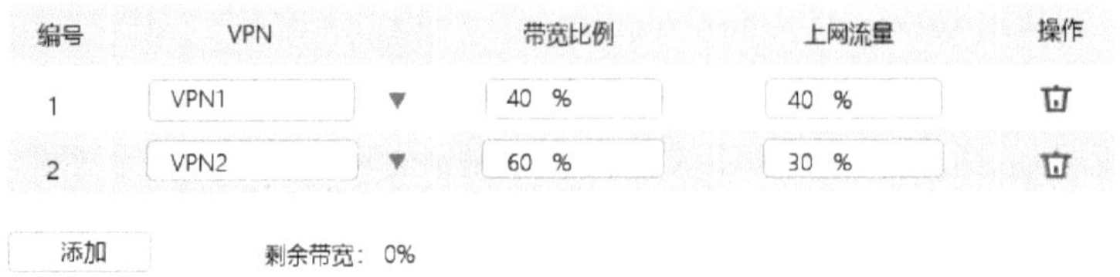

编号	VPN	带宽比例	上网流量	操作
1	VPN1 ▼	40 %	40 %	
2	VPN2 ▼	60 %	30 %	

添加　　剩余带宽：0%

图 6-25　指定本地出局流量占比

（3）接口流量限制

当用户的本地出局流量或Overlay流量从WAN侧接口发送到Underlay网络时，可以基于WAN侧接口总带宽对流量进行接口带宽限速。该接口带宽就是用户从运营商处购买的签约带宽，需要配置到WAN链路上来作为HQoS的基准带宽。

2. 入方向QoS方案

站点的入方向限速方案与出方向限速方案类似，但是应用场景有所区别。站点出方向限速一般出现在企业用户场景，在出口带宽有限的情况下，保障高优先级应用的带宽。而站点入方向一般不需要限速，因为运营商已对该流量进行过限速了，因而到达企业站点的流量可以直接转发到站点内。

站点入方向限速一般用于运营商转售SD-WAN的场景。在该场景下，站点的CPE由运营商提供给企业使用，并可由运营商管理。此时运营商可选择不在PE上限速，而是在CPE上限速。

由于经常出现多个站点的流量向同一站点发送的情况，因此需要保证高优先级的流量能够优先进入该站点，以获得更高的保障。站点入方向限速的场景如图6-26所示。

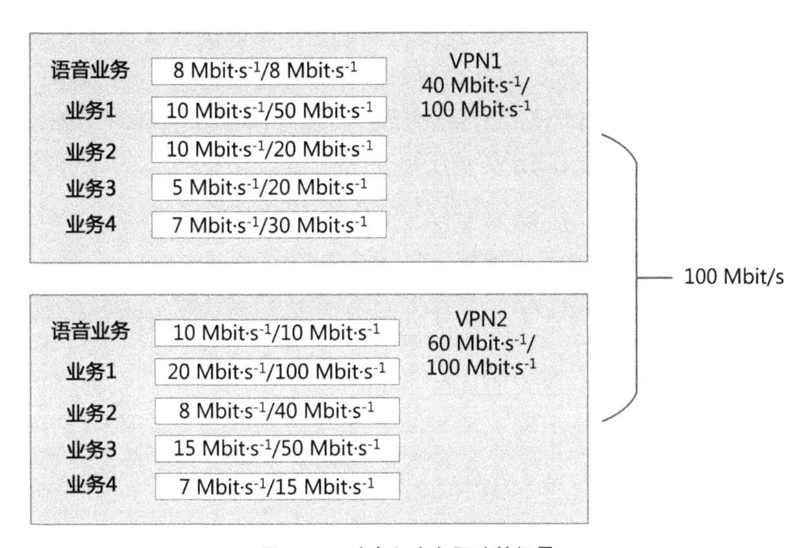

图 6-26　站点入方向限速的场景

用户需求为：企业订购了100 Mbit/s的带宽；为每个VPN保证带宽（VPN1为40 Mbit/s、VPN2为60 Mbit/s）；当部分VPN流量空闲时，剩余带宽可以被其他VPN使用；VPN里每个业务保证获得最小带宽，并且可以使用其他业务的剩余带宽。

该方案的配置与出方向限速相似，也是采用多级QoS的方案，只是配置的方向有差异。但是入方向限速的处理方式与出方向限速不同，出方向使用队列进行限速，而入方向一般使用层次化 CAR 限速，CAR 的优点在于可以更快地丢弃不需要的报文。站点入方向限速原理如图 6-27 所示。

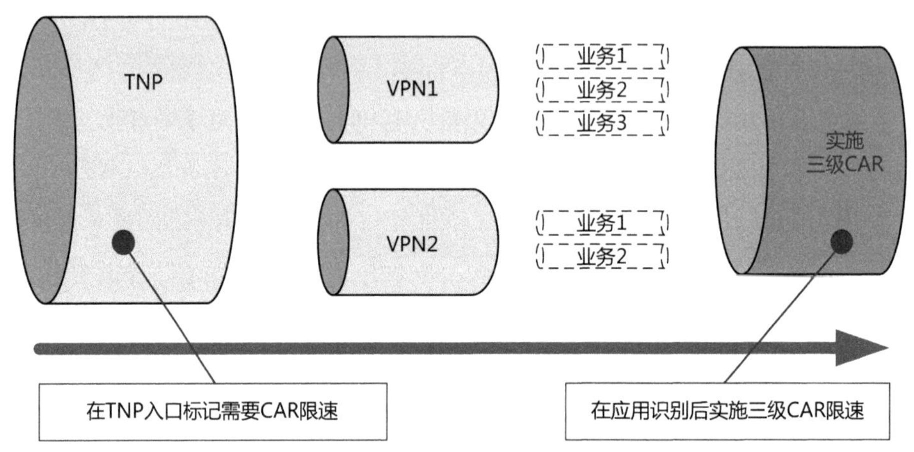

图 6-27　站点入方向限速原理

处理过程为：在入接口收到业务报文后，不能直接进行接口层 CAR 处理，因为业务报文经过 SD-WAN Overlay 隧道封装后，不能确定属于哪个 VPN 或哪个业务，必须先解封装，因此在接口层只能标记此报文需要 CAR 限速；对 SD-WAN Overlay 隧道解封装，还原出原始报文，从而获得报文所属的 VPN；通过各种应用识别技术，识别报文属于何种应用；实施三级 CAR 限速，其规则如表 6-5 所示。

表 6-5　实施三级 CAR 限速的规则

<table>
<tr><th>业务</th><th>VPN</th><th>最初结果</th><th>总带宽</th><th>最终结果</th></tr>
<tr><td rowspan="3">Green</td><td>Green</td><td>Green</td><td>Green</td><td>通过</td></tr>
<tr><td>Yellow</td><td>Green（透支 CIR 令牌）</td><td>Yellow</td><td>通过</td></tr>
<tr><td>Red</td><td>Green（透支 CIR/PIR 令牌）</td><td rowspan="2">Red</td><td rowspan="2">通过（透支 CIR/PIR 令牌）</td></tr>
<tr><td rowspan="4">Yellow</td><td>Green</td><td>Green</td></tr>
<tr><td rowspan="3">Yellow</td><td rowspan="3">Yellow</td><td>Green</td><td>通过</td></tr>
<tr><td>Yellow</td><td>通过</td></tr>
<tr><td>Red</td><td>丢弃</td></tr>
<tr><td>Red</td><td>Red</td><td>Green</td><td rowspan="4">丢弃</td></tr>
<tr><td rowspan="3">Red</td><td>Green</td><td>Red</td><td rowspan="2">Yellow</td></tr>
<tr><td>Yellow</td><td>Red</td></tr>
<tr><td>Red</td><td>Red</td><td>Red</td></tr>
</table>

注：CIR 即 Committed Information Rate，承诺信息速率；

PIR 即 Peak Information Rate，峰值信息速率。

如果流量没有超过保障带宽，则颜色为 Green；如果超过保障带宽但未超过峰值带宽，则颜色为 Yellow；如果超过峰值带宽，则颜色为 Red。三级 CAR 限速采用的色敏模式说明如下：

- 第一级只要是Green，最终结果为允许通过；
- 第一级只要是Red，最终结果为不允许通过；
- 第一级是Yellow时，看第二级的标记结果。第二级是Green时，最终结果为允许通过。第二级是Red时，最终结果为不允许通过。第二级是Yellow时，若第三级是Green/Yellow，最终结果为允许通过；若第三级是Red，最终结果为不允许通过。

6.4.3　站点到运营商 GW 限速

站点到运营商GW限速分为站点到IWG限速场景和站点到POP GW限速场景，具体如下。

1. 站点到 IWG 限速

站点通过 IWG 访问传统站点，站点可能是单 CPE，也可能是双 CPE 组网。在 IWG 场景下，流量从 CPE 发到 IWG 后，隧道解封装，再发给 PE。

在此场景下，SD-WAN 解决方案可以支持如下粒度的限速。

（1）基于租户限速或基于站点限速

由于租户的 IWG 服务可以基于租户购买，或者基于被服务的站点购买，所以 SD-WAN 解决方案的 QoS 方案要能够限制租户下所有站点能够使用的 IWG 带宽，或者分别限制各个站点的带宽。

（2）基于部门限速

在 IWG 上需要对 SD-WAN Overlay 解隧道封装，此时 IWG 上可以看到部门信息和内部应用，因此可以实现基于部门限速。

（3）基于应用限速

同上一粒度的限速，IWG 场景也可以提供基于应用限速的方案。

如果是运营商给企业提供 IWG 服务，那么建议支持基于租户或站点限速。如果需要由企业管理 IWG 服务，那么建议支持基于部门和应用限速。

如图 6-28 所示，当站点访问 IWG 时，不管是单 CPE 站点访问，还是双 CPE 站点访问，都是基于 IWG 进行限速。

当站点访问 IWG 时，可能的限速点有①~⑦等多个位置，对限速位置的建议如下。

首选位置是上行流量在位置③处限速，下行流量在位置④处限速。在位置③

处限速，可以处理站点用双 CPE 多链路接入 IWG 的场景。此时可以对同一站点中多条链路接入的流量集中限速，从而保证不管多条链路上 Underlay 带宽如何分配，Overlay 总带宽是可以保证的。而如果在位置①处限速，当站点有双 CPE 时，则无法做到多链路共享带宽。在位置④处限速，可以对双 CPE 多链路接入 IWG 的场景流量做集中限速。选择在位置④处限速的原因与在位置③处限速的原因相同。

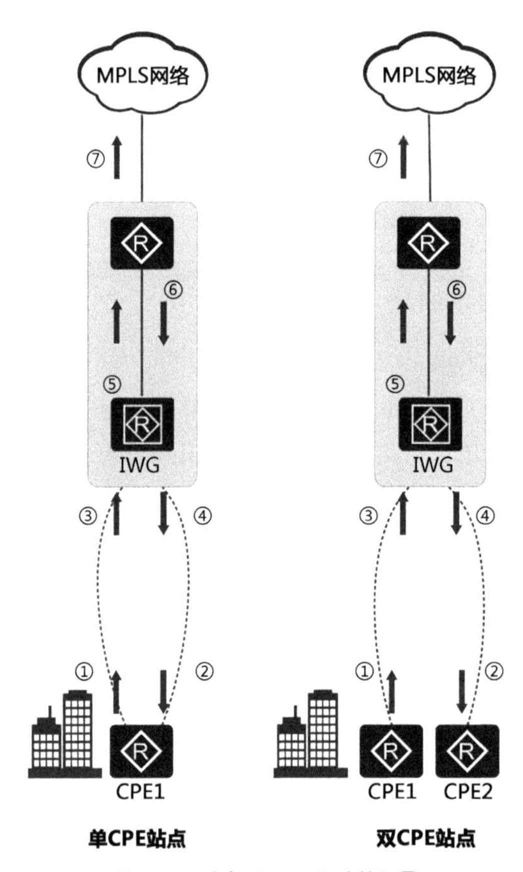

图 6-28　站点到 IWG 限速的场景

次选位置是上行流量在位置⑤处限速，下行流量在位置⑥处限速。在位置⑤处限速和在位置③处限速有所不同，在位置⑤处可以使用队列调度、流量整型来限速，而在位置③处一般只能使用 CAR 限速。但是在位置⑤处限速的缺点是会多消耗 IWG 的计算和转发资源。

在位置⑥处限速相比在位置④处限速，可以更早地把多余流量丢弃掉，以节省网络资源，但需说明的是，PE 属于运营商的设备，一般不允许企业用户配置。

2. 站点到 POP GW 限速

站点通过 POP GW 访问其他站点时，站点可能是单 CPE，也可能是双 CPE 组网，站点到 POP GW 限速的场景如图 6-29 所示。

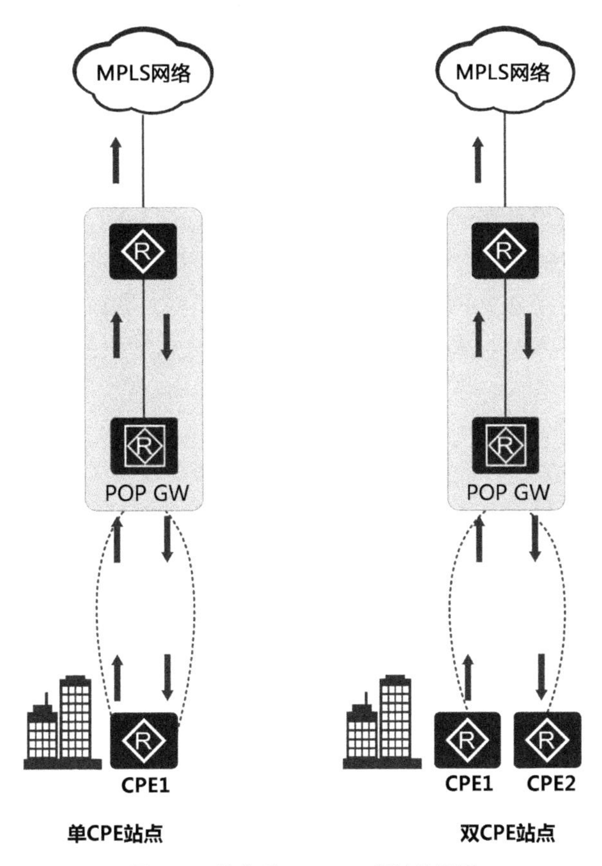

图 6-29　站点到 POP GW 限速的场景

在此场景下，如果在 POP GW 上限速，仅可以实现基于租户限速或基于租户的站点限速。租户的 GW 服务可以基于租户购买，或者基于被服务的站点购买，所以 SD-WAN 的 QoS 方案要能够限制租户的所有站点，或者对各个站点分别限速。

如果想基于部门限速或者基于应用限速，在 POP GW 上限速的方案就无能为力了，此时只能在 CPE 上限速。具体来说，只有在 CPE 上才会对 SD-WAN Overlay 隧道解封装，从而可以在 CPE 上看到部门信息和内部应用，实现基于部门以及应用的限速。

与站点到 IWG 限速场景类似，站点访问 POP GW 时，不管是单 CPE 站点访问，还是双 CPE 站点访问，都是基于 POP GW 进行限速。

6.5 广域优化

选路技术和 QoS 技术都只能依赖现有网络的质量，而不能主动改进网络质量。当网络质量不好时，选路技术是躲避拥堵，QoS 技术则是丢车保帅，最终的结果是只保证一部分重要业务的运行质量。与选路和 QoS 不同，广域优化技术可以提高应用对链路质量的适应性，使得即使链路质量变差，也能获得良好的应用体验。

传统的企业网络分支间是互联的，当扩展到广域互联后，由于通信距离拉长，经过多种链路及多跳后，丢包率和时延会比较高，且抖动会比较大，导致出现如下问题。

（1）音视频卡顿

随着站点与站点之间的距离拉长，远程音视频会议报文经过的网络节点增多，时延和丢包率随之增加。然而，用户对音视频传输的时延和丢包率非常敏感，时延过高会导致通信延迟，会议远端与本地人员交流不同步，双方反应都“慢半拍”；丢包率过高会导致视频花屏或卡顿、声音听不清或断断续续，体验变差。

（2）应用运行缓慢

随着企业云化，云分支、云计算、云应用相继出现，越来越多的数据要通过 WAN 链路传输，而 WAN 链路由于时延、丢包的原因，会导致使用 TCP 的应用运行缓慢。尤其在备份高分辨率的照片、视频等数据时，由于要传输的数据量非常大，会造成传输缓慢，使得体验变差。

（3）带宽快速消耗

企业多个分支间经常需要传输重复的数据，随着企业规模的扩大，重复数据越来越多。例如，群发的电子邮件、企业集中向设备分发的应用软件和补丁、用户集中访问数据中心的服务器页面、员工集中点播重要视频等，都会消耗大量的带宽。

6.5.1 通常采用的方案

传统的广域优化又叫广域加速，专注于 WAN 上提升应用的访问速度。SD-WAN 解决方案增加了对应用运行质量的关注，主要关注视频的流畅度和网络的可靠性。目前，已有专业的广域优化厂商致力于数据去重压缩技术和应用加速技术，且这两项技术对网络设备的硬盘、CPU 计算能力都有很高的要求，这些要求与嵌入式设备的形态存在冲突，所以在 SD-WAN 解决方案中不把数据去重和压缩、应用加速作为重点，本文对这部分内容仅做简单介绍。

相比于 LAN，WAN 存在如下特点：带宽小、丢包率高、时延高和抖动高。很多协议和应用不能适应 WAN 的这些特点，从而导致性能下降，用户体验不好。

广域优化方案通常包含以下几类技术来改善用户体验。

1. 抗丢包优化类

网络丢包对即时通信类应用影响很大。应用程序发现网络丢包后，如果重传会导致卡顿，如果不重传，则会导致处理出错。

抗丢包技术一般包括包复制技术和 FEC 技术，两者皆是通过发送冗余报文来实现丢包后的即时恢复而不需要重传，其不同之处如下。

- 包复制技术通过复制一份或多份原始报文的方式来增加报文冗余，且一般会利用多路径发送增加抗丢包强度。随后，由接收端对收到的报文排序、去重。
- FEC技术通过RS（Reed-Solomon，里德-所罗门码）算法对原始报文计算冗余报文的方式来增加冗余度。相比简单的包复制，FEC技术的恢复能力较强，一个FEC冗余包可以对多个原始报文实现纠错和丢包恢复。

2. 传输优化类

传输层协议常用的是 TCP 和 UDP，其中基于 UDP 收发包的过程非常简单，基本没有优化的价值，所以各厂商做的传输优化一般都指的是 TCP 优化。

TCP 提出的时间很早，当时采用的是基于丢包的带宽探测算法，该算法会持续增加发包速率，直到出现网络丢包才能探测出网络带宽。受时代所限，当初设计的算法不能适应现代网络的状况，现代网络由于传输距离的延长和无线网络的引入，会出现高时延和丢包的情况。在这种情况下，即使网络带宽很高，TCP 传输能力也会很低。因此，关于 TCP 优化的尝试有很多，大致分为以下几类。

（1）基于丢包的算法优化

继续沿着当初基于丢包探测的道路前进，更快地放弃超时等待，采用更激进的丢包恢复算法。

这种方式在一定程度上可以改善丢包对传输效率的影响，但是解决不了基于丢包的算法的根本问题，仍然会增加网络上的拥塞。因而当时延增加和出现丢包时，仍然无法充分利用带宽。

（2）基于时延的算法优化

基于时延的优化算法改变了思路，认为网络出现拥塞后，正在传输的报文会占用网络设备的缓存，此时由于报文在缓存中等待，会导致时延的增加。该算法认为时延增加即拥塞，因此，出现拥塞后就该放弃报文，提升发包速率。

这种优化方法避免了网络偶尔传输错误引起的丢包对传输性能的影响。在网络开始出现瓶颈时，能够及时停止提高传输速率，从而不会增加时延。但是该算法在时延变化较大的网络上不能正常运行。

（3）综合计算的优化

从前两种优化思路可以看出，单纯基于丢包或者基于时延的算法，都存在限制场景，不能充分利用带宽。

因此，现代的 TCP 优化算法会综合丢包和时延信息，采用综合的策略进行流量控制。例如，BBR（Bottleneck Bandwidth and Round-trip propagation time，瓶颈带宽和往返传播时间）算法通过单独测量瓶颈设备的带宽和时延，计算最优化的发包速率。

以 FillP（Fill up the Pipe，填满管道）算法为代表的优化技术更进一步，采用双端优化，综合采用协商传输速率、接收端主动请求丢包、智能流控等一系列技术改进算法性能，加快 TCP 应用的传输速率并改善延迟现象，从而解决应用运行缓慢的问题。

3. 数据优化类

这类优化利用数据去重和压缩技术，减少冗余数据的传递，从而减少网络上传输的流量，既节约了带宽，又加速了数据的传输。主要优化思路有数据去重和数据压缩，具体介绍如下。

（1）数据去重

数据去重可以双端部署，也可以单端部署，是通过缓存的方式来减少冗余数据的传输。

在实际中可通过两种方法实现，一种方法是缓存文件，另一种方法是缓存文件的数据块。缓存文件的优化方式一般只对网页和不会变化的文件的效果比较好，但是对于只修改部分文件内容的情况不适用。对于只修改部分文件内容的场景，用缓存文件数据块的优化方式效果最好。所以常见的优化方式是缓存文件数据块方式。

缓存文件数据块的优化方式依赖于数据分块技术和数据块查找算法。从安全角度考虑，这些数据需要加密保存到存储设备中。对加密数据进行数据优化时，需要优化设备先解密，再优化，然后再加密发往接收设备。接收端设备解密、还原数据后再加密发往实际接收端。中间所涉及的数据存储、证书、私钥存储等都需要加密存储，且私钥和证书一般可以动态从授信机构获取。

（2）数据压缩

数据传输时经常会发现数据串本身存在冗余，例如字符串“aaaa”，直接传输需要 4 Byte，而如果采用“4a”的方式标记，只需要 2 Byte。这只是简单压缩的示例，实际的压缩技术在业界已有很多研究，压缩算法也非常多，一般按是否可以完全恢复原始信息，可将压缩算法分为无损压缩算法和有损压缩算法。

有损压缩算法会降低图像质量、降低音频分辨率等。网络加速设备一般使用的是无损压缩算法。常见的无损压缩算法有 RLE（Run Length Encoding，行程长度压缩算法）、Huffman（哈夫曼算法）、Lempel–Ziv（LZ77 算法）等。

4. 应用协议优化类

上述优化技术只是底层技术，只能基于每次的连接进行优化，而如果再叠加基于应用行为的优化，就可以获得更好的优化效果。当然，这样带来的将是更复杂的、针对不同应用协议的优化算法。下面列出一些常见的应用协议优化技术。

（1）网页和基于网页的应用协议优化技术

大量应用是基于网页的，包括企业自建的应用，站点间的应用以及企业站点内访问因特网上的应用等。

Web 应用是基于 HTTP 和 HTTPS 来传输文本、图片的，且 Web 应用中存在大量重复的内容，包括同一用户多次访问同一站点或者多个用户访问同一站点等。针对这一情况，可以采用数据优化技术来减少数据量，从而加快访问速度。

（2）文件传输和数据库访问协议优化技术

旧版本的 SMB（Server Message Block，服务器消息块）/CIFS（Common Internet File System，通用因特网文件系统）协议、一部分数据库访问协议等在设计时只考虑了 LAN，没有考虑在因特网这种高时延的网络上的传输，所以交互次数非常多，导致打开一个页面就需要等待很久。WAN 加速设备可以合并这些请求，进行代理应答。这样就避免了频繁交互，从而加速了文件访问，提升了文件传输性能。

（3）视频优化技术

根据视频应用的不同行为，可以把视频应用分为 3 类：即时通信类、直播类、点播类。不同类别的视频应用的特点和优化方式大不相同。即时通信类视频可以使用抗丢包优化，而直播和点播类应用则需要优化带宽占用。

（4）SaaS 应用访问优化技术

SaaS 应用一般都是 Web 化的应用，部署在云端，所以对网页类应用的优化技术对此类应用都适用。除此之外，针对常见的特定 SaaS 应用（如 Office 365、云盘、ERP 等）还可以做选路优化。

综上所述，优化技术可以分为单边优化和双边优化。单边优化只需要一端的站点支持广域优化，例如传输优化的 BBR 算法就是单边优化技术，一般在服务器所在的站点部署就能加速所有用户的下载连接。双边优化需要两端的站点都有 CPE 并启用广域优化功能。双边优化技术包括抗丢包优化的 FEC 算法、传输优化的 FillP 算法以及数据去重、压缩等。

接下来详细介绍各种优化技术的使用场景、原理以及应用方法。

6.5.2 抗丢包优化

企业中有很多应用对时延非常敏感，主要包括一些即时通信类的应用，比如语音通话、视频会议等。为了保证低时延，减少 TCP 握手、重传的影响，这些应用一般会选用 UDP 作为传输层协议。但是 UDP 不能像 TCP 一样保证可靠传输，在网络出现丢包时会导致应用的质量变差。因此，广域优化方案包含一系列抗丢包技术，包括单路径 FEC、单路径 A-FEC（Adaptive-Forward Error Correction，自适应前向纠错）、多路径包复制（双发选收）和多路径 FEC。

1. FEC 算法恢复丢包

以视频通信为例，可以看出视频抗丢包优化的重要性。前面讲到，视频在质量差的链路上传输时，通常会出现丢包现象，导致视频卡顿、花屏，影响体验。

造成这种现象的原因是什么呢？通过考察视频通信的特点即可得知。视频通话每隔一段时间会发送一个 I 帧（包括图像全部内容），后续的视频图像使用帧间预测（P 帧），而编码 P 帧只传输图像的变化信息，以此来减少对网络带宽的占用，如图 6-30 所示。

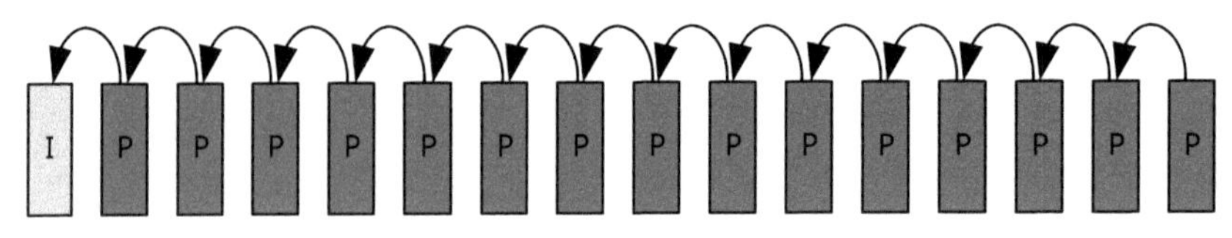

图 6-30　视频码流

视频码流有任何异常（如误码或丢包），都会造成 P 帧解码错误，P 帧之后的图像都会绘制异常，此时只能通过申请或等待编码端重新发送编码 I 帧来解决这个问题，如图 6-31 所示。

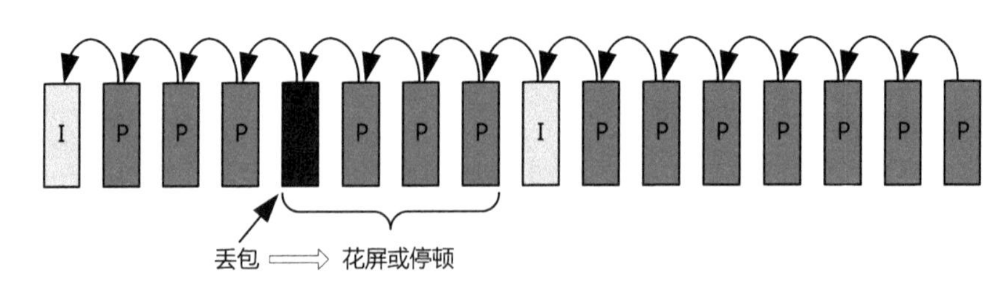

图 6-31　视频码流丢包

当网络中出现丢包时，如果视频终端强行继续输出图像，就会造成花屏，如果不输出，则会造成长时间的图像停顿。因此，丢包对视频通信的影响非常明显。

基于实时性的考虑，视频通信一般设计为基于 UDP 传输，因而不具备 TCP 那样的可靠性保障，也就更依赖于网络的可靠传输。由于因特网的丢包率比 MPLS 专线高，会进一步劣化视频体验，所以需要对视频应用做抗丢包优化。

FEC 技术可以很好地缓解网络丢包现象，其通过代理拦截指定的数据流，并按照一定的算法编码生成冗余校验包，且这些冗余校验包携带相应的受保护的原始包的信息。CPE 将 VoIP 报文的原始包和这些冗余校验包发送到对端，由接收端 CPE 进行校验。如果在传输过程中出现丢包，则可通过冗余校验包还原丢失的原始包，如图 6–32 所示。

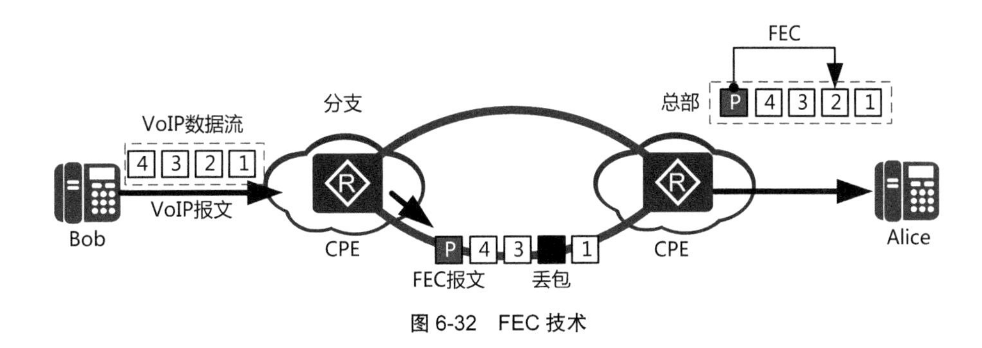

图 6-32　FEC 技术

FEC 具体的执行过程如下。

步骤①　发起端 CPE 从 Bob 处接收到原始包，并进行优化。同时，在发送端 CPE 积攒原始包，构建分组。

步骤②　发起端 CPE 对分组中的原始报文进行 FEC 编码，生成 FEC 冗余校验包。

步骤③　接收端 CPE 接收到原始包和冗余校验包，检测丢包信息，重建报文分组，恢复丢包。

步骤④　接收端 CPE 使用收到的同一分组的原始包和冗余校验包进行 FEC 解码，从而得到原始包。

步骤⑤　接收端 CPE 向 Alice 发送原始包。

FEC 一般使用 XOR 或者 RS 编码，RS 编码抗丢包效果相对较好。RS 编码的过程如图 6–33 所示。

先来看看编码端编码。以 5 个原始包为例，矩阵 $\boldsymbol{D}$ 是原始包，矩阵 $\boldsymbol{G}$ 是生成矩阵，矩阵相乘，得到冗余包矩阵 $\boldsymbol{R}$。

若传输过程中发生丢包，例如丢了 D1、D4、R2 这 3 个包，则抽掉相应的行，得到矩阵 $\boldsymbol{G}'$，等式仍然成立，如图 6–34 所示。

接下来，在等式两边都左乘 $\boldsymbol{G}'$ 的逆矩阵，等式仍相等，且可以得到原始矩阵，如图 6–35 所示。

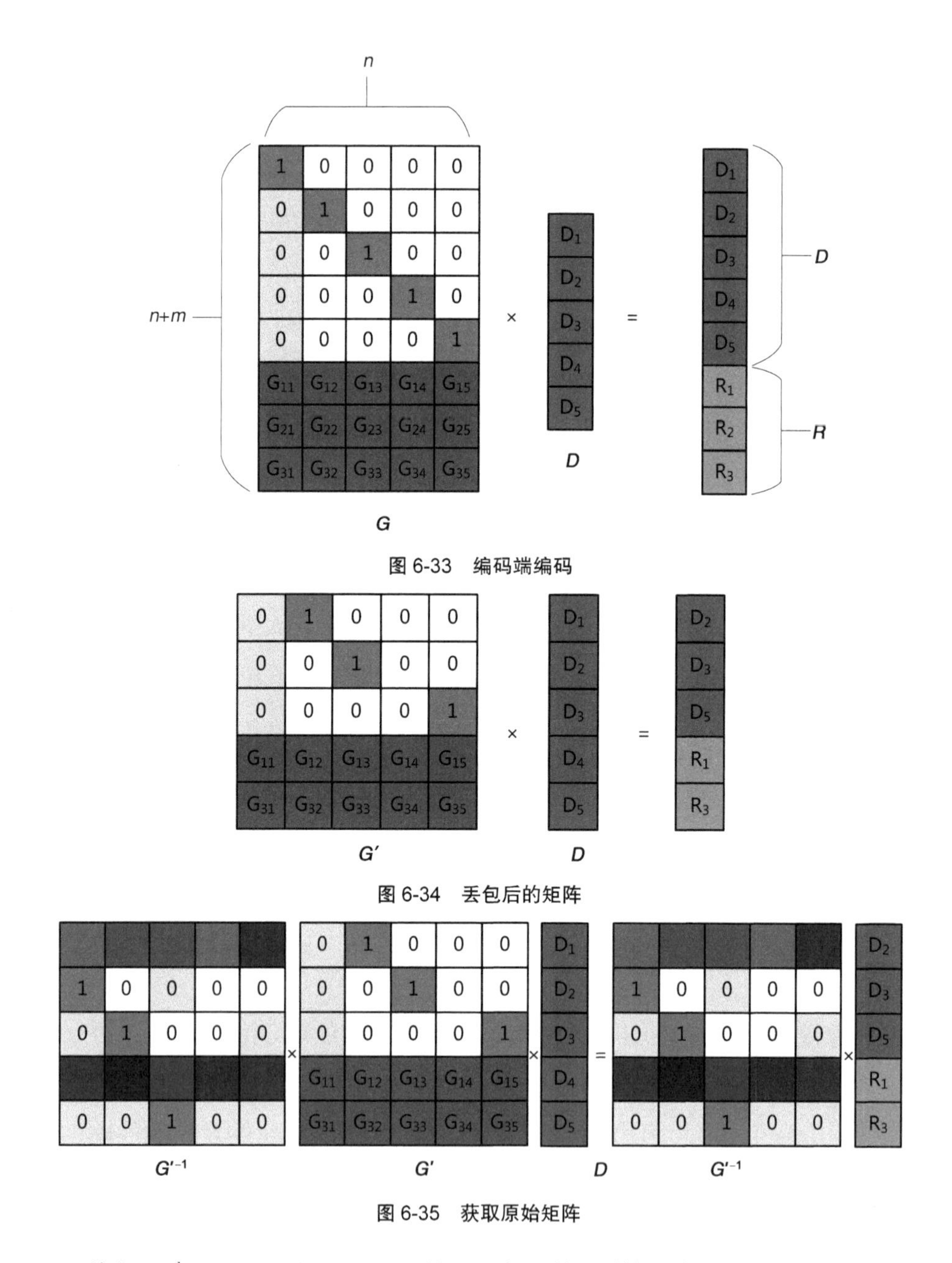

图 6-33　编码端编码

图 6-34　丢包后的矩阵

图 6-35　获取原始矩阵

其中 $G'^{-1} \times G'=I$，而 $I \times D=D$，所以左边只剩下原始矩阵 D，如图 6-36 所示。

该算法的关键是要找到一个生成矩阵 G，使其任意的子矩阵都可逆。那么，这种矩阵是否存在呢？答案是存在的。范德蒙德矩阵和柯西矩阵都满足该条件。RS 算法最开始使用的就是范德蒙德矩阵，后来由于柯西矩阵求逆的计算量更小，所以现在普遍使用柯西矩阵作为生成矩阵。

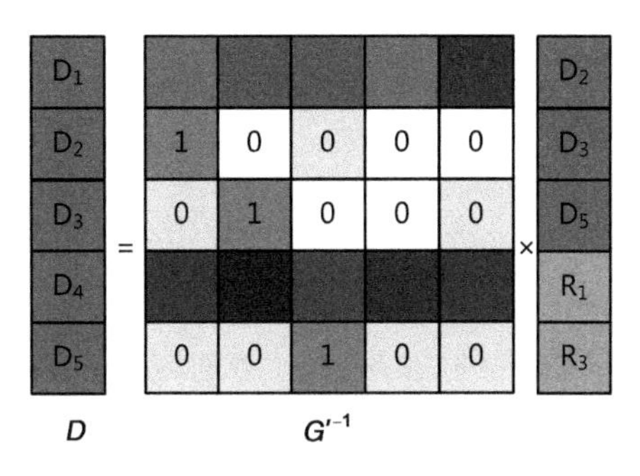

图 6-36　原始矩阵

从该算法可以看出，在单位时间内随机丢包数量不超过冗余校验包的数量时，原始包或冗余校验包的丢失不影响原始包的恢复。

总体来看，FEC 通过冗余校验包恢复丢包的优化技术有如下特点：

• 相比TCP的重传机制，FEC不需要对报文重传，实时性高；

• 基于IP，对一般的应用丢包都有效，能以较高概率恢复丢包。

FEC 技术的典型业务场景是视频会议。例如，在某企业有两个分支站点（A 和 B）和一个数据中心，且数据中心部署会议服务器。员工在分支站点 A 和分支站点 B 举行视频会议时，视频流需经过数据中心的服务器中转。由于视频会议对网络丢包非常敏感，加上中间网络会经过质量相对较差的因特网，因此，抖动和丢包都难以避免。如图 6–37 所示，针对以上情形，需要在数据中心、分支站点 A 和分支站点 B 的出口 CPE 上都启用 FEC 优化功能，来对经过的视频流量做抗丢包优化。这些多站点的 FEC 配置建议在网络控制器上进行。

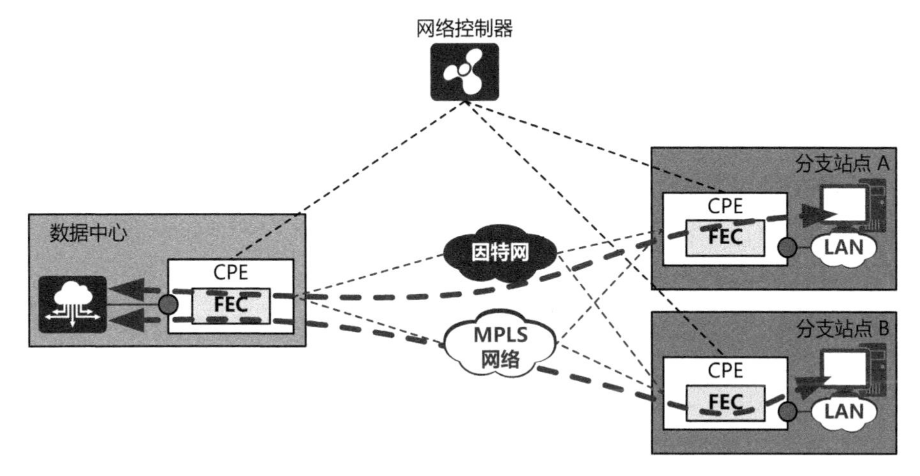

图 6-37　FEC 技术的典型业务场景

2. A-FEC 自动调整冗余率

FEC 技术能手工调整冗余校验包的数量比例，从而支持网络在不同丢包率的情况下恢复丢包。但是，配置固定冗余率也会带来一些问题，详见如下。

（1）浪费带宽

由于固定的冗余率无法动态调整，在丢包率低的时候，冗余校验包往往造成带宽的浪费。尤其在网络出现拥塞的时候，增加过多的冗余校验包会进一步加剧网络负担，对其他业务带来影响。

（2）不适应连续丢包

网络丢包如果是拥塞导致，则经常会连续发生。在一段很短时间内的连续丢包会使实际丢包率异常增高。手工配置固定冗余率的方式不适用于这种场景，该方式在短时间内产生的 FEC 冗余校验包数量不足，无法恢复丢包，如图 6-38 所示。

为了解决上述问题，A-FEC 技术应运而生。A-FEC 可以自动调整 FEC 冗余率，从而在丢包率低的时候节约带宽；而在丢包率短时间内骤然升高的时候适应性地提高冗余率，以抵消网络丢包造成的影响，如图 6-39 所示。

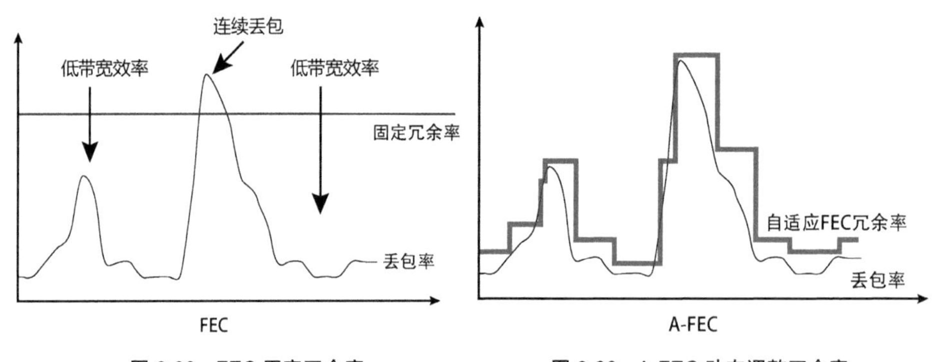

图 6-38　FEC 固定冗余率　　　图 6-39　A-FEC 动态调整冗余率

A-FEC 的主要实现机制是基于 FEC 接收端向发送端反馈的 FEC-ACK 报文。该报文可以实时反馈网络中的丢包率和连续丢包的情况。FEC 编码端根据接收的 FEC-ACK 报文及时调整 FEC 的冗余率，从而减轻或者消除链路丢包对数据传输的影响。

对冗余率的选择要考虑以下几个因素。

- 最大连续丢包数：指突发连续丢包的数量，每个编码块的冗余校验包数量需大于最大连续丢包数。
- 解码端反馈的丢包率：编码冗余率需大于丢包率。
- 历史丢包率：采用滑动窗口机制，保存最近一段时间内的丢包率。通过加权平均算法（重点参考最近的丢包率），计算出参考的丢包率。这种方式主要用来平滑丢包率变化的毛刺。

- 安全系数：因为编码端对网络的丢包率感知有延迟，当网络丢包率增长时，解码端反馈的丢包率和历史丢包率总是落后于网络当前的丢包率。所以要评估丢包率趋势并留有余量。

计算冗余率时，需从上述计算结果中取最大值，从而尽可能减少丢包。

3. 多路径包复制抗丢包

FEC、A–FEC 抗丢包的原理都是通过在同一路径上增加冗余校验包来实现的。但在拥塞网络上，增加冗余校验包会进一步加剧网络拥塞，可能对其他业务带来影响。即使 A–FEC 已经大大改善了冗余校验包的数量，做到动态调整，但仍无法从根本上解决冗余校验包的增加加剧链路拥塞的问题。

多路径包复制是一种既能降低网络丢包对传输的影响，又不会加剧原始链路拥塞的技术。当存在多条链路时，采用多路径包复制技术可以减少网络丢包对丢包敏感应用的影响。

通过多路径包复制技术，发送端 CPE 把 VoIP 报文的原始包和冗余校验包都复制多份，结合智能选路技术，选择最合适的两条或多条链路发送，如图 6–40 所示。

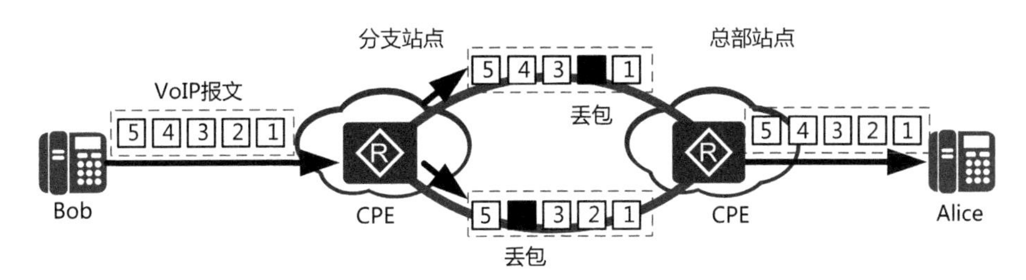

图 6-40　多路径包复制技术

接收端 CPE 在接收到多条链路传输的数据报文后，对其进行排序、去重等操作，从而恢复原始的数据流。

当一个数据报文的多个副本没有全部丢失时，即可通过该技术恢复原始数据报文。

4. 多路径 FEC 抗丢包

多路径包复制技术可以解决单路 FEC、A–FEC 引起的带宽占用增加的问题，不会进一步加剧网络拥塞，并且也充分利用了其他链路的带宽。但是，多路径包复制技术也存在以下问题。

- 数据冗余度大。通过1∶1的方式，在其他链路复制数据，占用带宽。
- 在链路数量较少时，同一个数据报文的几个副本可能同时丢失，此时原始包就无法恢复。

FEC 或 A-FEC 在同一条链路上因为增加冗余校验包，会导致带宽占用增大，多路径 FEC 技术可以缓解这一问题，同时，该技术也可以缓解多路径包复制引起的占用带宽增大的问题。

多路径 FEC 技术可使 VoIP 报文的原始包和 FEC 冗余校验包用不同的链路发送。结合智能选路技术，FEC 冗余校验包选择其中一条质量较好的链路发送，从而保证在丢包时可恢复原始包，如图 6-41 所示。

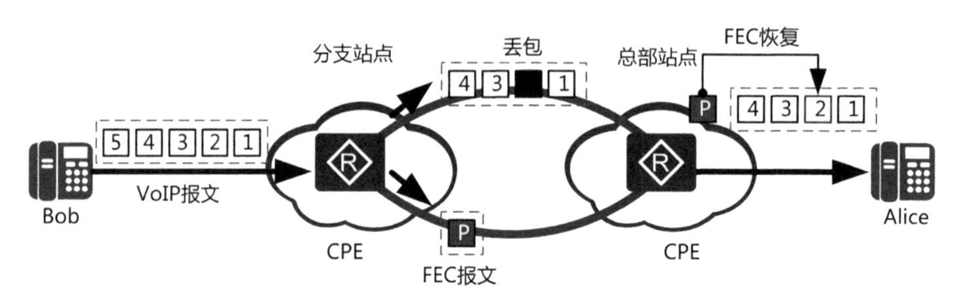

图 6-41　多路径 FEC

由于冗余链路上传输的是 FEC 冗余校验包，相比原始包数量较少，可以节省大量带宽。另外，不同于多路径包复制存在的原始包在多个副本丢失后无法恢复，多路径 FEC 原始包和冗余校验包没有一一对应的关系。原始包丢失后，只要不超过冗余率，就可以用 FEC 冗余校验包进行恢复，从而进一步提升应用的抗丢包能力。

6.5.3　传输优化

1. TCP 需要优化的原因

人们可能有过这样的体验：通过因特网访问网站时，需很久才能打开，或者根本打不开；通过因特网传输视频等大文件时，虽然使用的是花大价钱购买的百兆网络甚至千兆网络的服务，但传输速率并不高。

这主要是由 TCP 基于丢包的网络拥塞控制算法所导致的。传统的 TCP 拥塞控制算法是 20 世纪 70 年代被提出的，这种方式在当时的低速链路下是合理的。但几十年过去了，现代网络技术发展突飞猛进，网卡速率从 Mbit/s 级别演进到 Gbit/s 级别，内存也从 KB 级别演进到 GB 级别，基于丢包的拥塞控制算法不适应高带宽并且存在一定丢包率的网络，不能发挥网络最大的效率。TCP 需要优化主要有以下几个方面的原因。

（1）在有一定丢包率的链路中，TCP 不能充分利用带宽。

在 TCP 拥塞控制算法中，TCP 判断链路出现拥塞的依据是发现网络出现丢包。

但是传输错误导致丢包是常见现象，这并不是由链路拥塞所引起的。丢包现象与 TCP 算法结合，将导致以下 3 个问题。

- 在启动阶段，TCP算法采用了名为“慢启动”，但实际非常快速的指数增长方式。指数增长方式是盲目的，一旦窗口增长过度，将导致网络拥塞。
- TCP的拥塞避免算法采用线性增长的方式，导致窗口增长太慢，不能很快达到网络的最大带宽。
- TCP基于丢包的拥塞控制算法对丢包的反应过于激烈。当出现丢包时，拥塞窗口将急剧下降50%，如图6–42所示。

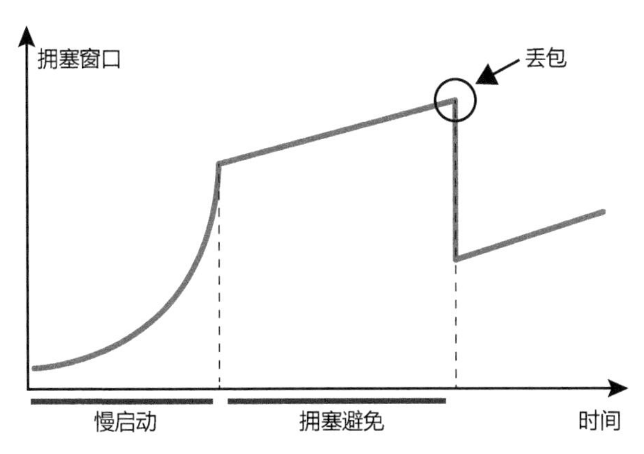

图 6-42　TCP 速率受丢包影响严重

所以在链路有一定丢包的情况下，TCP 的传输速率总是被限制在较低的水平，因而不能充分利用带宽。

（2）TCP 基于丢包计算窗口的算法，会填满链路上带宽瓶颈设备的缓存，从而增加网络时延。这种现象就像水管中流动的水，水流量取决于最细处的流速。同样，网络发送报文的能力取决于链路中带宽最小的设备的处理能力。

在网络中，设备一般都带有缓存，用来解决网络中突发的拥塞。TCP 算法在增大窗口、试探最大带宽的过程中，链路上在传输但未被对端收到的数据一直在增多。当这些报文开始占用瓶颈设备的缓存时，由于瓶颈设备的发送带宽已被占满，所以即使增大拥塞窗口也不能增加实际发送速率，只能增加缓存的占用，导致报文在缓存中堆积得越来越多，进一步使得刚进入缓存的报文必须等缓存中前面的报文发送完后才能发送，这样就增加了网络时延，最终导致缓存占用越来越多，网络时延越来越大。

针对 TCP 算法传输效率的问题，业界推出了很多 TCP 优化算法。

这些优化算法按部署方式可分为单边 TCP 优化和双边 TCP 优化两类，如表 6–6 所示。

表 6-6 优化算法分类

部署方式	优势	适用场景
单边优化	不需要对端部署，可以针对网络内所有的TCP/IP 应用部署，适应性广、部署灵活	无法应用在对端部署优化设备的场景，比如访问因特网
双边优化	需要双端部署，可以协商私有传输协议，优化效果比单边优化要好	多个分支的场景，因为分支出口可以都部署优化设备

（1）TCP 单边优化

TCP 单边优化的核心是设计高效的拥塞控制算法，在不丧失 TCP 公平性和友好性的前提下尽量提升 TCP 的吞吐率。拥塞控制的基本思路是发送端根据从网络获得的拥塞反馈信息调整 TCP 的发送速率。基于算法依据的拥塞反馈信息，可以将 TCP 加速技术分为以下几类。

第一类是基于丢包的 TCP 优化算法。该算法主要以丢包来判断拥塞并调整传输速率。该算法对传统 TCP 算法的改进思想是通过增大初始拥塞控制窗口，同时在通过丢包判断出现拥塞后，使用更激进的方式恢复拥塞控制窗口的大小，来减少拥塞对传输速率的影响。

基于丢包的常见拥塞控制算法有 Reno、New Reno、Cubic 等，但这些算法对丢包的优化也有如下局限性。

- 丢包不等于拥塞。例如，在无线场景中，空口的干扰可能导致丢包，但此时丢包的原因并非是链路拥塞。
- 缓存导致时延增大。为了测量带宽，基于丢包的拥塞控制算法会占用带宽瓶颈设备缓存，导致时延增大。

第二类是基于时延的 TCP 优化算法。通过时延的变化来判断拥塞程度并相应地调整传输速率。这一机制更符合现代网络的特点，能够在开始发生拥塞时就及时下调传输速率，避免拥塞恶化，减少甚至避免丢包的发生。同时，基于时延的 TCP 优化技术不将丢包当作拥塞的结果，在因非拥塞因素发生丢包时仍可以保持较高的传输速率。基于时延的 TCP 优化算法有 Fast TCP、Compound TCP 等。

由于基于时延的 TCP 优化算法对 RTT（Round Trip Time，往返路程时间）敏感，对丢包不感知，因而存在以下局限性：

- 公平性差，面对其他的TCP流要么无法竞争到带宽，要么无法让出带宽；
- 对RTT的准确性非常敏感，需要使用高精度的时钟才能得出正确的动作；
- 在RTT很短的情况下，算法不够精细。

第三类是更精确测量带宽时延的 TCP 优化算法。通过丢包或时延来测量拥塞窗口存在相应的局限性，可以通过分别测量最大带宽、最小时延的方式，间接得到合理的最大拥塞窗口。该类典型的 TCP 优化算法是 BBR 算法，将在下一节中重点介绍。

（2）TCP 双边优化

TCP 双边优化可以引入多种反馈机制来实现高带宽利用率，并提供配置带宽占用的机制以保证公平性，在高时延、高丢包率的场景下可极大地提升传输效率。

2. BBR 发送端优化

针对基于丢包的拥塞控制算法存在的问题，BBR 算法的解决之道如下。

（1）既然丢包现象不表示网络拥塞，那么就不根据丢包计算链路带宽。丢包时仅仅触发重传丢失的报文，不影响对于链路带宽的估算过程。这就保证了在偶尔丢包的情况下，BBR 优化过的 TCP 速率可以持续提升，而不像传统的 TCP 算法只能提供持续较低的传输速率。

（2）分别估计带宽和时延，把带宽极大值和时延极小值作为估计值。通过估计值可以更精确地计算网络容量。按精确的网络容量发包，可以尽量不占用网络瓶颈设备的缓存。缓存占用减少，时延自然也就降低了。

BBR 优化算法的具体执行过程如下。

（1）在 TCP 连接建立之后，优化算法采用类似标准 TCP 的慢启动，按指数方式增加发送速率。优化算法根据收到的确认包，在发现有效带宽不再增长时，就进入排空阶段。当发送速率增长到开始占用缓存的时候，有效带宽不再增长，优化算法及时放弃指数式增长，这样就避免了把缓冲区填满而导致丢包。

在启动过程中，由于缓存在前期几乎没被占用，时延的最小值就是时延的初始估计值；启动结束时，最大有效带宽就是带宽的初始估计值。

（2）启动阶段结束后，为了清空占用的缓存，优化算法将进入排空阶段，此时缓存里的报文就被慢慢排空。理想情况下，刚好把缓存排空后，瓶颈设备的带宽还是被占满的，这时，优化算法就进入了稳定运行阶段。

（3）排空阶段结束后，优化算法进入稳定运行状态，交替探测带宽和时延。由于网络带宽的变化比时延的变化更频繁，因而优化算法在稳定状态下的绝大多数时间内处于带宽探测阶段。带宽探测阶段是一个正反馈系统，即定期尝试增加发包速率，如果收到确认的速率也增加了，就进一步增加发包速率。

（4）优化算法在很少的时间里会用极低的发包速率来测量时延，而不占用瓶颈设备缓存，因而时延探测是准确的。另外，如果应用恰好在某段时间内发包速率很低，BBR 优化算法也会趁机计算时延，而不需要专门通过降低速率来计算时延。

由于 BBR 优化算法是在 TCP 的发送端进行拥塞控制，且只对发送端发出的单向流量有优化效果，BBR 技术只能在发送端部署。BBR 优化算法常用于服务器端优化的场景。例如，分支用户和出差用户访问位于数据中心的服务器时，用户侧没有广域优化能力，但是希望能更快地获取服务器的资料，如图 6–43 所示。

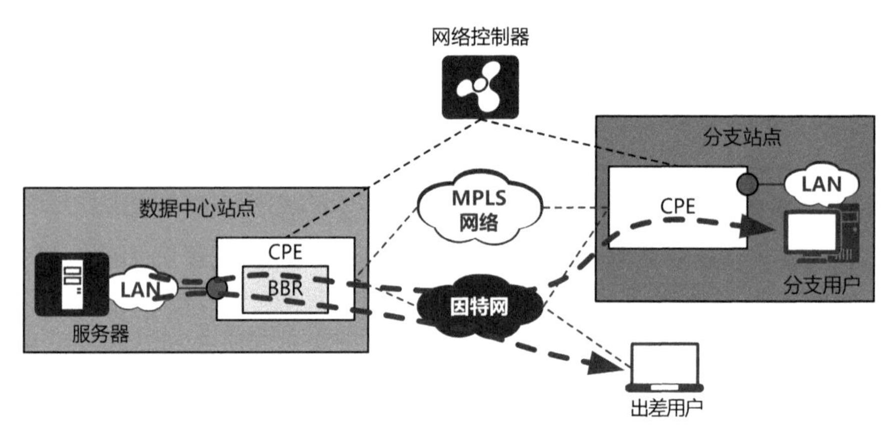

图 6-43 在服务器端优化

3. FillP 双边优化

如果希望获得比 BBR 更高的传输速率，并且有条件在发送端和接收端都部署广域优化技术，则可以使用 FillP 优化技术。

FillP 是双边优化算法，是针对大量数据传输而设计的可靠的流传输协议，通过代理 TCP 连接，FillP 使用 UDP 传输原本 TCP 承载的数据。在 UDP 传输机制的基础上，FillP 引入反馈机制来实现高带宽的利用率，在高时延、高丢包率的场景下，其传输速率比传统 TCP 快近百倍。

相比于传统的 TCP 优化算法，FillP 具有如下特点。

（1）FillP 是一个流传输协议，对丢包和时延都不敏感。相比于传统的 TCP 算法，FillP 使用 UDP 承载 TCP 数据并且直接放弃了 TCP 窗口，因此 FillP 不会出现传统 TCP 算法固有的“有数据发不出去的”情况。此外，即使链路上有报文丢失，FillP 也会依靠协议栈缓存的报文，通过重传恢复。总之，FillP 通过这种方式保证了高效使用链路的带宽。

（2）精准流控。发送端根据自身的发送能力、接收端反馈的丢包信息和接收速率等综合评估，在容忍链路有丢包的情况下保持发送速率。双端都采用精确估算带宽和时延的方式来计算发送速率，不会在链路出现拥塞的情况下持续加剧拥塞，保障了平稳的发送速率。

（3）采用双确认机制。采用 NACK（Negative-Acknowledge，否定应答）机制用来实现接收端向发送端快速反馈丢包信息。这样，接收端可以迅速请求重发丢失的报文，并通知发送端释放已接收到的报文。另外，FillP 还提供周期性发送 PACK（Periodic-Acknowledge，周期性应答）报文的机制，突破传统的“接收触发 ACK”的模式，解决了因 ACK 报文丢失导致的发送端停止发送报文的问题。

（4）采用双序列号机制。传统 TCP 对传输的字节使用序列号机制，接收端只知道丢失了哪些字节，但不能确定丢失的是哪个报文。而 FillP 增加了报文序列号，接收端可以快速识别丢失的报文，从而在丢包时可以重传该报文。因此，FillP 不会像传统 TCP 算法那样受到丢包和 RTT 增加的严重影响，而是始终保持较高的发包速率。

由此可见，FillP 通过把发送端主动推送数据和接收端主动反馈丢包相结合，使得在高丢包率、高时延的情况下仍然可以保持高速的数据传输。

FillP 一般适用于大量数据迁移的场景。以虚拟机迁移场景为例，站点 A 和站点 B 是两个数据中心，某个员工出差前在靠近数据中心 A 的地点办公，他使用的虚拟机在数据中心 A 的服务器上运行。他出差后，需要在靠近数据中心 B 的位置访问员工的虚拟机。虚拟机自动从数据中心 A 迁移到数据中心 B，如图 6–44 所示。

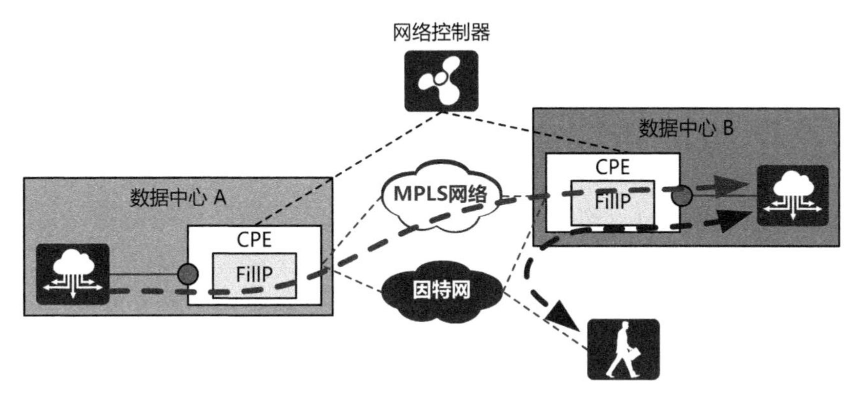

图 6-44　应用数据迁移场景

由于跨数据中心迁移虚拟机产生的数据量比较大，并且可能有多位员工的虚拟机要迁移，因此迁移速度缓慢。对此，可以在数据中心 A 和数据中心点 B 的出口网关 CPE 都部署 FillP 优化功能，对流经 CPE 的虚拟机迁移流量进行优化。

6.5.4　第三方广域优化

由于细分领域和设备能力方面的原因，数据去重和压缩、应用优化一般会由第三方广域优化厂商来实现。对于少量的数据优化需求，可以使用 SD–WAN 的 uCPE 方案集成第三方 VAS 来实现；对于有复杂和大数据量优化需求的场景，建议使用专业的广域优化设备。

1．数据去重和压缩

虽然 BBR 算法、FillP 等传输优化算法可以加快数据的传输速度，但是有些时候限制传输速率的因素不是 TCP 算法本身，而是企业购买的带宽有限，或者分配给 TCP 应用的带宽有限。在这种情况下，可用带宽有限才是性能无法提升的关键原因。此时，仅仅通过优化 TCP 算法的方式对应用加速的效果并不明显，可以通过削减 WAN 流量的方式加快数据传输。

通常减少传输数据量的方法是在两端站点部署数据去重功能，如图 6–45 所示，其步骤如下。

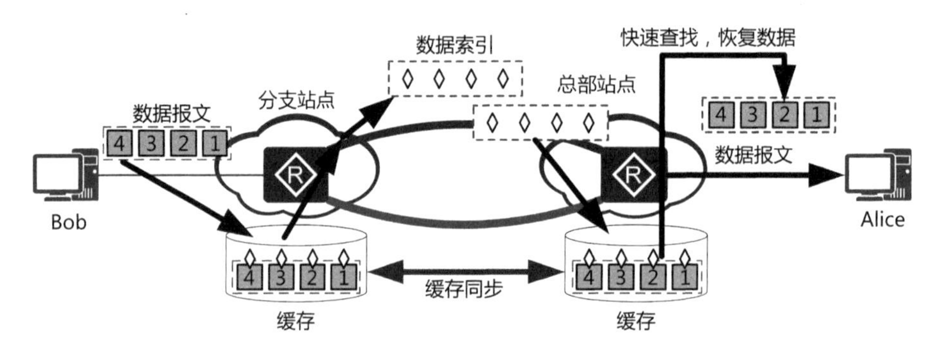

图 6-45　数据去重技术示意

步骤①　当 Bob 第一次向 Alice 传输数据报文时，CPE 对数据进行缓存、分块并建立索引，发送原始数据报文。缓存模块负责缓存数据和同步索引。

步骤②　当后续再次传输相同数据时，发送端 CPE 先查找本地缓存，如果可以找到数据分块，则只传输数据分块对应的索引，而不再传输实际的数据分块。

步骤③　接收端 CPE 根据收到的索引，快速查找本地缓存中的数据分块，恢复原始数据，并发往客户端。

除了数据去重，数据压缩技术也可以显著减少数据传输量，即发送端将数据通过无损压缩算法进行压缩，可以减少原始数据中的信息冗余度。例如，把原始的 4 个报文压缩成 2 个报文，然后将压缩数据发送到接收端 CPE，接收端 CPE 通过压缩数据报文自带的信息还原出原始数据，并发送给接收端设备，如图 6–46 所示。

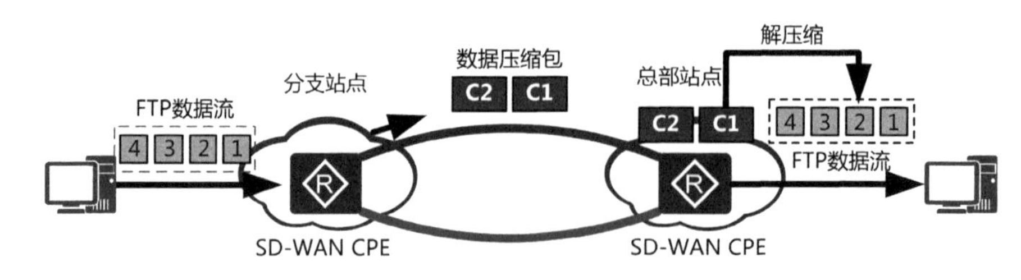

图 6-46　数据压缩技术示意

综上所述，通过数据去重和压缩技术，可以削减网络流量，加快数据传输。

2. 网页和基于网页的应用的优化技术

企业的软件系统很多是基于网页的，为了适应多种系统，越来越多的应用开始使用 Web 进行技术开发，这些软件系统虽然以独立应用的方式提供，但其内部还是需要访问网页。所以加快网页的访问速度，可以让大部分的应用加速。

为了加快网页的访问速度，一般可采用下列技术，方案如图 6-47 所示。

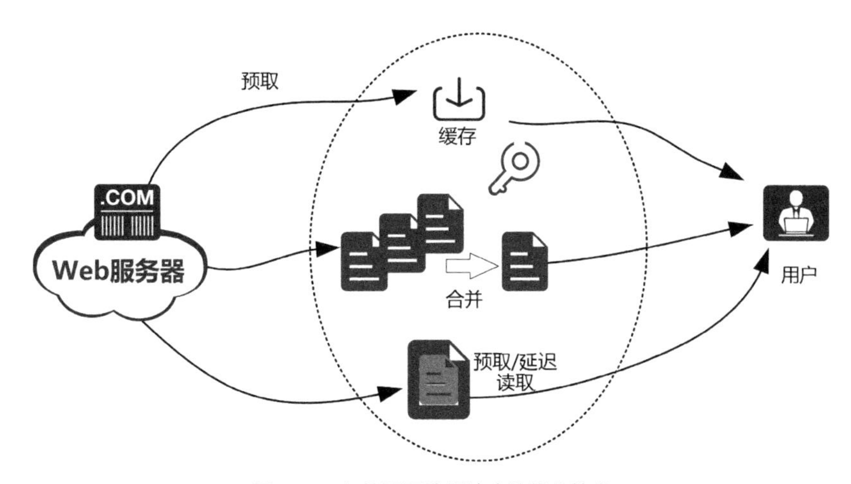

图 6-47　加快网页访问速度的优化技术

（1）缓存。浏览器访问网站时，一般需要建立多个 TCP 连接，通过多次请求获取多个文本、图片文件才能显示一个页面。广域优化设备可以在其第一次访问时就把这些文件缓存在本地，随后访问时，直接从本地查找后回复客户端，而不需要从远端服务器重新获取。

（2）合并。静态网页上涉及的文件往往能批量获取，所以可以把文件合并到一起，通过一次 HTTP 请求即可获取所有文件。这样就节省了 HTTP 交互的时延，提高了网页打开的速度。

（3）预取 / 延迟读取。当网页里有多个链接时，为了提高打开的速度，可以预先把链接所引用的文件读取到本地，这样用户点击时就可以直接将其返回给用户；此外，如果网页比较大，可以先加载网页中的一部分并将其展示给用户，一屏显示不了的内容可以后续慢慢加载。

3. 文件传输协议和数据库访问协议优化技术

一些文件传输协议和数据库访问协议设计时只考虑了 LAN，没有考虑在因特网这种高时延的网络上的传输，因而交互次数非常多。而 WAN 加速设备可以合并这些请求，进行代理应答。这样就不需要在因特网上进行频繁的交互，从而加速了文件访问，提升了传输性能，如图 6–48 所示。

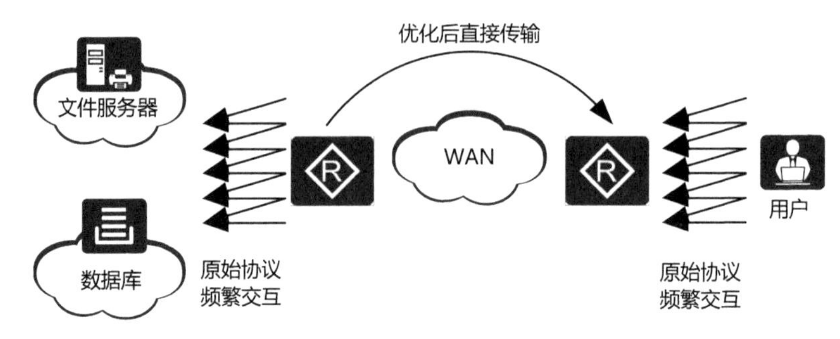

图 6-48 文件传输和数据库访问

4. 视频优化技术

视频应用一般可以分为 3 类：即时通信类、直播类、点播类。不同类别的视频特点不同，相应的优化方式一般也不同，如图 6–49 所示。

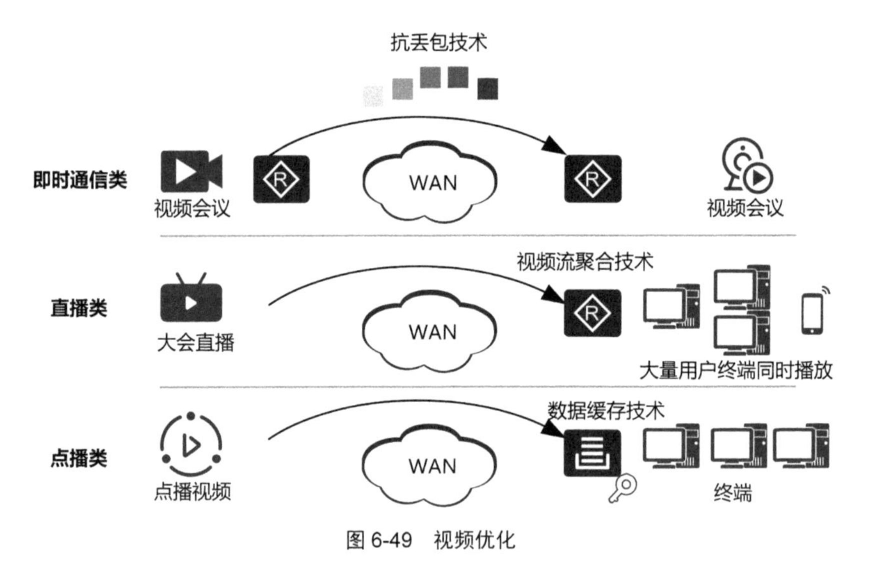

图 6-49 视频优化

即时通信类视频应用采用抗丢包技术。典型应用是双向视频通话或单向视频监控。摄像头采集图像对影像传输的实时性要求非常高，所以一般采用 UDP 传输。但是视频应用对丢包又很敏感，所以一般采用 FEC、包复制等抗丢包方案。

直播类视频应用采用视频流聚合技术。典型应用是大型组织的大会直播，流量特点是大量用户集中在同一时间访问服务器，但是允许有秒级的时延，一般采用 TCP 传输视频流，其特点在于有缓存，所以对丢包不敏感，且 TCP 本身会进行重传。这种应用的难点在于点播的用户太多，对链路带宽占用非常大，常常导致网络拥塞。优化设备一般采用集中代理的方式，用一条链路连接请求视频并将其缓存到内存中，向站点内的大量用户播放。

点播类视频应用采用数据缓存技术。典型应用是网页或程序界面中嵌入的视频，这种视频不会被同时访问，但是被多次访问时会占用 WAN 侧带宽。相应的优化方式是数据缓存技术，该技术一般会把视频分割成小段存储到硬盘上。此外，为了安全考虑，数据块在硬盘上需要加密保存。

5. SaaS 云应用访问优化技术

SaaS 云应用一般都是 Web 化的应用，部署在云端，所以网页类应用优化技术对该类 SaaS 云应用都适用。除此之外，针对常见的特定 SaaS 云应用（如 Office 365、云盘、ERP 等）还可以进行选路优化，如图 6-50 所示。

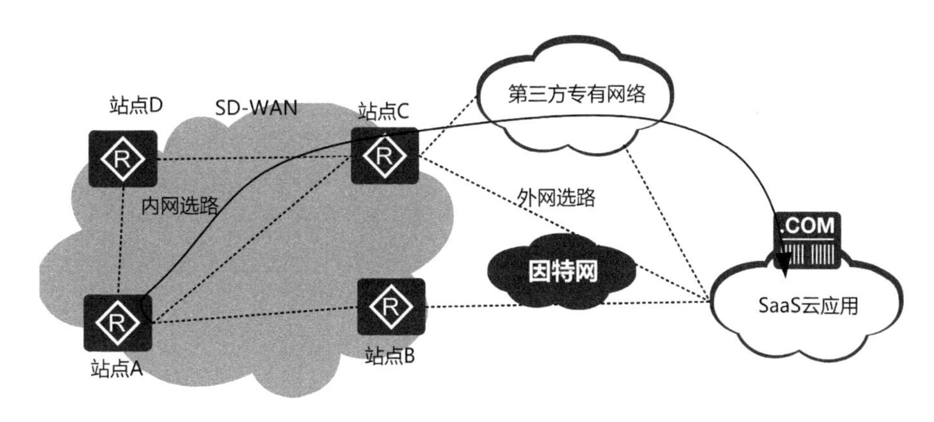

图 6-50　SaaS 云应用访问

（1）SD-WAN 外网选路

对企业来说，选择距离 SaaS 所在的数据中心较近的、链路质量较好的 WAN 出口访问 SaaS 云应用，可以显著提升 SaaS 云应用的质量。例如通过站点 B 和站点 C 都可以访问 SaaS 云应用，但是通过站点 C 的效果更好，所以选择站点 C 作为出口站点。

（2）SD-WAN 内网选路

通过综合测量 SD-WAN 整网的质量，使应用在 SD-WAN 内部选择最优的路径到达企业出口。对于前述例子中的 SaaS 云应用，从站点 C 出口效果最好，但是从站点 A 到站点 C 有两条路径：A—D—C 和 A—C，需要使用内网选路技术从中选择一条最优链路。

（3）第三方专有网络

对于地域分布很少的企业，由于站点不多，不管以哪个站点作为出口访问

SaaS 云应用，效果都不理想。此时可以由 WAN 优化厂商提供专有网络接入 SaaS 云应用，这种方式需要 WAN 优化厂商与 SaaS 提供商合作建设。企业可以通过接入这个第三方专用的优化网络来访问 SaaS 云应用。

通常会综合使用上述 3 种选路技术，以得到端到端的最优方案。

6.6 面向意图的应用体验优化

从前几节的介绍可以看出，应用体验的保障方案包含选路、QoS 和广域优化。这些保障方案会涉及很多技术。那么，如何把这些独立的技术整合起来，以保障应用的整体体验呢？面对这个问题，一般有两种解决策略。策略一是分别独立配置各种保障技术，通过使用精细化的模板详细指定使用的条件和参数；策略二是把各种保障技术有机地融合起来，由 SD-WAN 解决方案整体提供面向意图的体验保障措施。

对于策略一，其本质就是前文已经介绍了的各个保障技术单独使用的情况。这种分别配置各种保障技术的策略虽然看起来很直观，但是存在如下问题。

（1）3 种保障方案分开配置，方案中的每种技术都有很多参数且配置复杂，导致用户难以理解和使用。

（2）保障方案分开配置，不能联动，会导致最终无法保证应用的完整体验，甚至可能存在配置冲突的情况，如下所示。

- 单独配置使用选路业务时可能出现无路可选（所有链路的链路质量均不满足要求）的情况，此时将无法保证应用体验；当路径出现拥塞时，频繁切换链路还会导致体验下降。
- 单独配置使用抗丢包优化时，因为没有与链路状态关联，启用FEC会导致不必要的性能损耗，并且在带宽不足时启用FEC会加剧拥塞。
- 单独配置使用QoS时，空闲链路无法被充分利用，链路断了或者链路质量下降时无法动态调整到质量好的链路，并且QoS对链路上的丢包也无能为力。

以上 3 种保障方案都采用了保证体验的综合技术，在业务流程上分成 3 个阶段独立执行时，三者间的业务处理无关联，存在多次表项查找，影响性能。所以从简化配置和提高业务运行效率的角度来看，策略二将各种保障技术有机融合所形成的方案能带来更好的用户体验。

就像专业人员喜欢用相机的手动模式，而大多数人却偏爱自动模式一样，面向意图的体验优化方案才更适合大多数企业，如图 6-51 所示。

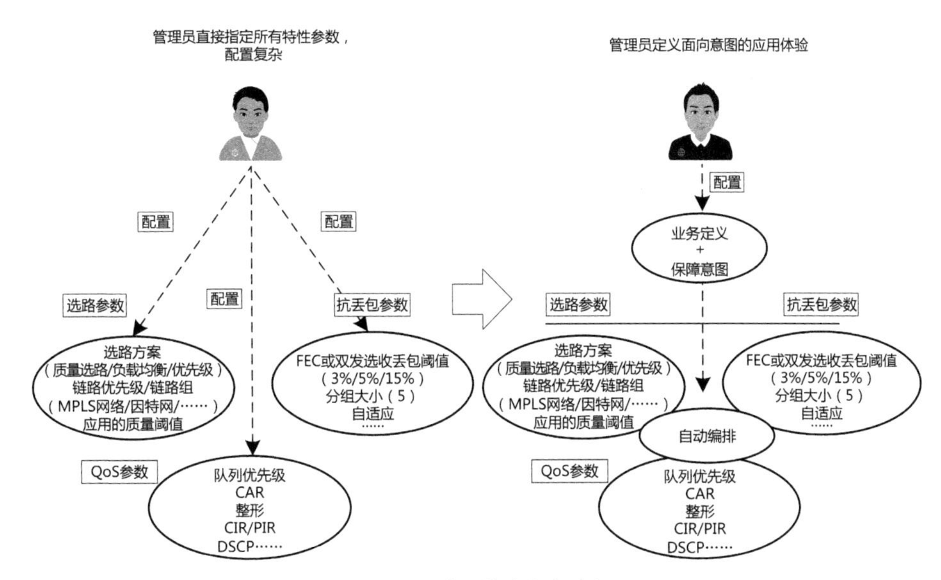

图 6-51　应用体验方案对比

下面将详细探讨面向意图的应用体验优化方案。

6.6.1　体验优化方案

针对分别配置体验优化方案会出现的配置复杂、各业务无联动、执行效率低的问题，面向意图的应用体验优化方案做出了改进，方案如图 6–52 所示。

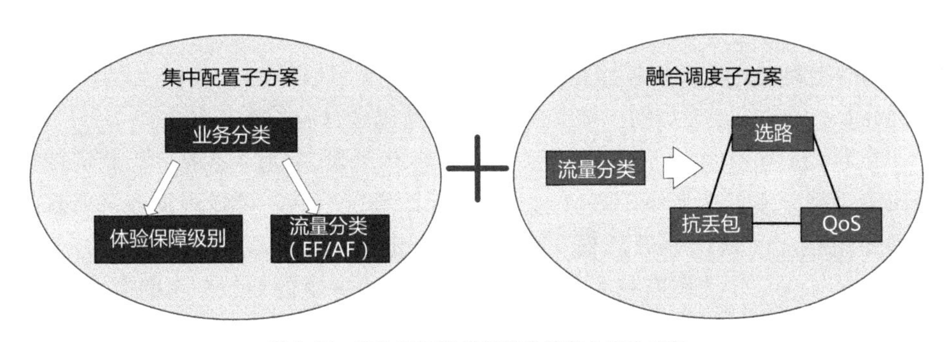

图 6-52　面向意图的应用体验优化方案改进版

面向意图的体验优化方案包括两个子方案：集中配置子方案和融合调度子方案。

通过集中配置子方案，用户可以只根据业务特征和需求进行业务分类，而不需要关心具体的配置参数，减轻了用户的配置负担。

通过融合调度子方案，CPE 可以实现：只对流量做一次匹配分类，不再需要各个业务多次匹配，减少了 CPE 上的计算量；根据应用的特点和实时的网络质量，动态地调用选路、抗丢包优化、QoS 等优化技术，使多种优化技术有机地融合起来，提升应用的质量。

下面将详细地介绍对集中配置子方案和融合调度子方案。

6.6.2 集中配置子方案

集中配置子方案提供了默认的体验分类模板，用户只需要根据业务特征和需求，将业务归到相应的类别即可。网络控制器内部在处理时，会自动进行相关策略以及参数的编排和关联。

集中配置的主要业务流如下。

步骤① 管理员创建面向意图的业务模板。

步骤② 管理员选择应用。根据业务创建相应的业务流分类模板，流分类模板的配置与 QoS 等其他业务相同，不再重复说明。

步骤③ 管理员配置业务体验保障的级别，随后网络控制器会根据用户选择的业务体验保障级别引用相应的质量属性参数，包括：

- 可以选择默认的高/中/低业务类别，业务类别的级别体现了某类业务对网络质量的要求；
- 可以选择自定义业务体验保障级别，并由用户设置参数。

步骤④ 业务下发和执行。网络控制器将编排好的模板和参数下发到网络设备，由网络设备根据策略配置执行相应的业务流程。

网络控制器的配置界面如图 6-53 所示。从配置可以看出，集中配置的关键在于划分业务的体验保障级别，接下来详细讨论业务的体验保障级别。

参考 RFC 4594，一般可以根据业务对链路质量属性的要求，把业务按体验保障级别分成多个等级。划分这些体验保障级别之后，可以根据业务所属的级别使用相应的默认 QoS 队列。其中用户自定义业务可以指定不同的 QoS 分类优先级（QoS 分类调度基于当前 SD-WAN 解决方案的 HQoS 调度模型）。基于当前业务分布情况，体验保障方案定义了 3 个默认的分类级别，如表 6-7 所示。

其中，需要向体验优先保障类业务提供最好的链路，当网络丢包率达到即将影响该类业务的应用体验时，需及时启用抗丢包优化保障技术，并且采用高优先级的 QoS 队列。通过这一系列的优化措施，可保障体验优先保障类业务拥有最优的使用体验。

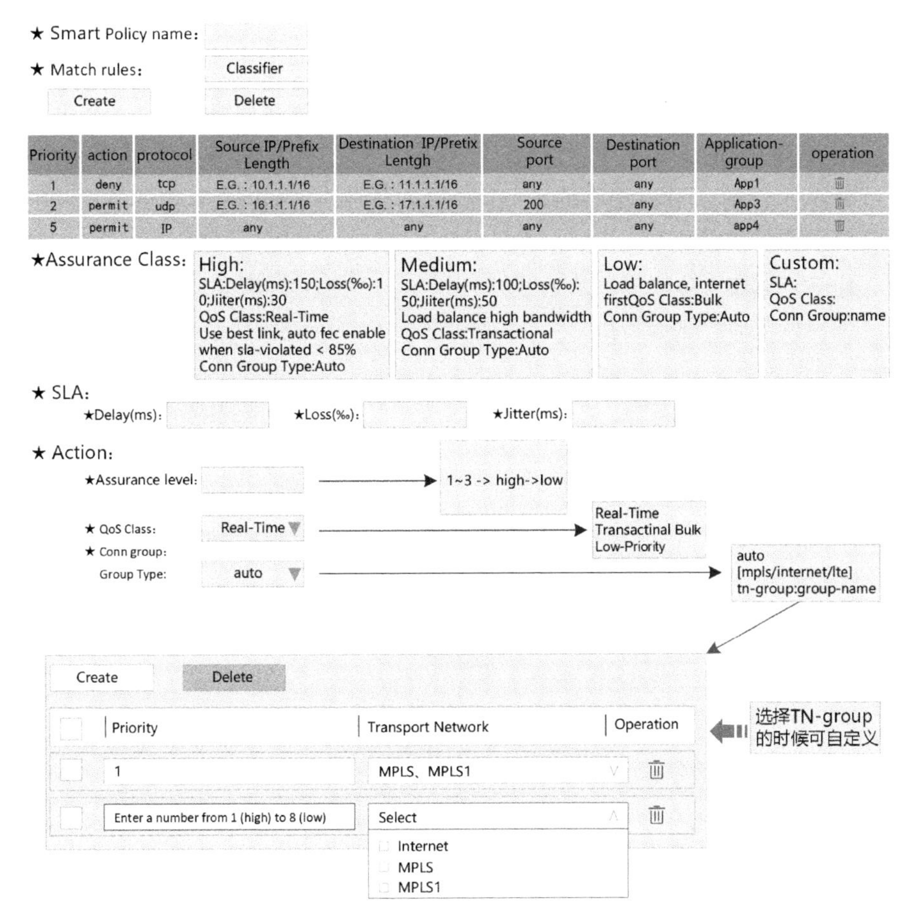

图 6-53　面向意图的应用体验优化方案配置界面

表 6-7　业务体验保障方案的级别划分

体验分类	链路质量	抗丢包	QoS	业务说明
体验优先保障类	时延：30 ms； 丢包率：10‰； 抖动：150 ms	按需启用	Real-Time	企业语音 / 视频会议业务：特点是对时延、抖动敏感，语音业务对带宽要求低，体验要求高；视频会议对带宽、时延和丢包率都要求优先保障
交互 / 事务类	时延：100 ms； 丢包率：50‰； 抖动：50 ms	无	Transactional	即时消息 / 媒体类业务：特点是对传输速率要求较高，对应用体验要求较高
数据类	无	无	Bulk	电子邮件 / 文件共享 / 备份等类业务：特点是带宽占用高，对时延、抖动、丢包率没有要求

对其他类别中不同或者相同体验保障级别的业务，按照业务的重要性对其提供其他相关质量保障技术，具体如下：

- Real-Time（高优先级的实时类）：对企业中的语音和视频类业务提供高级别的QoS保证；
- Transactional（中优先级的事务类）：对企业中主要的交互类业务提供中等级别的QoS保证；
- Bulk（低优先级的数据复制/电子邮件/文件传输）：对企业中的传输类业务提供低级别的QoS保证。

6.6.3 融合调度子方案

在多特性融合的业务处理流程中，只需要一次匹配就可以按照业务链执行多种体验保障业务。CPE 依据网络控制器的配置，执行联动的应用保障过程如图 6-54 所示。

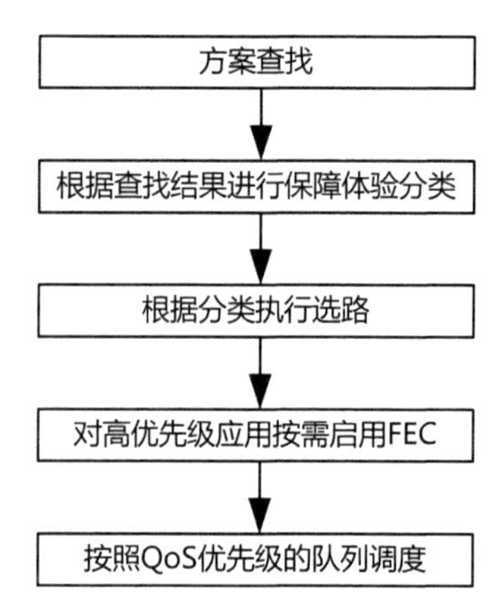

图 6-54　执行联动的应用保障过程

首先根据业务流量匹配规则查找需要执行的业务体验保障方案。根据保障方案的配置对业务进行分类，基于分类结果设置不同体验优先级并对应到相应的 QoS 分类。基于业务体验优先级，自动按照默认方案选择满足链路质量要求的链路，如果是体验保障类业务，则在最好的链路上进行传输。当链路质量低于阈值时，对体验保障类业务自动启用 FEC 等抗丢包优化。基于业务分类进行相应的 QoS 带宽限制和队列调度，QoS 按照当前 SD-WAN 业务模型的三级调度实现。

第 7 章 安全乃重中之重

信息化时代，网络安全的重要性不言而喻。近些年来，频繁的DDoS（Distributed Denial of Service，分布式拒绝服务）攻击、用户数据的大规模泄露、勒索软件的肆意传播等针对企业的攻击事件层出不穷，给业务的正常运转带来了严重的影响。

网络世界危机四伏，对任何一个信息系统来说，安全都是重中之重，对SD-WAN解决方案来说也不例外。网络安全无小事，要想应对安全挑战，必须要有全面的安全防护手段。本章介绍SD-WAN解决方案在安全防护方面所采取的具体措施。

7.1 安全新挑战

在传统的企业 WAN 环境中，企业分支站点通过 MPLS 专线等方式与总部站点互联，访问总部站点 / 数据中心站点来开展业务，或经过总部站点中转访问因特网。企业在总部实施安全策略（如部署防火墙等安全设备）就可以对分支站点访问数据中心以及分支站点访问因特网的行为进行安全管控。传统企业 WAN 的网络架构比较封闭，在一定程度上保证了网络的安全性。

SD-WAN 解决方案出现后，企业 WAN 发生改变，新的组件和业务模型都面临新的安全挑战。例如，网络控制器作为整个方案的大脑，其重要性毋庸置疑，但它的存在也增加了安全风险点；引入混合 WAN 链路后，业务流量会在因特网上传输，安全性难以保证。

具体来说，在部署和使用 SD-WAN 解决方案时主要面临以下的安全风险。

- 非法接入：非法设备的接入，例如使用仿冒的CPE向网络控制器注册并接入网络将带来严重的安全风险。
- 入侵行为：解决方案的组件对外提供交互接口，容易遭受因特网上的各类入侵攻击，影响系统的稳定性和可用性。
- 数据泄露：解决方案组件间的通信数据以及站点间的业务数据会在因特网上

传输，存在被窃取或被篡改的安全隐患。

- 业务侵害：分支站点直接访问因特网开展业务，这就为病毒、恶意文件、勒索软件在因特网上的传播提供了便利，给业务带来侵害。

SD-WAN 解决方案在企业分支互联和分支入云方面的优势明显，但也在无形中扩大了受攻击面。因此，SD-WAN 解决方案不只带来了“奶酪”，也带来了新的安全挑战。如何应对这些安全挑战，保证运行环境的安全、可靠、稳定，是必须要考虑的问题。

安全是个系统性的工程，为了更好地分析 SD-WAN 解决方案面临的安全问题并找到对应的解决措施，SD-WAN 解决方案的安全从整体上可以分为两个层面，即系统安全和业务安全，如图 7-1 所示。

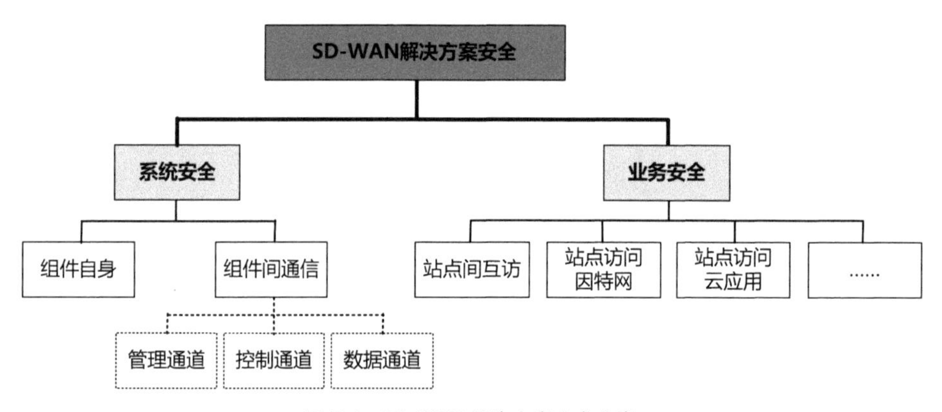

图 7-1　SD-WAN 解决方案安全分类

系统安全是 SD-WAN 解决方案必备的基础安全能力。SD-WAN 解决方案在初始化系统之后就应该自动具备这些能力，从而保障系统能够安全、可靠地运转。业务安全则是单独部署的安全功能，会随着业务情况而变化，要根据企业用户实际的业务安全需求，灵活选择合适的安全防护措施。

7.2　系统安全

系统安全主要包括 SD-WAN 解决方案中组件自身的安全，以及组件间的通信安全。SD-WAN 解决方案是一个比较复杂的系统，包含多个组件，组件本身以及组件之间的通信都会受到安全威胁。因此，必须要有相应的安全措施来保证 SD-WAN 系统的构建和运转是安全的。

（1）组件自身安全

组件自身要具备健壮的系统架构和完善的安全加固策略，并通过权限控制、账号 / 密码管理、数据保护、安全审计等多种措施保证自身的安全性。另外，组件所在的物理环境和网络环境也要得到安全保障，必要时要将组件，特别是网络控制器部署在受防火墙、Anti-DDoS 等安全设备保护的特定区域中，防范各类攻击。

（2）组件间通信的安全

组件间通信的安全主要包括组件互信、安全接入、数据加密等，会涉及认证、加密、验证等技术手段。在 SD-WAN 解决方案中，多种安全技术手段配合工作，组件间通信的安全问题就会迎刃而解。

下面介绍组件自身的安全和组件间通信的安全的具体情况。

7.2.1　组件自身的安全

网络控制器和 CPE 作为 SD-WAN 解决方案的基础组件，会面临各种安全威胁。网络控制器和 CPE 必须安全、稳定地运行，才能支撑 SD-WAN 解决方案的正常运转。

1. 网络控制器

在 SD-WAN 解决方案中，网络控制器作为整个网络的大脑，其安全性显得尤为重要。网络控制器由于逻辑集中，更容易成为被攻击的目标，其开放的 API、南向协议等，都会面临安全威胁和攻击。

网络控制器的安全性直接关系着整个网络的可靠性和可用性，攻击者一旦成功地攻击了网络控制器，如 DoS（Denial of Service，拒绝服务）、获取网络控制器权限等，就会影响整个网络，带来严重的安全问题。因此，网络控制器本身要具备完善的安全加固策略，削减各种安全风险，具体如表 7-1 所示。

表 7-1　网络控制器安全加固策略

分类		具体措施	削减安全风险
认证及权限控制	身份认证	提供本地认证、远程认证	削减管理员被仿冒的风险
	权限控制	基于角色的权限控制，基于租户的分域控制	削减用户权限被篡改或被非法提升的风险
数据保护	密钥管理	使用安全的加密算法，密钥分层管理	削减关键数据泄露的风险
	数据存储	提供数据访问控制，支持数据加密存储	削减关键数据泄露的风险
	数据传输	使用安全的通信协议，支持数据加密传输	削减关键数据泄露的风险

续表

分类		具体措施	削减安全风险
安全检测与响应	攻击检测	提供针对端口、Web、操作系统等的攻击检测	削减遭受外部非法入侵的风险
	入侵防御	防御各类入侵行为	削减遭受外部非法入侵的风险
	防御 DoS/DDoS	防御常见流量攻击	削减遭受 DoS 攻击的风险
隐私保护		严格控制访问权限	削减隐私数据被泄露的风险
安全管理	安全审计	支持完备的日志、事件记录功能	削减抵赖的风险
	安全升级 / 补丁	提供管理员鉴权，通过认证后才能执行升级 / 打补丁操作	削减升级流程中被篡改的风险
系统保护		提供软件和补丁的完整性保护，提供签名校验	削减被恶意篡改的风险
安全部署		分区规划，分层部署，部署防火墙实施隔离	削减遭受非法入侵及重要数据泄露的风险

2. CPE

无论是何种形态的 CPE，自身都要具备安全的系统架构，并支持多种安全防护措施，保证 CPE 能够抵御各种安全威胁。

首先，CPE 的系统架构应遵循 ITU-T（International Telecommunication Union-Telecommunication Standardization Sector，国际电信联盟电信标准化部门）制定的 X.805 标准，基于三层三面安全隔离机制，将控制平面、管理平面和转发平面进行隔离，保证任何一个平面在遭受攻击时，不会影响其他平面的正常运行。其次，CPE 在控制平面、管理平面和转发平面应具备多种安全防御能力，包括但不限于以下几种。

（1）物理安全

CPE 应能够关闭业务不使用的端口、串口和服务，防止遭受来自这些端口、串口和服务的攻击。

（2）数据安全

CPE 应具备对业务数据、用户名、密码等敏感信息进行加密保存的功能，防止敏感信息泄露。同时，为了防止非法的数据访问，应对数据的访问权限进行控制。

（3）认证鉴权

CPE 应提供系统权限控制和账号权限管理功能，对登录行为进行严格的身份认证和权限控制，支持账号 / 密码保护、密码复杂度检查以及密码防暴力破解等机制。

（4）防攻击

CPE 应具备防范各类网络攻击的功能，如防范 IP 泛洪攻击、ICMP 泛洪攻击、ARP（Address Resolution Protocol，地址解析协议）泛洪攻击、ARP 欺骗、Smurf 攻击、畸形报文攻击、非法报文攻击等。

CPE 应支持 CPCAR（Control Plane Committed Access Rate，控制平面承诺访问速率），针对每一种协议（或者协议的某种典型的消息），设置上报到控制平面的带宽限制，防止 CPU 被非法攻击。

（5）安全审计

CPE 应具备完备的日志记录系统，保证能够记录系统的任何配置操作和系统运行过程中的各种异常状态，便于事后审计。

7.2.2　组件间通信安全

1. 认证、加密、验证的基本原理

网络世界中，认证、加密、验证这 3 种技术手段是保证通信双方安全交互的基础，SD-WAN 解决方案使用这 3 种技术来保证组件之间安全可靠的通信。下面先来简单回顾一下对称密钥机制、公钥机制（也称非对称密钥机制）和哈希计算，它们是实现认证、加密和验证的理论基础。

对称密钥机制指的是通信双方使用相同的算法和密钥去加密和解密数据，在加密和解密过程中用到的密钥是双方都知道的，即双方的“共享密钥”。而公钥机制使用了两个不同的密钥：一个可对外界公开，称为“公钥”；另一个只有所有者知道，称为“私钥”。用公钥加密的信息只能用相应的私钥解密，反之，用私钥加密的信息也只能用相应的公钥解密，即用其中任一个密钥加密的信息只能用另一个密钥解密。

目前，常用的基于对称密钥机制的算法有 AES（Advanced Encryption Standard，高级加密标准）算法等，基于公钥机制的算法有 RSA（Rivest-Shamir-Adleman，RSA 加密算法）、DH（Diffie-Hellman）算法等。其中，RSA 可实现数据的加密和解密、真实性验证和完整性验证；而 DH 算法是一种密钥交换算法，由通信双方通过一系列的数据交换，最终计算出密钥。

另外，哈希计算是实现数据完整性验证的一个重要环节。哈希计算可以将任意长度的字符串处理得到固定长度的字符串，并且该计算是单向计算，无法逆推。最重要的是，原字符串任意字符的变化都会导致不同的计算结果。哈希计算后得出的信息通常被称为原字符串的摘要信息。通过对比摘要信息，就可以判断数据是否被修改。常见的哈希算法有 SHA（Secure Hash Algorithm，安全哈希算法，也称安全散列算法）系列等。

回顾了对称密钥机制、公钥机制和哈希计算后，下面再来简单介绍一下认证、加密和验证的基本原理。

（1）认证

认证是指通信双方验证对方身份信息的过程，这也是网络安全领域中广泛使用的安全保证措施。常用的身份认证方式有账号 / 密码认证、证书认证等，其中证书认证方式使用得非常普遍。证书是一种安全可信的载体，也被称为数字证书，相当于网络世界中的“身份证”。证书将持有者的身份信息和公钥相关联，保证公钥确实属于证书持有者，这样的话，通过验证证书就可以确认持有者的身份。常见的证书结构如图 7–2 所示。

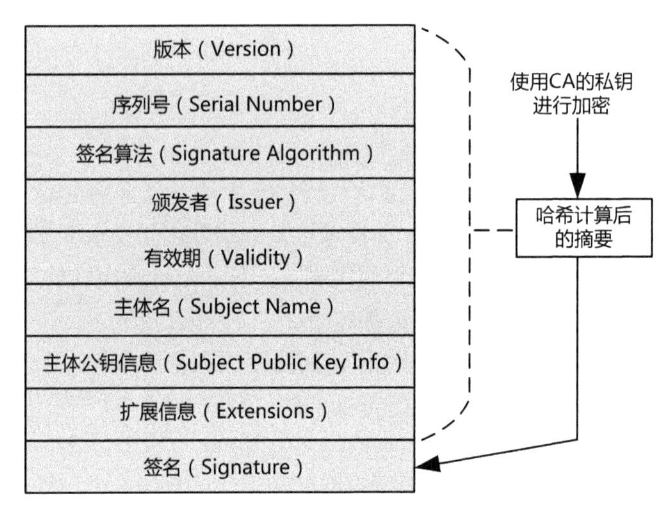

图 7-2　常见的证书结构

证书认证的原理基于 PKI（Public Key Infrastructure，公钥基础设施）体系架构，证书由权威的、公正的、可信任的 CA（Certificate Authority，证书授权中心）颁发，通信双方使用证书验证身份时，除了通信双方各自的证书外，还会用到 CA 自身的证书。

如图 7–3 所示，以 A 验证 B 为例。A 首先需要获取为 B 颁发证书的 CA 的证书，使用 CA 证书中的公钥解密 B 证书中的签名，得到摘要信息；然后，A 使用 B 证书中的哈希算法对 B 证书进行哈希计算，也得到一个摘要信息。A 将两个摘要信息进行对比，如果两者一致，就说明 B 的证书确实是由 CA 颁发的（能用 CA 的公钥解密说明该 CA 确实持有私钥），且没有被篡改过，此时该证书没有问题，B 的身份得到认证。

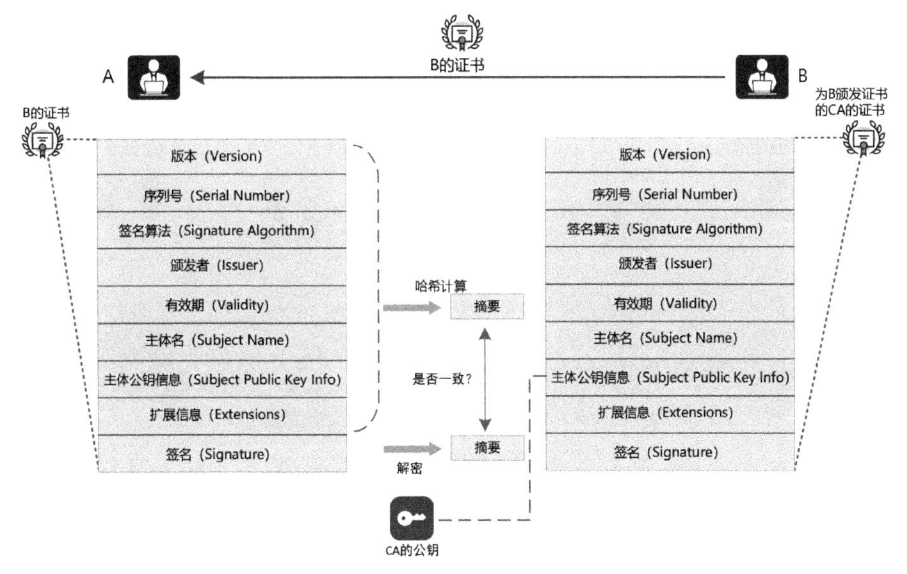

图 7-3　证书的验证过程

（2）加密

加密是一种将数据按照某种算法从明文转换成密文的过程，用于保证数据的机密性。解密是加密的逆过程。在对称密钥机制中，通信双方使用相同的密钥加解密数据，加解密过程如图 7-4 所示。

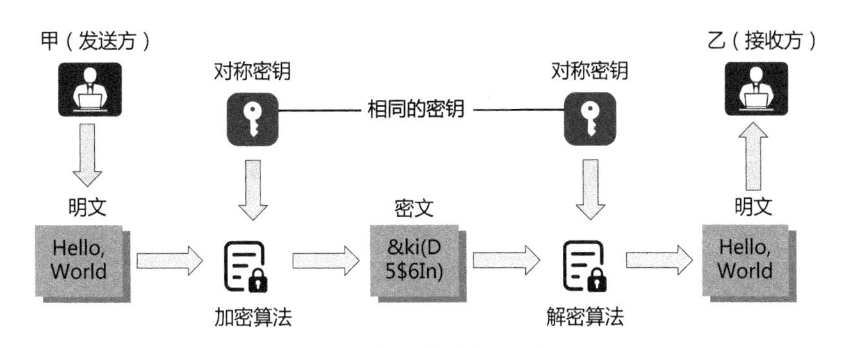

图 7-4　对称密钥机制的加解密过程

在公钥机制中，通信双方使用不同的密钥加解密数据，加解密过程如图 7-5 所示。

与对称密钥机制相比，公钥机制加密数据的计算过程非常复杂，开销大且速度较慢，所以不适用于大量数据的加密。在实际使用中，通信双方通常会使用基于公钥机制的算法（如 DH 算法）协商密钥，以保证交换密钥材料的安全性。待双方计算出密钥后，最终使用基于对称密钥机制的算法（如 AES 算法）来加密实际的数据，对称密钥机制和公钥机制各自分工、配合使用，兼顾了效率和安全性。

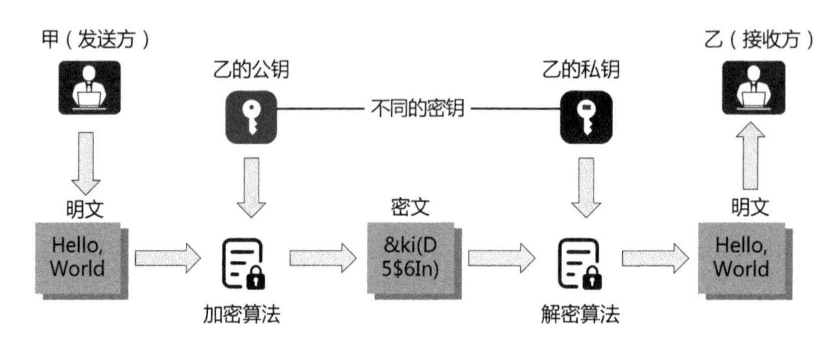

图 7-5　公钥加解密过程

（3）验证

验证是指通信双方确认数据在传输过程中是否遭到篡改，即验证数据完整性的过程。完整性验证是通过使用私钥加密、公钥解密的方式来实现的。具体来说，发送方先使用哈希算法对原始数据进行处理，得到摘要信息（也被称为数字指纹），然后使用自己的私钥将摘要信息加密，形成数字签名，最后将数据和数字签名一并发出。

接收方收到数据和数字签名后，使用相同的哈希算法对数据进行哈希计算，得到摘要信息；然后使用发送方的公钥对签名进行解密，得到另一个摘要信息。接收方对比两个摘要信息，如果一致，就说明数据确实来自发送方，且没有被篡改，这样就实现了数据的完整性验证。

数字签名的加解密过程如图 7-6 所示。

甲和乙事先获得对方的公钥，然后按以下步骤完成数字签名的加解密。

步骤①　甲使用乙的公钥对明文进行加密，生成密文信息。

步骤②　甲使用哈希算法对明文进行哈希计算，生成数字指纹。

步骤③　甲使用自己的私钥对数字指纹进行加密，生成数字签名。

步骤④　甲将密文信息和数字签名一起发送给乙。

步骤⑤　乙使用甲的公钥对数字签名进行解密，得到数字指纹。

步骤⑥　乙接收到甲的加密信息后，使用自己的私钥对密文信息进行解密，得到最初的明文。

步骤⑦　乙使用哈希算法对明文进行哈希计算，生成数字指纹。

步骤⑧　乙将生成的数字指纹与得到的数字指纹进行比较，如果一致，接受明文；如果不一致，丢弃明文。

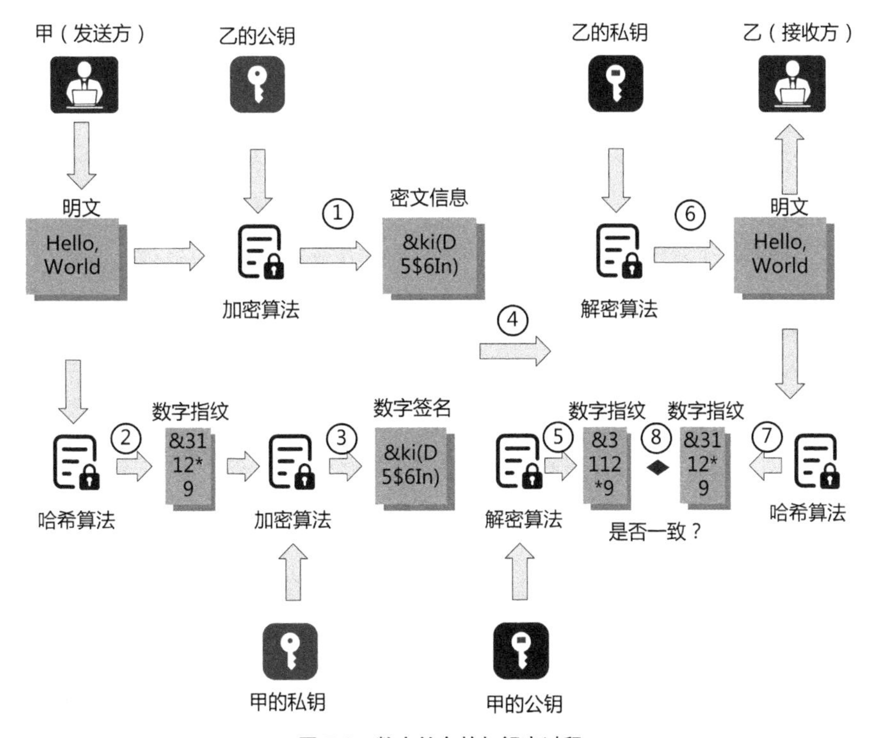

图 7-6　数字签名的加解密过程

2. 基于零信任的接入认证

在 SD-WAN 解决方案中，CPE 通过即插即用的方式上线，开局过程虽然便捷，但是会面临 CPE 被仿冒和非法接入等安全问题。针对 CPE 接入的场景，SD-WAN 解决方案提出基于零信任的安全理念，严格验证 CPE 的身份信息，确保只有合法的 CPE 才能接入。

零信任是一个安全概念，其核心思想是不应该信任网络内部和外部的任何人 / 事 / 物，应该在授权前对任何试图接入系统的人 / 事 / 物进行验证。SD-WAN 解决方案借鉴了零信任的思想，综合运用各种验证机制，确保 SD-WAN 系统是由“正确的人”使用“正确的设备”构建的。

（1）开局阶段

第 4 章中介绍过 CPE 即插即用开局，在开局阶段，要有必要的安全措施来保证 CPE 的开局安全。在人员方面，要确保开局邮件、开局 U 盘发给信任的站点开局人员；开局邮件中的 URL 地址要进行加密处理，也要通过安全的方式告知站点开局人员解密密码，这就保证了开局操作是由“正确的人”来执行的。

CPE 开局时，如果采用的是 ESN 与站点绑定的方式，网络控制器则通过 ESN 对 CPE 进行检查并确定 CPE 所属的站点；如果采用的是 ESN 与站点解耦的方式，网络控制器则通过令牌确定 CPE 所属的站点，由于令牌本身存在有效期的限制，网络控制器会对令牌的有效期进行校验，从而保证 CPE 开局的时效性安全。

CPE 和网络控制器之间建立管理通道和控制通道时，双方使用证书认证方式来验证身份，证书由权威的安全机构颁发，代表着持有者的身份。证书认证是双向认证，即网络控制器会通过校验 CPE 的证书来验证 CPE 的身份，防止仿冒的 CPE 的接入；CPE 也会通过验证网络控制器的证书来验证网络控制器的身份，防止仿冒的网络控制器的控制。

双向证书认证确保了 CPE 和网络控制器之间的互信，保障了“正确的设备”。CPE 和网络控制器双向证书认证过程如图 7-7 所示。

步骤① CPE 和网络控制器在出厂时预置同一个 CA 颁发的证书，以及该 CA 自己的证书。

步骤② CPE 上电后向网络控制器发起注册请求，在请求中携带自己的证书。

步骤③ 网络控制器收到 CPE 的证书后，使用 CA 证书验证 CPE 的证书，同时校验 CPE 的 ESN。

步骤④ 网络控制器向 CPE 发送自己的证书。

步骤⑤ CPE 收到网络控制器的证书后，使用 CA 的证书验证网络控制器的证书。

步骤⑥ 双向认证通过，CPE 成功上线注册。

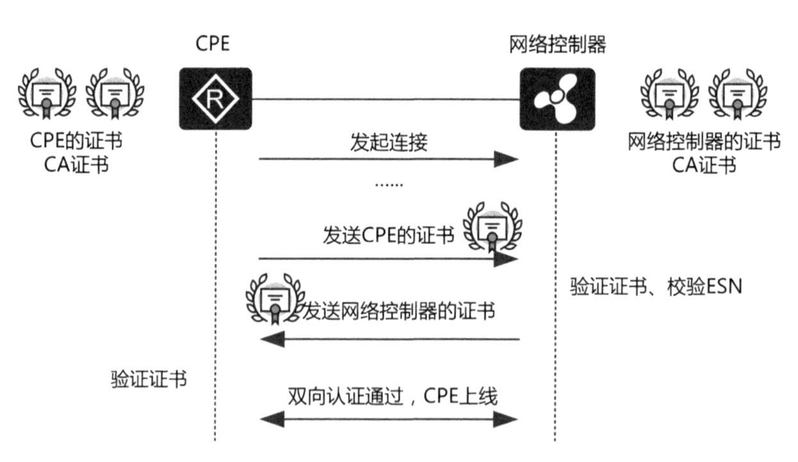

图 7-7 CPE 和网络控制器双向证书认证过程

通常预置的证书仅用于 CPE 启动后的注册上线，企业用户应将预置证书替换为自己的证书，如替换为企业自己的 CA 颁发的证书或者替换为企业向第三方 CA 购买的证书。

（2）运行阶段

有些企业的分支站点规模较小，不具备专业的机房环境，通常所用的CPE也是桌面型设备，容易发生被盗的情况。攻击者盗取CPE后上线，利用CPE上已有的配置信息，就可能接入企业的内网，造成安全隐患。

针对这种情况，网络控制器应支持检测CPE地理位置或接入环境的变化，一旦CPE的地理位置或接入环境发生改变，网络控制器就不允许其接入，或者网络控制器会给出警告信息，待网络管理员确认没有问题后，才允许CPE接入。另外，网络控制器上还应支持隔离功能，网络管理员可以在网络控制器上将可疑的CPE从网络中隔离出去，减少或消除可疑的CPE接入后带来的安全隐患。

3. 使用安全通信协议保护数据

CPE与网络控制器之间的通信数据在因特网上传输时，会面临数据泄露的安全风险，必须使用加密机制来保证数据在传输过程中的机密性。除了数据的机密性之外，也要保证CPE与网络控制器之间的通信数据在传输过程中不能遭到篡改，即保证数据的完整性。

通常情况下，CPE和网络控制器会使用SSH、TLS或DTLS协议建立管理通道和控制通道，如图7–8所示。SSH/TLS/DTLS协议提供的加密和验证功能保证了CPE和网络控制器之间通信数据的机密性和完整性。

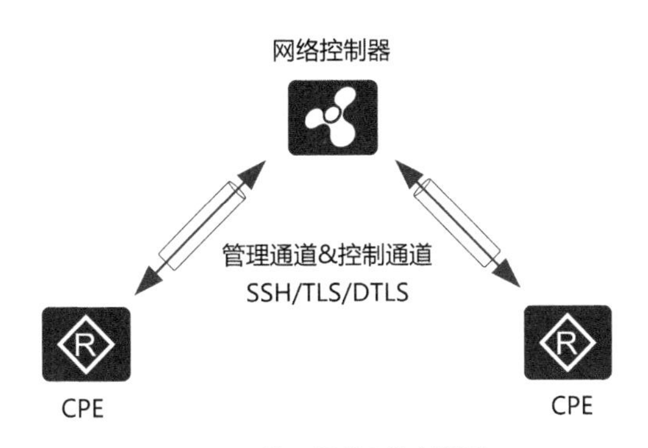

图7-8 管理通道和控制通道

具体来说，CPE和网络控制器在建立SSH/TLS/DTLS连接时，一般会通过DH算法计算出对称加密密钥，并协商所使用的加密算法。CPE和网络控制器之间后续的交互数据都承载于SSH/TLS/DTLS连接之上，受SSH/TLS/DTLS连接的加密保护，如NETCONF over SSH、HTTP2.0 over TLS等，从而保证了数据在传输过程中的机密性。同样，数据的完整性保证也要依靠SSH/TLS/DTLS协议来实现。

CPE和CPE之间建立的数据通道代表着站点之间的互联互通。数据通道是建立在 Underlay 网络之上的 Overlay 隧道，用于传输业务流量，即站点间的业务流量由 CPE 之间建立的 Overlay 隧道来承载。数据通道的安全需求相对来说比较简单，主要是保证 CPE 之间 Overlay 隧道的机密性和完整性。通常情况下，CPE 之间会使用 IPSec 来保证数据的安全性，如图 7-9 所示。

传统方式下，CPE 之间使用 IKE 协议来建立 IPSec 隧道。CPE 之间先协商建立 IKE 连接，然后在此基础上建立 IPSec SA。如果一台 CPE 要和其他多台 CPE 建立 IPSec 隧道，那么该 CPE 就要分别与其他 CPE 协商建立 IKE 连接和 IPSec SA，这样就会占用更多 CPE 的系统资源，也不便于 IPSec 密钥的管理。

在 SD-WAN 解决方案中，为了解决上述问题，可以通过网络控制器来向各个 CPE 分发建立 IPSec SA 所需的信息，而无须通过 IKE 协议建立 IPSec 隧道，如图 7-10 所示。

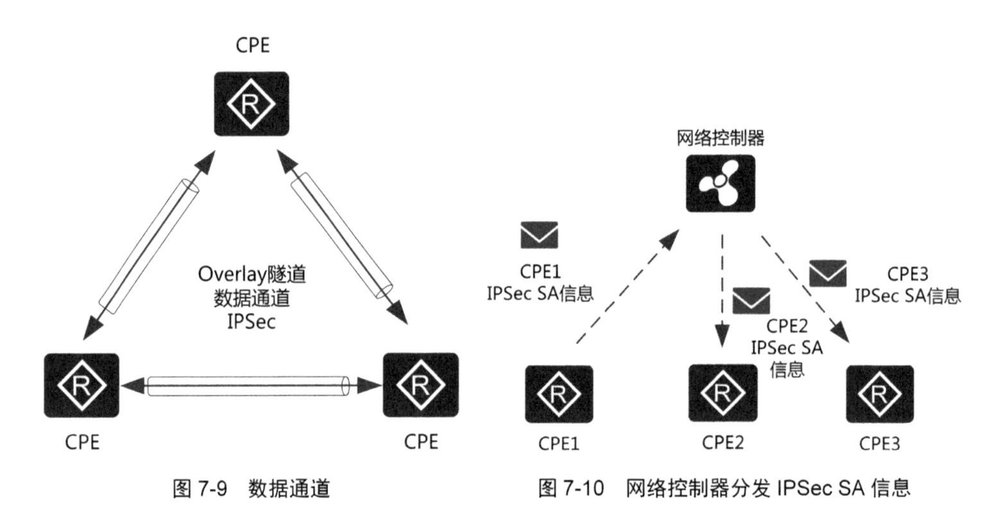

图 7-9　数据通道

图 7-10　网络控制器分发 IPSec SA 信息

网络控制器通过控制通道来接收并分发 IPSec SA 信息。这种方式大大减少了 CPE 的系统资源消耗，也提高了 CPE 之间建立 IPSec 连接的灵活性和可扩展性。另外，IPSec SA 会定期更新，进一步提高了安全性。

需要注意的是，CPE 建立 IPSec SA 所使用的密钥可以通过不同的方式生成。例如，可以预先设置好密钥，然后通过网络控制器直接分发给各个 CPE，也可以由 CPE 之间协商计算得出。

4. 多租户场景安全隔离

在运营商 /MSP 转售的场景中，运营商 /MSP 要向众多的企业用户提供 SD-WAN 服务。通常情况下，一个企业作为一个租户，运营商 /MSP 提供的网络要支持同时管理多个租户。这就要求网络控制器支持多租户的管理，且不同租户间要实施安全隔离。

多租户场景下面临的安全威胁主要包括：CPE 非法接入，某个租户的 CPE 与另一个租户的网络控制器建立管理通道和控制通道，进而与另一租户的 CPE 建立数据通道；数据泄露，某个租户窃取到其他租户的业务数据，等等。

通常情况下，网络控制器应提供严格的安全隔离功能，使不同租户具有各自的管理通道和控制通道。在此条件下，同一个租户的 CPE 才能建立数据通道。例如，租户 A 的 CPE 发布的信息不能扩散到租户 B 的 CPE；租户 B 的 CPE 也不能接入租户 A 的网络中建立管理通道和控制通道，更不能与租户 A 的 CPE 建立数据通道。

以网络控制器同时管理租户 A 和租户 B 为例，多租户场景的安全隔离如图 7-11 所示。

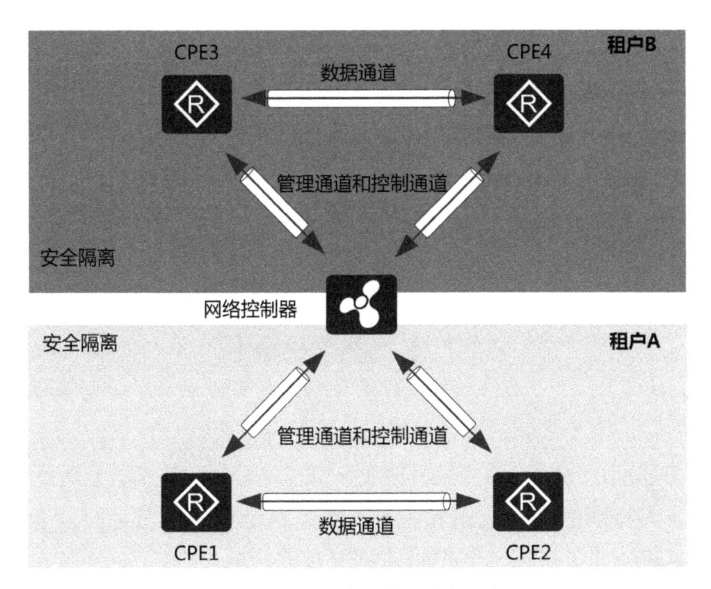

图 7-11　多租户场景下安全隔离

多租户场景下，SD-WAN 解决方案中的 IWG 设备一般是多租户共享的设备，如果使用传统的直接分发 IPSec SA 密钥的方式，可能存在不同租户的 CPE 发往 IWG 的流量都使用相同密钥进行加解密的情况，导致一个租户可以解密其他租户的流量，带来数据安全问题。

通常出于安全性的考虑，在多租户场景下，CPE 之间以及 CPE 和 IWG 之间会使用 DH 算法进行协商，由网络控制器分发密钥材料，需要建立 IPSec SA 的设备（CPE、IWG）通过交换密钥材料来计算出密钥。以 CPE 之间协商加密密钥为例，密钥的生成方式如图 7-12 所示。

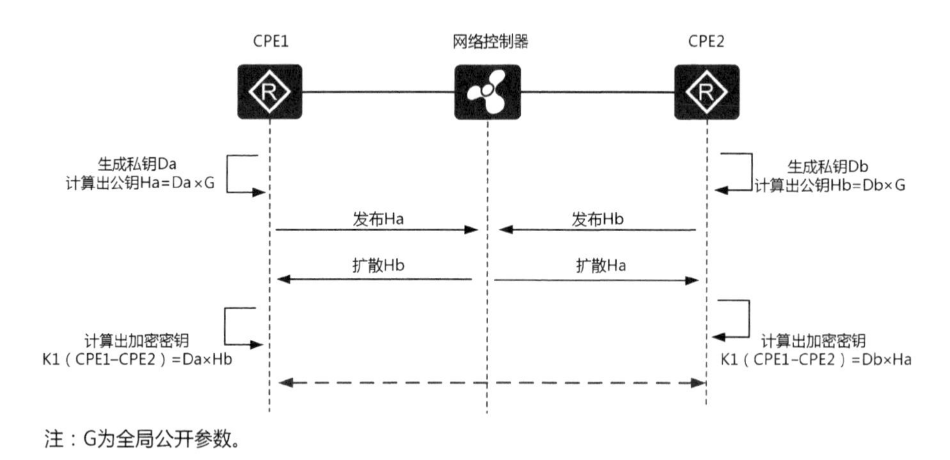

图 7-12 IPSec SA 加密密钥的生成

与直接分发密钥的方式相比，采用 DH 算法协商的方式安全性更高。攻击者即使获取了设备之间交互的密钥材料，也无法计算出密钥。此外，使用 DH 算法后，不同租户的 CPE 与 IWG 建立的 IPSec SA 都使用不同的密钥，使得不同租户的 CPE 发往 IWG 的流量都使用不同的密钥加解密，进一步增强了安全性。

7.3 业务安全

对于业务层面的安全，主要关注的是 SD-WAN 解决方案上所承载业务的安全，防范来自因特网的各种攻击和入侵行为，保证业务正常运行。业务安全的保障需要结合实际的业务模型，根据具体情况具体分析。

ONUG SD-WAN 2.0 工作组定义的用于企业 SD-WAN 多云集成的参考架构重点关注分支机构和云的安全性。将本地安全性与基于云的安全性集成，可用于应对将 SD-WAN 连接性集成到混合多云环境中带来的一系列安全挑战。参考架构中针对不同的业务场景定义了相应的安全用例，例如，针对站点间互访的安全用例、针对分支站点内访客直接访问因特网的安全用例、针对分支站点直接访问因特网的安全用例、针对分支站点直接访问 SaaS 云应用的安全用例。

参考 ONUG SD-WAN 2.0 工作组定义的安全用例，在分析业务安全的需求之前，首先要了解 SD-WAN 中的业务场景。与传统的企业 WAN 相比，SD-WAN 引入了混合 WAN 链路，因特网成为传输业务流量的重要方式。站点间互访的业务流量可以通过因特网传输；分支站点可以通过本地上网的方式直接访问因特网；

另外，在企业应用云化的趋势下，分支站点也会直接通过因特网访问 SaaS 云应用来开展业务，如图 7-13 所示。

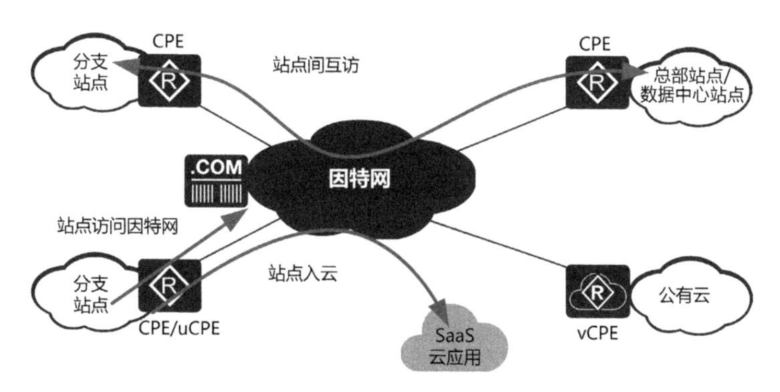

图 7-13　SD-WAN 业务场景

以上这几种业务场景都面临安全挑战，需要采取相应的安全措施来保证业务的安全性。

（1）站点间互访

站点间互访的业务流量会通过 CPE 之间建立的连接来传输。针对站点间互访业务，重点需要关注业务流量在因特网上传输时的安全性。通常情况下，CPE 之间会使用 IPSec 来建立连接，通过加密、完整性验证等机制，保证数据不被窃取或篡改。

（2）站点访问因特网

SD-WAN 解决方案中引入因特网链路后，企业的分支站点可以直接访问因特网，但业务模型的改变也带来了安全问题。分支站点直接访问因特网，就相当于向因特网打开了大门，面临安全风险。针对这种业务场景，一般来说，安全防护措施要部署在站点侧，通过 CPE/uCPE 提供安全防护功能。

（3）站点入云

随着企业的传统应用逐渐云化，企业的分支站点会借助因特网直接访问公有云上的应用，访问公有云的业务流量同样会面临安全风险。针对这种业务场景，可以考虑将安全防护的位置上移，即在云端部署安全防护措施。例如，可以将第三方云安全服务商集成到 SD-WAN 解决方案中，借助第三方云安全服务商对分支入云的业务流量进行安全防护。

接下来介绍针对这 3 种业务场景实施的安全防护的具体情况。

7.3.1　站点间互访

站点间的互联互通是通过 CPE 之间的连接来实现的。具体来说，CPE 会基于 Underlay 网络建立 Overlay 隧道，站点间互访的业务流量由 Overlay 隧道来承载。由于站点间互访的业务流量会在因特网上传输，所以 Overlay 隧道一般都会使用 IPSec 来保护业务流量，保证其在传输过程中的机密性和完整性，如图 7-14 所示。

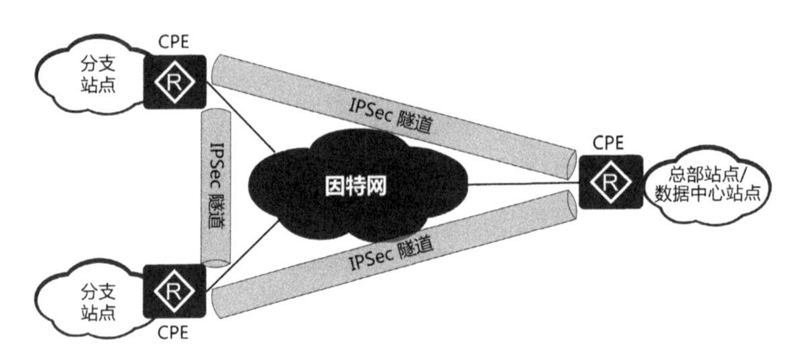

图 7-14　站点互访业务安全

CPE 之间建立 IPSec 隧道时，会通过网络控制器分发建立 IPSec SA 所需的信息，不再需要使用 IKE 协议建立连接。另外，如前所述，IPSec SA 所使用的密钥可以预先设置，再通过网络控制器直接分发给各个 CPE；也可以由 CPE 之间通过 DH 算法协商计算得出。

7.3.2　站点访问因特网

因特网链路的引入使站点可以通过 CPE 直接访问因特网，此时 CPE 位于安全防护的第一线，这就要求 CPE 本身要具备一定的业务安全防护能力，具体如下。

- 流量过滤。流量过滤一般通过ACL实现，ACL是网络设备最基本的功能，广泛应用于安全防护。可以根据ACL规则对流量分类，进而对特定的流量采取阻断动作。
- 防火墙。防火墙是一种隔离技术，通过划分安全区域，在逻辑上隔离内网和外网，保护内网免受外部非法用户的侵入。
- 入侵防御。IPS（Intrusion Prevention System，入侵防御系统）是一种安全机制，通过分析网络流量特征来检测入侵行为（包括缓冲区溢出攻击、木马、蠕虫等），并对入侵行为实时响应，然后阻断入侵行为，保护网络免受侵害。
- URL过滤。URL过滤功能可以对站点内用户访问的URL地址进行控制，禁止用户访问某些网页资源，规范用户的上网行为，减少安全风险。

上面列出了 CPE 应该具备的几个基本安全功能，如果需要具备高级安全功能，还可以通过部署 VAS 来实现。SD-WAN 解决方案中的 VAS 部署方式通常包括在 uCPE 内部署 VNF 形态的虚拟网元，或者在 CPE 处旁挂物理防火墙。下文主要以在 uCPE 内部署虚拟网元这种方式为例来进行介绍。在 uCPE 内部署虚拟化的安全设备（如 vFW），提供内容过滤、文件过滤、高级威胁防御等高级安全功能，这也是 SD-WAN 解决方案中对业务提供安全防护的一种常用方案。

综上所述，对于站点访问因特网业务的安全防护，可以借助 CPE 内置的安全功能，也可以使用 uCPE 提供的 VAS 高级安全防护功能，具体可根据业务的实际情况灵活选择，如图 7-15 所示。

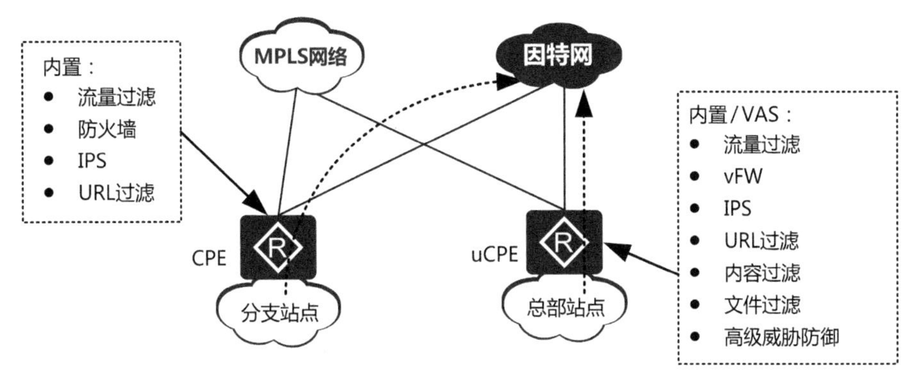

图 7-15　站点访问因特网业务安全

下面分别从 CPE 内置安全功能和 uCPE 提供 VAS 高级安全防护功能这两个方面介绍站点访问因特网业务安全的具体情况。

1. CPE 内置安全功能

（1）流量过滤

如果希望对企业内网与因特网之间交互的特定流量进行控制，可以配置流量过滤功能，即在 CPE 上设置 ACL 规则，根据报文的源 IP 地址、目的 IP 地址、源端口号、目的端口号等信息对报文进行分类，进而对报文执行过滤动作。通常情况下，流量过滤功能可以部署到 CPE 的 WAN 侧接口或 LAN 侧接口上，实现对经过 CPE 的流量的过滤。

CPE 可通过策略的方式实现流量过滤功能。网络管理员在网络控制器上进行策略配置后，网络控制器会将 ACL 应用到 CPE。在网络控制器上，流量过滤功能的配置界面如图 7-16 所示。

流量过滤功能的应用场景如图 7-17 所示。在 WAN 侧接口应用 ACL，可以防止外网的特定流量进入分支内网。在 LAN 侧接口应用 ACL，可以阻断分支内网访问外网的特定流量。

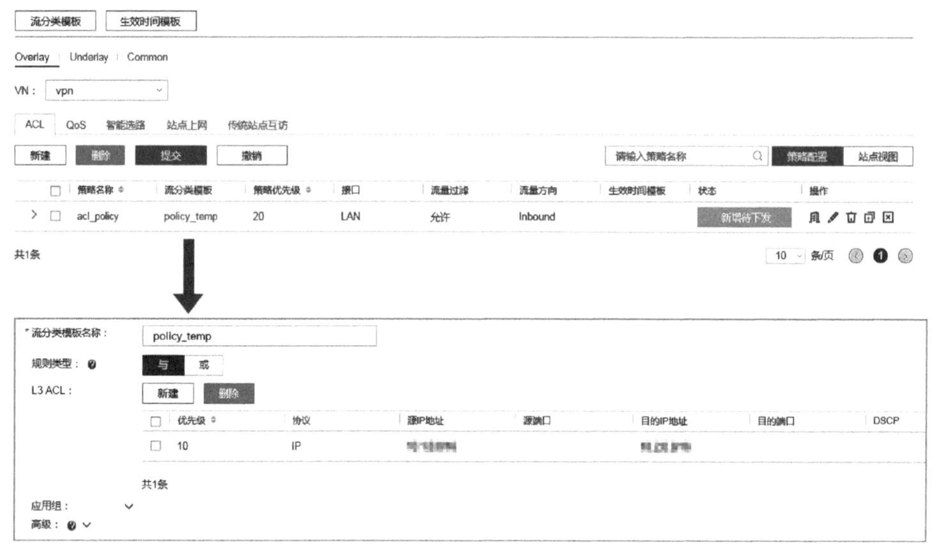

图 7-16　流量过滤功能的配置界面

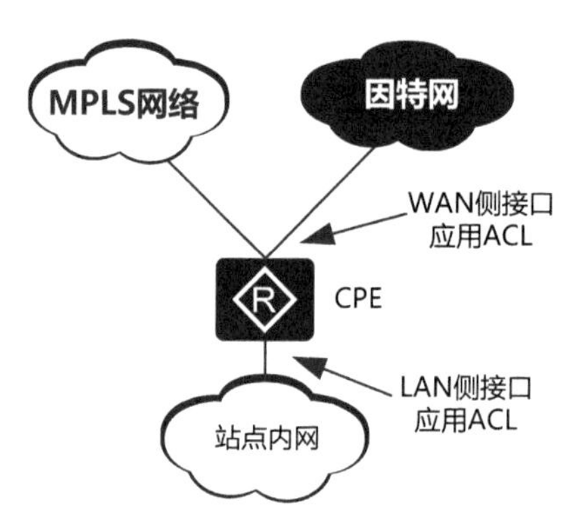

图 7-17　流量过滤功能的应用场景

（2）防火墙

防火墙功能实现内外网隔离主要涉及如下两个概念。

- 安全区域：简称区域，是一个或多个接口的组合，这些接口所连接的网络具有相同的安全属性。
- 安全域间：任何两个安全区域都构成一个安全域间，报文在两个安全区域之间流动时会触发防火墙功能。

通常情况下CPE可通过策略的方式启用防火墙功能，策略会应用到安全域间。在配置防火墙功能时，需要考虑安全区域的规划以及策略所应用到的安全域间的范围。在SD-WAN解决方案中，网络管理员只需在网络控制器上进行简单的操作，网络控制器会根据CPE的实际情况对安全区域进行自动编排，并将策略应用到相应的安全域间。采用这种方式，网络管理员无须通过 CLI 对 CPE 进行烦琐的配置，从而简化了配置过程，节省了工作量。在网络控制器上，防火墙功能的配置界面如图 7-18 所示。

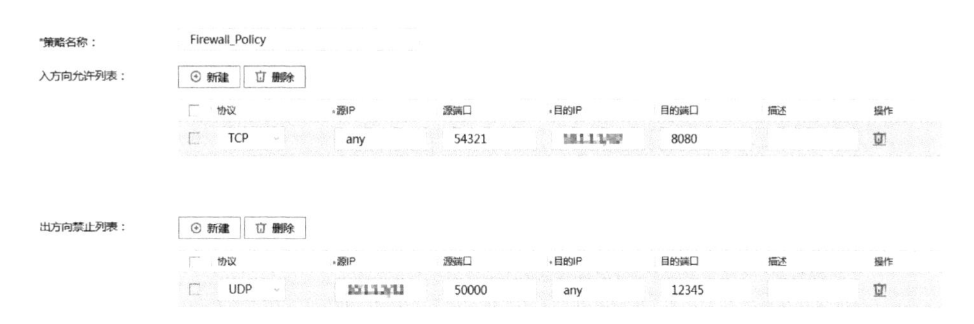

图 7-18　防火墙功能的配置界面

接下来以集中上网和本地上网为例介绍防火墙功能的应用场景。在 CPE 上开启防火墙功能，对企业分支站点和总部站点内网访问因特网的业务流量进行安全防护，如图 7-19 所示。在集中上网场景中，所有分支站点的上网流量都绕行至总部站点后访问因特网。在总部站点的 CPE 上启用防火墙功能，可对访问因特网的业务流量进行安全防护。在本地上网场景中，分支站点和总部站点从本地 CPE 直接访问因特网。在分支站点和总部站点的 CPE 上启用防火墙功能，可对访问因特网的业务流量进行安全防护。

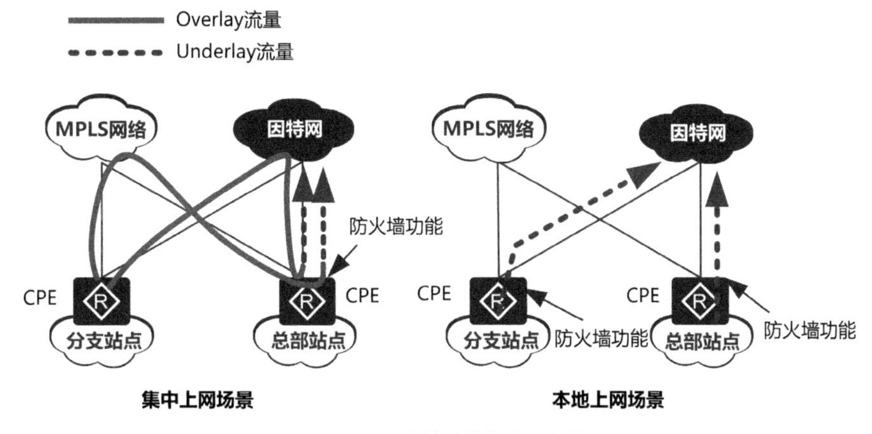

图 7-19　防火墙功能的应用场景

（3）IPS

CPE 中会预置 IPS 特征库，特征库中包含各种常见的入侵行为特征。IPS 将报文的特征与特征库中的特征进行对比，如果匹配，则认定发生入侵行为，进而采取相应的防御措施。IPS 特征库也需定期升级，使 CPE 能够识别新的攻击和入侵行为，从而更好地防御网络中的威胁。

CPE 也可通过策略的方式实现 IPS 功能，策略会应用到安全域间。在 SD-WAN 解决方案中，网络管理员只需在网络控制器上进行简单的操作，网络控制器会根据 CPE 的实际情况对安全区域进行自动编排，并将策略应用到相应的安全域间。采用这种方式，网络管理员无须通过 CLI 对 CPE 进行烦琐的配置，从而简化了配置过程。在网络控制器上，IPS 功能的配置界面如图 7-20 所示。

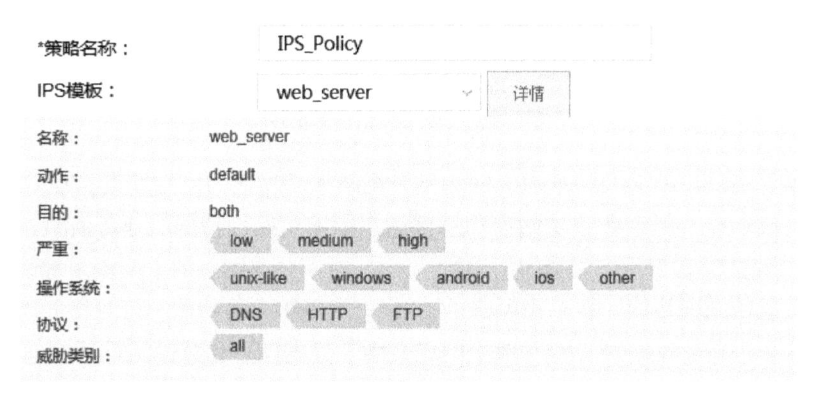

图 7-20 IPS 功能的配置界面

IPS 功能的应用场景如图 7-21 所示，包括集中上网和本地上网。在 CPE 上开启 IPS 功能，对企业分支站点和总部站点内网访问因特网的业务流量进行安全防护。在集中上网场景中，所有分支站点的上网流量都绕行至总部站点后访问因特网。在总部站点的 CPE 上启用 IPS 功能，可阻断来自因特网的各种入侵行为。在本地上网场景中，分支站点的上网流量从本地 CPE 直接访问因特网。在分支站点和总部站点的 CPE 上启用 IPS 功能，可阻断来自因特网的各种入侵行为。

（4）URL 过滤

CPE 启用 URL 过滤时一般可以使用预定义分类和黑白名单两种过滤方式，允许或禁止用户访问某个或某类 URL。CPE 会提取 HTTP 请求报文中的 URL 字段，并将这些 URL 字段与预定义分类或黑白名单进行匹配。如果匹配，则根据配置的响应动作对其进行处理。

与防火墙功能和 IPS 功能相同，CPE 也可通过策略的方式实现 URL 过滤功能，策略会应用到安全域间。网络管理员只需在网络控制器上进行简单的操作，网络控制器会根据 CPE 的实际情况对安全区域进行自动编排，并将策略应用到相应的安全域间。在网络控制器上，URL 过滤功能的配置界面如图 7-22 所示。

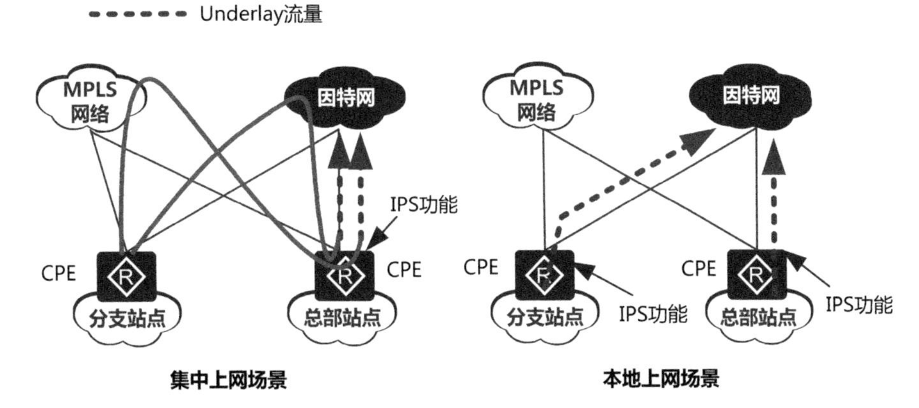

图 7-21　IPS 功能的应用场景

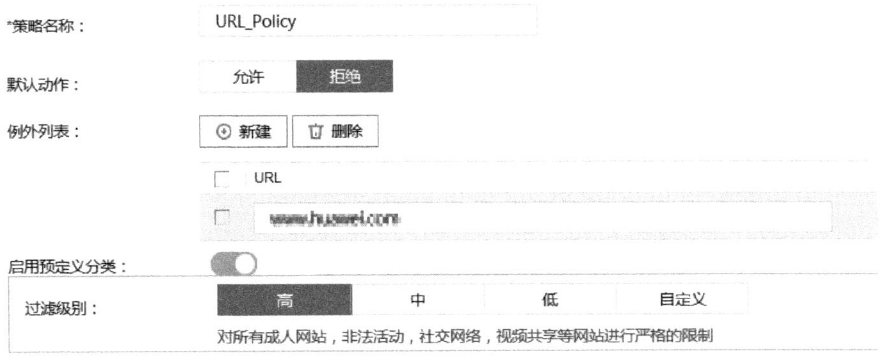

*策略名称：URL_Policy

默认动作：允许　拒绝

例外列表：新建　删除

URL

www.huawei.com

启用预定义分类：

过滤级别：高　中　低　自定义

对所有成人网站，非法活动，社交网络，视频共享等网站进行严格的限制

图 7-22　URL 过滤功能的配置界面

URL 过滤功能的应用场景如图 7–23 所示，以分支站点用户访问总部和因特网的 Web 服务器为例，在分支站点的 CPE 上开启 URL 过滤功能，对用户访问的 URL 进行管控。分支站点访问因特网的 Web 服务器时，在 CPE 上启用 URL 过滤功能，可对分支站点内用户访问因特网的 URL 进行控制，规范用户的上网行为。分支站点用户访问总部的 Web 服务器时，在 CPE 上启用 URL 过滤功能，可对分支站点内用户访问总部的 URL 进行控制，规范用户的访问行为。

2. uCPE 提供 VAS 高级安全防护功能

在 uCPE 内部，虚拟化的安全设备在逻辑上是以独立的设备形态存在的，由网络控制器对业务链进行编排来控制进入 uCPE 的业务流量的转发。所谓对业务链进行编排，是指定义并实例化一组有序的业务功能，然后让流量依次通过这些功能。

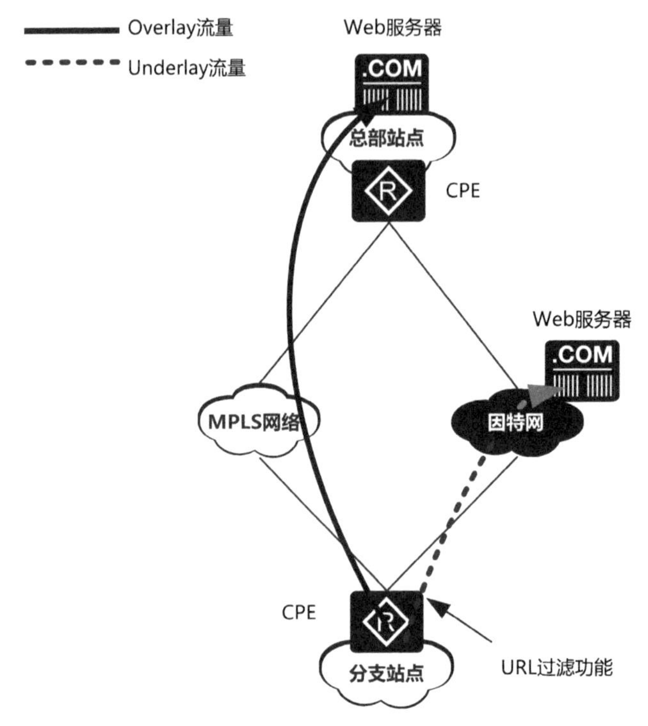

图 7-23　URL 过滤功能的应用场景

如图 7–24 所示，来自企业内网（LAN 侧）的业务流量先由虚拟交换机模块引入 vFW 中，经过 vFW 的处理后，再返回至虚拟交换机，最后由路由器模块发送出去。回程的业务流量经过的路径与之类似。

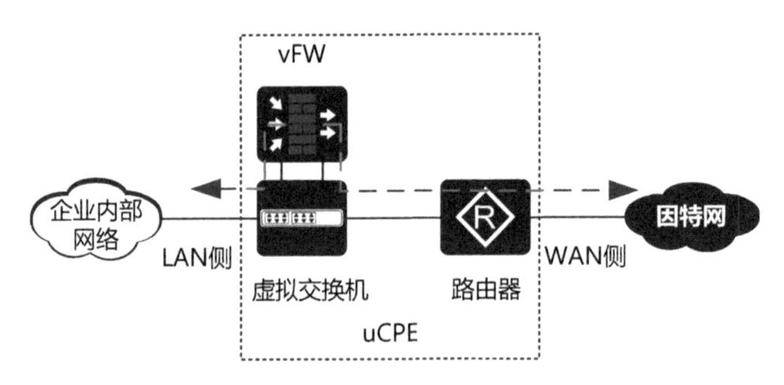

图 7-24　uCPE 内部署 vFW

使用 uCPE 来部署 VNF 形式的 vFW，提供反病毒、内容过滤、文件过滤等高级安全功能，防御高级威胁，可以使企业获得随需随取的 VAS 高级安全防护服务，帮助企业减少硬件设备的投入。同时，还可以简化网络管理的复杂度，降低网络运维成本。

7.3.3 站点入云

在企业应用云化的背景下，企业分支站点可直接通过因特网访问 SaaS 云应用，如办公软件、数据库等。针对这些业务流量的安全防护，除了利用分支站点 CPE/uCPE 的安全功能之外，还可以借助云端的安全防护功能。

一些云安全服务提供商通过云平台提供安全服务。针对企业访问 SaaS 云应用的业务流量，提供接入控制、威胁检测、攻击防御、数据保护等服务，实现“安全即服务”。以云端服务的形式提供安全防护具有很高的可用性和可扩展性，并且能够与网络生态系统中的其他厂商的服务集成。

如图 7–25 所示，企业分支站点中的 CPE 对接第三方云安全服务商提供的云安全网关，通常 CPE 会与第三方云安全网关建立隧道，然后将分支站点访问 SaaS 云应用的流量通过隧道发送至第三方云安全网关进行安全检测。检测后，第三方云安全网关再将流量发送至相应的 SaaS 云应用。

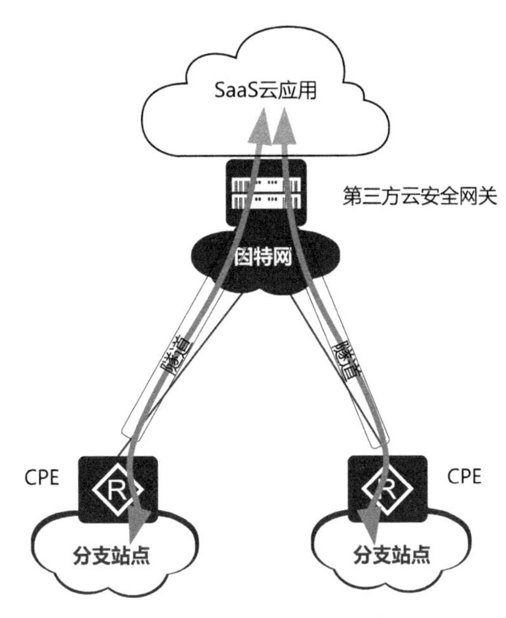

图 7-25　站点入云业务安全

SD–WAN 解决方案集成第三方云安全服务商的云安全网关，利用第三方云安全服务商的安全服务，对分支上云的业务流量进行安全防护。该方案能够降低成本、简化管理，并且提高云应用业务的访问体验和安全性，是一种行之有效的安全防护方式。

第 8 章 轻松运维无难事

传统的网络运维方式通常以设备为中心，网络管理员使用命令行管理单个设备或者使用网管集中管理多个设备，通过人工分析设备提供的数据进行故障定位和日常维护。传统的运维方式对网络管理员的技能要求很高，同时运维成本也很高。

SD-WAN解决方案提供了简便的运维方式。网络控制器可以提供全网监控功能，实时获取站点和链路的状态信息，实现全网状态的可视化展示。同时，网络控制器通过分析网络运行状态的数据，主动识别可能发生的故障点，并及时通知网络管理员，帮助其快速定位并解决网络故障。SD-WAN解决方案通过这些自动化、智能化的运维功能降低了管理成本，提高了运维效率。

8.1 运维方式的变革

随着企业业务的多元化、全球化和云化，企业对网络的依赖度越来越高，站点的数量也不断增加，传统的网络运维方式已无法满足现代企业的诉求，一场运维方式的变革已经到来。

通常对于整个网络的运维，网络管理员主要关心如下 4 个运维痛点。

- 管理权限不受控，多人管理易出错。运维平台缺少权限控制，多人管理存在误操作的隐患，且影响整网业务的运行。
- 网络状态不透明，无法预知潜在威胁。网络管理员无法实时感知传统网络的状态，需24小时待命。他们迫切需要简单、高效的主动运维手段，化解当前的尴尬局面。
- 网络结构太复杂，故障定位难度大。Underlay网络与Overlay网络故障的快速定位和业务故障的快速定位是当前网络管理员遇到的两大难题。如何快速定位故障并解决问题，以免影响企业业务的正常运行，是网络管理员非常关心的问题。

- 设备迁移难度大，业务难以平滑切换。传统设备的迁移难度较高，对现网的业务会造成一定的冲击，通常需要在深夜业务流量小的时间段进行迁移，从而降低对现网业务的影响。

运维是 SD-WAN 解决方案中非常关键的一环，方案中提供了完整的运维解决方案，让智能运维成为可能。

SD-WAN 解决方案基于全新的运维架构，面向用户提供了 4 个层面的运维功能。

- 基于角色的权限控制功能。针对不同的客户，分别提供不同的运维方式，保证权限控制最小化。可以根据不同的岗位角色设置不同的访问权限，实现分权分域管理。
- 多维度可视化的监控功能。通过网络控制器提供的网络与业务的历史趋势、健康度TOP排名等可视化数据，及时呈现租户网络的实时状态。
- 提供丰富的故障诊断功能。通过网络控制器集成的故障定位工具，能快速定位复杂问题，降低了运维人员的技能门槛，同时让运维变得更加高效。
- 传统网络向SD-WAN迁移的功能。针对传统网络，SD-WAN解决方案可以实现与传统站点设备的互联，也可以通过将传统站点改造成SD-WAN站点，实现传统网络向SD-WAN的迁移。

8.2 运维架构

企业网络的运维方式包括主动运维和被动运维两种。

主动运维是指采取积极的监控管理手段，预先发现可能出现的故障，提前消除隐患。例如，通过监控网络中设备的告警、日志，以及监控站点间的链路质量等，主动识别故障隐患，提前排障。

被动运维是指网络发生故障后，采取故障定位手段，并针对故障采取相应的补救措施。例如，通过网络质量诊断工具进行故障定位，通过 SSH 远程登录设备，并进行设备升级或补丁安装等操作。

下面将通过运维总体架构进一步阐述 SD-WAN 解决方案所具备的运维功能，如图 8-1 所示。

（1）角色管理

SD-WAN 解决方案支持创建系统管理员、MSP 管理员及租户管理员 3 种管理员角色。通过网络控制器，分别提供面向这 3 种管理员角色的运维管理 Portal 界面，完成相应的运维管理操作。

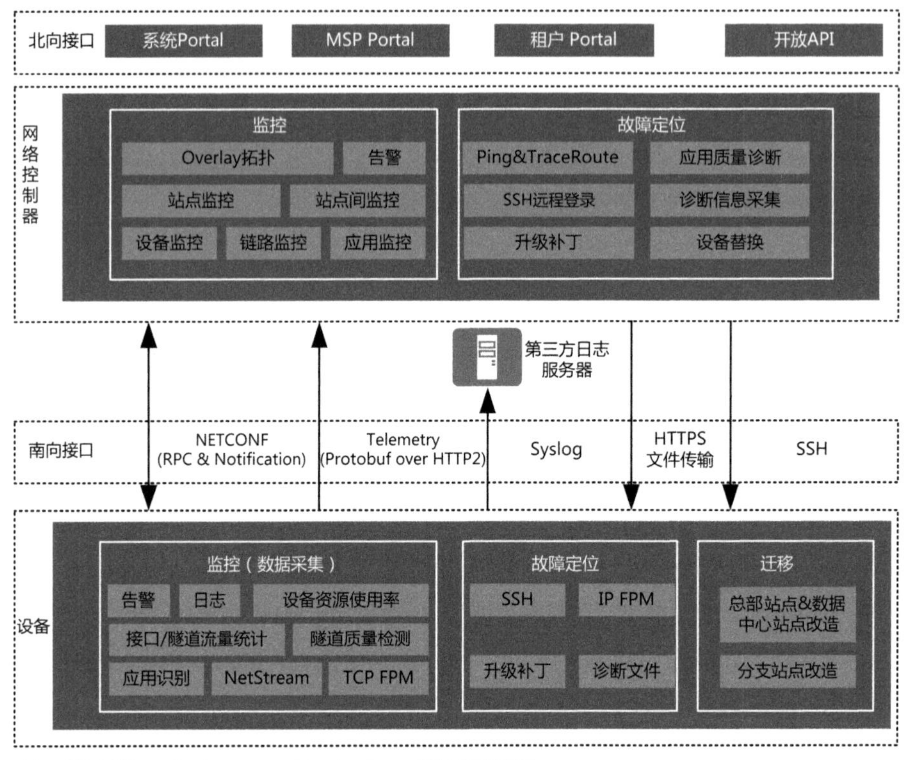

图 8-1 运维总体架构

（2）监控

网络拓扑 / 站点 / 设备 / 链路 / 应用监控：CPE 通过 NetStream 等技术采集原始数据，并将采集到的原始数据上报给网络控制器。网络控制器对这些数据进行分类，按照不同的维度呈现给管理员，可实现对网络拓扑、站点、设备、链路、应用的流量或质量的监控。

日志管理：日志包括 CPE 日志和网络控制器日志。网络管理员通过网络控制器部署 CPE 日志策略后，CPE 将日志上报给第三方日志服务器，日志服务器可对 CPE 日志进行采集、存储、分析并输出报表。网络控制器日志由网络控制器自身进行存储和分析。

告警监控：CPE 将告警信息上报给网络控制器。由网络控制器提供接收、存储、集中监控、实时告警和历史告警查询的功能，帮助网络管理员根据告警信息快速定位故障。

（3）故障定位

网络管理员通过告警和监控功能发现网络出现异常后，运用网络控制器提供的故障诊断功能进行故障定位和问题分析。随后，网络控制器会向 CPE 发送诊断处理信息，由 CPE 执行故障诊断。SD-WAN 支持管理员进行故障诊断的方式包括：链路 / 应用质量诊断、设备诊断信息采集和 SSH 远程登录设备。完成故障诊断和定位后，可通过网络控制器对设备进行替换或升级补丁的操作。

（4）迁移

传统网络站点若要借助 SD-WAN 实现“华丽转身”，则需将这些旧站点改造为具备 SD-WAN 属性的新站点，让这些传统站点也能够在 SD-WAN 解决方案中发挥新的作用。旧站点的迁移包括总部站点与数据中心站点的迁移和分支站点的迁移。

SD-WAN 解决方案提供的运维组件间接口包括以下 5 种。

- NETCONF：网络控制器通过NETCONF接口对设备下发业务配置；设备通过NETCONF Notification向网络控制器上报设备告警；网络控制器通过NETCONF RPC消息对设备进行远程维护操作。
- Telemetry：设备通过Telemetry技术将性能采集数据周期性上报至网络控制器，并为网络控制器的性能监控、历史数据趋势分析提供高精度的数据源。设备与网络控制器之间通过HTTP2.0进行连接，并通过Protobuf对上报的数据进行编码。
- Syslog：设备的日志信息可通过Syslog协议上报至第三方日志服务器。
- HTTPS文件传输：设备与网络控制器之间通过HTTPS进行文件的下载管理，如软件包或补丁包文件。
- SSH：网络管理员可通过网络控制器提供的SSH方式登录设备，并进行远程运维诊断。该方式基于SSH端口转发技术，可以穿越NAT设备访问CPE。

| 8.3　运维权限控制 |

8.3.1　运维模式与管理角色

针对不同的业务场景，SD-WAN 解决方案提供了两种运维模式，分别是企业运维模式和运营商 /MSP 运维模式。

企业运维模式主要适用于大型企业自建 SD-WAN 业务的场景，在此场景下，由企业自行维护网络。

运营商 /MSP 运维模式主要适用于由 MSP 向中小型企业提供 SD-WAN 管理

服务的场景，此场景下企业租户可授权 MSP 并由 MSP 代维租户网络，也可自行维护网络。此外，云服务场景下也采用此运维模式。

在不同的运维模式下，SD-WAN 解决方案根据用户自身所处的层级分配相应的管理权限，支持不同的管理员角色（系统管理员、MSP 管理员和租户管理员），且不同的管理员角色通过相应的 Portal 界面对网络进行运维管理。

运维模式与管理员角色的关系如表 8-1 所示。

表 8-1　运维模式与管理员角色的关系

运维模式	系统管理员	MSP 管理员	租户管理员
企业运维模式	支持	不支持	支持
运营商 /MSP 运维模式	支持	支持	支持

运维模式与可视化运维界面的关系如表 8-2 所示。

表 8-2　运维模式与可视化运维界面的关系

运维模式	系统管理员 Portal	MSP 管理员 Portal	租户管理员 Portal
企业运维模式	支持	不支持	支持
运营商 /MSP 运维模式	支持	支持	支持

网络管理员作为运维的执行者，其最基本的职责在于保障网络 7 × 24 h 不间断地为客户服务。面对复杂且庞大的运营网络，需要对整个网络进行分权分域管理，针对不同区域或层次的网络指定不同的网络管理员，并赋予其不同的管理权限，从而更好地保障整个网络的正常运行。

下面介绍不同类别的管理员角色及其相应的管理权限。

（1）系统管理员

系统管理员具有最高权限，负责网络控制器的管理和维护，包括管理子层级的管理员账号，如 MSP 管理员账号或租户管理员账号。

（2）MSP 管理员

MSP 管理员具备管理租户网络的权限，协助租户进行网络管理。当租户向 MSP 订购 SD-WAN 服务时，MSP 管理员负责管理租户管理员账号。租户若不具备运维能力，可将租户网络委托给 MSP 进行代维，此时 MSP 管理员可管理租户网络。

（3）租户管理员

租户管理员负责租户自有网络的管理和维护，可以管理本租户的账号、设备、终端用户信息和网络业务。

管理员层级关系如图 8-2 所示，系统管理员可以创建多个 MSP 管理员或多个租户管理员；MSP 管理员可以创建多个租户管理员；租户管理员管理一个或多个站点。

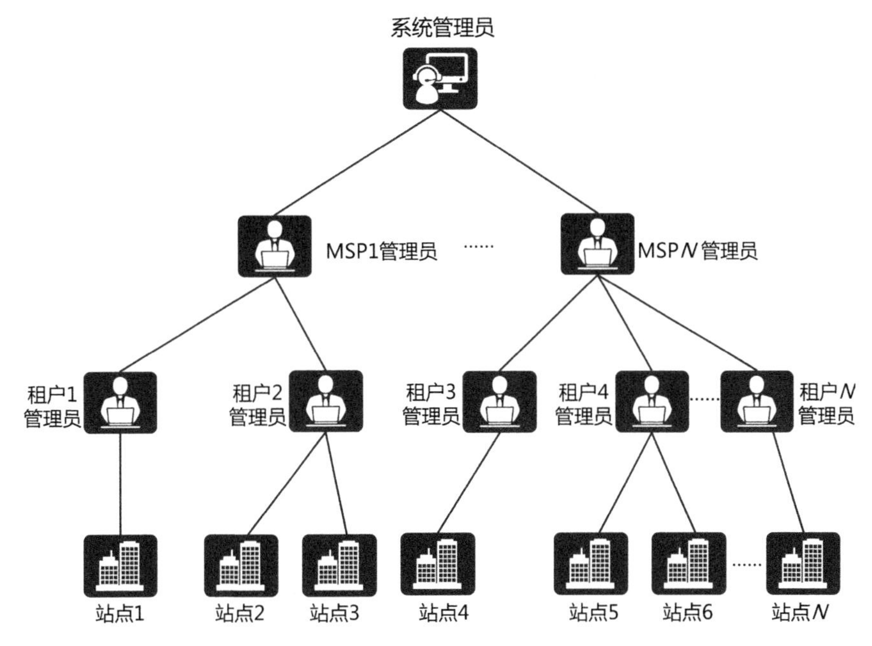

图 8-2　管理员层级关系

8.3.2　角色决定权限

在 SD-WAN 解决方案中，可以为系统管理员、MSP 管理员和租户管理员指定不同的管理权限，从而保证权限的最小化，方便企业网络的运维管理。通常情况下，各类管理员的管理权限如表 8-3 所示。

表 8-3　各类管理员的管理权限

管理员类型	管理权限
系统管理员	网络控制器管理、设备管理、告警管理、集群管理、日志管理、系统管理、系统账户管理、证书管理、服务器管理、文件管理、故障管理等
MSP 管理员	多租户账号管理、多租户设备管理、多租户网络管理、MSP 账号管理、日志管理、文件管理、邮件服务器管理等
租户管理员	授权 MSP 代维、租户设备管理、租户网络管理、日志管理、本地用户管理、文件管理等

此外，各类管理员可指定多个管理员账号，并为每个管理员账号分配不同的角色，通过角色实现权限控制。通常可划分的角色类型如表 8-4 所示。

表 8-4 角色类型

角色类型	角色权限
管理类	全局管理人员，拥有全部权限
监控类	全局监控人员，拥有全部监控类权限
配置类	网络配置人员，拥有网络配置、流量策略和安全策略相关配置权限
维护类	运维人员，拥有设备维护、文件及日志管理权限
查看类	非操作类人员，拥有各模块的查询权限

下面通过一个例子来介绍管理员角色类型的用法。首先，为某租户创建一个租户管理员账号 admin，此时租户管理员可通过 admin 账号创建多个租户管理员子账号，如租户管理员 A 和租户管理员 B。然后，通过 admin 账号将租户管理员 A 设定为监控角色，将租户管理员 B 设定为配置角色，即租户管理员 A 和租户管理员 B 在租户网络中具备不同的管理能力。

| 8.4 全网监控能力 |

近年来，企业分支数量激增、应用类型愈加复杂、带宽要求越来越高，导致网络故障定位难，运维成本居高不下。SD-WAN 解决方案支持全网状态可视化，提供基于站点、链路、应用等维度的统计视图，帮助网络管理员快速定位故障；通过链路或应用的质量和流量的变化趋势，预测网络未来的使用情况并实现主动运维。

8.4.1 Dashboard 视图

SD-WAN 解决方案提供多维度的监控功能，并以图形化的方式显示重要指标数据，方便网络管理员快速获知全局信息。

通过 Dashboard 视图的方式集中呈现网络运行业务的重要信息，例如告警信息、站点健康度、应用流量排行等，有助于运维人员了解业务的整体状态、快速发现问题，为后续的快速排障提供有力的支撑。

为有效地展现全网状态，通常 Dashboard 视图中会包含如下关键信息。

- 告警信息：通过监控网络业务的告警信息，及时通知网络管理员消除网络中的故障，确保业务正常运行。如图8-3所示，SD-WAN支持4种告警信息，不同的颜色（图中为不同灰度）代表不同的紧急程度。

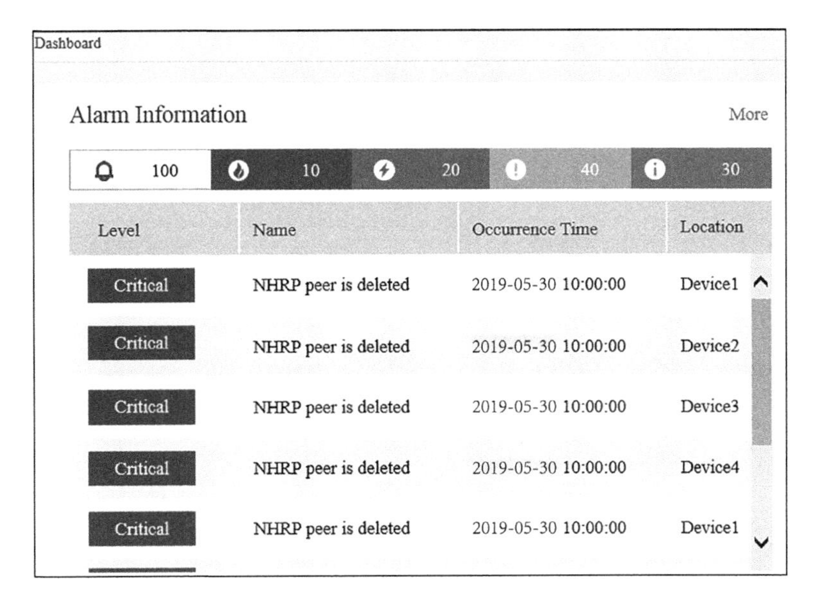

图 8-3　告警信息

• 站点健康度：通过监控网络中所有站点的健康度数据，识别健康度比较差的站点，并及时通知网络管理员分析健康度差的站点的业务运行情况，确保各站点业务状态正常，如图8-4所示。健康度分数可配合不同的颜色表示站点的健康状态，例如绿色（图中①）表示站点处于健康状态，红色（图中②）表示站点处于健康度较差的状态。

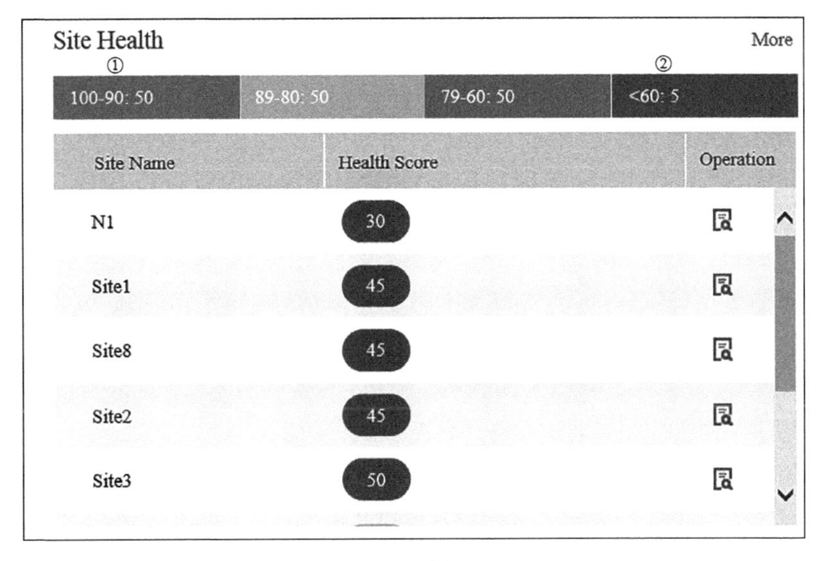

图 8-4　站点健康度

· 应用流量排行：通过展示流量最多的TOP应用，便于网络管理员根据TOP应用的流量使用情况进行相应的策略调整，如图8-5所示。例如，当发现Skype应用流量超过预期，可通过配置流量策略及时调整分配给Skype应用的带宽值。

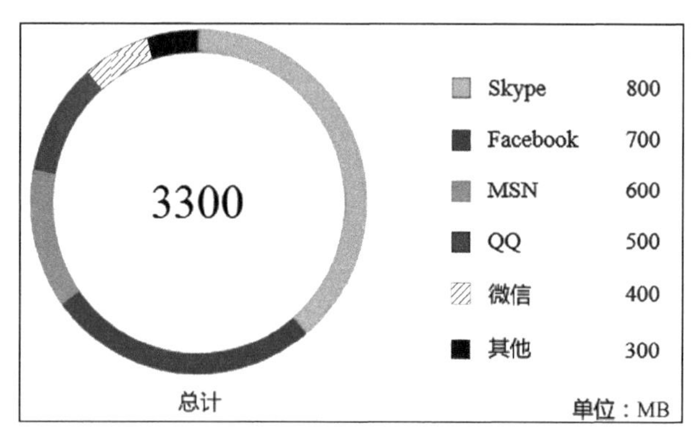

图 8-5　应用流量排行

8.4.2　全网监控

SD-WAN 解决方案提供多维度的监控功能，包括告警监控、Overlay 网络拓扑监控、站点监控、站点间监控等，监控对象包括网元设备、站点、站点间链路、业务应用的状态信息等，为网络管理员及时发现问题、排除故障提供有力的支撑。

1. 告警监控

告警作为系统故障最直接的反映，具有及时、精准、直观等特点，并且提供排障操作步骤的详细指导，有助于运维人员根据告警信息快速定位故障。

当 SD-WAN 解决方案中的设备、业务存在故障及潜在隐患时，各网元设备会产生告警信息，并将告警信息上报给网络控制器，由网络控制器呈现给网络管理员。网络管理员可以通过告警管理功能实时了解告警信息，并通过告警信息的详情和处理建议及时排障，保障业务的正常运行。

SD-WAN 解决方案中 CPE 向网络控制器上报告警的流程如图 8-6 所示。

步骤①　网络控制器通知设备开启告警上报功能。

步骤②　CPE 产生告警，通过 NETCONF 上报给网络控制器。

步骤③　网络控制器对上报的告警进行有效性判断。如果是有效告警，则录入数据库，并通过电子邮件、短信等形式通知网络管理员。

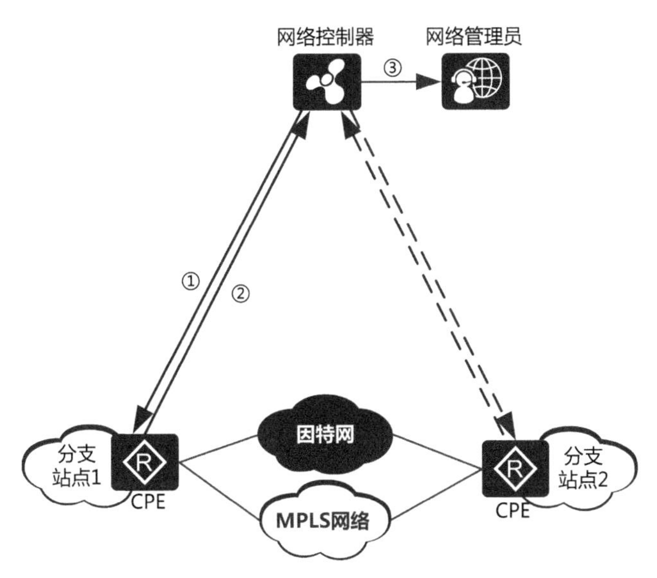

图 8-6　上报设备告警的流程

网络管理员根据收到的告警信息，查询解决方案提供商发布的告警恢复操作指导文档，并进行排障。CPE 上报的告警类型包括：设备类告警，例如设备重启、用户登录登出等；网络类告警，例如接口的链路状态变为 Down、OSPF 的接口状态变为 Down 等；业务策略类告警，例如语音业务的链路状态发生改变等。

2. Overlay 网络拓扑监控

网络管理员通过拓扑监控可以直观地查看 Overlay 网络状态，快速地发现状态异常的站点和站点间的链路，并及时处理故障，使业务恢复正常。

Overlay 网络拓扑监控主要呈现站点状态和站点间链路状态信息。站点状态包括正常、异常和离线，对于状态异常或离线的站点，网络管理员可及时处理。站点间的链路状态包括正常（绿色）、质量差（黄色）、故障（红色），网络管理员可以基于颜色的筛选，重点关注有问题的链路。

3. 站点监控

对于传统网络的运维，一般是在站点出现故障后，网络管理员才会介入并定位故障原因。即便是网络管理员主动巡检站点，巨大的工作量也无法让巡检工作覆盖成千上万的分支站点。

SD-WAN 解决方案通过网络控制器界面直观展示所有站点的健康度分数，对健康度较差的站点进行排序，有效地协助网络管理员进行主动运维，如图 8-7 所示。

当发现部分站点健康度较差时，网络管理员通过查询站点中的链路质量、上下行链路的带宽、站点拓扑的链路状态、设备 ESN 及设备型号和设备硬件运行状态等数据，可快速定位故障。

Worst 5 Sites by Health Score

Site	Health Score
Guangzhou	60
Nanjing	60
Beijing	70
Hangzhou	79
Shenzhen	100

图 8-7　健康度 Worst 5 站点

站点链路质量与上下行链路的带宽：通过分析与站点相连的链路质量情况和上下行链路的带宽情况，评估出该站点的健康度，如图 8-8 所示。

Site List

Enter a site name.

Site Name	Health Score	Average LQM	Uplink		Downlink	
			Capacity (Mbps)	Bandwidth Usage	Capacity (Mbps)	Bandwidth Usage
N1	100	10	20	70%	20	70%
N2	100	10	20	70%	20	70%
N3	78	7	20	70%	20	70%
N4	60	6	20	70%	20	70%

图 8-8　站点链路质量与上下行链路的带宽

站点拓扑的链路状态、设备 ESN 及设备型号：通过拓扑的链路状态查看网络故障节点的位置；若某台设备发生故障，也可通过站点拓扑图查看该设备的详细信息，便于后期排障，如图 8-9 所示。

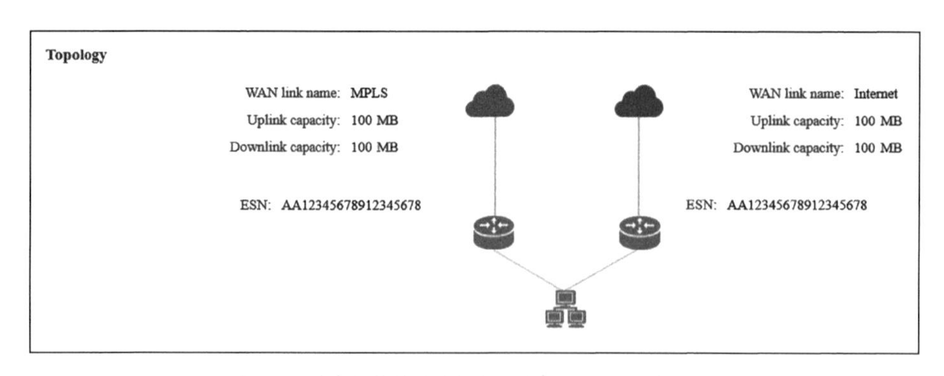

图 8-9　站点拓扑的链路状态、设备 ESN 及设备型号

设备硬件运行状态：当确定了发生故障的站点设备后，可通过查看站点信息，了解该站点设备的硬件状态，便于进一步定位故障，如图 8–10 所示。

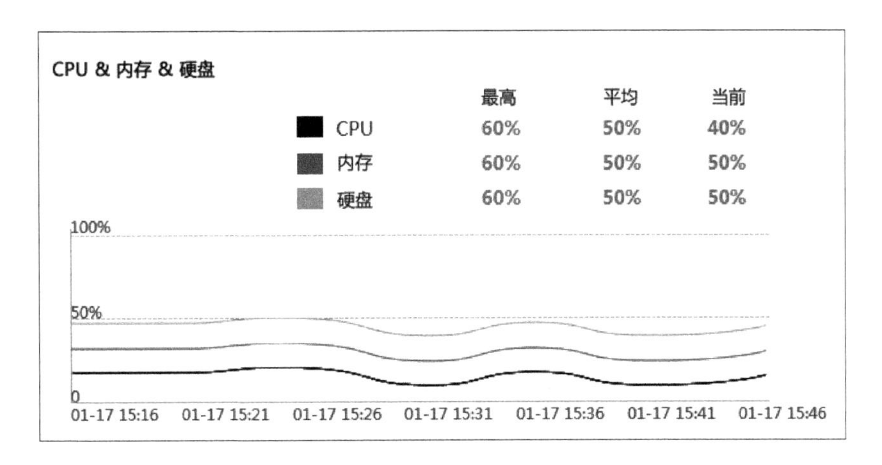

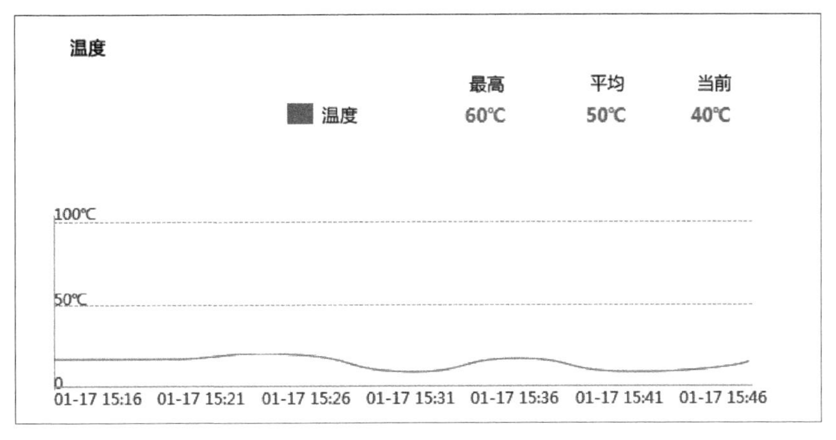

图 8-10　站点信息

4. 站点间监控

网络管理员可通过站点间监控，查看站点间的链路质量、互访流量、业务应用质量等数据，直观地查看站点间链路和业务的工作状态。

质量 Worst 5 的站点间链路：通过分析租户网络中质量 Worst 5 的站点间链路，指引网络管理员及时发现业务质量受到最大影响的区域并及时排障，如图 8–11 所示。

站点间互访流量 Top 5 的链路：通过分析并展示互访流量 Top 5 的站点间链路状态，便于网络管理员在发生网络拥塞等故障时，迅速定位故障发生的区域并及时排障，如图 8–12 所示。

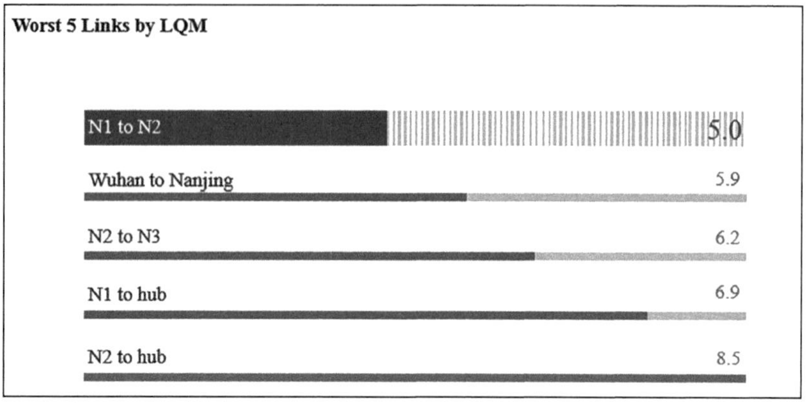

Worst 5 Links by LQM

N1 to N2	5.0
Wuhan to Nanjing	5.9
N2 to N3	6.2
N1 to hub	6.9
N2 to hub	8.5

注：LQM即Link Quality Monitoring，链路质量监控。

图 8-11　质量 Worst 5 的站点间链路

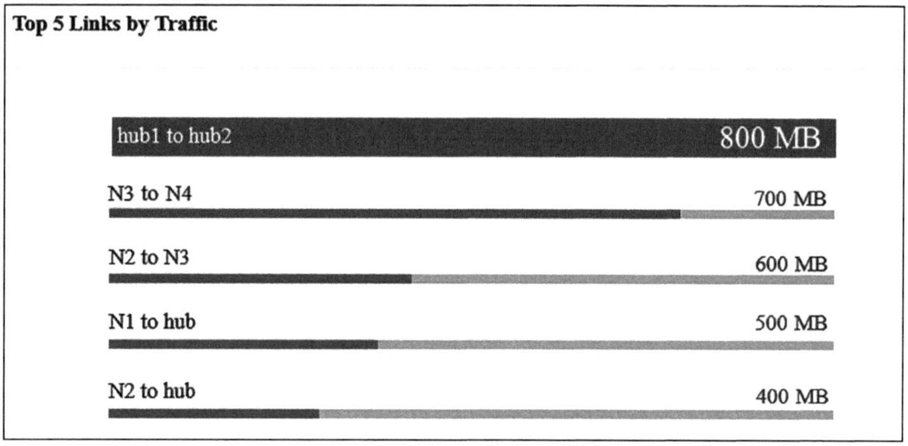

Top 5 Links by Traffic

hub1 to hub2	800 MB
N3 to N4	700 MB
N2 to N3	600 MB
N1 to hub	500 MB
N2 to hub	400 MB

图 8-12　站点间互访流量 Top 5 的链路

8.4.3　质量预测

针对传统企业的 WAN，网络管理员只有在网络发生故障后才能去组织排障，这样会疲于应付且总被客户埋怨网络质量太差。SD-WAN 解决方案提出了“趋势预测、主动运维”的理念，在前期主动发现网络问题，并及时提醒网络管理员进行主动运维，防止网络出现故障。

网络不稳定通常是因为出现了严重的延迟和丢包的现象，而 SD-WAN 解决方案可以提供基于链路和基于应用的网络质量预测功能，从而有效地防止该类现象的发生。

1. 基于链路的网络质量预测

通过分析链路吞吐量的变化趋势和链路质量的变化趋势，识别质量较差的站点间链路。如果发现某条链路质量较差，可通过基于链路质量的选路功能，让流量走另一条质量较高的链路；如果发现 MPLS 网络和因特网带宽不均衡，可通过基于带宽的选路功能，让流量走带宽更大的链路。

链路质量和吞吐量的变化趋势：通过网络控制器可实时查看不同时间区间的链路质量和吞吐量的变化趋势，准确掌握网络链路质量，如图 8–13 所示。

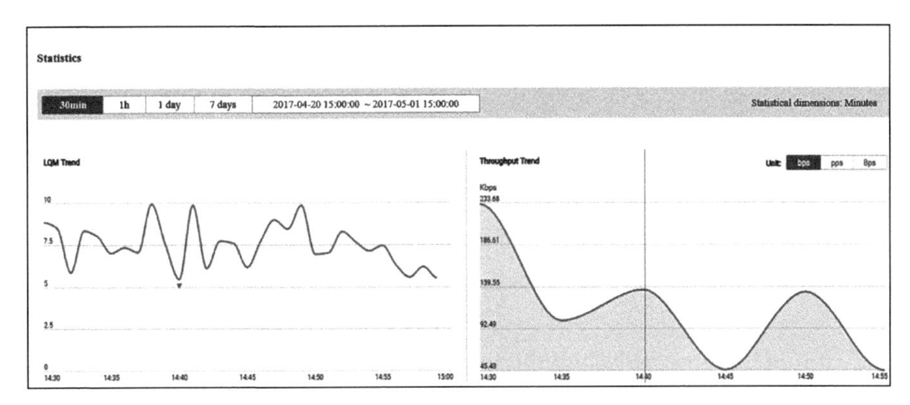

图 8-13　链路质量和吞吐量的变化趋势

链路带宽的变化趋势：通过网络控制器可实时查看传输网（如 MPLS 网络和因特网）带宽的变化趋势，如图 8–14 所示。

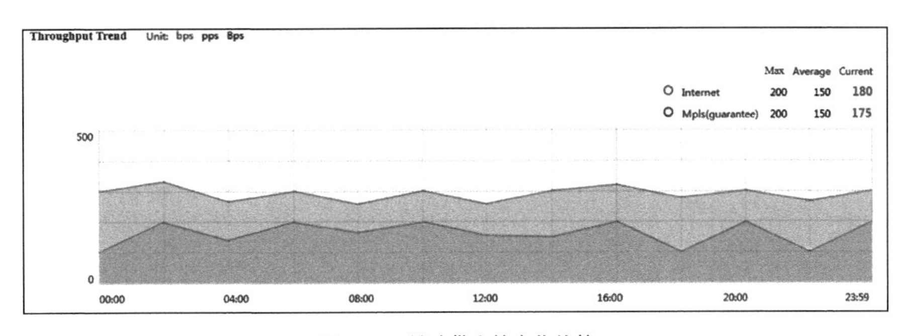

图 8-14　链路带宽的变化趋势

2. 基于应用的网络质量预测

应用通常是网络业务的重要载体，如视频应用、聊天应用、游戏应用等。要想实现对应用的质量监控，首先要能够在网络中识别应用类型，通过对网络中的应用进行精准识别，为智能选路、QoS、应用优化和安全服务等网络业务提供有力的支撑。

SD-WAN 解决方案具备识别应用的能力，并提供对各类应用质量进行监控的功能。网络管理员可以通过监控应用质量的变化趋势、应用使用流量的变化趋势和应用接入客户数量的变化趋势，及时调整不合理的应用策略。

应用质量分布：提供应用质量的得分评估情况（如图 8-15 所示），协助网络管理员了解网络中应用的总体质量状态。

AQM Distribution
5500
总计
应用的数量
2000
1300
1200
1000

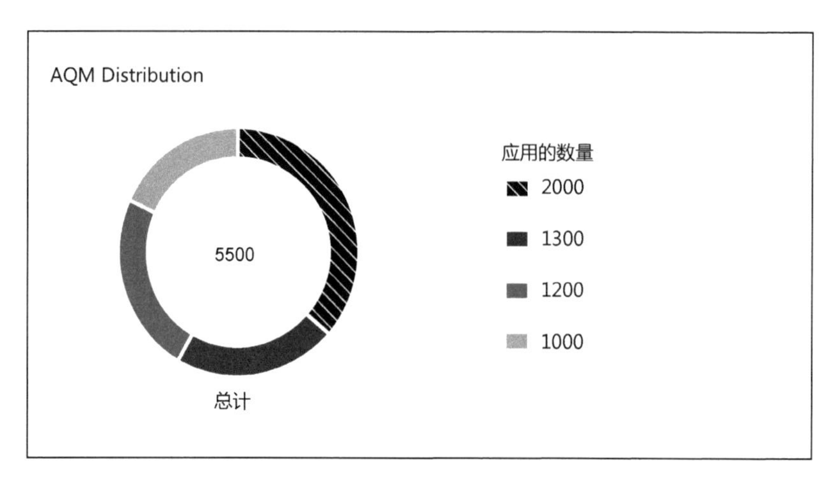

注：AQM即Application Quality Management，应用质量管理。
（图中色块由深到浅分别表示应用的质量由高到低。）

图 8-15　应用质量分布

质量 Worst 5 的应用：如果网络管理员发现客户重点关注的应用质量（如图 8-16 所示）较差，可调整此链路上其他应用的带宽或者对此应用的选路策略进行调整。

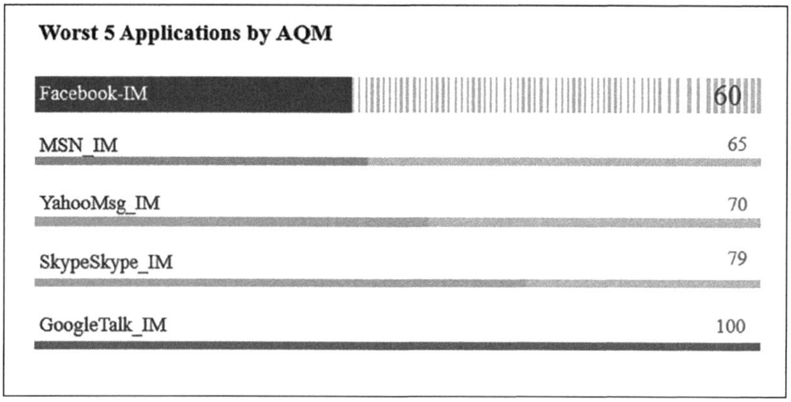

Worst 5 Applications by AQM
Facebook-IM
60
MSN_IM
65
YahooMsg_IM
70
SkypeSkype_IM
79
GoogleTalk_IM
100

图 8-16　质量 Worst 5 的应用

Top 5 应用流量排行和流量的变化趋势：对于流量使用超出预期的应用（如

图 8-17 所示），网络管理员可及时进行相应的 QoS 策略调整。通过监控应用的趋势，预测未来流量可能超出当前设置的最大流量阈值的关键应用，及时调整 QoS 策略。

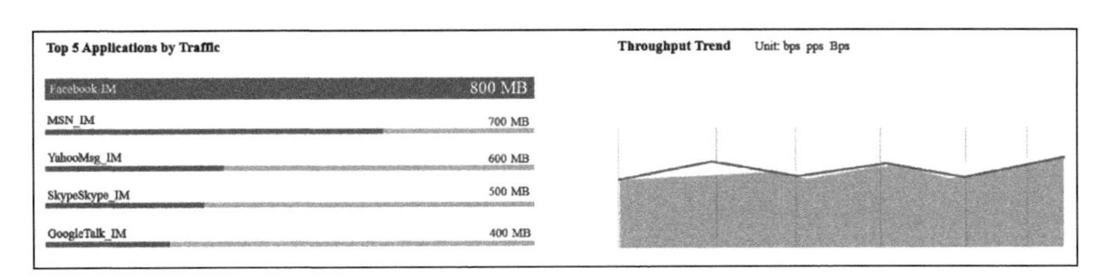

图 8-17　Top 5 应用流量排行和流量的变化趋势

| 8.5　故障定位助手 |

故障定位、设备日常维护和日志管理，俗称日常维护“三板斧”。在不久的将来，智能运维会成为主角，成为网络管理员高效、可靠的助手，让更多的日常工作可以自动完成。

8.5.1　诊断工具

通常网络管理员要有丰富的运维经验才能找到故障的位置。在 SD-WAN 解决方案中，网络管理员可在出现故障时，通过网络控制器提供的故障诊断工具自动判断应用、设备或网络在哪里出了问题，极大地降低了运维的难度。

1. 应用质量诊断

在 SD-WAN 解决方案中，CPE 通过 NetStream 等技术采集原始数据，并将采集到的原始数据上报给网络控制器。可通过 AQM 的指标来分析短板，并制定合理的应对措施。

2. 网络诊断

（1）诊断网络的连通性

无论是 Underlay 网络还是 Overlay 网络，都可以通过 Ping 操作检测连通性。下面以 Overlay 网络为例介绍如何诊断网络的连通性。

在网络控制器上选择源站点和执行 Ping 操作的设备，即通过网络控制器下发 Ping 指令到指定的 CPE。然后观察丢包率和平均时延，判断 Overlay 网络是否出现问题。如图 8-18 所示，丢包率为 0，表示 Overlay 网络与目的 CPE 之间连通正常。

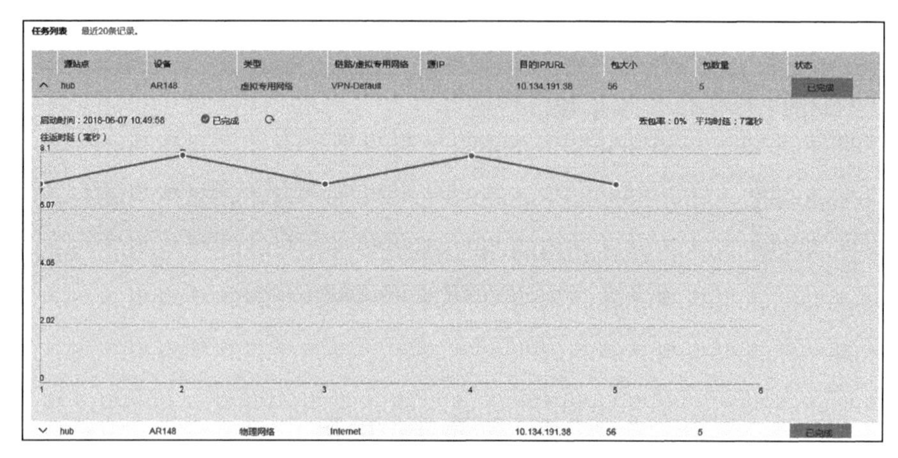

图 8-18 Overlay 网络与目的 CPE 之间的连通性

（2）诊断网络的故障节点

无论是 Underlay 网络还是 Overlay 网络，都可以通过 TraceRoute 方式排查出网络在哪个节点出了问题。通过网络控制器下发 TraceRoute 指令到指定的 CPE，然后观察设备到目的 IP 地址的路由，查出网络的故障节点。

此外，网络控制器基于 TraceRoute 技术可实现网络路径的可视化呈现。网络管理员通过网络控制器可轻松地查看某台设备到目的 IP 之间所经过的所有站点及设备，可查看对应站点、设备及接口的相关信息，提升故障定位的效率，如图 8-19 所示。

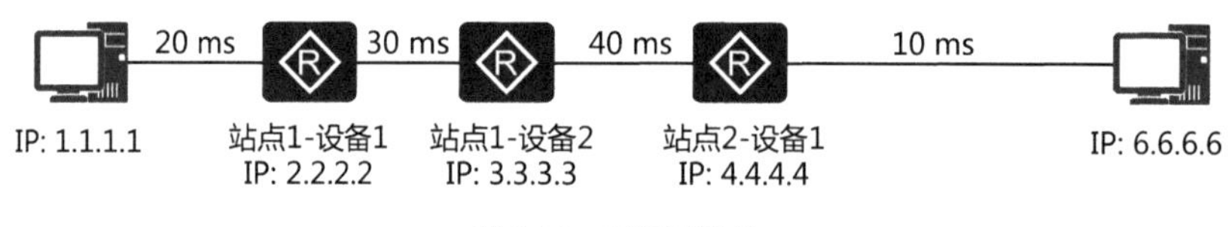

图 8-19 路径可视化

3. 设备诊断

设备诊断的方式比较灵活，为网络管理员提供了本地诊断和远程诊断两种方式。

（1）本地诊断

网络管理员通过网络控制器的采集诊断信息功能，一键获取设备上的诊断信息文件，然后将文件保存到本地进行故障分析，采集流程如图 8-20 所示。

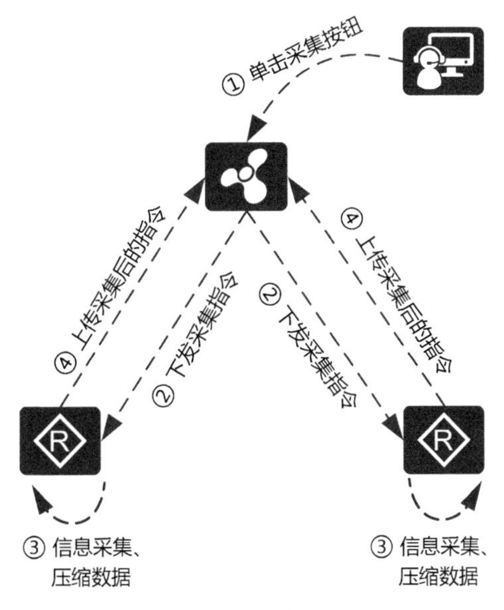

图 8-20　采集流程

步骤①②　管理员通过网络控制器对 CPE 下发采集诊断信息的指令。

步骤③　CPE 收到指令后，开始信息采集，并压缩采集的数据。

步骤④　CPE 通过 HTTPS 上传采集的数据文件，上传完毕后将删除该文件。

（2）远程诊断

在网络控制器上通过 SSH 方式远程登录到 CPE 上，管理员在 CPE 上操作 CLI 来进行故障诊断。

在 CPE 上可以操作的 CLI，主要是诊断和查看命令，用于定位设备业务故障。常见的命令包括：Display（用于查询设备常见信息）、Debugging（用于实时查询设备状态）和 Diagnose（用于查询设备诊断信息）。

8.5.2　设备维护

设备升级、更换是日常维护中较为频繁但容易出错的工作。下面将介绍在 SD-WAN 解决方案中是如何做到不出错且高效完成日常维护工作的方法。

1. 设备升级、降级

对设备升级和降级的操作类似，如果要操作的版本高于设备当前的版本，则是升级；如果要操作的版本低于设备当前的版本，则是降级。下面以设备升级为例，介绍具体的操作流程。

（1）制定升级策略

升级工作对当前业务是有影响的，因此必须“三思而后行”。SD-WAN 解决方案提供了较人性化的升级策略，可供管理员根据实际情况进行提前规划。

- 管理员可以设置升级文件的下载时间，对设备立即进行升级或在指定时间内升级。
- 管理员可以规划重启时间，立即重启设备或在指定时间内重启设备。
- 管理员可以选择升级模式，按设备类型或设备名称，实现设备的批量升级。

（2）上传升级文件

升级文件，俗称软件大包。SD-WAN 解决方案提供两种升级文件的上传方式，供管理员灵活应用。

- 通过文件上传工具（如FTP工具）上传。网络控制器内置文件服务器，可以将升级文件上传到网络控制器上，再由网络控制器下发到设备。
- 通过第三方文件服务器上传。先配置网络控制器与第三方文件服务器对接，然后将升级文件通过第三方文件服务器上传到网络控制器，由网络控制器下发到设备。

（3）升级并检查升级状态

在升级过程中，管理员不能进行暂停操作。升级成功后，相关配置不会丢失。如果升级失败，可以查看失败原因，待问题解决后，再重新进行升级。

2. 设备替换

设备发生故障、老化或升级换代时，需要进行设备的替换。SD-WAN 解决方案的替换流程与传统方式不尽相同，站点开局人员只需一次进站就能完成设备替换工作，不需要网络管理员再到现场进行操作。具体介绍如下。

- 添加新设备。新设备成功添加到网络控制器上。
- 新设备同步旧设备信息。在网络控制器上进行设备替换操作，新设备同步旧设备所属的站点、位置和配置信息。
- 替换旧设备。站点开局人员携带新设备到现场进行设备开局、设备硬件替换。设备注册到网络控制器后，旧设备的信息将由网络控制器自动下发到新设备上，保证了业务的正常运行。

8.5.3 日志管理

在 SD-WAN 解决方案中，管理员不仅可以在网络控制器上查询和管理日志，还可以通过第三方日志服务器查询和管理日志，极大地方便了日常维护工作。使用第三方日志服务器管理日志的流程如图 8-21 所示。

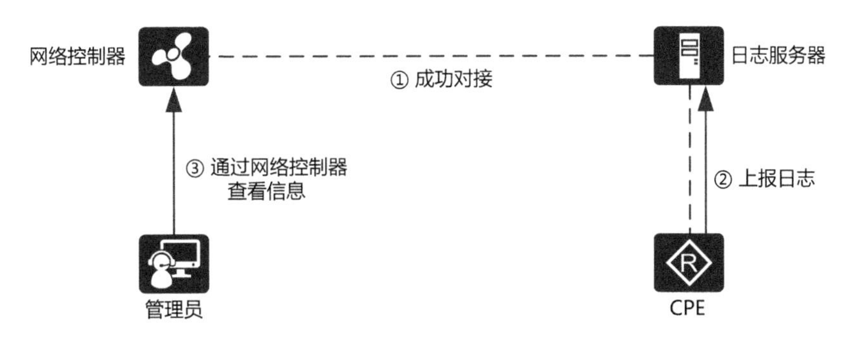

图 8-21　使用第三方日志服务器管理日志的流程

步骤①　网络控制器与日志服务器对接。两侧的配置信息要一致，包括日志服务器的 IP 地址、端口号、日志保存路径、服务器证书和上报方式。

步骤②　CPE 将日志上报给日志服务器。常见的传输方式有 TLS 方式和 UDP 方式。推荐使用具有加密功能的 TLS 方式。

步骤③　网络控制器通过日志服务器呈现 CPE 上报的日志信息。在网络控制器上，网络管理员还可以对设备日志进行过滤查询，例如可根据时间、租户标识、设备标识等查询日志。

8.5.4　智能排障

智能运维的终极目标是接替网络管理员所有的运维工作，网络管理员无须感知问题，对问题的分析可全部自动完成，故障可自修复。

（1）自动分析。借助大数据分析能力，自动定位故障。从大量源数据中快速分析根因，并向网络管理员提供修复意见。

（2）自恢复。网络管理员根据常见问题的修复经验自定义执行策略，达到网络自恢复的效果。

下面以一个具体示例来介绍未来的 SD-WAN 解决方案主动感知、识别音视频质量，自动定位故障和自恢复的过程。

某企业内部经常需要开视频会议，传统网络常常因网络拥塞导致视频业务的链路质量较差，视频会议会出现图像马赛克或语音延迟的问题。通过部署 SD-WAN 解决方案可有效地解决此问题。首先，站点 CPE 能够感知终端的音视频流，并周期性地上报音视频流的质量数据。其次，网络控制器分析音视频的质量，识别出质量差的音视频流。最后，网络控制器获取音视频流的完整路径，并感知链路的质量。

SD-WAN 解决方案识别出音视频流的路径出现故障后会进行以下两项处理。

- 动态调整智能选路策略，且选路后的效果可视，便于管理员进行跟踪。
- 分析路径出现故障的根因，反馈优化建议，保证原链路尽快恢复。

| 8.6　传统网络向 SD-WAN 迁移 |

除了新建的 SD-WAN 组网，还有很多传统网络需改造成 SD-WAN 组网。这些传统站点的迁移面临各种问题，需要借助 SD-WAN 来实现“华丽转身”。

从传统站点迁移到 SD-WAN 站点的过程如图 8-22 所示，在规划完 SD-WAN 业务之后，需制定迁移方案及迁移计划，确定迁移步骤，并按照迁移计划逐步进行站点的迁移。

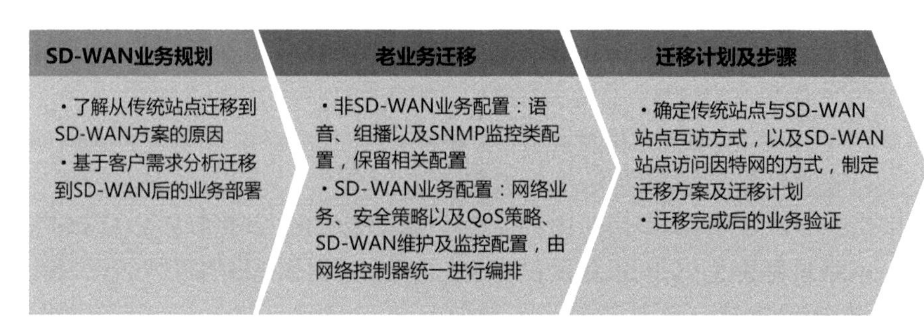

SD-WAN业务规划
·了解从传统站点迁移到SD-WAN方案的原因
·基于客户需求分析迁移到SD-WAN后的业务部署
老业务迁移
·非SD-WAN业务配置：语音、组播以及SNMP监控类配置，保留相关配置
·SD-WAN业务配置：网络业务、安全策略以及QoS策略、SD-WAN维护及监控配置，由网络控制器统一进行编排
迁移计划及步骤
·确定传统站点与SD-WAN站点互访方式，以及SD-WAN站点访问因特网的方式，制定迁移方案及迁移计划
·迁移完成后的业务验证

图 8-22　从传统站点迁移到 SD-WAN 站点的过程

将传统站点改造成 SD-WAN 站点，通常包括总部站点与数据中心站点的改造和分支站点的改造两大部分，改造方案如图 8-23 所示。

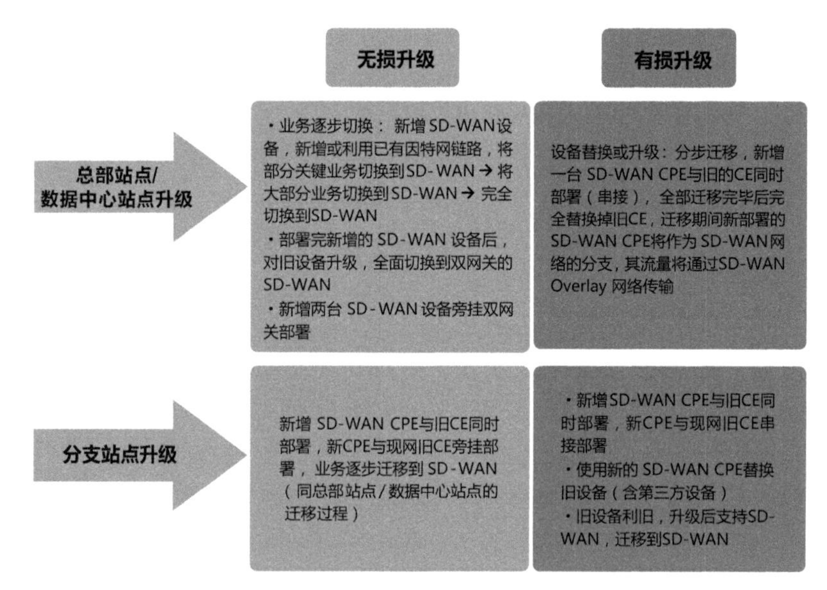

无损升级
有损升级
总部站点/
数据中心站点升级
·业务逐步切换：新增SD-WAN设备，新增或利用已有因特网链路，将部分关键业务切换到SD-WAN → 将大部分业务切换到SD-WAN → 完全切换到SD-WAN
·部署完新增的SD-WAN设备后，对旧设备升级，全面切换到双网关的SD-WAN
·新增两台SD-WAN设备旁挂双网关部署
设备替换或升级：分步迁移，新增一台SD-WAN CPE与旧的CE同时部署（串接），全部迁移完毕后完全替换掉旧CE，迁移期间新部署的SD-WAN CPE将作为SD-WAN网络的分支，其流量将通过SD-WAN Overlay 网络传输
分支站点升级
新增SD-WAN CPE与旧CE同时部署，新CPE与现网旧CE旁挂部署，业务逐步迁移到SD-WAN（同总部站点/数据中心站点的迁移过程）
·新增SD-WAN CPE与旧CE同时部署，新CPE与现网旧CE串接部署
·使用新的SD-WAN CPE替换旧设备（含第三方设备）
·旧设备利旧，升级后支持SD-WAN，迁移到SD-WAN

图 8-23　将传统站点改造成 SD-WAN 站点的方案

针对总部站点和数据中心站点的改造通常采用逐步迁移，即无损升级的方式。需要在总部站点 / 数据中心站点新增一台或者两台 SD-WAN CPE（推荐采用两台，可保证设备级的可靠性），旁挂在旧 CE 旁边，新增或者利用已有的因特网链路，将业务逐步迁移至新的 SD-WAN CPE。

针对分支站点的改造若采用无损升级的方式，可新增 SD-WAN CPE，旁挂在旧 CE 旁，逐步将业务迁移至新的 SD-WAN CPE；若采用有损升级的方式，可直接将旧设备替换为新的 SD-WAN CPE，或者将旧设备升级到支持 SD-WAN 的版本。

8.6.1　总部站点与数据中心站点迁移

总部站点与数据中心站点的迁移方案分为两种，如表 8-5 所示。

表 8-5　总部站点与数据中心站点的迁移方案

场景	改造前组网	改造后组网	部署说明
新增单台 SD-WAN CPE 旁挂迁移方案	总部站点与数据中心站点的旧 CE 通过 MPLS 链路（或 MPLS 链路 + 因特网链路）与其他分支互联	新增一台 SD-WAN CPE，旁挂在旧 CE 上，新增因特网链路扩展带宽	总部站点或数据中心站点的可靠性较低，新增 SD-WAN CPE 承载 SD-WAN 业务流量
新增两台 SD-WAN CPE 旁挂迁移方案		新增两台 SD-WAN CPE，旁挂在旧 CE 上，新增因特网链路扩展带宽	

1. 新增单台 SD-WAN CPE 旁挂迁移方案

在企业对组网可靠性要求不高时，可以采用总部站点 / 数据中心站点单台 SD-WAN CPE 旁挂迁移方案，如图 8-24 所示。

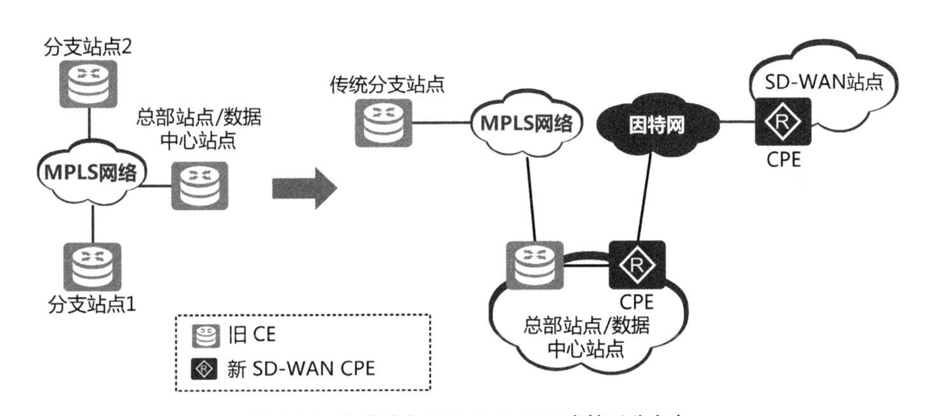

图 8-24　新增单台 SD-WAN CPE 旁挂迁移方案

图 8-24 中，左侧为传统组网模式，站点间通过 MPLS 链路（或已有的因特网

链路）互联。图中右侧为 SD-WAN 组网模式，具体介绍如下。

- 新增SD-WAN CPE旁挂在旧CE上。
- 新增一条因特网链路，增加其带宽，并将其作为承载FTP/电子邮件等非关键应用流量的主链路。
- 原有MPLS专线作为承载语音/视频会议等高优先级应用的主链路。
- 使用新增的SD-WAN CPE承载SD-WAN业务流量，原有旧CE承载旧站点的业务流量（可作为其他SD-WAN站点访问传统站点的集中网关）。

2. 新增两台 SD-WAN CPE 旁挂迁移方案

针对大多数企业总部站点或数据中心站点，推荐采用新增两台 SD-WAN CPE 旁挂迁移方案，可提供高可靠性组网，如图 8-25 所示。

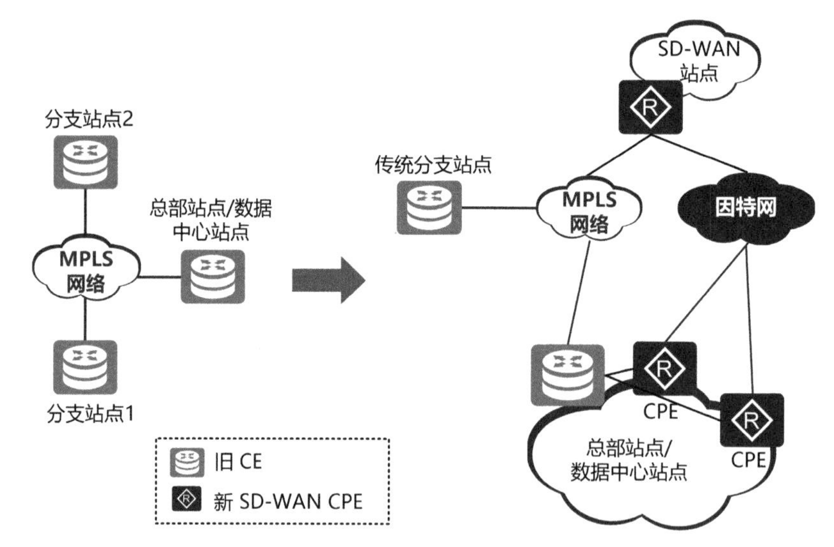

图 8-25 新增两台 SD-WAN CPE 旁挂迁移方案

图 8-25 中，左侧为传统组网模式，站点间通过 MPLS 链路（或已有的因特网链路）互联。图中右侧为 SD-WAN 组网模式，具体介绍如下。

- 新增SD-WAN CPE旁挂在旧CE上。
- 新增一条因特网链路，增加其带宽，并将其作为承载FTP、电子邮件等非关键应用流量的主链路。
- 原有MPLS专线作为承载语音/视频会议等高优先级应用的主链路。
- 使用新增的SD-WAN CPE承载SD-WAN业务流量，原有旧CE承载旧站点的业务流量（可作为其他SD-WAN站点访问传统站点的集中网关）。

8.6.2　分支站点迁移

分支站点迁移的方案分为两种，如表 8–6 所示。

表 8-6　分支站点的迁移方案

场景	改造前组网	改造后组网	部署说明
设备直接替换或者升级旧 CE 迁移方案	分支站点的旧 CE 通过 MPLS 链路（或 MPLS 链路 + 因特网链路或仅因特网链路）联网	新 SD-WAN CPE 替换旧 CE 或将旧 CE 的软件版本升级，新增因特网链路扩展带宽	有损升级方案
新增 SD-WAN CPE 旁挂迁移方案		新增 SD-WAN CPE 旁挂在旧 CE 上，新增因特网链路扩展带宽	无损升级方案

1. 设备直接替换或者升级旧 CE 迁移方案

分支站点通过设备直接替换或者升级旧 CE 的迁移方案，适用于企业对可靠性要求不高或者企业的分支站点较少的情况，如图 8–26 所示。

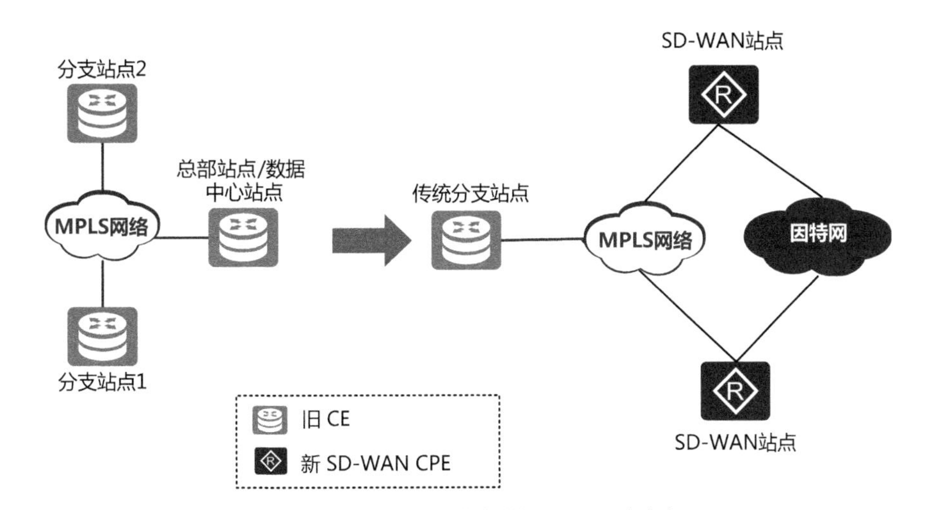

图 8-26　设备直接替换或升级旧 CE 迁移方案

图 8–26 中，左侧为传统组网模式，分支站点通过 MPLS 链路（或已有的因特网链路）联网。图的右侧所示为 SD–WAN 组网模式，具体介绍如下。

- 新增一条因特网链路，增加其带宽，并将其作为承载FTP、电子邮件等非关键应用流量的主链路。
- 原有MPLS专线作为承载语音/视频会议等高优先级应用的主链路。
- 分支站点与传统站点之间可通过总部站点或数据中心站点集中互访或者直接互访。

• 通过智能选路动态选择可用的链路传输指定应用的流量。

2. 新增 SD-WAN CPE 旁挂迁移方案

分支站点新增 SD-WAN CPE 并旁挂在旧 CE 上，将部分业务迁移至 SD-WAN。通常企业在替换SD-WAN时对可靠性要求较高，不希望中断优先级较高的业务，此时可以将一部分优先级较低的业务先切换到SD-WAN中，如图8-27所示。

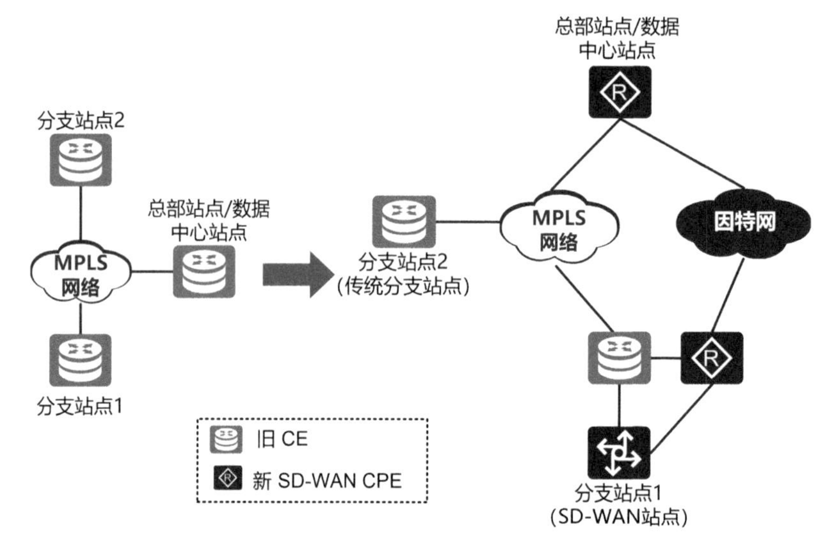

图 8-27　新增 SD-WAN CPE 旁挂迁移方案

图8-27中，左侧为传统组网模式，站点间通过 MPLS 链路（或已有因特网链路）互联。图中右侧为 SD-WAN 组网模式，具体介绍如下。

• 新增一条因特网链路，增加其带宽，并让其承载FTP、电子邮件等非关键应用流量。
• 原有MPLS专线承载语音/视频会议等关键业务流量。
• 分支站点使用新增的SD-WAN设备承载SD-WAN流量。
• 旧的CPE承载关键业务流量（仍然通过Underlay网络）。
• 分支站点与传统站点之间可通过总部站点或数据中心站点集中互访或者直接互访。
• 新的SD-WAN CPE通过智能选路，动态选择可用的链路来传输指定应用的流量。

第 9 章
SD-WAN 成熟实践

“纸上得来终觉浅，绝知此事要躬行。”本章将从实践的角度出发，列举多个典型的SD-WAN行业的成熟案例，分析各行业的业务特点以及对SD-WAN的核心诉求，然后介绍SD-WAN详细的设计和部署方案，从而帮助大家加深对SD-WAN解决方案的原理和行业价值的理解。

| 9.1 SD-WAN 应用场景 |

如第 8 章所述，SD-WAN 当前主要具有两大商业模式：企业自建和运营商 /MSP 转售。从用户角度来看，无论是哪种商业模式，都包含了多个应用场景，如图 9-1 所示。

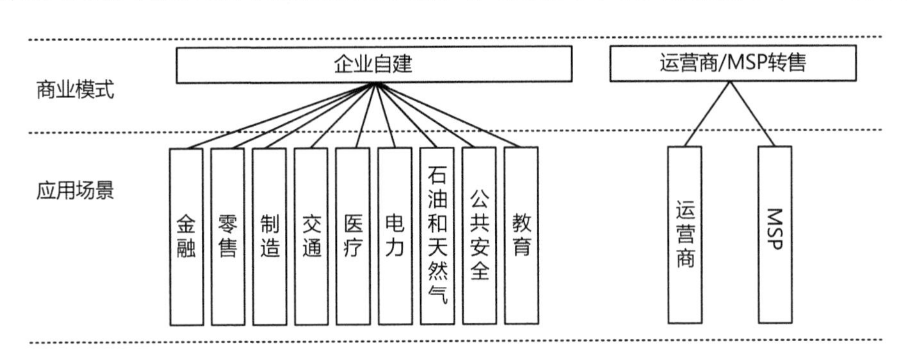

图 9-1 SD-WAN 解决方案的应用场景

对 SD-WAN 解决方案提供商来说，需要根据具体的商业模式以及客户的特点，提供差异化的 SD-WAN 解决方案。

1. 企业自建

企业自建是指 SD-WAN 解决方案提供商面向客户的直销模式。典型的应用涉及金融、零售、制造、交通、医疗、电力、石油和天然气、公共安全、教育等领域。这些场景千差万别，但是对于 SD-WAN 的核心诉求很大程度上又是一致的，通常包括统一的可视化运维模式，提升运维效率；部署混合 WAN，降低专线成本；部署智能选路，提升业务体验等，其他相关的关键特性诉求还包括 ZTP、本地上网、多 VPN、广域优化、安全特性、连接公有云、访问 SaaS 云应用等。

2. 运营商 /MSP 转售

运营商 /MSP 转售是对 SD-WAN 解决方案进行运营的模式。该模式是将 SD-WAN 解决方案作为一种新型的服务提供给客户，因此这种运营模式同样存在企业自建模式下的客户诉求。除此之外，运营商 /MSP 转售模式需要具备更多的 SD-WAN 可运营特性，通常包括多租户管理、多租户 IWG、云 GW、POP 组网、网络控制器北向 API 开放等。

9.2 SD-WAN 典型案例

下面分别对企业自建和运营商 /MSP 转售模式展开介绍，其中企业自建场景中选取金融和大企业两个典型案例。

9.2.1 金融行业案例

金融行业包含了银行、保险、证券等细分子行业，是国家经济的重要支撑。随着社交媒体以及移动技术的发展，互联网金融业务在快速发展，金融行业的传统业务模式正在发生变革。

（1）营业网点业务转型

除了传统的交易类业务，泛金融业务也正在快速地增长，如智能化及自助化的远程视频设备可用于金融行业的宣传和培训，提升客户体验，降低网点人工成本。移动网点因此打破了位置限制，实现了金融业务的广覆盖。传统的交易类业务数据流量较小，而现在新增的非交易类的视频类、语音类、社交类业务数据流量较大。

（2）业务和网络的扁平化

金融行业普遍采用分层网络结构，网点到总行的业务路径需要经过二级分行汇聚，进一步增加了时延，影响了 SLA 等级，流量在二级分行的汇聚逐渐成为三级分行和网点的瓶颈，进而影响二级以下分行业务的稳定性。然而，通过扩容二级分行汇聚设备来改善当前困境，存在扩容费用和 IT 建设费用高的问题。随着生产业务的扁平化，二 / 三级分行同步扁平化到普通网点层级，实行扁平化管理，则避免了前述问题，提升了经营层次，减少了管理成本，提高了经营效率。

（3）5G 智能网点

随着 5G 时代的到来，金融行业也在探索新的业务模式，催生出无人值守智能网点。5G 网络的大带宽和低时延特性使得通过远程视频坐席办理业务成为可能，也让高清视频监控的实时回传和安防监控的实时处理得以实现。此外，5G 网络也助力承载物联网，构建万物互联，实现自动化、智能化地控制智能网点的终端设备（如智能门、窗帘、灯、新风系统等），真正做到无人值守。

（4）业务云化

互联网金融的崛起加速了金融科技化的进程，同时，针对企业交易的场景化金融服务也依赖金融科技的进步。在互联网金融和场景化金融加速发展的趋势下，金融行业加速云化发展，网点及第三方便捷接入金融行业云成为金融机构接入网的发展方向。

本节以全国性商业银行 J 银行为例，给出 SD-WAN 的场景分析和方案设计。

1. 场景分析

J 银行作为全国性商业银行，其分支机构遍布全国。在银行业务大发展的背景下，J 银行传统的 WAN 网络架构已经无法适应业务发展的需要，面临一系列新的挑战，具体如下。

（1）专线价格昂贵，运营成本增加

J 银行的应用部署在总行的数据中心，通过租用运营商专线可将银行分支网点连接到数据中心。为了提高大型分支网点接入的可靠性，通常租用两条不同的运营商专线。随着泛金融类业务的增加，需要更大的 WAN 线路带宽保证 J 银行分支网点的业务稳定性，例如人脸识别业务、视频会议等都需要大带宽的支持。J 银行分支网点的专线运营成本不断攀升。

（2）专线业务开通周期长，业务灵活性差，无法支持网点的快速开通

传统专线网络可获取性较差，光纤、电缆需要单独部署，耗费的周期长。专线跨越多个类型的网络 / 多个运营商时，将使业务的开通周期更长，导致客户不能灵活订购业务。互联网时代，J 银行为了争取更多的客户，计划开通临时网点办理银行业务，但专线业务无法满足 J 银行的业务诉求。

（3）网络设备功能单一，业务扩展性差

J 银行的网络设备大量使用单一功能的硬件，若需扩展新的功能，通常需要增加新设备，且部署周期长。

（4）网络管理和运维效率低

J 银行的分支网点多达数百个，遍布全国各地，缺少统一的集中运维手段，需要大量的本地网络运维人员。随着云计算和移动互联网的快速发展，J 银行内部的应用和数据流量的分布已经发生变化，传统网络的问题变得越来越不可预测且更加复杂。基于设备使用命令行或传统网管进行网络配置的方式效率低，故障定位时间长。

2. 方案设计

J 银行的 SD-WAN 解决方案的设计目标是开放、智能和分层，方案的主要特点如下。

- 扁平化改造省①内网点，提升业务体验和网络可靠性。
- 通过因特网链路替代省外分行到总行数据中心的跨省MSTP专线，降低银行WAN线路和站点的运营成本。
- 集中管理海量分支，基于网络控制器的统一可视化运维、策略下发、故障诊断等功能，帮助简化运维。

J 银行的 SD-WAN 解决方案架构如图 9-2 所示。

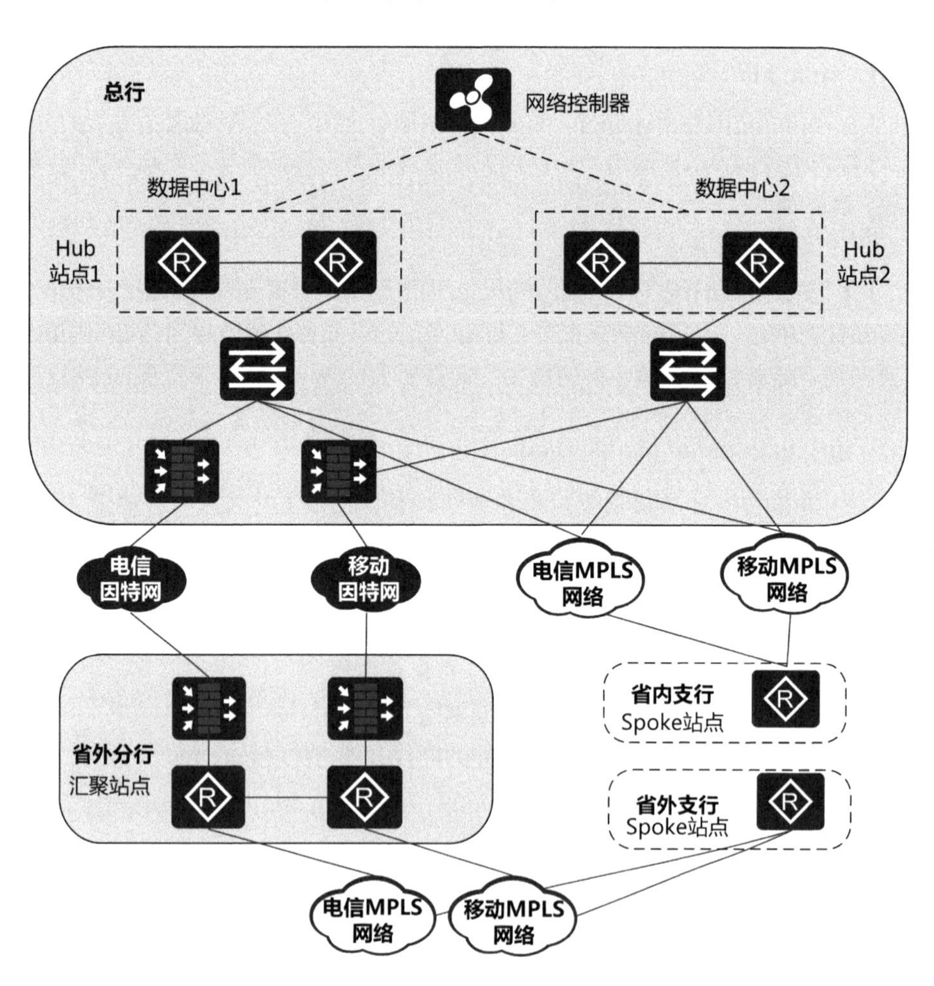

图 9-2　J 银行的 SD-WAN 解决方案架构

① 此处指代省、自治区和直辖市，全书下同。

（1）总体规划

J 银行在总行数据中心内部署 SD-WAN 网络控制器，同时对同城异地的两个数据中心（以下简称 Hub 站点）、全国各地多个分行（以下简称汇聚站点）和全国各地多个支行（以下简称 Spoke 站点）进行网络改造。

- 在总行数据中心部署SD-WAN网络控制器，用于对所有SD-WAN站点进行管理和业务编排。网络控制器南向IP地址采用双地址模式，SD-WAN站点可以在开局时选择通过MPLS链路或因特网链路向网络控制器注册。
- 对总行数据中心所在省份内的支行现网进行扁平化改造。总行主备数据中心分别部署Hub站点（每个站点部署2台CPE），省内支行部署Spoke站点（每个站点部署1~2台CPE）。
- 对总行数据中心所在省份之外的分行/支行采用分层组网，分行引入因特网链路替代跨省专线。省外分行部署汇聚站点（部署2台CPE）；省外支行部署Spoke站点（每个站点部署1~2台CPE）。
- Overlay网络共规划两个路由域以及对应的传输网，分别对应Underlay网络的MPLS VPN和因特网。
- 首先部署SD-WAN网络控制器，其次部署总行数据中心Hub站点，再次部署省外分行汇聚站点，最后部署支行Spoke站点。

（2）站点设计

省内站点

总行主备数据中心部署双 Hub 站点，采用站点双网关方式组网，采用旁挂现网路由器的方式部署 CPE。LAN 侧与 WAN 侧的路由设计如下。

- LAN侧接口与总行核心交换机建立OSPF邻居关系。
- WAN侧通过两个接口连接总行现网路由器，Underlay网络通过静态路由指向总行现网路由器，Overlay网络通过隧道与分行及支行建立BGP邻居关系。Hub站点的每个CPE都有两条WAN链路，一条连接MPLS VPN，另一条连接因特网，即站点双网关共4条WAN链路（双MPLS链路+双因特网链路）。

总行数据中心所在省份内的支行均部署 Spoke 站点，采用站点单网关或站点双网关组网。LAN 侧与 WAN 侧的路由设计如下。

- LAN侧接口与支行交换机建立OSPF邻居关系。
- WAN侧接口连接支行现网路由器，Underlay网络层通过静态路由指向支行现网路由器，Overlay网络层通过隧道与总行建立BGP邻居关系。每个支行站点都有两条WAN链路，分别连接不同运营商的MPLS VPN。

省外站点

总行数据中心所在省份外的分行部署区域汇聚站点，采用站点双网关组网。

LAN 侧与 WAN 侧的路由设计如下。

- LAN侧接口与分行现网路由器建立OSPF邻居关系。
- WAN侧配置两个接口，其中一个接口连接分行出口防火墙，Underlay网络通过静态路由指向出口防火墙，Overlay网络通过隧道与总行Hub站点建立BGP邻居关系；另一个接口连接分行的现网路由器。每个省外分行站点的CPE都有两条WAN链路，一条连接到支行的MPLS VPN，另一条连接因特网，即站点双网关共4条WAN链路（双MPLS链路+双因特网链路）。

总行数据中心所在省份外的支行部署 Spoke 站点，采用站点单网关或站点双网关组网。LAN 侧与 WAN 侧的路由设计如下。

- LAN侧接口与支行交换机建立OSPF邻居关系。
- WAN侧配置两个接口，均连接支行现网路由器，Underlay网络通过静态路由指向支行现网路由器，Overlay网络通过省外支行与分行建立BGP邻居关系。每个省外支行站点都有两条WAN链路，连接到分行的MPLS VPN。

（3）组网设计

控制平面

总行 Hub 站点为 RR 站点（RR 与 Hub 站点合设，该站点也称为 RR 站点），省内站点均以总行 Hub 设备为 RR 站点建立控制通道。

省外分行汇聚站点也为 RR 站点，与本区域内所有省外支行站点建立控制通道，同时也与总行 Hub 站点以及其他省外分行站点建立基于 Full-mesh 拓扑的控制通道，使用 BGP 交互 Overlay 路由信息。

数据平面

总行数据中心所在省份内采用 Hub-spoke 拓扑组网。

- 总体采用扁平化架构组网，不需要设计管理层级的汇聚站点，Hub站点与Spoke站点之间直接互联。省内站点以省内Hub站点作为区域Border站点。Hub站点与Spoke站点之间采用Hub-spoke拓扑组网，Hub站点与Spoke站点之间可直接通信，Spoke站点与Spoke站点之间的通信需要经过Hub站点。
- 省内支行基于省内MPLS VPN与总部Hub站点建立Overlay隧道。

总行数据中心所在省份外采用分层拓扑组网。

- 总体采用总行（Hub站点）—分行（Border站点）—支行（Spoke站点）的架构，需要设计管理层级的汇聚站点。省外站点以分行站点作为区域Border站点，Border站点承载同区域内东西向及南北向的流量转发。区域内Spoke站点与区域外Hub站点之间通过Border站点互联。区域内支行间的业务互访通过Border站点中转。跨区域互访以Hub站点作为中转点，流量经过区域内Border站点到区域外Hub站点再转向其他站点。

- 省外分行站点与总行Hub站点基于因特网链路建立Overlay隧道，省外支行站点与省外分行站点基于MPLS VPN链路建立Overlay隧道。

（4）业务设计

站点互访

SD-WAN 站点间的 Overlay 隧道主要承载 J 银行的办公和生产业务。

- 通过自定义应用策略，采用源/目的IP地址的首包识别方式识别J银行的生产和办公业务，并对业务进行应用质量的监控与统计。
- 分行以及支行WAN侧出口为双WAN链路，通过对链路SLA质量的实时检测，使用智能选路功能将生产业务和办公业务分配到不同的WAN链路上，两条链路互为主备，基于丢包率、时延、抖动的阈值进行链路切换。
- 对于语音/视频会议业务的流量，通过应用识别和基于应用的QoS策略保障语音/视频会议的体验。

因特网访问

作为金融企业的 J 银行对因特网访问有严格的安全要求，SD-WAN 解决方案采用集中上网访问的方式保障业务安全。

- 省内总行Hub站点是省内支行的集中上网站点，上网流量经过Hub站点LAN侧出局访问因特网。
- 省外分行是省外所在区域内支行的集中上网站点，省外支行上网流量通过Overlay隧道到达分行站点，经过LAN侧出局访问因特网。

与传统 MPLS 网络互通

对于 J 银行的 SD-WAN 站点需要与传统站点互通的场景，采用集中互访的方式，以总行 Hub 站点作为互访流量的集中出口，在网络控制器上部署与传统站点集中互访的功能，并选择 Hub 站点作为互访站点。

（5）安全设计

J 银行的网络对数据传输的安全性要求很高，可选择采用如下措施。

- 通过防火墙间隧道提供安全保障：跨省防火墙之间建立IPSec隧道，保证私网流量可以穿越公网，同时保障数据传输的安全性。
- 通过SD-WAN Overlay隧道提供安全保障：SD-WAN中所有的Overlay隧道，包括省内支行到总部、省外支行到省外分行、省外分行到总部等站点间的MPLS链路和因特网链路统一采用GRE over IPSec隧道，保障数据传输的安全性。

（6）运维设计

网络控制器作为集中的管控和运维平台，实现了网络和业务的状态可视（全局 Dashboard、告警实时监控、拓扑、站点 / 站点间 / 应用状态监控等）、可管控（站点级配置、批量下发业务策略、灵活定义多种运维角色等）、可维护（可视化故障定位手段、远程 SSH 登录、设备系统 / 补丁批量升级等）。

- 设备开局：通过网络控制器配置站点的Underlay参数，网络管理员通过网络控制器指定开局邮件中的URL链接，完成开局信息配置，再将开局邮件发送至开局人员的邮箱。开局人员收到邮件后，通过浏览器访问邮件中的URL链接并启动开局流程，设备自动完成开局部署。
- 设备业务配置下发：网络管理员在网络控制器上配置站点设备的VLAN、三层接口、应用识别策略、QoS、ACL和选路策略等，设备完成注册上线后，网络控制器将配置下发到站点设备。
- 设备替换：当站点设备由于硬件故障等原因不能再继续使用时，需要维护人员使用新设备到现场替换故障设备，并对新设备重新进行邮件开局，新设备上线后，继续使用原有设备的业务配置。

9.2.2 石化与能源行业案例

随着数字化转型时代的到来，企业应用不断向云端迁移，传统的办公和本地数据存储模式开始转变为云化模式。与此同时，云计算成为很多新兴技术发展的底层技术和基础，例如 VR、人工智能、无人驾驶汽车、区块链等，这些新技术的发展和应用都将与云计算密不可分，而这样的云化趋势同时带来的是企业出口流量的激增。

Gartner 发布的数据显示，30%～50%的大型企业流量正转变为云流量。IDC 预测，到 2030 年，80% 的企业新应用将会采用云上部署的方式，每 3 年企业 WAN 的出口流量将翻倍。传统的企业专线价格昂贵、互联成本高，网络部署效率低、业务发放时间长，应用识别能力低、业务难管理。寻找新的 ICT 实现业务的转型、创新与增长，是大企业在数字化转型时代的普遍需求。

随着人们安全、环保、创新意识的不断提升，以及业务规模的不断扩大，石化与能源行业正积极探索业界先进的 ICT，打造统一的智能制造平台，将大量的传统应用进行云化服务化后，实现集中的管理、安全的生产和办公。

本节以全国性石化企业 S 石化的 WAN 场景为例，针对当前 WAN 的问题，给出具体分析和 SD-WAN 解决方案部署建议。

1. 场景分析

S 石化当前在广域网演进中面临着诸多挑战，具体如下。

（1）新业务不断引入，WAN 出口流量增加，专线接入成本高

S 石化加油站网点的办公业务正从终端 PC 向桌面云进行改造，同时生产业务也从单一的油品销售转变为油品 + 便利店的业务模式，未来还将从汽车服务、

出行、社交、油品、购物、餐饮、通信等多个方面引入更多的新业务，以满足车和车主多元化的需求，从而进一步扩大收入空间。除了加油业务以外，随着新能源的发展，S 石化也逐步在加油站引入充电、加氢等新的生产业务形态。新业务的不断引入带来了更大的加油站网点 WAN 侧带宽需求，而基于现有的点对点专线向运营商申请提升带宽会增加线路成本，全国所有加油站网点的带宽费用提升会给 S 石化带来高昂的 IT 使用成本，这对 S 石化的新业务引入带来了很大的挑战。

（2）加油站网点网络结构复杂，时延较大，可靠性低，难以支撑业务发展

S 石化的加油站网点目前采用点对点专线多跳网络的架构来实现与省公司以及总部数据中心的业务互访，中间经过县公司、市公司、省公司、区域中心、集团总部等多个站点，同时在数字化转型阶段引入公有云，并通过集团总部到公有云的专线来集中访问云业务。加油站网点到省公司、集团总部、公有云的多跳网络路径过长，时延较大，且中间汇聚节点易拥塞，影响实时业务的体验。此外，加油站网络可靠性低，每个网点到市公司只有一条点对点专线，线路故障会导致业务中断，而市公司的网络故障将影响全市加油站网点的业务，网络的故障会给业务带来严重的损失。

（3）加油站网点数量多，分布广，业务开通慢，难运维

S 石化有上万个加油站网点，分部在全国各个省市县的道路以及高速公路旁。传统的加油站网点的业务开通需要运营商进行点对点专线的线路铺设，通常会消耗大约一个月的时间，同时还需要专业人员到现场支持网络业务的开通，大大增加了加油站业务开通的时间成本和经济成本。同时，加油站网点后续的业务配置变更复杂度高，任何配置的变更或增加都需要逐个站点进行登录修改。加油站现有网络运维难度大，对网络故障为被动式的响应，依赖网管工具查看和人工定位，会消耗大量的时间与人力成本。

（4）应用识别能力低，多业务难管理，关键业务难以保障

加油站网点现有的网络设备不具备应用识别的能力，这与加油站不断引入的新业务形成了矛盾的关系。加油站网点业务在现有的生产和零售业务基础上，又引入了车牌识别、电子发票、智慧加油、无感支付等新业务，但关键的应用无法被网络识别，网络运维人员无法感知到业务体验的质量，关键业务难以保障，在线路带宽拥塞的情况下难以保障 VIP 业务的服务体验。

2. 方案设计

SD-WAN 解决方案提供商为 S 石化设计的 SD-WAN 解决方案通过新引入因特网和 5G 网络，实现省内网络快速扁平化改造，让网络感知业务，提升了网络可靠性，打造出高质量、低成本、可感知的互联广域网。该 SD-WAN 解决方案给 S

石化带来的价值如下。

- 降本增效。加油站网点通过引入因特网和5G的SD-WAN线路，替换现网的MSTP点对点专线，一方面在带宽提升100%的同时，还大大降低了线路的成本；另一方面，部署效率大大提高，专线部署周期由传统的近一个月大幅缩短至一天，可高效响应网点业务的开展。
- 提升网络可靠性。通过省内网络扁平化改造，极大降低网络的复杂度，避免了原先县公司和市公司作为网络汇聚站点，一旦发生故障，对加油站业务有影响的情况，并在加油站引入因特网有线网络和5G无线网络双WAN链路保障，提升加油站业务的可靠性。
- 简化运维。SD-WAN网络控制器集中可视化管控全网，基于整网、分支节点、用户、应用等多维度实现网络的可视化，业务配置自动化，减少运维人力压力，同时快速识别配置异常、线路异常和设备异常，故障快速定位。
- 关键业务体验提升。SD-WAN CPE通过精准的应用识别、智能选路、广域加速等特性，基于应用SLA、应用优先级、带宽利用率等多因素，实现多维度综合调优，保障关键业务的品质体验。

S 石化 SD-WAN 解决方案的架构如图 9-3 所示。

（1）总体规划

S 石化在省公司内部署 SD-WAN 网络控制器，同时对省内加油站网点和省公司进行 SD-WAN 的改造。

- SD-WAN网络控制器部署在省公司，可统一管理全省的SD-WAN站点，网络控制器南向IP地址通过1：1的NAT映射到因特网，用于SD-WAN设备注册。
- 撤去现网市公司到加油站网点的MSTP专线，引入因特网有线网络和5G无线网络。
- 省公司站点部署两台SD-WAN CPE作为Hub站点，并与RR共部署，分别通过有线链路接入因特网 。
- 加油站网点部署一台SD-WAN CPE作为Spoke站点，同时接入因特网有线网络和5G无线网络。
- 加油站网点与省公司基于因特网有线网络和5G无线网络构建SD-WAN Overlay网络，实现加油站网点Overlay网络一跳接入省公司并访问省公司、区域中心、集团总部的业务。

部署时，首先部署 SD-WAN 网络控制器，其次部署具有 RR 功能的省公司站点 CPE，最后部署加油站网点 CPE。

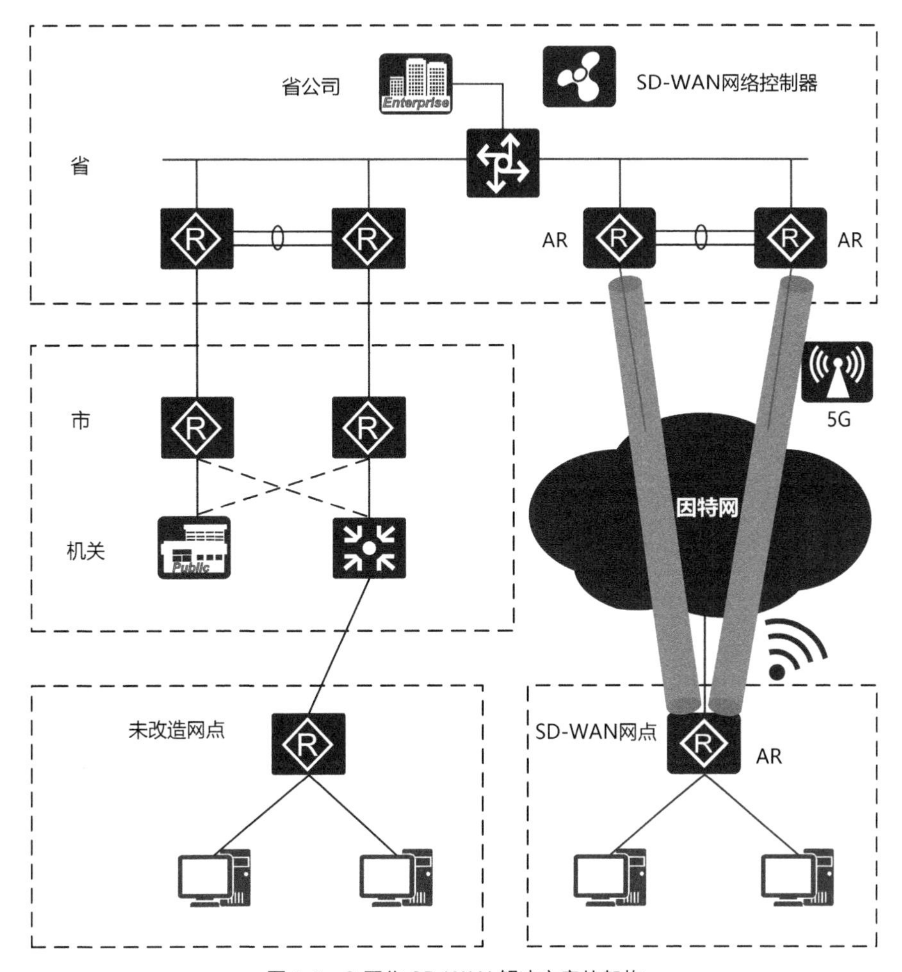

图 9-3　S 石化 SD-WAN 解决方案的架构

（2）站点设计

省公司站点

省公司站点采用站点双 CPE 双 WAN 链路的模型，双 CPE 间的互联以及 CPE 的 LAN 侧与 WAN 侧的设计如下。

- 互联链路由两台CPE各配置两个独立的LAN侧接口作为互联接口，双CPE间通过两条物理线路互联，并将两条互联线路配置为Eth-Trunk来提升互联线路的可靠性。
- WAN侧由两台CPE分别通过一个WAN侧接口接入运营商提供的因特网，并采用静态地址的方式对WAN侧接口配置静态公网IP地址。
- LAN侧由两台CPE分别通过一个LAN侧接口与核心交换机互联，配置OSPF动态路由协议与LAN侧交换机互通，并基于OSPF TAG过滤LAN侧接收的路由，避免产生双CPE LAN侧路由环路。

加油站网点

加油站网点采用站点单 CPE 双 WAN 链路的模型，CPE 的 LAN 侧与 WAN 侧的路由设计如下。

- WAN侧由加油站网点CPE与因特网链路和5G链路两个上行的WAN链路互联（因特网链路为主链路，5G链路为备份链路），两条链路均采用DHCP的方式获取WAN侧接口的IP地址。
- LAN侧由加油站网点CPE通过有线的方式与LAN侧二层交换机互联，配置VLAN对接LAN侧的终端业务，并配置作为DHCP服务器为LAN侧的终端设备分配IP地址。

（3）组网设计

控制平面

S 石化省公司站点 CPE 同时作为 RR 站点，RR 站点与省内加油站网点 CPE 建立控制通道，通过 BGP-EVPN 交互 SD-WAN TNP 信息和业务路由信息。

数据平面

S 石化采用省内 Hub-spoke 拓扑组网，由省公司站点作为 Hub 站点，所有省内加油站网点作为 Spoke 站点，Spoke 站点与 Hub 站点建立数据通道，实现业务互访。

（4）业务设计

业务访问

S 石化加油站网点有视频监控、桌面云、实体卡、电子钱包等业务，均通过加油站 CPE 到省公司 CPE 的 SD-WAN 隧道，将业务流量传递到省公司内网，再由省公司内网路由到对应的目的服务器。

每个加油站网点 CPE 都有因特网有线网络链路和 5G 无线网络链路两条 WAN 链路，通过应用识别（首包识别、特征识别），识别现网的业务类型，并对应用质量和链路质量进行实时的检测。

省公司 Hub 采用双 CPE 双 WAN 链路的部署方式，通过智能选路的负载分担功能，实现两条因特网链路带宽的充分利用。加油站网点采用单 CPE 因特网有线网络链路和 5G 无线网络链路双 WAN 链路的部署方式，将 5G 链路配置为备份链路，当因特网主链路发生故障时，业务流量快速切换到 5G 链路上。

省公司站点和加油站网点 CPE 上都配置了基于应用的 QoS 策略，优先保障视频监控等对实时性要求高的业务的体验，为关键应用配置保障带宽，避免视频监控流量带宽被加油站员工上网流量抢占。

省公司站点和加油站网点 CPE 上针对视频监控等对实时性要求高的业务都开启了 A-FEC 功能，当因特网上出现丢包，两端的 CPE 利用 A-FEC 抗丢包技术依然保障了业务流量零丢包，可保障用户业务体验良好。

访问因特网

S 石化加油站网点员工存在访问因特网的需求，SD-WAN 方案中采用集中上网的方式，配置省公司 Hub 站点作为集中上网站点。Hub CPE 通过 OSPF 协议动态学习到 LAN 侧核心交换机的集中上网默认路由，并发布到全省的 SD-WAN 加油站网点。加油站上网的流量经过 SD-WAN Overlay 隧道到省公司，再通过省公司到区域中心的骨干网专线由区域中心集中安全上网。

与传统网络互通

S 石化网络中的站点向 SD-WAN 迁移的过程中，存在需要与传统站点互访的场景，如未部署 SD-WAN 的市公司需要调用市内 SD-WAN 加油站网点的视频监控，采用省内集中互访的方式，以省公司 Hub 站点作为集中的互访站点，Hub 的 LAN 侧通过 OSPF 协议动态学习到市公司路由，并发布到 SD-WAN 加油站，同时也将 SD-WAN 加油站路由发布到 LAN 侧核心交换机，由核心交换机将加油站路由通过 OSPF 协议动态发布到市公司，从而实现市公司传统站点与 SD-WAN 加油站网点的业务互访。

（5）安全设计

SD-WAN 解决方案的安全防护措施如下。

- ACL访问控制：S石化的加油站网点按照生产和办公对业务进行了划分，并通过在CPE上基于业务IP地址段配置ACL策略来限制生产和办公业务的互访。
- 保证Overlay数据通道的安全性：基于因特网链路的Overlay数据通道采用IPSec加密，保障数据传输的安全性。

（6）运维设计

网络控制器作为集中的管控和运维平台，实现了网络和业务的可视（全局 Dashboard、告警实时监控、拓扑、站点 / 站点间 / 应用状态监控等），可管控（站点级 Underlay/Overlay 配置、业务策略批量下发、多种运维角色灵活定义等），可维护（可视化故障定位手段、远程 SSH 登录、设备系统 / 补丁批量升级等）能力。

- 设备开局：通过网络控制器配置站点的Underlay参数，网络管理员通过网络控制器指定开局邮件中的URL链接参数，完成开局信息配置，再将开局邮件发送到开局人员的邮箱。开局人员在收到邮件后，通过浏览器访问邮件中的URL链接，并启动开局流程，设备自动完成开局部署。
- 设备业务配置下发：网络管理员在网络控制器上可配置站点设备的接口、应用识别策略、QoS、ACL和选路策略等，设备完成注册上线后，网络控制器将配置下发到站点设备。

9.2.3 运营商案例

随着 SDN 和云计算技术的发展，传统企业封闭的 IT 架构逐渐被打破，企业通过因特网从云端访问日常办公应用的趋势日渐明显。运营商虽然可以提供无处不达的网络服务，但是其传统的网络建设方式无法跟上互联网化的节奏。如何突破传统，如何寻找新的利润增长点，如何在互联网企业的威胁下突破重围，是所有运营商面临的紧要问题。

运营商 /MSP 转售是 SD-WAN 商业模式中的一个重要组成部分，本节以通信行业先进运营商的代表 V 运营商为例给出具体的场景分析和方案设计。

1. 场景分析

在互联网趋势的影响下，V 运营商决心改变现有境遇，寻求突破。V 运营商当前面临的主要问题如下。

（1）企业级因特网性价比不断提升，运营商企业专线业务收入下滑

由于企业专线接入复杂且专线往往是独占的，因此价格昂贵。随着以太网和 IP 技术的快速发展，因特网的性能和可靠性在不断提高，企业级因特网带宽的成本比企业专线低，MPLS 网络和因特网的混合 WAN 变得越来越普遍，成为企业 WAN 建设的首选。运营商的专线业务流量在快速减少，从而导致专线业务的收入不断下滑。

（2）企业专线开通慢，耗时耗力，无法满足快速部署的要求

传统专线接入的业务隔离通常采用 VPN 或物理隔离的方式，具备天然安全的互联网络属性，其完善的 QoS 机制保障了对时延敏感的应用（视频会议、VoIP 等）的可靠传输。但专线存在开通慢的缺陷，比如本地有无 POP、有无物理线路到达 POP、跨运营商线路租用和协同、各分支线路和业务的逐台部署等问题都会影响专线业务的开通速度。随着业务上云的发展，提供分钟级的上云专线业务开通服务是未来运营商与互联网服务提供商抢占专线业务市场的关键。

（3）传统专线业务选路策略简单，无法感知业务并根据业务进行选路

传统的专线业务是根据路由制定选路策略，例如，根据业务流的目的地是公司总部还是数据中心制定选路策略，选路策略的检测粒度没有达到应用级，也没有考虑应用对链路质量的需求。随着因特网的发展，业务越来越丰富，不同企业对业务质量的要求有差异，故对 WAN 链路的质量要求也不同。

（4）传统专线网络的运维复杂，难以快速定位网络故障

传统专线网络出现故障时，因故障定位难、周期长，企业业务无法快速恢复，给企业造成巨大的损失。随着网络的快速发展，企业办公业务趋向于云化、异地化，而智能化的网络能够帮助企业快速定位问题，并保证企业分支站点与总部站点之间的连通性。

（5）传统网络业务配置靠手工方式，对网络工程师要求高且容易出错

传统企业 WAN 的业务开通主要靠网络工程师去现场手工配置，容易出错，而且对网络工程师技能的要求高、业务开通时间长、运维效率低。随着企业规模的不断扩大，企业需要在更多的地区建设分支并按需调整业务。因此，企业新业务能够快速上线，才能适应企业业务迅速发展的需要。

V 运营商分析了上述问题，提出以下网络建设的需求。

（1）提升运营商专线业务竞争力，增强用户黏性

WAN 的建设方案需求简单、易部署，可以帮助运营商快速发展企业客户，尤其是大企业的高价值客户，扩大市场份额。建设方案要能提升运营商的竞争力，赢得与互联网服务提供商的竞争。运营商除了建设 xDSL/MPLS/MSTP 专线网络外，还需要建设基于以太网和 IP 技术的 WAN，帮助企业降低专线费用。

（2）转变营销模式，增加专线业务收入

将企业租用运营商专线、购买 VAS 设备的模式转变为企业从运营商处购买 SD-WAN 服务和虚拟 VAS 的模式。将运营商转售 CPE，即一次性收取设备费用和按月 / 年收取专线费用的模式转变为运营商提供免费 CPE，按实际的使用时间或流量收取服务费的模式，帮助运营商获取长期收益。将企业自己管理维护 WAN 的模式转变为运营商面向企业提供管理服务，帮助企业管理维护 WAN 的模式。

（3）实现基于 SDN 技术的智能网络调度

长期以来，企业 WAN 连接都存在粗放管理、难以调度的问题。网络中断的故障不易排查，需要网络管理员奔赴现场，业务流量路径的切换更不容易，网络配置稍有不慎，将会造成网络的瘫痪。基于 SDN 技术，网络管理员可以通过向导式的可视化业务配置界面，结合客户网络实际的业务需求，制定细粒度的业务路径管控策略。通过对带宽质量、利用率等实时数据的大数据分析，主动优化流量路径，实现智能的网络调度，大大减轻网络管理员的工作负担，同时帮助企业节省网络维护成本。

（4）实现专线业务快速开通和网络可视化运维管理，降低 OPEX

传统专线业务通常面临着开通慢、成本高、配置复杂等问题。运营商通过在企业客户侧部署 CPE/uCPE，并基于 ZTP 实现快速开局，大幅简化客户的网络配置操作。此外，运营商面向企业客户提供可视化的全局网络视图，为企业实时呈现网络质量和安全状态，帮助企业客户高效地运维自己的 WAN。

2. 方案设计

根据对 V 运营商的需求分析，SD-WAN 解决方案提供商为 V 运营商设计了一个开放、智能、与 NFV/SDN 技术相结合的 SD-WAN 解决方案，支持运营商对中小型企业的代维和 VAS 提供，为企业提供 WAN 的建设和维护服务，以减少企

业对设备和专业运维人员的投入。该方案有以下 3 方面的优势。

- 转控分离，提升网络的可靠性。通过部署网络控制器实现控制平面与数据平面的分离，避免数据流量的冲高对控制平面的影响，提升了网络的可靠性。
- 多租户管理，简化运维。通过网络控制器实现对SD-WAN站点的统一管理，支持运营商面向多租户提供网络代维服务。通过网络控制器界面化的监控/配置/诊断功能，提升网络运维的效率。
- 开放API实现平台对接和业务自动化发放。通过网络控制器北向RESTful API与运营商BSS/OSS系统的对接，实现用户业务订购信息到网络控制器的自动导入，加速业务发放，同时支持VAS自动化开通，增强客户黏性。

V 运营商的 SD-WAN 解决方案架构如图 9-4 所示。

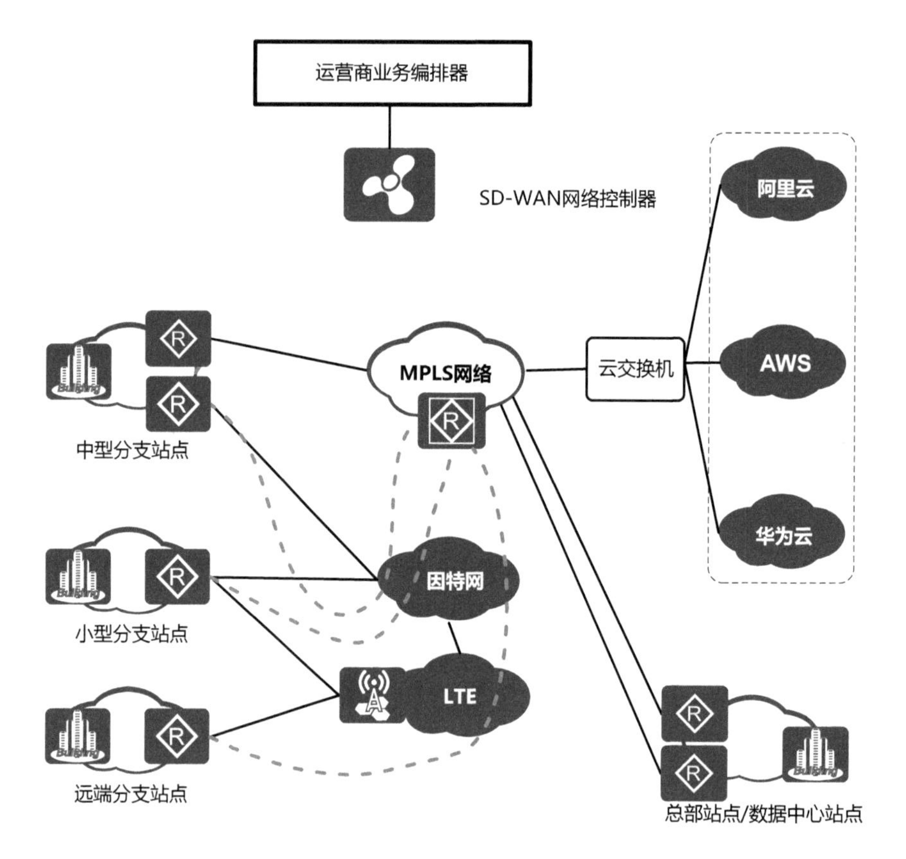

图 9-4　V 运营商 SD-WAN 解决方案的架构

（1）总体规划

V 运营商通过将 SD-WAN 与传统 MPLS VPN 相结合，实现 SD-WAN 业务与现有专线业务的集成。

- V运营商数据中心部署一套SD-WAN网络控制器，集中管理全国的SD-WAN，北向API与运营商业务编排器对接。
- 按省份在V运营商MPLS VPN骨干网边缘选取POP，部署SD-WAN物理路由器或虚拟化路由器作为SD-WAN GW。GW与骨干网PE对接，用于企业SD-WAN站点向MPLS VPN骨干网的接入，同时也作为RR控制省内SD-WAN，并支持多个企业用户共享同一个GW。
- 在企业站点侧，部署SD-WAN CPE，可通过因特网有线网络、4G/5G无线网络、点对点专线等多种传输网络中的一种或多种混合的方式接入运营商MPLS VPN骨干网。
- 通过SD-WAN和MPLS VPN骨干网混合组网的方式，可以满足企业客户组网、上网、上云等业务的需求。

部署时，首先部署 SD-WAN 网络控制器，其次部署各个省份的 SD-WAN GW，最后部署企业站点。企业站点中，优先部署企业总部站点。

（2）站点设计

运营商 GW 站点

V 运营商 SD-WAN GW 采用站点单设备单 WAN 链路的部署方式，并在每个 SD-WAN POP 部署两台 GW 做站点冗余，每个 GW 的 LAN 侧与 WAN 侧的设计如下。

- WAN侧由GW通过一个WAN侧接口接入V运营商提供的因特网，WAN侧接口配置为静态IP地址，并通过1∶1的NAT在因特网出口网关上将该私网IP地址映射到公网IP地址。
- LAN侧由GW通过一个LAN侧接口与运营商MPLS VPN的PE互联，并配置MPLS Option A对接，基于每个企业用户分别创建VRF实例和对应的子接口，并配置eBGP对接。

企业总部站点

企业总部站点采用站点双 CPE 双 WAN 链路的站点模型，双 CPE 间的互联以及 CPE 的 LAN 侧与 WAN 侧的设计如下。

- 互联链路由两台CPE各配置两个独立的LAN侧接口作为互联接口，双CPE间通过两条物理线路互联，并将两条互联线路配置为Eth-Trunk，提升互联线路的可靠性。
- 在WAN侧，两台CPE都作为MPLS CE，分别通过一个WAN侧接口，经由点对点专线接入V运营商MPLS VPN骨干网，WAN侧接口采用静态IP地址，并通过eBGP动态路由与MPLS PE交换路由。
- LAN侧由两台CPE分别通过一个LAN侧接口与企业客户的核心交换机互联，配置OSPF或BGP动态路由协议与LAN侧交换机互通，并基于OSPF TAG

或BGP AS-PATH过滤LAN侧接收的路由，避免双CPE LAN侧路由环路的产生。

企业中型分支站点

企业中型分支站点采用双 CPE 双 WAN 链路的站点模型，双 CPE 间的互联以及 CPE 的 LAN 侧与 WAN 侧的设计如下。

- 互联链路由两台CPE各配置两个独立的LAN侧接口作为互联接口，双CPE间通过两条物理线路互联，并将两根互联线路配置为Eth-Trunk，提升互联线路的可靠性。
- WAN侧由两台CPE各配置一个WAN侧接口，其中一个CPE接入V运营商提供的因特网，并通过DHCP获取接口IP地址，作为备用链路；另一个CPE通过点对点专线接入MPLS VPN，接口采用静态IP地址，并通过eBGP动态路由与MPLS PE交换路由，作为主用链路。
- LAN侧由两台CPE分别通过一个LAN侧接口与企业客户的二层交换机互联，并配置VRRP实现LAN侧的主备。

企业小型分支站点

企业小型分支站点采用站点单 CPE 双 WAN 链路的模型，CPE 的 LAN 侧与 WAN 侧的设计如下。

- WAN侧由站点CPE通过WAN侧接口以及4G/5G空口，同时接入V运营商提供的因特网，以有线链路作为主用链路，以4G/5G无线链路作为备份链路，两条链路均采用DHCP的方式获取WAN侧接口的IP地址。
- LAN侧由网点CPE通过有线的方式与LAN侧二层交换机互联，配置VLAN对接LAN侧的终端业务，并配置DHCP服务器，为LAN侧终端设备分配IP地址。

企业偏远分支站点

企业偏远分支站点通常位于 V 运营商固网线路覆盖不到的楼宇或乡村等区域，也可以是机动性或移动性接入的企业分支站点，采用站点单 CPE 单 WAN 链路的站点模型，CPE 的 LAN 侧与 WAN 侧的设计如下。

- WAN侧由站点CPE通过4G/5G空口接入V运营商提供的因特网，采用DHCP的方式获取WAN侧接口IP地址。
- LAN侧由网点CPE通过有线的方式与终端设备直连。

站点设备选型

V 运营商的 POP SD-WAN GW 推荐采用虚拟化部署的方式，通过通用的服务器硬件来承载虚拟化的 GW 网元，并支持在同一台服务器上同时部署多个 SD-WAN 厂家的 GW。

企业客户站点的 CPE 可由企业按需选择物理 CPE 或 uCPE。通常出于短期成本考虑，企业会选择在企业分支、企业总部等站点部署物理 CPE。对于企业站点现网已经部署或计划部署防火墙、负载均衡器或广域网加速器的场景，建议企业客户部署 uCPE 以降低客户侧网络的建设成本，减小复杂度。uCPE 支持部署第三方 VAS 的软件功能，网络控制器上仅需提供第三方软件 VAS 的镜像软件包就可以在 uCPE 上线后部署软件防火墙、软件负载均衡和软件广域加速等 VAS 功能。V 运营商可以通过网络控制器定期更新 VAS 软件的版本，保持 VAS 功能处于最新版本。

（3）组网设计

控制平面

V 运营商 SD-WAN 的控制平面由 SD-WAN RR 承载，RR 与 GW 共部署。每个省至少部署一对 GW 并同时作为 RR，与省内企业分支站点 SD-WAN CPE 建立控制通道并同步 TNP 信息和业务路由。

数据平面

V 运营商 SD-WAN 的数据平面以 V 运营商的因特网作为 Underlay 传输网络，企业分支站点 CPE 与所在省的 SD-WAN GW 基于因特网建立 SD-WAN 隧道，实现企业站点通过 SD-WAN GW 接入 MPLS VPN Underlay 骨干网。

对于企业总部站点和企业中型分支站点等存在 CPE 通过点对点专线接入 MPLS VPN 的场景，CPE 采用本地出局的方式直接访问 MPLS VPN Underlay 网络。

（4）业务设计

业务访问

在 V 运营商的 SD-WAN 中，企业 SD-WAN 站点省内业务互访流量经过 SD-WAN GW 中转；企业 SD-WAN 站点跨省业务互访流量经过各自省内 SD-WAN GW 接入 MPLS VPN 骨干网，再通过 MPLS VPN 骨干网跨省互访；企业 SD-WAN 站点的云业务访问流量经过 SD-WAN GW 接入 MPLS VPN 骨干网，再通过云专线访问云业务。

企业站点 SD-WAN CPE 以及 SD-WAN GW 都开启应用识别功能（首包识别和特征识别），并对应用质量和链路质量进行实时的检测。除了偏远分支站点以外，每个企业站点都至少有两条 WAN 链路以提供站点的线路可靠性。此外，每个省的 SD-WAN 都有主备 GW 以提供接入点的设备可靠性，均支持故障快速切换，从而满足 SD-WAN 业务的高可靠性要求。

企业站点 CPE 上默认配置了接口带宽限速，用于控制器站点接入 SD-WAN GW 的签约带宽；每个省 POP 的 SD-WAN GW 可基于每个企业客户的 VPN 配置每个客户接入 MPLS VPN 骨干网的总带宽限速，避免多用户接入时用户间发生带宽抢占；基于用户对业务的诉求，企业分支 CPE 和 SD-WAN GW 可再配置基于应用的 QoS 策略，保障企业关键应用的带宽和优先级。

V 运营商将 SD-WAN 广域优化功能作为一种增值服务提供给企业客户，企业站点 CPE 和 SD-WAN GW 可按需开启 A-FEC 等广域优化功能，当因特网上出现丢包时，两端利用 A-FEC 抗丢包技术可实现业务流量零丢包，从而保障用户业务的体验品质。

访问因特网

V 运营商给企业客户提供了 4 种不同的安全上网方案，企业客户可针对不同的使用场景，选择不同的上网方案。

- 企业分支站点的因特网链路只作为企业站点间互访的Underlay传输网络，分支不使能本地出局上网，分支上网采用集中到企业总部站点的上网方式，统一从总部的防火墙出局上网。另外，可在企业分支站点配置Underlay ACL策略，提高安全性。
- 企业分支上网采用“指定应用流量本地出局+默认流量集中总部上网”的方式，站点本地通过应用识别功能识别出SaaS应用流量，只允许识别出的SaaS应用流量从企业分支CPE本地出局访问因特网，其他所有上网流量集中到总部并通过防火墙出局访问。另外，在分支站点配置Underlay ACL策略或使能内置防火墙，从而保障分支的安全性。
- 分支部署uCPE款型的设备，在uCPE上部署软件防火墙，通过虚拟化的专业防火墙功能保障分支站点的网络安全，分支所有上网流量都本地出局。对于分支LAN侧存在公网服务器的场景，可使能CPE上的Underlay NAT功能，为LAN侧服务器做地址映射，满足从公网可以访问分支LAN侧的公网服务器的要求。
- V运营商在每个省的POP为企业客户提供安全上网的增值服务，由SD-WAN GW与POP的物理或软件防火墙对接，并向企业分支站点发布集中上网的默认路由，企业分支站点访问因特网的流量通过省内的SD-WAN GW以及POP的防火墙集中出局。

与传统网络互通

V 运营商通过 SD-WAN GW，实现企业 SD-WAN 站点与企业现网的传统 MPLS 站点的互通，GW 与 MPLS PE 通过 Option A 对接，并通过用户 VPN 下配置 eBGP 实现 SD-WAN 路由与传统 MPLS VPN 路由的互通。

（5）安全设计

V 运营商在部署 SD-WAN 解决方案时，考虑通过以下几种方式提升安全性。

- 路由策略控制：管理员通过在网络控制器上配置Underlay WAN路由策略，采用路由白名单或黑名单进行过滤，使站点只接收来自网络控制器以及对端SD-WAN站点的路由。
- ACL访问控制：根据企业客户接入网规范，在企业分支站点WAN侧的入方向进行ACL策略控制，过滤恶意报文，限制危险端口访问。

- uCPE部署软件防火墙：对于部分部署uCPE款型的站点，在uCPE上创建业务链，安装软件防火墙，增加安全性。软件防火墙可具备专业的L7防火墙的安全防护功能，如防病毒等。
- 保证Overlay数据通道的安全性：基于因特网链路的Overlay数据隧道采用IPSec加密，保障数据传输的安全性。

（6）运维设计

运营商运维场景里，除了包含企业自建 SD-WAN 运维子方案中所涉及的 CPE 开局、网络业务监控、网络业务维护等功能外，还涉及运营商场景下所需的多租户管理和客户 Portal 访问权限管理等。

多租户管理

在运营商场景下，除了企业自建案例提供的功能外，SD-WAN 网络控制器还需要支持分权分域的管控能力，以同时管理多个企业客户的 SD-WAN。租户管理员具有租户的所有权限，称为根租户。为了保证系统的安全性，根租户可以创建多个子租户账号。通过角色为每个子租户账号分配不同的权限，即分权；通过用户管理选择每个子租户可管理的站点，即分域。

V 运营商的运维团队可通过根租户以及分权功能，为运维团队中不同角色的运维人员创建相应的运维账号，如交付团队具备设备和站点添加以及 ZTP 的配置权限，售后维护团队具备网络监控、告警、日志、诊断等功能的配置和查看权限。

V 运营商通过分权和分域功能，可以面向企业客户提供登录账号。V 运营商将 SD-WAN 网络控制器的 Portal 访问权限作为增值服务提供给企业客户，通过分域功能让企业客户只能管理其对应的站点和设备，通过分权功能为企业客户提供以下 3 种不同的访问权限。

- 只有监控权限的访问账号，可监控该租户账号下的SD-WAN。
- 具有监控权限以及Overlay业务配置权限的账号，可监控该租户下的SD-WAN，配置企业站点CPE的LAN侧接口，以及选路、QoS、ACL、多VPN等业务策略。
- 具有监控权限、Overlay业务配置权限以及安全业务配置权限的账号，可监控SD-WAN，配置LAN侧接口、选路、QoS、ACL、多VPN等业务，以及配置防火墙、URL过滤、IPS等安全业务。

（7）网络控制器北向开放

网络控制器提供了丰富的北向接口。V 运营商可以根据需要定制基于网络控制器的第三方应用，也可以使用网络控制器提供的图形化用户界面作为网络日常的运营和维护工具。运营商 SD-WAN 北向 API 对接与被集成主要出于以下两点考虑。

- 实现SD-WAN CPE开局参数由运营商BSS/OSS平台向控制器的自动化导

入，提高部署效率，增强大规模SD-WAN站点部署的能力。平台已有租户、站点、设备等信息向网络控制器自动导入，提升业务分发效率，实现大规模部署，同时降低因人为导入信息带来的错误率。

- 通过网络控制器与运营商BSS/OSS平台的API对接，使客户订购的增值业务通过API调用网络控制器完成自动化发放，进而实现业务随需随取。例如在带宽业务中，客户临时需要扩带宽的服务，可在线订购“带宽翻倍一小时”增值业务，运营商OSS/BSS平台通过API调用完成相关配置自动化下发，实现业务及时开通，准时到期。

9.2.4 MSP 案例

移动办公、视频流量增加和业务云化的趋势使企业对网络带宽的需求越来越大，应用对 WAN 的服务质量提出了更高的要求。企业的 IT 运维团队越来越难以为数据中心出口的业务（尤其是访问公有云的应用）提供 QoS 保证。伴随着云计算、大数据和 AI 的快速发展，企业日益增长的云访问需求与企业现有的 IT 能力匮乏的矛盾为 MSP 提供了广阔的市场和巨大的机遇。

MSP 是企业获取网络托管服务的重要渠道，采用业界领先的管理技术，为企业提供系统的托管服务。MSP 的核心竞争力是服务质量和技术水平，而传统 MSP 的最大不足就是技术水平不够，无法规模化发展。在企业业务云化的趋势下，提升自身的多云管理能力、企业网络托管能力和专业服务能力，是 MSP 面临的新挑战。

本节以 C 国处于领先地位的管理服务提供商代表 MSP Z 为例，介绍 SD-WAN 的场景分析和方案设计。

1. 场景分析

针对当前业务中的问题以及对市场发展趋势的分析，MSP Z 总结出如下的问题。

（1）企业“最后一公里”的接入成本高，业务开通慢

MSP Z 在 C 国全国范围内租用了运营商的 MSTP 线路，并在此之上构建了 MPLS VPN 作为 MSP Z 的骨干网向企业提供专线服务，企业分支通过接入 MSP 骨干网，可以满足访问数据中心、分支间互访等业务的需求。如果 MSP Z 不能提供企业客户站点“最后一公里”的线路设施，那么企业分支接入 MSP 骨干网将需要铺设线路，这部分昂贵的线路成本最终会由企业客户来承担，这提高了企业购买 MSP Z 骨干网业务的资费门槛，而且线路的铺设也延长了业务开通的时间。

（2）云连接专线开通周期长，线路成本高，管理复杂

作为企业客户访问公有云的最后一段，MSP Z 需要打通骨干网到企业公有云

资源的连接。通过传统的专线方式，MSP 需要支付昂贵的线路铺设的费用，以及向公有云服务商支付云专线接入的服务费用，这使得 MSP Z 需要负担沉重的前期投入。而面对不同企业访问不同的公有云的需求，传统专线的云连接方式带来了不能灵活开通业务、业务开通周期长、云连接业务质量不可见、多云管理复杂等诸多问题。

2. 方案设计

基于当前 MSP Z 的现状，SD-WAN 解决方案提供商为 MSP Z 设计的 SD-WAN 解决方案架构具有如下优势。

- 灵活的“最后一公里”接入降低了业务开通成本，缩短了业务开通周期。通过因特网实现企业分支到骨干网POP GW的SD-WAN接入，免去了铺设“最后一公里”的线路，同时ZTP降低了对开局人员的技术要求，能够快速响应企业客户的需求，加速分支业务的开通。
- 提供云接入和管理功能，满足企业业务云化的需求。通过在企业客户VPC中部署vCPE作为云站点，实现企业公有云资源与MSP骨干网POP的灵活打通和企业分支跨POP访问公有云。同时MSP具备对云站点以及对云连接的链路性能的可视化管理功能。
- 云网融合，提升全球化网络服务能力。通过在公有云上部署SD-WAN虚拟路由器作为POP GW，并借助公有云不同区域云节点间的云间高速和高品质因特网，MSP可快速搭建一张覆盖全球的云上SD-WAN骨干网，满足企业客户全球组网的需求。

MSP Z 的 SD-WAN 解决方案架构如图 9-5 所示。

（1）总体规划

MSP Z 在数据中心内部署 SD-WAN 网络控制器，引入 RR、POP GW 等设备，同时对已有企业客户站点进行网络改造，完成传统站点向 SD-WAN 站点的迁移，并对新客户进行 SD-WAN 站点的部署。

- 在MSP Z数据中心内部署一套网络控制器，用于对所有租户的SD-WAN设备进行管理和业务编排。
- 分区域在公有云上部署RR站点，例如在国内部署一对RR，在欧洲部署一对RR，在亚太地区部署一对RR，分别控制区域内的SD-WAN，包括企业站点CPE以及云POP GW。
- 按需选择在不同区域的公有云上部署SD-WAN虚拟路由器作为POP GW，POP GW间通过云间高速以及云间因特网建立SD-WAN隧道，形成SD-WAN云骨干网，同时面向企业SD-WAN站点提供接入服务。
- RR以及GW支持多租户接入，同时承载多个企业客户的SD-WAN。

• 企业客户在站点部署SD-WAN CPE，并通过因特网接入SD-WAN POP GW。

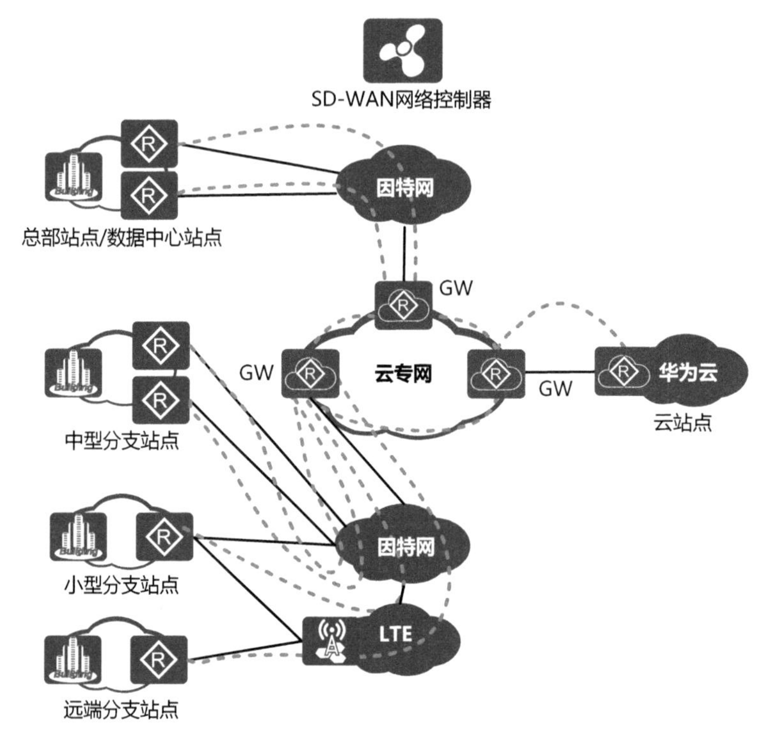

图 9-5　MSP Z 的 SD-WAN 解决方案架构

实施方案时，首先部署 SD-WAN 网络控制器，其次部署 RR 站点，接着部署 POP GW 站点，最后部署企业站点。

（2）站点设计

MSP RR 站点

MSP 在云上部署的 RR 站点可采用独立部署或与 POP GW 共部署两种方式，RR 站点采用单设备双 WAN 链路，每个 RR 设备只有 WAN 侧接口。WAN 侧由 RR 设备配置两个 WAN 侧接口，其中一个 WAN 侧接口接入公有云提供的因特网，另一个 WAN 侧接口接入公有云的云间高速。两个 WAN 侧接口均配置静态 IP 地址，其中因特网 WAN 侧接口通过 1∶1 的 NAT，在因特网出口网关上将该私网 IP 地址映射到公网 IP 地址。

MSP GW 站点

MSP 在云上部署的 GW 站点采用站点单设备双 WAN 链路，每个 GW 的 LAN 侧与 WAN 侧设计如下。

• WAN侧由GW配置两个WAN侧接口，其中一个WAN侧接口接入公有云提供的因特网，另一个WAN侧接口接入公有云的云间高速。两个WAN侧接口均配置静态IP地址，其中因特网WAN侧接口通过NAT，在因特网出口网关上将该私网IP地址映射到公网IP地址。如果GW与RR共部署，则因特网接口要求1：1的NAT映射到因特网公网IP地址。

- 默认情况下，LAN侧不需要配置，但如果MSP需要在POP为企业客户提供VAS增值服务，如安全的集中上网，则需要配置网关的LAN侧接口与云VPC的虚拟路由器网关对接，配置LAN侧接口的IP地址，并在用户VPN内配置VAS业务静态路由。

企业总部站点 / 中型分支站点

企业总部站点或中型分支站点采用站点双 CPE 双 WAN 链路的模型，双 CPE 间的互联以及 CPE 的 LAN 侧与 WAN 侧的设计如下。

- 互联链路由两台CPE各配置两个独立的LAN侧接口作为互联接口，双CPE间通过两条物理线路互联，并将两条互联线路配置为Eth-Trunk来提升互联线路的可靠性。
- WAN侧由两台CPE分别配置一个WAN侧接口接入站点当地运营商提供的因特网，WAN侧接口可采用DHCP的方式动态获取IP地址或静态配置IP地址。
- LAN侧由两台CPE分别通过一个LAN侧接口与企业客户的核心交换机互联，配置OSPF或BGP动态路由协议与LAN侧交换机互通，并基于OSPF TAG或BGP AS-PATH过滤LAN侧接收的路由，避免产生双CPE LAN侧路由环路。

企业小型分支站点

企业小型分支站点采用站点单 CPE 双 WAN 链路的模型，CPE 的 LAN 侧与 WAN 侧的路由设计如下。

- WAN侧由站点CPE通过WAN侧接口以及4G/5G空口，同时接入站点当地运营商提供的因特网，以有线链路作为主用链路，以4G/5G无线链路作为备份链路，两条链路均采用DHCP的方式获取WAN侧接口的IP地址。
- LAN侧由网点CPE通过有线的方式与LAN侧二层交换机互联，配置VLAN对接LAN侧的终端业务，并配置作为DHCP服务器为LAN侧的终端设备分配IP地址。

企业偏远分支站点

企业偏远分支站点采用站点单 CPE 单 WAN 链路的模型，CPE 的 LAN 侧与 WAN 侧的设计如下。

- WAN侧由站点CPE通过4G/5G空口接入站点当地运营商提供的因特网，采用DHCP的方式获取WAN侧接口的IP地址。
- LAN侧由网点CPE通过有线的方式与终端设备直连。

站点设备选型

MSP SD-WAN 中的 RR 以及 POP GW 均采用虚拟化部署的方式，部署在公有云 VPC 内。企业客户站点的边缘设备为物理路由器设备作为 CPE。

企业云站点

企业如果在云上部署了 IaaS 业务，可通过在云上用户 VPC 内部署虚拟化 vCPE，将用户 VPC 作为一个云站点，云站点采用单 CPE 单 WAN 链路的站点模型，CPE 的 LAN 侧与 WAN 侧的路由设计如下。

- WAN侧由云站点vCPE通过WAN侧接口配置私网IP地址，并购买云服务提供商提供的因特网服务，将私网地址动态或静态地映射到公网IP地址。
- LAN侧由云站点vCPE配置LAN侧接口连接VPC内的虚拟路由器网关，并在网关上配置路由指向VPC内的用户业务虚拟机，vCPE的用户VPN上也配置用户的云业务静态路由指向网关。

站点设备选型

MSP SD-WAN 中的 RR 以及 POP GW 均采用虚拟化部署的方式，部署在公有云 VPC 内。企业客户站点的边缘设备用作物理路由器设备的 CPE。

（3）组网设计

控制平面

MSP SD-WAN 的控制平面由 RR 承载，RR 成对部署，每对 RR 与区域内的 POP GW 和 Edge 站点建立控制通道，并同步 TNP 信息和业务路由。不同区域的 RR 间也会建立 Full-mesh 连接的控制通道，并同步跨区域的 TNP 信息和业务路由。

数据平面

MSP SD-WAN 的数据平面基于企业站点当地运营商提供的因特网、云间高速、云间因特网构建 Overlay 拓扑。企业站点 CPE 通过当地运营商提供的因特网与 POP GW 建立 SD-WAN 隧道，实现到 SD-WAN 云骨干网的接入；不同区域的云节点的 POP GW 间基于云间高速专线以及云间因特网建立 SD-WAN 隧道，形成一张 Overlay 云骨干网；用户在云上部署的业务由用户 VPC 内部署的虚拟化 vCPE，通过云间因特网 Overlay 接入 POP GW。

（4）业务设计

业务访问

在 MSP Z 的 SD-WAN 中，连接同一个 POP GW 的企业 SD-WAN 站点间的业务互访流量经过 POP GW 中转；企业 SD-WAN 站点跨 POP 业务互访流量经过各自 POP GW 接入 Overlay 云骨干网，再通过云骨干网互访；企业 SD-WAN 站点的云业务访问流量经过 SD-POP GW 接入云骨干网，再通过 POP GW 经过云间因特网访问企业云站点。

企业站点 SD-WAN CPE 以及 POP GW 都开启了应用识别功能（首包识别和

特征识别），并对应用质量和链路质量进行实时的检测。除了偏远分支站点以外，每个企业站点都至少有两条 WAN 链路以保证线路的可靠性，每个区域的 POP GW 都有设备冗余以保证接入点的设备可靠性，均支持故障快速切换，从而可以满足 SD-WAN 业务的高可靠性要求。

企业站点 CPE 上默认有接口带宽限制，用来控制站点接入 POP GW 的签约带宽；每个 POP 的 GW 可基于每个企业客户的 VPN 配置 VPN 级的限速，避免多用户接入时用户间的带宽抢占；基于用户对业务的诉求，企业分支 CPE 和 POP GW 可再配置基于应用的 QoS 策略，保障企业关键应用的带宽和优先级。

MSP 将 SD-WAN 广域优化功能作为一种增值服务提供给企业客户，企业站点 CPE 和 POP GW 可按需开启 A-FEC 等广域优化功能，当因特网上出现丢包，两端的 CPE 利用 A-FEC 抗丢包技术，可实现业务流量零丢包，可保障用户业务体验良好。

访问因特网

MSP 给企业客户提供了 3 种不同的安全上网方案，企业客户可针对不同的使用场景，选择不同的上网方案。

- 企业分支站点的因特网链路只作为企业站点间互访的Underlay传输网络，分支不使能本地出局上网，分支上网采用集中到企业总部站点的上网方式，统一从总部的防火墙出局上网。另外，可在企业分支站点配置Underlay ACL策略，提高安全性。
- 企业分支上网采用“指定应用流量本地出局+默认流量集中总部上网”的方式，站点本地通过应用识别功能识别出SaaS应用流量，只允许识别出的SaaS应用流量从企业分支CPE本地出局访问因特网，其他所有上网流量集中到总部并通过防火墙出局访问因特网。另外，在分支站点配置Underlay ACL策略或使能内置防火墙，从而保障分支的安全性。
- MSP在公有云的POP为企业客户提供安全上网的增值服务，由POP GW与云上虚拟化防火墙对接，并向企业分支站点发布集中上网的默认路由，企业分支站点通过省内的SD-WAN GW以及POP的防火墙集中出局访问因特网。

与传统网络互通

MSP 的 SD-WAN POP 网络与企业用户的传统站点存在业务互访时，采用在企业总部集中互访的方式，由企业总部站点 CPE 通过 LAN 侧学习传统站点路由，并发布 SD-WAN 分支站点路由，作为 SD-WAN 与传统网络的集中互访站点。

（5）安全设计

MSP Z 在部署 SD-WAN 解决方案时，考虑通过以下几种方式提升安全性。

- 路由策略控制：管理员在控制器上配置Underlay WAN路由策略，通过路由白名单或黑名单进行过滤，使站点只接收来自网络控制器以及对端SD-

WAN站点的路由。

- ACL访问控制：根据企业客户接入网规范，在企业分支站点WAN侧的入方向进行ACL策略控制，过滤恶意报文和限制危险端口访问。
- 保证Overlay数据通道的安全性：对SD-WAN中因特网链路的Overlay数据隧道采用IPSec加密，保障数据传输的安全性。

（6）运维设计

MSP Z 运维场景里，除了包含企业自建 SD-WAN 运维子方案中的 CPE 开局、网络业务监控、网络业务维护等功能外，还涉及运营商场景下所需的多租户管理和客户 Portal 访问权限管理等。

MSP Z 为企业客户提供了多种不同的 SD-WAN 站点开局方式，可以适应不同场景的需要，包括邮件开局、DHCP 开局、注册中心开局、U 盘开局。

企业客户的运维可采用 MSP 代维模式，由 MSP Z 统一负责代维代建，同时 MSP Z 会提供只有监控权限的租户账号给企业客户，作为 SD-WAN 服务的一部分。

第 10 章
SD-WAN 相关组件

华为SD-WAN解决方案的组件包含NetEngine AR系列路由器、iMaster NCE-Campus网络控制器和NetEngine AR1000V虚拟路由器，本章详细介绍这三种组件的应用场景、产品架构和主要功能特性。

| 10.1 NetEngine AR 系列路由器 |

10.1.1 概述

NetEngine AR 系列路由器是华为公司自主研发的全新一代路由器，它基于 Solar AX 架构，通过 CPU+NP 异构转发和内置加速引擎提供高性能转发能力，同时融合了 SD-WAN、路由、交换、VPN、安全、MPLS 等多种功能，满足了企业业务多元化和云趋势下对网络设备的高性能需求。

NetEngine AR 系列路由器（如图 10-1 所示）可以按需部署在企业总部或企业分支，为企业网络提供出口能力。

图 10-1 NetEngine AR 系列路由器

NetEngine AR 系列路由器架构的亮点如表 10-1 所示。

表 10-1　NetEngine AR 系列路由器架构的亮点

架构	亮点
多核处理器	高性能多核处理器支持高速 WAN 连接、强大的路由计算能力、增强的四层～七层业务处理效率
独立 NP（SRU400H/SRU600H）	硬件转发引擎，分流更多一层～四层流量，增强转发能力
无阻塞交换架构	单槽位总线带宽高，业务转发无瓶颈
高密主控板	SRU400H/SRU600H 主控板提供的 WAN 侧接口包括：14×10GE 光（可切换为 GE 光）+10×GE 电（WAN 侧接口可切换为 LAN 侧接口）
丰富的网络接口	• 支持热插拔 • 丰富的 LAN、WAN、LTE 等灵活接口卡

10.1.2　应用场景

以下介绍 NetEngine AR 系列路由器的两种应用场景。

1. 通过混合链路构建 SD-WAN

在 SD-WAN 解决方案中，NetEngine AR 系列路由器可以作为企业总部或分支站点的网关设备，支持 MPLS 专线和因特网等多种物理链路，并由 SD-WAN 网络控制器提供统一的可视化管理，其组网如图 10-2 所示。NetEngine AR 系列路由器集成了丰富的 SD-WAN 特性，通过应用智能识别、智能选路、智能加速等手段为企业构建极致的业务体验。

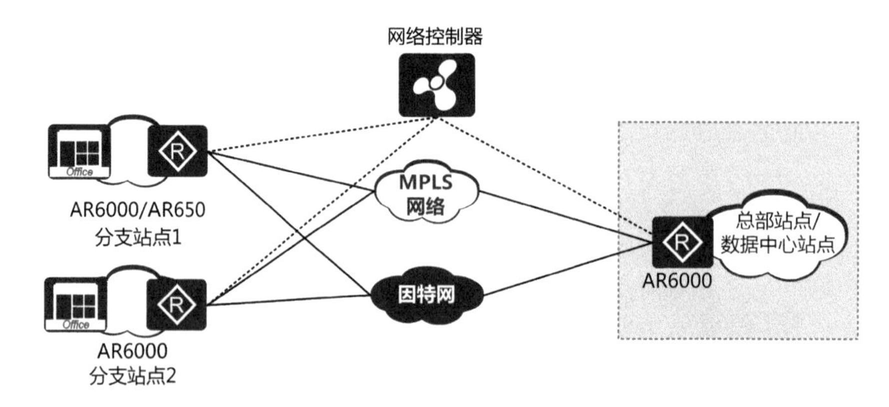

图 10-2　SD-WAN 场景组网

2. 通过因特网构建不同类型 VPN

NetEngine AR 系列路由器提供了多种安全接入功能，以满足企业分支之间、企业分支与总部之间、合作伙伴访问企业内部信息的需求。总部站点和分支机构站点间建立隧道，包括 IPSec VPN、GRE VPN 和 L2TP VPN 等，从而实现数据的安全访问与传输，如图 10-3 所示。通过接入远程隧道，合作伙伴可以访问企业的内部资源，支持针对用户的安全认证与授权。

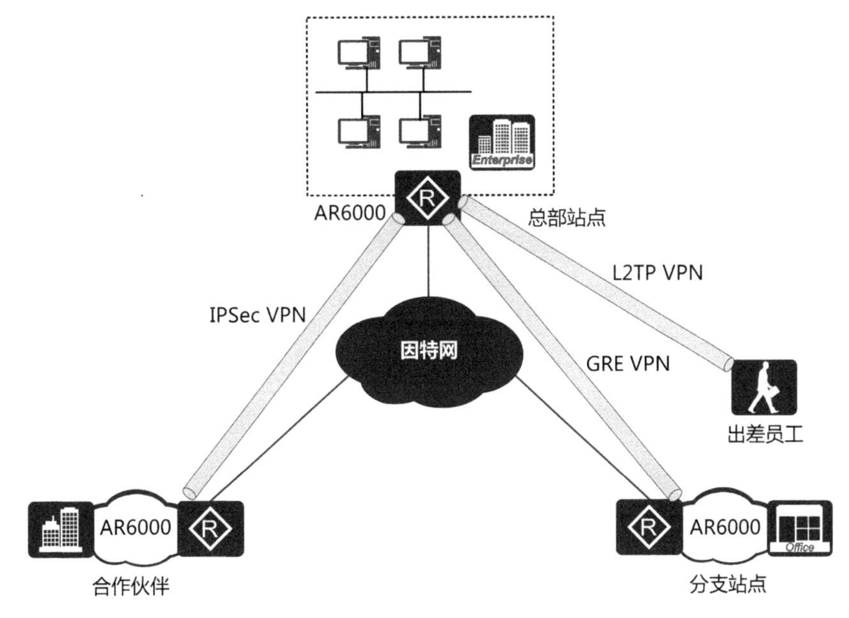

图 10-3　VPN 场景组网

NetEngine AR 系列路由器提供支持国密算法的接口卡，插卡灵活，满足用户对业务安全性的扩展需求。通过硬件完成数据的加密和解密，极大地提高了数据的加密和解密性能，为客户提供了端到端的安全保障。

10.1.3　功能特性

NetEngine AR 系列路由器具有以下几种功能特性。

1. 高性能

首次将全新的 ARM CPU+NP 异构转发架构应用到 SD-WAN CPE，内置丰富的硬件级智能加速引擎，如硬件级 HQoS、IPSec、ACL、应用识别等，实现三层～七层以应用为中心的业务处理，支持包括 VPN、应用识别、监控、HQoS、智能选路、广域优化、安全等复杂的业务能力。该 Net Engine AR 系列路由器的特点是：具有 ARM 架构的多核处理器和无阻塞交换架构；具有提供 3 倍于业界平均水平的性能，为关键业务提供低时延体验；SRU 主控板具有独有的 CPU+NP 硬件加速功能，业务处理无瓶颈。

2. 高可靠

遵循电信级标准设计，为企业用户提供如下可靠且优质的服务。

- 板卡热插拔，提供主控板、电源、风扇等关键硬件冗余备份设计，保证业务安全稳定。
- 提供企业业务的链路备份，提高业务接入的可靠性。
- 毫秒级的故障检测和判断机制，缩短业务中断的时间。

3. 易运维

支持 SD-WAN 管理、SNMP 网管、Web 网管等多种管理方式，简化了网络部署。不仅支持免现场调测的维护方式，还支持远程集中管理的功能，极大地降低了企业用户的维护成本，提高了维护效率。

4. 业务融合

集路由、交换、VPN、安全、WLAN 等多种功能于一体，满足企业业务多元化的需求，降低企业的 TCO（Total Cost of Ownership，总拥有成本）。

5. 安全

内置防火墙、IPS、URL 等过滤技术，为用户提供全面的安全防护能力。

6. SD-WAN Ready

（1）配套 SD-WAN 解决方案，构建低成本的、商业级的因特网连接。

（2）ZTP 一键式部署（邮件开局、U 盘开局、DHCP 开局等），对开局人员的技能要求低，设备分钟级上线。

（3）支持应用的首包识别和特征识别及基于带宽和链路质量的智能选路，保证关键应用的体验。

10.2 iMaster NCE-Campus 网络控制器

10.2.1 概述

华为的 iMaster NCE-Campus 和 iMaster NCE-WAN 均可以作为 SD-WAN 网络控制器，是华为 SD-WAN 解决方案的核心组件，可对企业互联业务进行全流程管理，提供专线业务的自动化部署、智能选路策略配置、VAS 业务管理，以及即插即用、可视化运维等能力，并且可提供开放接口，与第三方系统实现对接等，如图 10-4 所示。

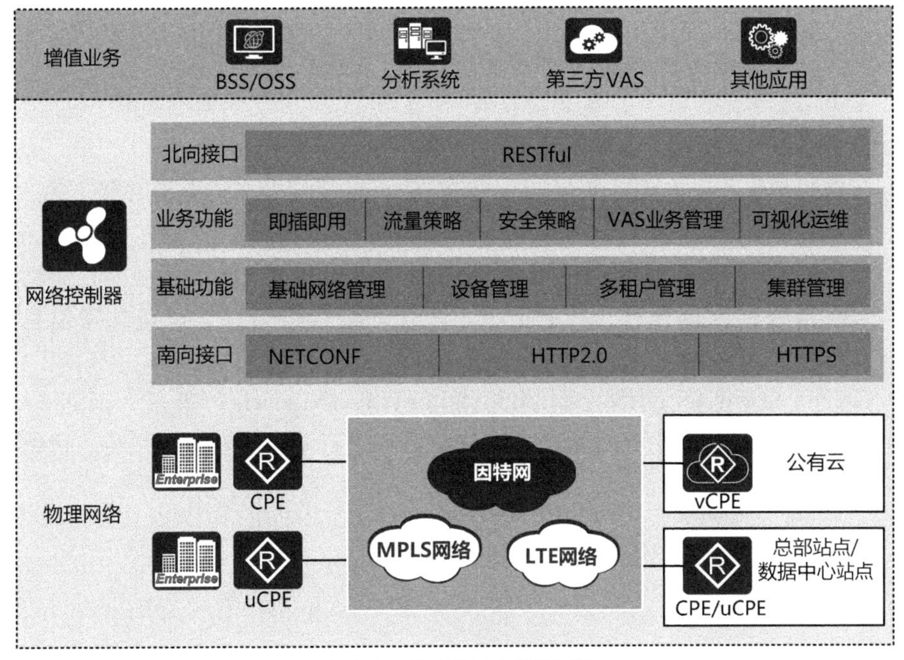

图 10-4　SD-WAN 网络控制器

相比于 iMaster NCE-WAN，iMaster NCE-Campus 在管理、编排 SD-WAN 的同时，还能管理园区网络。iMaster NCE-Campus 未来将作为华为 SD-WAN 网络控制器的主力产品，本节描述其对 SD-WAN 网络的管理和编排能力。

SD-WAN 网络控制器的结构及功能如下。

（1）北向接口：提供标准的 RESTful 北向接口，可与第三方的网管、协同器、分析器等系统实现对接，易于被集成。

（2）业务功能：提供针对企业专线业务的开通部署、策略管控、VAS 业务管理、可视化运维等业务功能，帮助企业简化专线业务管理，提升运维效率。

（3）基础功能：主要是指网络控制器平台所提供的基础能力，包括网络控制器的集群管理、系统的多租户管理、基础网络管理、设备管理等。

（4）南向接口：与 CPE 对接，NETCONF 接口主要用于 CPE 配置的下发；HTTP2.0 主要用于传输 CPE 的性能数据；HTTPS 主要用于软件版本及补丁的传输。

SD-WAN 网络控制器采用微服务架构，主要微服务列举如下。

- 网元采集微服务：主要收集网元上报的性能数据，对数据进行格式化、分类等相关处理后插入数据库。
- 网元南向微服务：为上层业务提供统一的网元南向驱动，对下发给网元的配置按款型和版本进行适配，下发调度，并对网元相关的资源进行集中管理。

- WAN网络微服务：主要处理iMaster NCE-Campus相关的业务编排，包括Overlay网络构建、拓扑编排、站点上网、站点本地出局等。
- 策略配置微服务：主要处理Master NCE-Campus相关的策略编排，包括QoS策略、ACL策略、选路策略、安全策略等。
- 监控微服务：主要提供iMaster NCE-Campus业务相关的监控功能，包括链路质量监控、流量数据监控、应用质量监控、应用流量监控等。
- 运维微服务：主要提供iMaster NCE-Campus相关的运维功能，包括设备告警、设备升级、故障巡检、应用质量精确监控、设备故障信息采集等。

此外，SD-WAN 网络控制器支持与 FI（FusionInsight）集成，通过 FI 实现大数据分析，具体主要对从设备采集的数据进行分析、业务可视化、运维监控等。

10.2.2 技术亮点

iMaster NCE-Campus 具有以下的技术亮点。

1. 快速部署，加速 SD-WAN 业务上线

iMaster NCE-Campus 可实现端到端网络业务的自动化部署，支持 CPE 即插即用，支持设备快速上线无技术门槛，同时支持快速配置及自动化部署。专线业务上线周期从几个月变为几天，业务开通更快捷，企业业务延伸到哪里，网络服务就能提供到哪里。

2. 智能选路，提升业务体验

iMaster NCE-Campus 支持基于应用的智能选路配置，既支持预定义应用的识别配置，也支持用户自定义应用的识别配置，可根据用户对应用质量的不同诉求，对应用实现差异化的网络服务，并优先保障关键应用的体验。

3. 按需 VAS，加速业务上线

iMaster NCE-Campus 支持对 uCPE 上 VNF 的全生命周期管理，企业客户可实现 VAS 业务快速加载；同时还支持 uCPE 上的 VNF 业务链编排，保证业务流量能按顺序通过多个 VNF 功能节点，满足企业多种业务需求。

4. 可视化运维，全网应用流量可视

iMaster NCE-Campus 支持应用和链路的可视化管理，可实现全网状态可视，可实时掌控网络状态，提升运维效率。通过对实际业务流进行监测统计，展现应用和链路的质量及状态趋势，实现快速排障及故障精准回溯。

10.2.3　功能特性

1. 即插即用

在SD-WAN场景中，iMaster NCE-Campus支持即插即用功能。通过邮件开局、DHCP 开局等方式，使 CPE 上电后能够主动向 iMaster NCE-Campus 注册，完成上线。即插即用功能可以使企业分支站点的 CPE 快速上线，实现站点业务的快速开通。

2. 隧道管理

随着企业分支的不断增加，分支与总部、分支与分支之间的互访变得越来越多，组网也变得越来越复杂。为了满足企业自动化组网的需求，iMaster NCE-Campus 提供了隧道自动化配置能力，实现按需动态建立隧道，同时支持隧道加密，保证了企业业务的安全。具体如下。

- 支持VPN网络拓扑的配置和编排。
- 支持Full-mesh、Hub-spoke、Partial-mesh和分层组网。
- 支持IPSec加密。

3. 智能选路

SD-WAN 解决方案可提供混合链路的接入能力。为了保障企业关键应用的业务体验，iMaster NCE-Campus 支持基于应用的智能选路，以确保高质量要求的业务通过专线链路传输，低质量要求的业务通过因特网链路传输。同时，在网络故障或链路质量不稳定时，实现链路灵活切换，提升业务体验。具体如下。

- 支持预定义应用以及用户自定义应用的识别。
- 支持基于时延、抖动、丢包率和带宽利用率的选路策略配置。

4. 按需 VAS

传统模式下，企业站点的 VAS 业务都是由不同的硬件提供的，其缺点是硬件功能固化，业务部署和开通复杂。为了实现 VAS 业务按需快速部署，可通过uCPE承载虚拟化VAS业务，iMaster NCE-Campus能够对uCPE上的VNF实现管控。具体如下。

- 支持uCPE上VNF生命周期管理（支持部署、暂停、删除、停止和重启等操作）。
- 支持远程登录VNF。
- 支持uCPE上VNF业务链编排。
- 支持uCPE上VNF监控（可查看VNF管理IP地址、CPU、RAM、运行/操作状态等信息）。

5. 可视运维

iMaster NCE-Campus 支持以下基于站点、链路、应用的可视化管理，可快速定位故障，提升运维效率。

- 支持基于全网站点显示健康站点分布、健康得分Worst站点、站点列表等。
- 支持指定单站点显示平均AQM/带宽利用率、吞吐量趋势、AQM Worst应用等。
- 支持基于全网链路显示LQM Worst链路、Top流量、链路列表等。
- 支持指定链路显示LQM趋势、吞吐量趋势、应用Top流量、应用AQM分布等。
- 支持基于全网应用显示AQM分布、AQM Worst、AQM Top应用/应用Top流量、应用列表等。
- 支持指定应用显示AQM趋势、吞吐量趋势等。

6. 性能监控

iMaster NCE-Campus 支持以下多种性能监控功能，方便网络管理员检查网络及业务的状态。

- 站点监控：以站点为维度，呈现网络业务数据。
- 站点间监控：以站点间链路为维度，呈现网络业务数据。
- 应用监控：以应用为维度，呈现网络业务数据。

7. 日志管理

随着网络的普及、应用环境的日益复杂以及网络规模的不断扩大，需要更加智能、有效地进行网络管理。iMaster NCE-Campus 支持以下 3 类管理日志。

（1）安全日志

用户的登录、创建、注销、修改、删除等，需要记录安全日志。

审计员角色的用户可以导出本租户的安全日志；系统管理员、审计员、操作员角色的用户可以查看系统租户的安全日志。

（2）运行日志

主要是一些用户感兴趣的事件，比如加载补丁、升级等，还包括一些异常事件。

审计员角色的用户可以导出本租户的运行日志；系统管理员角色的用户可以查看系统租户的运行日志。

（3）操作日志

对所有涉及数据变化的用户操作都需要记录操作日志，但对查询类等不涉及数据变化的操作不记录操作日志。

审计员角色的用户可以导出本租户的操作日志；系统管理员、审计员、操作员角色的用户可以查看系统租户的操作日志。

| 10.3　NetEngine AR1000V 虚拟路由器 |

10.3.1　概述

NetEngine AR1000V 虚拟路由器是 SD-WAN 解决方案的主要部件，它作为虚拟路由器，采用的是 VNF 形式部署的 CPE。

NetEngine AR1000V 虚拟路由器的系统架构如图 10-5 所示，由以下几个关键部分组成。

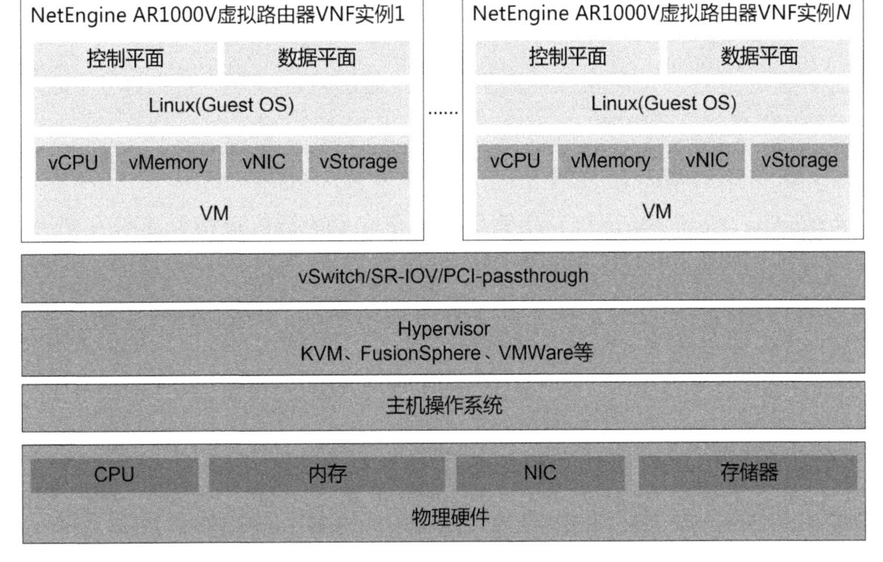

图 10-5　NetEngine AR1000V 虚拟路由器的系统架构

- 物理硬件和主机操作系统：在通用的x86硬件平台上，提供CPU、内存、NIC（Network Interface Card，网络接口卡，又称网卡）、存储器等硬件资源和基础的操作系统服务。
- Hypervisor：作为物理服务器和虚拟机实例之间的中间软件层，实现虚拟机的管理，允许多个虚拟机实例共享硬件资源，同时在各个虚拟机之间增加隔离和防护。

- vSwitch/SR-IOV PCI-passthrough：实现各个虚拟机实例之间以及虚拟机实例与外部网络之间的信息交换。
- 虚拟机（VM）实例：操作系统采用Linux，分配了独立的vCPU、vMemory、vStorage、vNIC资源，承载具有路由、交换、安全、VPN等功能的NetEngine AR1000V虚拟路由器VNF实例。

10.3.2 功能特性

NetEngine AR1000V 虚拟路由器具有以下几种功能特性。

1. 架构领先，超强性能

NetEngine AR1000V 虚拟路由器是基于业界领先的华为 VRP 平台构建的 NFV 产品，稳定性好，成熟度高。它的控制平面与转发平面分离，多核 CPU 处理，业务转发无瓶颈。

2. 多平台兼容，业务易部署

NetEngine AR1000V 虚拟路由器兼容 KVM、VMware 等主流虚拟化平台；支持在公有云中运行，扩展企业网络到云端；通过软件实现，可快速灵活部署到 POP、Hub 站点、云环境中。

3. SD-WAN 云接入

NetEngine AR1000V 虚拟路由器提供基于应用的智能选路和加速的灵活云接入，可提升企业客户的云应用体验；iMaster-NCE 统一管理，通过精细化控制、可视化运维和简化业务部署，可降低网络维护的成本；自动化编排企业站点间的 Overlay 隧道，快速建立安全可靠的网络互联。

10.3.3 典型应用

在华为 SD-WAN 解决方案中，NetEngine AR1000V 虚拟路由器可以作为 IWG 和 POP GW 连接网络，还可以作为云 GW 部署在云上，实现企业一跳入云。

1. SD-WAN 解决方案的企业汇聚

在华为 SD-WAN 解决方案中，NetEngine AR1000V 虚拟路由器可以部署在企业总部 Hub 站点（如图 10-6 所示）或是企业网络的汇聚站点上，作为企业的汇聚路由器，实现与企业分支的互联互通。它在软件功能实现上与 AR 系列硬件路由器产品采用同样的软件平台，保持了统一的操作界面和管理工具风格，以及一致的用户体验。

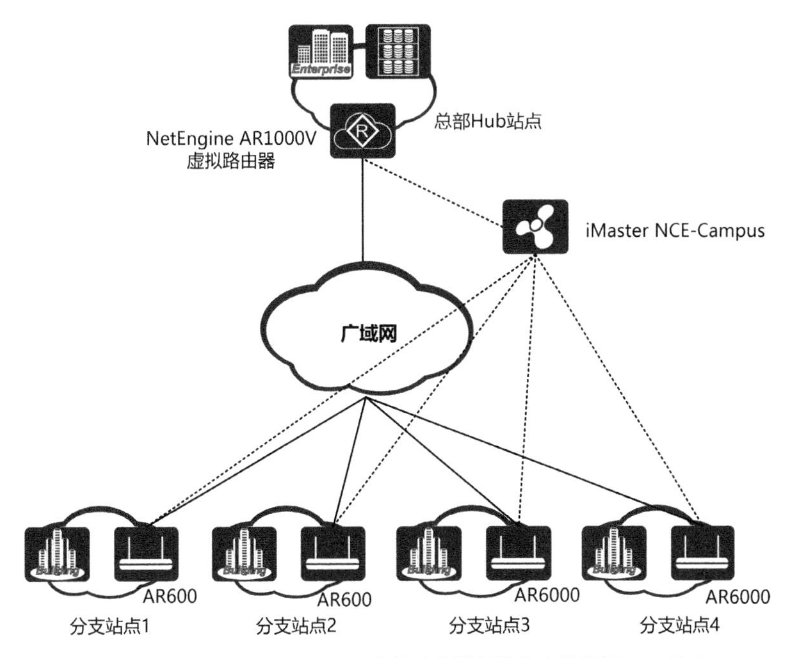

图 10-6　NetEngine AR1000V 虚拟路由器部署在企业总部 Hub 站点

NetEngine AR1000V 虚拟路由器具有转发性能高、可扩展性好、VPN 功能丰富等特点，同时支持在服务器中与 vFW、vWOC 等 VNF 实例一起部署。一个服务器就可以实现多种网络功能，为企业客户提供安全可靠的网络服务，减少企业的网络投资。

2. SD-WAN 解决方案的云接入

NetEngine AR1000V 虚拟路由器是一款纯软件产品，以 VNF 实例的方式部署在虚拟机中，作为 SD-WAN 中的 vCPE。NetEngine AR1000V 虚拟路由器支持混合链路接入 WAN，实时监控链路状态，基于应用和链路状态智能选择最佳路径，优化企业分支云访问的路径，提升云访问的效率。同时 NetEngine AR1000V 虚拟路由器还可以由 iMaster NCE-Campus 集中管理，业务和性能实现可视可控，还可以降低广域互联成本和提升管理运维效率，其部署如图 10-7 所示。

在公有云 IaaS 场景中，NetEngine AR1000V 虚拟路由器部署在公有云的 VPC 中，与企业 IaaS 服务的 VPC 建立安全连接，并作为企业网络中的一个节点，将企业网络扩展到云端，采用统一的安全、管理、QoS 等策略，满足企业安全访问

IaaS 服务的需求。同时云访问的流量不再从总部绕行，减少了响应时延，减轻了总部 Hub 站点的性能压力，提升了企业的 IaaS 云业务体验。

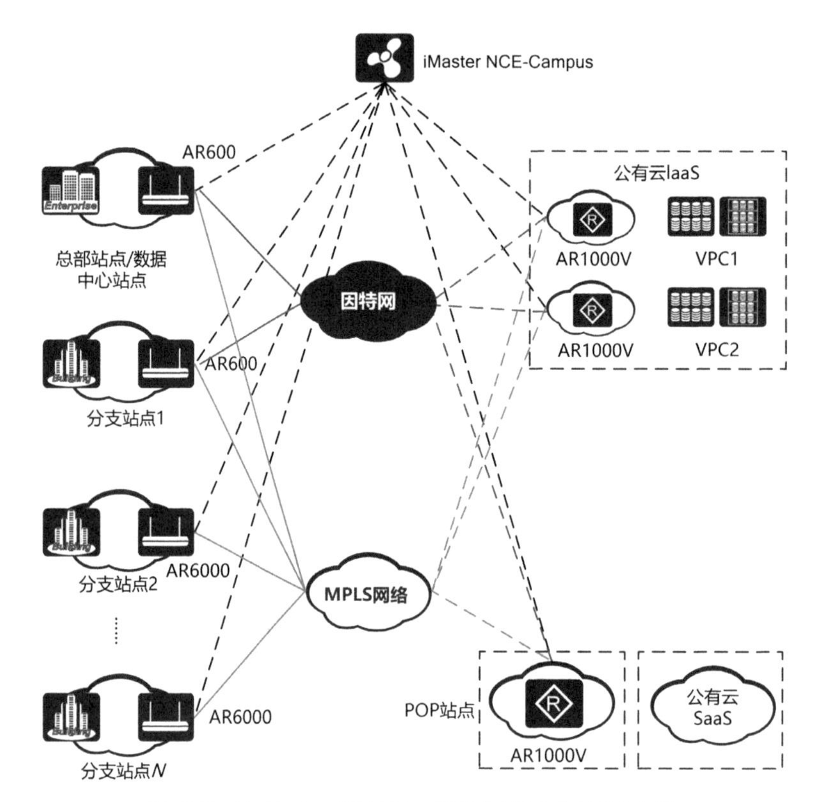

图 10-7　NetEngine AR1000V 虚拟路由器作为云接入网关

在公有云 SaaS 场景中，NetEngine AR1000V 虚拟路由器部署在 POP 的服务器或云环境中，通过 POP 就近访问 SaaS 服务，可提升云访问的效率；通过 POP 的安全和管理策略，可降低企业分支访问 SaaS 服务的安全风险，提升企业用户的 SaaS 访问体验。

第 11 章
SD-WAN 未来展望

全球化、数字化转型以及业务自动化和弹性化等趋势带来了对于新型网络的需求，新兴的云原生模型、5G、物联网、智能终端、网络安全威胁以及沉浸式应用程序都对IT网络的架构和运营产生了持续且显著的影响。我们将难以应对这些需求的规模、复杂性和动态性。新兴网络正通过AI、机器学习以及自动化等技术保障正常的运营，同时提高人类的决策能力。

这些技术和产业趋势的变化正推动SD-WAN不断地向前发展、演进和完善。本章从技术演进和产业变化两个角度，介绍新技术和新趋势对SD-WAN的影响以及产业发展的新动向，展望SD-WAN的美好未来。

| 11.1 技术演进趋势 |

在国内外 SD-WAN 市场蓬勃发展的同时，众多网络相关的新技术也在迅猛发展，不断推动 SD-WAN 技术的车轮滚滚向前。参考业界 ONUG 等产业标准组织关于 SD-WAN 的演进观点，同时结合华为公司 SD-WAN 的多年实践和理解，从整体上看，可将 SD-WAN 技术的演进大致分为 3 个发展阶段，如图 11-1 所示。

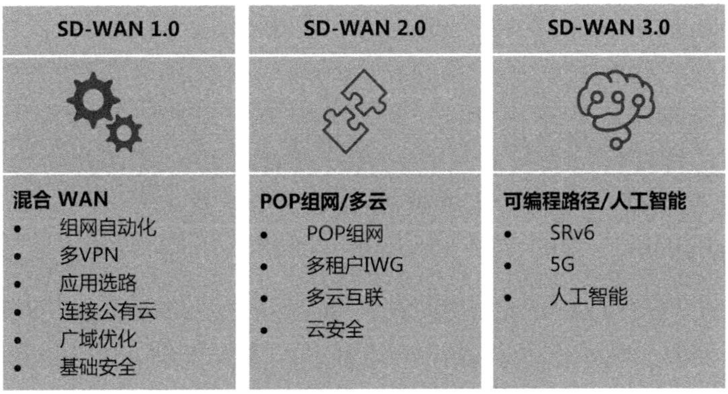

SD-WAN 1.0	SD-WAN 2.0	SD-WAN 3.0
混合 WAN	**POP组网/多云**	**可编程路径/人工智能**
• 组网自动化	• POP组网	• SRv6
• 多VPN	• 多租户IWG	• 5G
• 应用选路	• 多云互联	• 人工智能
• 连接公有云	• 云安全	
• 广域优化		
• 基础安全		

图 11-1 SD-WAN 技术的演进

SD-WAN 1.0 阶段在组网上主要以混合 WAN 为基础。从企业视角看，该阶段是在 SD-WAN 网络控制器的集中管控下，实现了企业在多种不同 WAN 链路上的混合组网，借助应用识别和应用选路实现了多 WAN 链路的灵活调度和简易配置；同时初步实现了面向业务的编排和自动化，支持站点访问因特网、多 VPN 隔离、基础拓扑规划、基础安全和连接公有云等基础特性。总之，SD-WAN 1.0 阶段较好地满足了企业在混合 WAN 和云时代的 WAN 互联的基本诉求。

当前所处的 SD-WAN 2.0 阶段，是从 SD-WAN 1.0 阶段更多地关注企业自建场景需求转移到运营商转售模式，提供了可运营的能力。在 SD-WAN 1.0 阶段的基础上，SD-WAN 2.0 阶段增强支持多租户管理、IWG 以及 POP 组网等多个重要的运营商 SD-WAN 特性，将企业 WAN 互联能力进一步提升；同时，ONUG 在 SD-WAN 2.0 阶段中主张将云的连接也扩大到混合云和多云连接，从运营商和 MSP 的角度看，SD-WAN 2.0 阶段成为企业 2B 市场的一种新型高品质服务。

展望未来的 SD-WAN 3.0 阶段，诸如 SRv6、5G 以及 AI 等技术将进一步增强 SD-WAN 连接的灵活性、智能性以及应用范围。以 SRv6 为核心的可编程路径技术将大大提升 SD-WAN 选路的灵活性；5G 将大大增加 SD-WAN 的覆盖范围；AI 将使 SD-WAN 在应用识别以及高级的运维分析方面更加智能，SD-WAN 有望进入更广阔的物联网等领域。而 SASE（Secure Access Service Edge，安全访问服务边缘）的出现将进一步加强以 SD-WAN 为核心的企业广域网和安全云服务的融合，依托 SD-WAN 灵活的组网能力，为客户提供面向云时代的按需、随处和全方面的安全服务。

下面主要围绕 SD-WAN 3.0 阶段可能的技术发展趋势和方案变化进行探讨。

11.1.1 5G

5G 全称为第五代移动通信系统。相比 4G 网络，5G 网络具有更大的带宽、更低的时延、更高的覆盖率以及更低的成本。5G 作为无线技术，使用户“最后一公里”接入更加方便、快捷，因此 5G 能为 SD-WAN 解决方案提供非常理想的 WAN 链路。

华为高性能 NetEngine AR 作为 5G CPE，不仅为 SD-WAN 提供了更大带宽的 WAN 链路，还具有更高的可靠性和安全性，与智能选路和广域优化技术结合，带来了最佳的业务体验。具体特性主要体现在如下几个方面。

1. 高可靠性

- 双SIM（Subscriber Identity Module，用户识别模块）卡备份：对于一些单5G上行场景，为了提高可靠性，可以插入2个SIM卡作为备份。通过配置SIM卡切换策略，当主SIM卡费用不足或运营商无线链路故障导致5G拨号失败时，流量就自动切换到备份SIM卡，从而保证业务快速恢复。

- 5G WAN侧接口故障自愈：无线网络接入相对于有线网络接入稳定性较弱，当无线网络出现故障时，NetEngine AR 5G WAN侧接口具备自动检测与自愈能力，保证了业务的连续性。
- 有线/无线备份或负载分担：典型的企业分支通常还是采用有线链路作为主链路，例如MPLS专线、xDSL链路等，为了提升分支站点的可靠性，可以采用5G作为有线链路的备份链路。5G备份链路相对于有线备份链路具有开通快、成本低等优点。在SD-WAN解决方案中，5G可以作为传统有线专线的备份，也可以与有线链路进行业务负载分担，为企业提供基于应用的Overlay智能选路方案。
- 双5G上行主备或负载分担：某些场景对上行可靠性要求高，需要亚秒级甚至毫秒级切换，例如工业控制场景，或者对上行带宽需求量较大，例如视频监控回传场景。NetEngine AR可以通过插入两个SIC-5G-100单板，达到双5G上行快速倒换或负载分担的目的。

2. 高安全性

- 5G SIM卡PIN保护：NetEngine AR支持设置PIN（Personal Identification Number，个人识别号码）保护功能。PIN一共4位，支持修改。如果启用了PIN保护，那么每次启动后都要输入4位数的PIN，输入正确之后才能开启SIM卡连接到网络。PIN保护用来保护SIM卡不会被未经许可的人随意使用，防止盗用。
- 5G用户认证保证机制：5G用户认证主要认证SIM卡的IMSI（International Mobile Subscriber Identity，国际移动用户标志）信息以及设定的用户名和密码。IMSI号是每个SIM卡的唯一标识，运营商AAA（Authentication, Authorization and Accounting，鉴权、授权和结算）服务器接到认证请求后，判断IMSI号，实现非授权卡无法拨入专网，从而屏蔽非法用户。在VPDN（Virtual Private Dial Network，虚拟专用拨号网络）的组网中，总部部署AAA服务器，对接入的用户进行再次认证，通过IMSI和用户名绑定，可以有效防止内部盗用，加强管理。
- 5G链路数据加密：对于银行这类业务要求保密性高的企业，NetEngine AR支持在5G链路上建立IPSec VPN隧道，对链路上传输的数据进行加密，防止数据被窃取。我国国家密码管理局制定了国密加密算法，在对业务安全性要求很高的行业，例如金融和政府服务行业，国密加密算法是必备的。国密算法保密性优于标准加密算法，能更好地保证数据安全。但是像金融的离行ATM、以无线链路接入的企业分支以及一些移动分支，必须通过无线链路才能接入总部，所以必须在无线链路上支持对业务进行国密算法加密。NetEngine AR支持在IPSec VPN进行国密算法加密。

3. 业务体验保障

- 多DNN（Data Network Name，数据网络名称）技术：在5G网络中，DNN等同于4G网络中的APN（Access Point Name，接入点名称），是对一个数据网络的标识。用户可以通过在NetEngine AR上配置DNN接入相应的数据网络。NetEngine AR支持多DNN技术（目前SIC-5G-100单板支持两个DNN），不同DNN用于接入不同的数据网络，例如DNN1接入互联网进行数据通信，DNN2接入IMS数据网络提供VoIP业务。每个DNN会对应独立WAN侧接口和IP地址，不同的DNN可以通过配置QoS策略来控制数据业务和语音业务的质量。在5G 2B专网场景中，可以用不同的DNN承载不同的业务类型，例如通过DNN1承载视频监控业务，通过DNN2承载工业控制业务。
- 5G+多发选收技术：在5G+因特网链路或多5G上行链路中，网络产生的丢包、抖动和时延会导致关键业务体验下降。采用5G+多发选收技术，将同一个报文复制两份在不同的链路上发送，接收端优先转发先到达的报文，丢弃重复到达的报文。该技术可以极大降低丢包率和时延、消除抖动、提升业务体验，满足一些要求低时延、高可靠以及对抖动敏感的业务的需求。

下面以金融行业为例，介绍 5G 对行业产生的影响。首先，5G 催生了一大批金融行业的新应用，也推动了 5G 在企业的普及，如图 11-2 所示。其次，5G 能满足 AR/VR 等应用的高带宽、低时延需求，支撑起大量金融行业的新应用，典型的有 VR 证券及金融交易、VR 交付等。

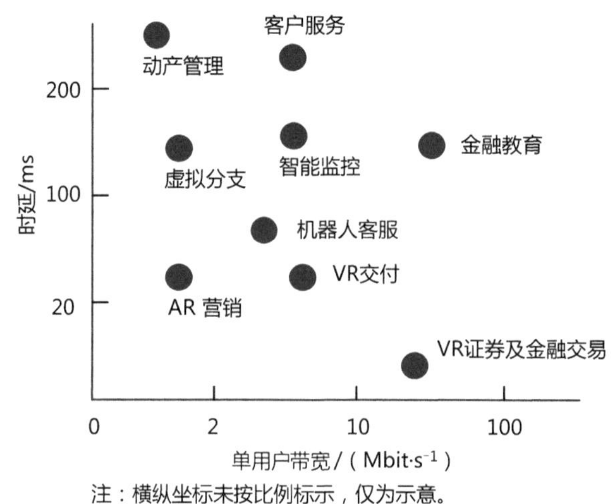

图 11-2　5G 催生的金融行业新应用

5G 技术在促进行业应用繁荣的同时，通过与 SD-WAN 相结合，可面向金融行业提供大带宽、低时延、优体验的解决方案。以下是华为 5G+SD-WAN 的解决方案在金融行业的主要应用场景。

（1）场景一：5G+SD-WAN 无人银行

5G+SD-WAN 助力银行开通无人银行：引入 5G、因特网等多种链路接入，不仅可以降低链路成本，还可以简化部署运维，无须专业人员到现场操作，网点内部所有终端设备（包括智能家居、安保业务等设备）统一接入管理。

5G+SD-WAN 无人银行能够给金融行业带来 WAN 链路高利用率、低成本和关键业务零中断的客户价值，如图 11-3 所示。

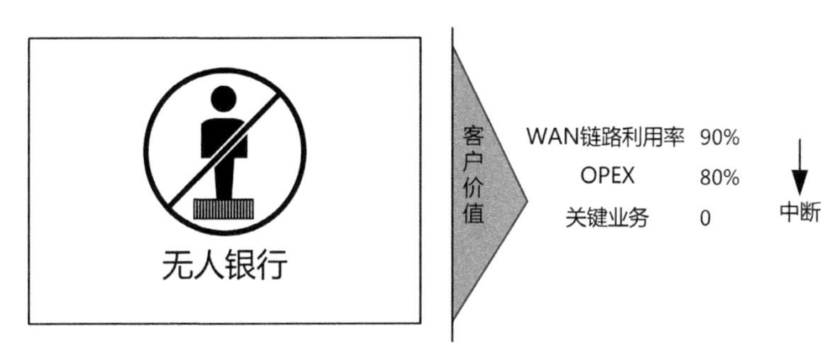

图 11-3　5G+SD-WAN 无人银行

目前 5G 处于试商用阶段，网络切片等 5G 技术尚未成熟，所以运营商构建的是 NSA（Non-Stand Alone，非独立组网）网络。但考虑到网络服务质量和安全特性，需在无人银行网点部署 5G 专用基站和室内分布系统，接入运营商 SA（Stand Alone，独立组网）网络，实现无线射频的频率资源独占、基站上联带宽和计算资源独享，并为银行部署专用的 VPDN。

在无人银行案例中，银行业务和物联网业务在 5G 和 MSTP 专线构建的 Underlay 网络上传输。在此基础上构建的 SD-WAN Overlay 为不同等级的业务提供高可靠的、差异化的接入网，实现基于业务种类和链路质量需求的智能选路。同时，无人银行网点也可以部署因特网链路，用于承载用户上网和灾备流量。5G、MSTP 和因特网链路可根据安全性要求，选择建立不同的隧道，以确保数据安全。总行建立 5G 接入区，通过 5G 与无人银行网点直连。各无人银行网点通过千兆有线网络直接接入运营商 5G CPE。

（2）场景二：5G+SD-WAN 智慧网点互联方案

5G 链路成为 SD-WAN 的 WAN 链路后，银行网点可以通过 5G 链路快速实现 SD-WAN 互联，如图 11-4 所示。

在保证网络质量的前提下，与传统专线互联方式相比，5G+SD-WAN 智慧网点互联具有开通周期短、维护成本低等优点。

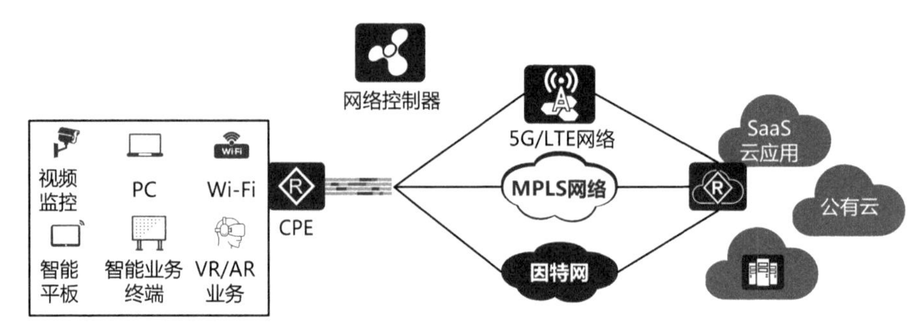

图 11-4　5G+SD-WAN 智慧网点互联方案

（1）5G 助力 SD-WAN 高品质连接

借助高速 5G 的接入以及链路的资源池化，通过统一调度，提升了带宽利用率；同时借助 SD-WAN 特有的应用智能选路和广域优化，保证了关键应用业务零中断。

（2）统一管理，简易运维

实现了 LAN/WAN 统一管理，无须部署多套管理系统，简化了运维的复杂度；同时支持设备即插即用、自动化业务部署发放、业务分钟级上线。

11.1.2　SRv6

1. SR 简介

随着时代的进步，网络业务种类越来越多，不同类型业务对网络的要求不尽相同，例如，实时的语音 / 视频应用程序通常需要低时延、低抖动的路径，而大数据应用则需要低丢包率的高带宽通道。如果仍旧按照网络适配业务的思路，则不仅无法匹配业务的快速发展，而且会使网络部署越来越复杂，变得难以维护。

针对上述情形的解决思路就是业务驱动网络，由业务来定义网络的架构。具体说来，就是由应用提出需求（时延、带宽、丢包率等），网络控制器收集网络拓扑、带宽利用率、时延等信息，根据业务需求计算显式路径。

SR（Segment Routing，段路由）正是在此背景下出现的。通过 SR 可以简易地定义一条显式路径，网络中的节点只需要维护 SR 信息，即可应对业务的实时、快速发展。

SR 是基于源路由理念而设计的一种在网络上转发数据报文的协议。SR 将网络路径分成一个个的段，并且为这些段和网络中的转发节点分配段标识 SID（Segment ID）。通过对段和网络节点进行有序排列（Segment List），就可以得到一条转发路径。SR 将段序列编码（代表转发路径）封装在数据报头，随数据报文传输，当接收端收到数据报文后，对段序列进行解析，如果段序列的顶部段标识是本节点，则弹出该标识，然后进行下一步处理；如果不是本节点，则继续将数据报文转发到下一节点。SR 具有如下特点：

- 通过对现有协议（例如IGP）进行扩展，能使现有网络更好地平滑演进；
- 同时支持网络控制器的集中控制模式和转发器的分布控制模式，提供集中控制和分布控制之间的平衡；
- 采用源路由技术，提供网络和上层应用快速交互的能力。

2. SRv6 简介

未来的网络是面向 5G 和云时代的网络，网络也需要做出相应的调整。化繁为简、低时延、SDN/NFV 化是后续的主要发展方向。

面向 5G 和云的发展，SRv6 开启了 IPv6 应用的新时代。对于下一步 5G 网络的发展，用户希望能够借用 IPv6 的地址更简单地实现 VPN 的部署。SRv6 技术就是采用现有的 IPv6 转发技术，通过扩展 IPv6 报头，实现类似标签转发的处理。SRv6 将一些 IPv6 地址定义成实例化的 SID，每个 SID 有着自己显式的作用和功能，并可以通过不同的 SID 操作，实现简化的 VPN，以及灵活的路径规划。

IPv6 报文是由 IPv6 基本报头、扩展报头（0…*n*）和负载（Payload）组成的（见图 11-5）。为了基于 IPv6 转发平面实现 SRv6，基于扩展报头新增了一种扩展报头类型，称作 SRH（Segment Routing Header，段路由扩展报头）。该扩展报头指定一个 IPv6 的显式路径，存储的是 IPv6 的 Segment List 信息，其作用与 IPv4 SR 里的 Segment List 类似。

SRH 各字段的说明如表 11-1 所示。

头节点在 IPv6 报文增加一个 SRH，中间节点就可以不断地进行更新目的地址和偏移地址栈的操作来完成逐跳转发。SRH 的抽象格式如图 11-6 所示。

- IPv6 Destination Address：IPv6报文的目的地址，缩写为IPv6 DA。在普通IPv6报文里，IPv6 DA是固定不变的。在SRv6中，IPv6 DA仅标识当前报文的下一个节点，是不断变换的。
- <Segment List [0], Segment List [1], ..., Segment List [n−1], Segment List [n]>：SRv6报文的段列表，类似于SR MPLS中的MPLS标签栈信息，在入节点生成。Segment List [n]是SRv6路径上第一个需要被处理的Segment List，Segment List [n−1]是第二个，Segment List [1]是倒数第二个，Segment List [0]是倒数第一个。

SRv6 Segment 是 IPv6 地址形式，通常也可以称为 SRv6 SID（Segment

Identifier）。SRv6 SID 是一个 128 bit 的值，每个 SRv6 SID 就是一条网络指令，它通常由以下 3 部分组成（见图 11-7）。

- Locator是分配给一个网络节点的标识，用于路由和转发数据报文。在SRv6 SID中，Locator是一个可变长的部分，用于适配不同规模的网络。
- Function用来表达该指令要执行的转发动作，相当于计算机指令的操作码。在SRv6网络编程中，不同的转发行为由不同的Function来表达。
- Args是指令在执行的时候所需要的参数。这些参数可能包含流、服务或任何其他相关的信息。例如，定义一个对网络报文进行报文分片的指令，就可以在Args中携带报文的分片长度。

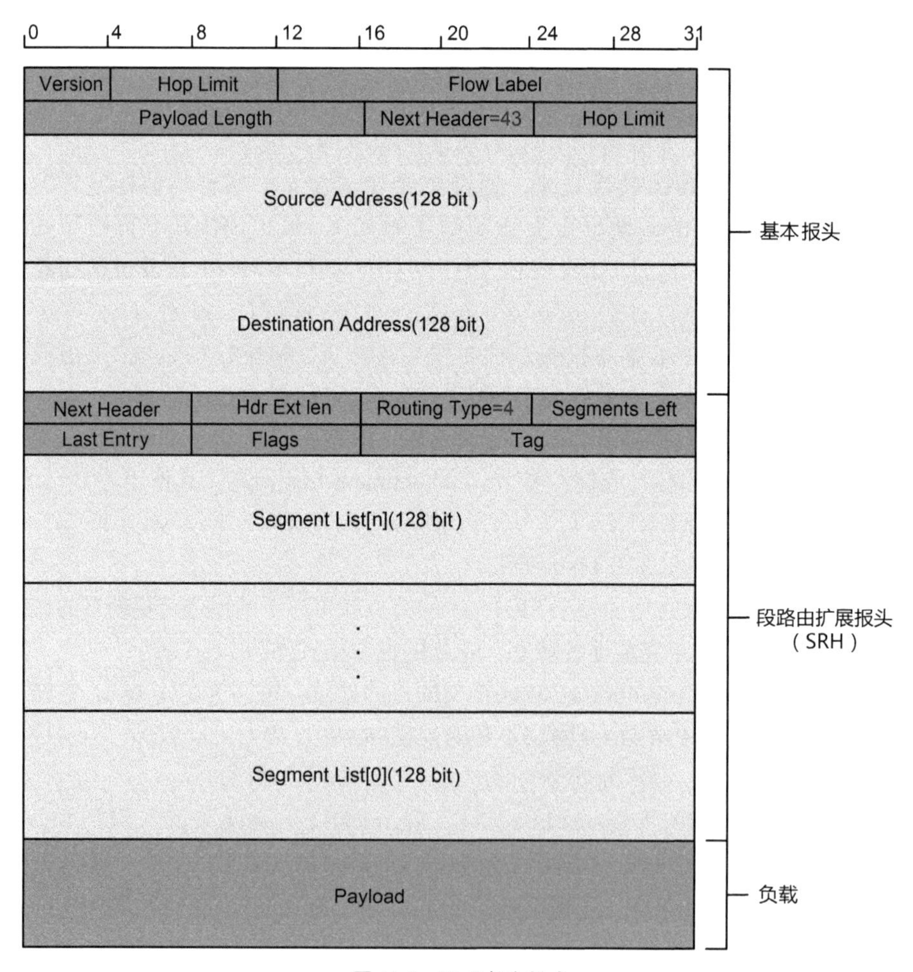

图 11-5　IPv6 报文格式

表 11-1　SRH 各字段的说明

字段	长度	含义
Next Header	8 bit	标识紧跟在 SRH 之后的报头的类型。常见的几种类型如下。 4：IPv4 封装。 41：IPv6 封装。 43：IPv6-Route。 58：ICMPv6。 59：Next Header 为空
Hdr Ext Len	8 bit	标识 SRH 的长度。主要是指从 Segment List[0] 到 Segment List[*n*] 所占用长度
Routing Type	8 bit	标识路由头部类型，SRH Type 是 4
Segments Left	8 bit	到达目的节点前仍然应当访问的中间节点数
Last Entry	8 bit	在段列表中包含段列表的最后一个元素的索引
Flags	8 bit	数据报文的一些标识
Tag	16 bit	标识同组数据报文
Segment List[n]	128×*n* bit	段列表，段列表从路径的最后一段开始编码。Segment List 采用 IPv6 地址形式

IPv6 Destination Address=Segment List [N]

SRH(Segment List=n)
<Segment List [0], Segment List [1],
Segment List [2], ..., Segment List [n]>

图 11-6　SRH 的抽象格式

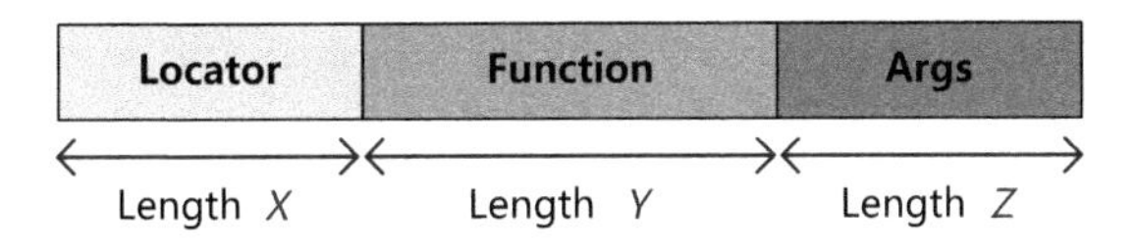

图 11-7　SRv6 SID 的组成

SRv6 SID 有很多类型，不同类型的 SRv6 SID 代表不同的功能。

End SID

End SID（Endpoint SID）是 SRv6 SID 类型中的一种，用于标识网络中的某个目的地址前缀（Prefix），如图 11–8 所示。

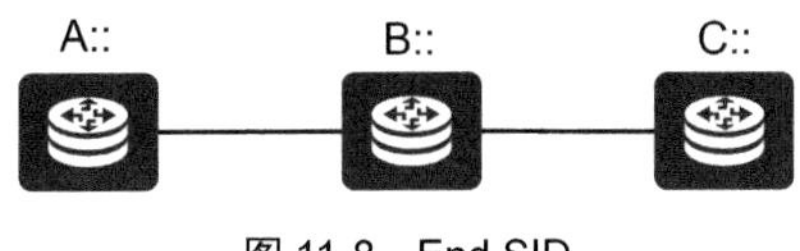

图 11-8　End SID

End SID 通过 IGP 扩散到其他网元，全局可见，全局有效。

基于 End SID 的数据转发过程如图 11-9 所示。

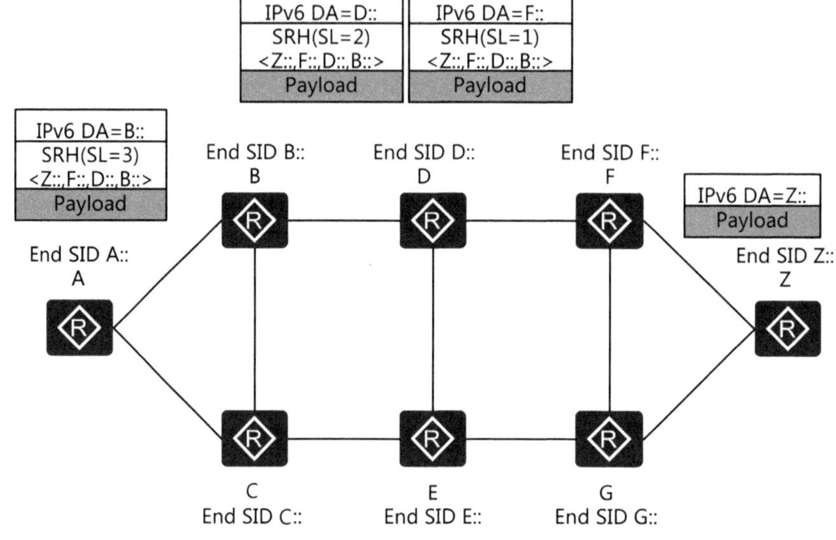

图 11-9　基于 End SID 的数据转发过程

A 节点到 Z 节点的数据报文逐跳转发过程如下。

步骤①　数据报文在 A 节点压入 SRH 信息，其中路径信息是 <Z::, F::, D::, B::>，IPv6 DA 是 B::。

步骤②　每经过一个节点，例如 B 节点和 D 节点，都会根据 IPv6 DA 查询 Local SID 表，如果命中 Local SID 表，则执行 SID 的动作，判断是 End 类型，取下一个 SID 到 DA，同时 SL 减 1，然后使用新的 DA 查询 IPv6 FIB 表，根据 FIB 表查到的出接口进行下一跳转发。

步骤③　到达 F 节点时，F 节点根据 IPv6 DA 查询 Local SID 表，判断是 End 类型，然后继续查询 IPv6 FIB 表，根据 FIB 表查到的出接口进行下一跳转发。同时 SL 减为 0，IPv6 DA 变为 Z::，此时路径信息 <Z::, F::, D::, B::> 已无实际价值，因此 F 节点利用 PSP（Penultimate Segment POP of the SRH，SRH 信息倒数第二段弹出）特性将 SRH 路径信息去除，然后把报文转发到 Z 节点。

End.X SID

End.X SID 表示三层交叉连接的 Endpoint SID，用于标识网络中的某条链路，如图 11-10 所示。End.X SID 通过 IGP 扩散到其他网元，全局可见，本地有效。

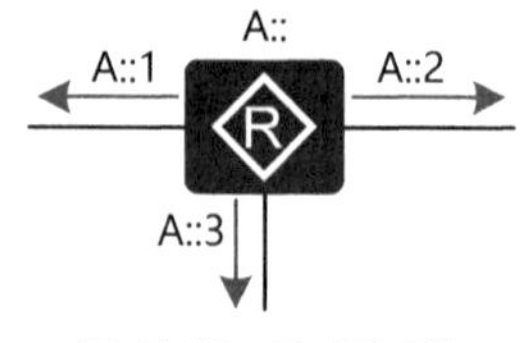

图 11-10　End.X SID

End.DT4 SID

End.DT4 SID 表示 PE 类型的 Endpoint SID，用于标

识网络中的某个 IPv4 VPN 实例，如图 11–11 所示。End.DT4 SID 对应的转发动作是解封装报文，并且查找 IPv4 VPN 实例路由表转发。End.DT4 SID 在 VPN 场景中使用，等价于 IPv4 VPN 的标签。

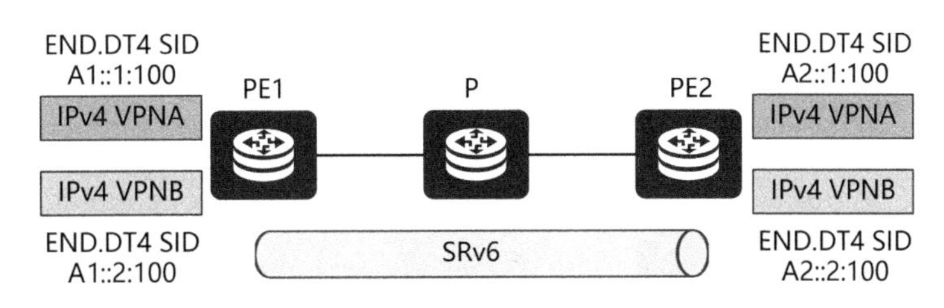

图 11-11　End.DT4 SID

End.DT6 SID

End.DT6 SID 表示 PE 类型的 Endpoint SID，用于标识网络中的某个 IPv6 VPN 实例，如图 11–12 所示。End.DT6 SID 对应的转发动作是解封装报文，并且查找 IPv6 VPN 实例路由表转发。End.DT6 SID 在 VPNv6 场景中使用，等价于 IPv6 VPN 的标签。

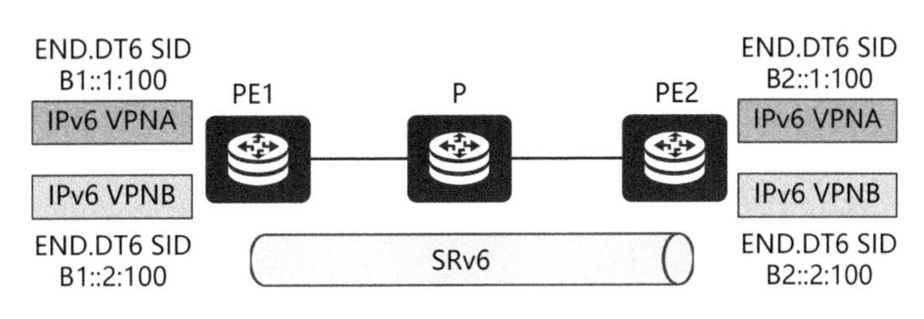

图 11-12　End.DT6 SID

3. SD–WAN SRv6 实践

SRv6 最大的优点在于可以灵活定义业务的端到端转发路径，因此特别适合与 SDN 结合，打造真正可以编程的网络。在广域互联领域，通过 SRv6 与 SD–WAN 的融合，在网络控制器的集中控制下，可以在源端 CPE 上指定端到端的业务转发路径，为此可以衍生出多种有价值的场景，如端到端路径控制、Overlay 网络与 Underlay 网络联动调优等场景。

（1）SD–WAN Overlay 端到端 SRv6 路径调优

在大企业（如金融和政企）自建 SD–WAN 场景中，由于 Underlay 网络由企业自建和管理，当 Underlay 骨干网络的路由器支持 SRv6 能力时，可以通过 SD–WAN 控制器编排端到端的 SRv6 路径，构建具有 SRv6 路径调优能力的 SD–WAN Overlay 隧道，如图 11–13 所示。

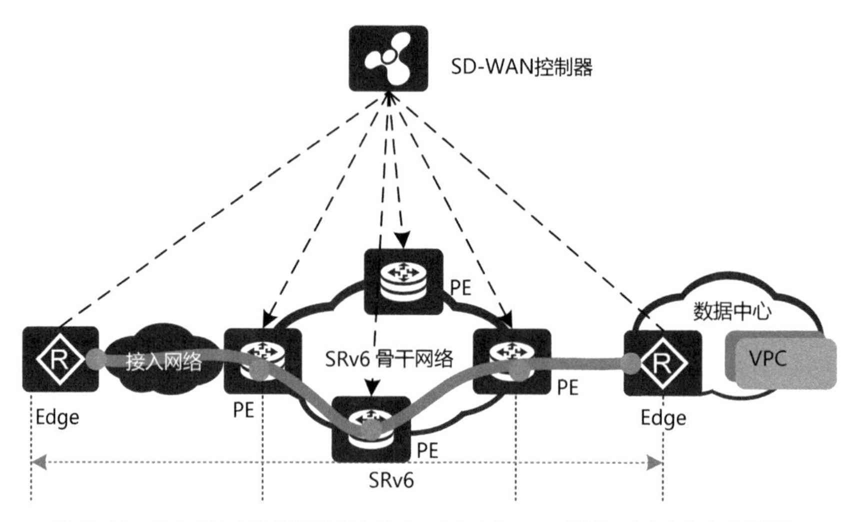

图 11-13　具有 SRv6 路径调优能力的 SD-WAN Overlay 隧道 （大企业自建场景）

另外，在运营商 /MSP 提供基于 POP GW 的多租户 SD-WAN 组网服务场景中，只需要边缘设备和 POP GW 支持 SRv6 能力，通过 SD-WAN 控制器编排端到端的 SRv6 路径，构建具有 SRv6 路径调优能力的 SD-WAN Overlay 隧道，如图 11-14 所示。

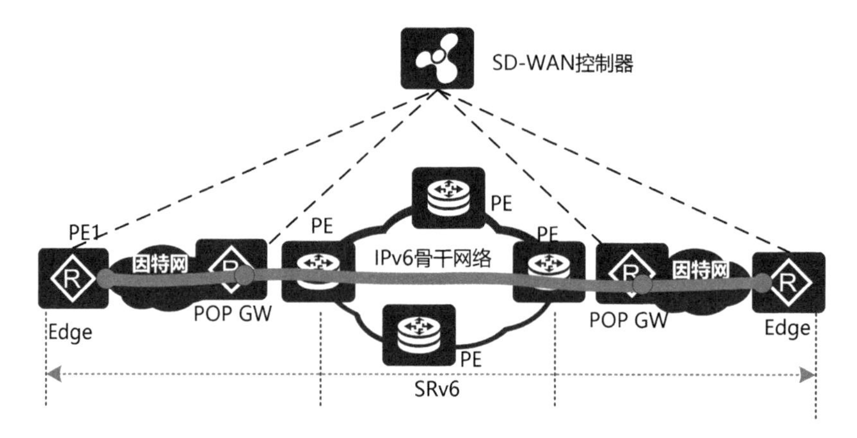

图 11-14　具有 SRv6 路径调优能力的 SD-WAN Overlay 隧道 （POP GW 场景）

（2）SD-WAN Overlay 网络与 Underlay 网络联动调优

当运营商的 Underlay 网络（WAN 骨干网）中支持 SRv6 能力，如果能够使 SD-WAN 的 Overlay 网络和 Underlay 网络通过 SRv6 进行联动，那么 Underlay 网络基于 SRv6 的、面向应用 SLA 的选路优势就可以被企业的 SD-WAN 业务充分利用，从而可以协同打造高品质的企业专线，如图 11-15 所示。

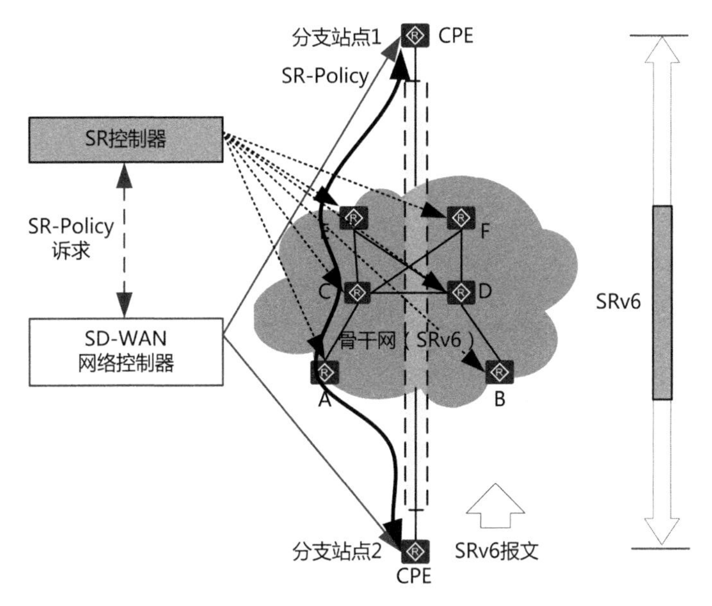

图 11-15　SD-WAN Overlay 网络与运营商 Underlay 网络联动

总体方案采用运营商 Underlay 网络和企业 SD-WAN Overlay 网络分层解耦的思路。其中，运营商 Underlay 网络的 SR 控制器负责整个 Underlay 骨干网络的拓扑、链路质量、链路带宽等信息收集和资源分配，SR 控制器根据业务 SLA 诉求，计算满足业务 SLA 要求的端到端 SR 路径。

SD-WAN 网络控制器负责 CPE 的管理和策略控制，根据企业的应用需求来定义对链路 SLA 的诉求，并向 SR 控制器发起 Underlay 路径计算请求，SR 控制器计算出符合 SD-WAN 业务 SLA 要求的 Segment List 后，向 SD-WAN 网络控制器返回路径计算结果，该结果可以通过 SR-Policy 来标识。

企业分支 CPE 识别出应用后，向 SD-WAN 网络控制器查询相应的 SR-Policy 的 SID，并在 SD-WAN Overlay 隧道报文中压入 SID。该业务报文转发到第一跳的运营商 Underlay 网络设备，Underlay 设备识别出报文中携带的 SID，再将 SR 控制器提前计算好的 SR 路径完整压入该报文，然后继续进行报文转发。后续的报文将按照 SR 控制器计算好的、符合特定 SLA 诉求的 SR 网络路径进行逐点转发，从而满足了业务的转发性能要求。

11.1.3　AI

AI 是研究、开发用于模拟、延伸和扩展人的智能的理论、方法、技术及应用系统的一门新的技术科学。AI 涉及的范围十分广泛，它由不同的领域组成，如机器学习、计算机视觉等。总的来说，AI 研究的主要目标之一是使机器能够胜任一些通常需要人类才能完成的复杂工作。

AI 从诞生以来，理论和技术日益成熟，应用领域也不断扩大，用于 SD-WAN 领域的时机逐渐成熟。下面以应用识别作为 AI 应用的典型场景，展望 AI 在 SD-WAN 的应用前景。

众所周知，准确的应用识别是 SD-WAN 的重要基础技术，因为应用选路与可视、QoS 以及广域优化调度等都依赖应用识别的结果。如前文所述，SD-WAN 现有的应用识别技术手段主要包括以下几种。

- 协议识别：基于应用服务器的IP地址和端口号来区分不同的应用。
- 特征识别：基于业务报文的特征来区分不同的应用。
- DNS关联识别：基于应用服务器的域名来区分不同的应用。

当前应用识别技术面临的一些难题如下：

- 企业应用服务器的IP地址/端口会变化，导致协议识别表项维护成本高；
- 应用流量加密，通过特征识别无法识别出应用类型；
- 不是所有服务器IP地址都有相应的域名，因此DNS关联识别只能解决部分问题；
- 同一应用由多个服务组成，而现有应用识别手段都需要人工来指定组成关系；
- 不同企业有不同的定制化应用，同一企业会持续增加新的应用，而对每个新类型应用的识别，都需要人工参与。

如前文所述，SD-WAN 现有的应用识别技术手段主要包括以下几种：

- 基于流行为特征的应用大类识别，目标是识别出业务的类型，如语音、视频、文件下载、游戏等，需采集的流信息包括业务流前M个报文的报文长度、间隔等；
- 基于神经网络的应用识别，目标是通过有监督的方式识别出具体的应用，如即时通信应用等，需采集的流信息包括业务流前N个字节的内容；
- 基于非监督的应用识别，目标是通过“零接触”的方式识别出企业私有应用，需采集的流信息包括流建立/终止的时间、DNS响应报文、URL请求报文。

由于有监督的 AI 算法需要预先采集数据，并对数据进行标注，然后基于这个数据集训练出一个模型，但是对于企业的私有应用，难以到客户现场采集数据并打标签，此外，不同企业的私有应用是不同的，并且在持续增加中，采用有监督的 AI 算法成本很高，无法部署，因此 SD-WAN 可以重点考虑采用非监督的 AI 算法进行应用识别。

非监督的 AI 算法针对企业私有应用流量加密的场景，采用机器学习非监督算法对网络流量进行应用分类识别，降低对应用部署规划及应用流特征等知识的依赖，无须对网络流量进行标注，降低了实施难度。该算法同时解决了新增应用的自动持续识别问题，支持应用间依赖关系的识别，即不仅支持应用可视，还支持应用间拓扑关系可视。

该算法在不需要用户干预的情况下，实现应用识别；可通过流行为特征 / 规则分析（拓扑结构分析），实现对服务器端与客户端的区分；利用聚类算法和图分析算法，从时间相关性、周期性和 DNS 等方面进行带有优先级的多维度、融合聚类分析；采用识别结果自动标注方案对结果进行标注展示。

11.1.4　SASE

云服务和网络正在推动企业加速数字化转型，但是传统的网络和网络安全架构远远不能满足数字业务的需求。

Gartner 在《网络安全的未来在云端》这一报告中阐明了在新的网络和安全模型的基础上进行云网络和安全转型的潜力。该模型即 SASE，是 SD-WAN 未来演进的关键技术之一。

1. SASE 产生的背景

传统的企业网络和网络安全体系架构将企业数据中心作为访问的核心，这样的架构在云和移动的环境中越来越无效和烦琐。即使采用了一些基于云的服务，如基于云的 SWG（Secure Web Gateway，安全 Web 网关）、CDN（Content Delivery Network，内容分发网络）、WAF（Web Application Firewall，Web 应用防火墙）等，企业数据中心仍然是大多数企业网络和网络安全体系架构的核心。

而在以云为中心的现代数字化业务中，用户与设备需要安全访问的业务无处不在，使得企业以数据中心为核心的模型（见图 11-16）难以扩展。当用户所需的东西只有很少留在企业数据中心时，将流量路由到企业数据中心是没有意义的。另外，当用户访问任何基于云的资源时，分支机构的流量会被强制通过企业数据中心进行检查，会增加延迟和与专用 MPLS 专线相关的成本。数字化转型企业中的安全和风险管理专业人员需要的是一种全球性的网络和网络安全能力，这种能力可以让访问者随时随地、安全地连接到他们需要访问的网络，这就是 SASE 产生的背景。

2. SASE 的定义

SASE 是一种新兴的服务，它将广域网与网络安全服务结合起来，从而满足数字化企业的动态安全访问需求。顾名思义，SASE 本质上融合了网络功能和安全功能，并以云服务的方式进行交付。

自定义安全设置和运营需求的能力使公司能够创建满足其当前和不断发展的业务需求的架构。Gartner 提出了 SASE 的重要安全功能（见图 11-17）。

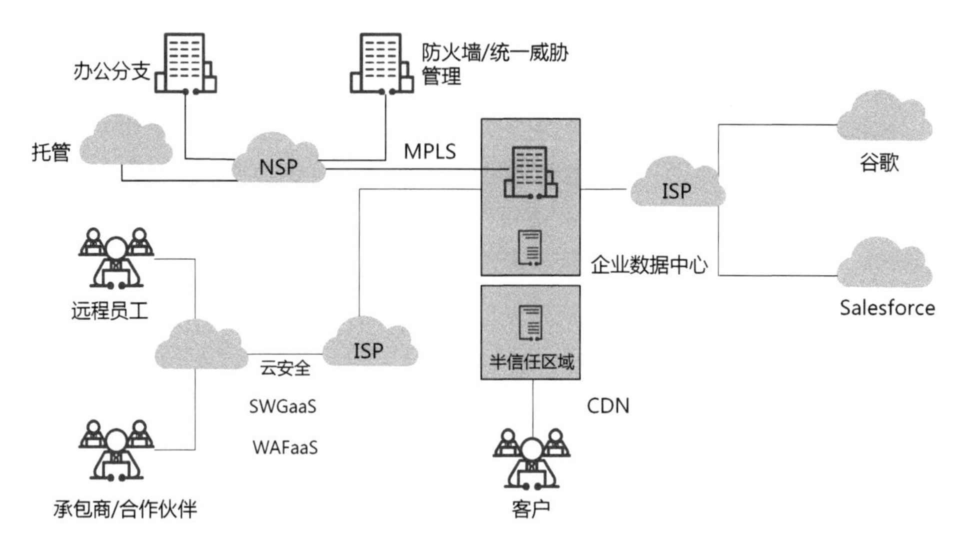

注：NSP即Network Server Provider，网络服务提供商；
SWGaaS即Secure Web Gateway as a Service，安全Web网关即服务；
WAFaaS即Web Application Firewall as a Service，Web应用防火墙即服务。

图 11-16 传统以企业数据中心为核心的星型网络及网络安全架构

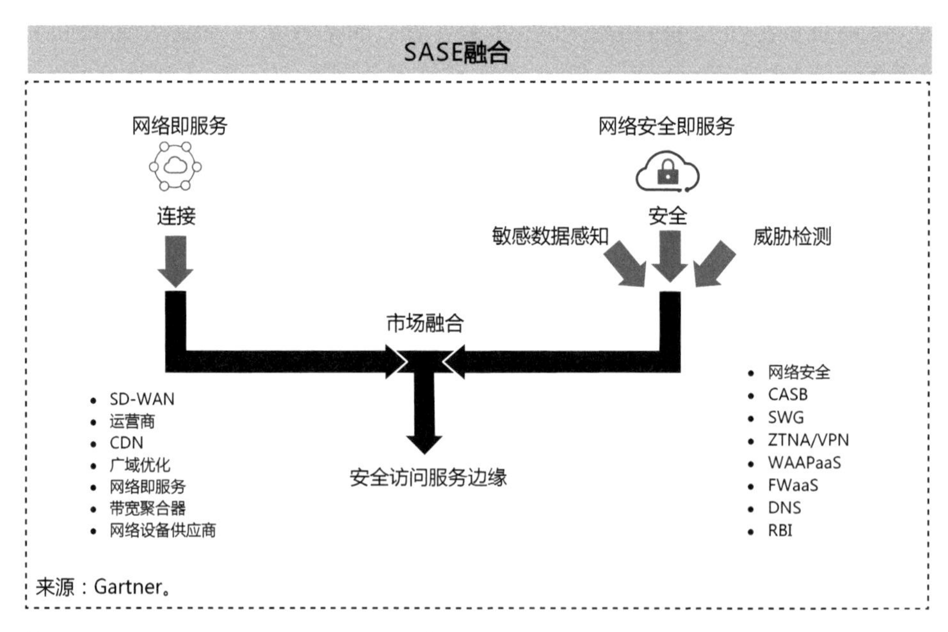

注：RBI即Remote Browser Isolation，远程浏览器隔离；
WAAPaaS即Web Application and API Protection as a Service，Web应用和API保护即服务。

图 11-17 SASE 的安全功能

网络安全有如下几个比较重要的安全功能。

- CASB（Cloud Access Security Broker，云访问安全代理）：基于API的内容安全性，使用CASB可以安全访问SaaS应用程序，例如Office 365和谷歌套件。
- SWG（Secure Wed Gateway，安全Web网关）：利用统一的威胁防护解决方案（例如应用程序控制、URL过滤、防病毒、IPS、反僵尸程序和零日攻击防护）可安全地访问Web应用程序和资源。
- ZTNA（Zero Trust Network Access，零信任网络访问）：ZTNA取代VPN终止于本地数据中心的传统远程访问解决方案，SASE 远程访问不再需要回传流量，从而改善了用户体验。
- FWaaS（Firewall as a Service，防火墙即服务）：基于云的下一代防火墙是一种可扩展、应用感知的解决方案，使企业能够应对基于设备的传统解决方案面临的挑战。

3. SASE 的四大特征

SASE 包含了众多的网络和安全功能，其特征明显，具体介绍如下。

（1）身份驱动

IP 地址、用户以及资源的身份决定了网络互连体验和访问权限级别。服务质量、路由选择、应用的风险安全控制——所有这些都由与每个网络连接相关联的身份所驱动。采用该方法，公司企业可为用户开发一套网络和安全策略，无须考虑设备或地理位置，从而减少了运营开销。

（2）云原生

SASE 认定未来网络安全一定会集中在云服务上，因此 SASE 框架利用云原生的几个主要功能——弹性、自适应性、自恢复能力、自维护能力，以此提供分摊客户开销，从而搭建高效率的平台，便于适应新兴业务的需求，而且随处可用。

（3）支持所有边缘

SASE 为整个公司的资源创建了一个网络，包括数据中心、分支机构、云资源以及移动和远程用户。比如，SD-WAN 设备支持物理边界，移动客户端和无客户端的浏览器实现用户移动接入。

（4）全球分布

为确保所有网络和安全功能随处可用，并向全部边缘交付尽可能好的体验，SASE 云必须在全球分布。因此，企业需要具有全球 POP 和对等连接的 SASE 产品，必须扩展自身覆盖面，向企业边缘交付低延迟服务。

4. SASE 与 SD-WAN 的关系

SASE 还处于发展的早期阶段。正因为数字化转型、SaaS 和其他云服务的驱动，越来越多的办公人员产生了分布式和移动的访问需求，由此推动了相关的变革。SASE 早期的主流形态表现为 SD-WAN 供应商增加越来越多的网络安全能力，以及云安全服务商增加 SWG、ZTNA、CASB 服务。因此，大家常认为 SASE=SD-WAN+ 安全。

在往 SASE 不断迭代前进的道路上，Gartner 给出了 SASE 的核心组件、推荐能力、可选能力。

核心组件：SD-WAN、SWG、CASB、ZTNA、FWaaS 等所有这些都具有识别敏感数据 / 恶意软件的能力，并且能够以在线速度对内容进行加密 / 解密，同时持续监控风险 / 信任级别的会话。

推荐能力：Web 应用程序和 API 保护、远程浏览器隔离、递归 DNS、网络沙箱、基于 API 的数据上下文访问 SaaS，以及对托管设备和非托管设备的支持。

可选能力：Wi-Fi 热点保护、网络混淆 / 分散、传统 VPN 和边缘计算防护（脱机 / 缓存保护）。

简而言之，SASE 将对网络和网络安全体系结构带来重大影响，并为安全和风险管理专业人员提供在未来十年内彻底重新思考、重新设计网络和网络安全体系架构的机会。尽管 SASE 还没有大规模部署，但是网络和安全服务设计者从现在开始就要考虑网络应该如何建设，网络和安全应该如何有机融合，并结合自己的实际业务场景来选择适合自己的 SASE 方案。

| 11.2 产业新变化 |

事实表明，SD-WAN 正走过早期试商用阶段，进入规模部署阶段。在这个过程中，除了上述的技术演进趋势外，SD-WAN 产业形势和格局也正在发生新的改变。

1. 企业 WAN 软件与服务市场增长迅速

随着越来越多的运营商和 MSP 推出全系列的 SD-WAN 解决方案，SD-WAN 服务提供商的角色越来越突出。除了一些大型企业可能会选择建立自己的 SD-WAN 全球网络外，许多中小型企业都希望从服务提供商处获得企业 WAN 的托管服务，从而满足自己无法独立维护分支机构网络的诉求。因此，服务提供商需要提供 SD-WAN 服务以确保在市场上保持竞争力。

SD-WAN 过去的发展主要体现在改进托管服务方面，如支持多租户和更好地集中管理。未来 SD-WAN 技术将具备跨服务提供商的联合托管服务能力，从而建立全球合作伙伴关系。SD-WAN 技术也将基于开放的 API，与其他异构的网络平台和业务系统更好地集成和合作。

2. 企业更少关注成本节约，更多关注应用体验

对于 SD-WAN 的价值，很多企业用户认为其可以使用因特网等低成本链路替代昂贵的专线，从而减少企业的成本支出。倘若一个企业愿意放弃其所有的 MPLS 专线，并完全用因特网替代，那么确实能够节省成本，然而却需要增加一些网络优化技术来解决因特网的不可预测性所带来的问题。此外，大多数企业建立的是混合网络，并会因流量的增加而增加带宽，因此在这种情况下是无法节约成本的。所以，企业不应该以省钱为唯一目的，而应该更多地关注应用的体验效果。运营商已经意识到了这一点，并没有过多地从节约成本的角度出发，因为相比于节约成本这点来说，SD-WAN 还具备更大的应用价值。

3. 企业更多关注安全性

企业部署或迁移至 SD-WAN 后，随着网络架构的改变，分支机构可通过本地出局直接访问云服务，这对网络安全有着深远的影响，根据分支机构数量的不同，接入云端的数量可以从一个增加到数百个甚至数千个。因此，企业安全体系架构需要考虑云安全、虚拟设备的安全和容器化服务的安全。

SD-WAN 服务提供商将加强与安全服务提供商的合作，进一步集成下一代防火墙、统一威胁管理和防病毒等功能。企业可以选择在分支机构、数据中心或云端部署网络安全功能。

4. 市场变得拥挤，整合将加速

在 Gartner 的 SD-WAN 魔力象限中，目前已有 20 多家 SD-WAN 服务提供商，企业的经营范围涉及网络、安全以及广域加速等多个领域，其中有很多初创公司、小型服务提供商和大型网络设备厂商，跨度很大。预计今后会有更多的 MSP 和边缘安全供应商进入这个市场，为企业提供 50 多种可能的选择。

对企业来说，拥有大量的选择方案固然是个好消息，但这最终将对市场不利，因为供应逐渐大于需求，SD-WAN 市场必然将走向整合。很多只提供基本的 SD-WAN 功能的厂商已不能满足企业在 WAN 上的需求。合并收购那些仅为了参与 SD-WAN 市场而增加了一些基本功能的供应商，有助于改善 SD-WAN 市场，加速全球企业 SD-WAN 的部署。因此，随着小众厂商的没落，今后市场上将会出现更多的收购现象。

11.3 回顾与展望

SD-WAN 是当今网络领域最热的技术之一，正深刻地影响着企业 WAN 架构和 IT 架构的变化。本书结合华为的实践，描述了 SD-WAN 解决方案的本质和核心功能的定义和理解，并就 SD-WAN 的主要功能特性、实现原理以及案例进行了比较详细的阐述。

展望未来，SD-WAN 的市场空间十分广阔。根据 Gartner 的最新报告，预计到 2023 年，全球软件定义的 WAN 基础设施市场平均每年将增长近 31%。根据 IDC 最新的 SD-WAN 市场预测，从 2018 年的 14 亿美元开始，SD-WAN 市场将在 2023 年达到 52.5 亿美元。可以说，SD-WAN 前景大好，市场“钱”途无量。

让大家携起手来，在实践中不断摸索，让 SD-WAN 最终成长为企业走进 IT 数字化和全球化成功大门的一把不可或缺的金钥匙！

缩略语

缩写	英文全称	中文名称
AAA	Authentication, Authorization and Accounting	鉴权、授权和结算
ACL	Access Control List	访问控制列表
AD/DA	Analog to Digital/Digital to Analog	数模 / 模数
ADSL	Asymmetric Digital Subscriber Line	非对称数字用户线
AES	Advanced Encryption Standard	高级加密标准
A-FEC	Adaptive-Forward Error Correction	自适应前向纠错
AF	Assured Forwarding	确保转发
AI	Artificial Intelligence	人工智能
API	Application Program Interface	应用程序接口
APN	Access Point Name	接入点名称
AQM	Application Quality Management	应用质量管理
AR	Augmented Reality	增强现实
ARP	Address Resolution Protocol	地址解析协议
AS	Autonomous System	自治系统
ASBR	Autonomous System Boundary Router	自治系统边界路由器
ASIC	Application Specific Integrated Circuit	专用集成电路
ASN.1	Abstract Syntax Notation One	抽象语法表示 1 号
AZ	Availability Zone	可用区域
BBR	Bottleneck Bandwidth and Round-trip propagation time	瓶颈带宽和往返传播时间
BD	Bridge Domain	桥域，也称广播域
BE	Best Effort	尽力而为
BEEP	Blocks Extensible Exchange Protocol	块可扩展交换协议
BGP-LS	Border Gateway Protocol-Link State	BGP 链路状态
BGP	Border Gateway Protocol	边界网关协议
BSS	Business Support System	业务支撑系统
CA	Certificate Authority	证书授权中心
CAR	Committed Access Rate	承诺接入速率
CASB	Cloud Access Security Broker	云访问安全代理
CDN	Content Delivery Network	内容分发网络
CE	Customer Edge	用户边缘设备

续表

缩写	英文全称	中文名称
CIFS	Common Internet File System	通用因特网文件系统
CIR	Committed Information Rate	承诺信息速率
CLI	Command Line Interface	命令行接口
CMF	Configuration Management Framework	配置管理框架
CPCAR	Control Plane Committed Access Rate	控制平面承诺访问速率
CPE	Customer Premises Equipment	用户终端设备，也称用户驻地设备
CPU	Central Processing Unit	中央处理器
CRM	Customer Relationship Management	客户关系管理
CS	Class Selector	类选择器
DCN	Data Center Network	数据中心网络
DDoS	Distributed Denial of Service	分布式拒绝服务
DHCP	Dynamic Host Configuration Protocol	动态主机配置协议
DiffServ	Differentiated Service	区分服务
DNN	Data Network Name	数据网络名称
DNS	Domain Name System	域名系统
DoS	Denial of Service	拒绝服务
DSCP	Differentiated Services Code Point	区分服务码点
DSL	Digital Subscriber Line	数字用户线
DTLS	Datagram Transport Layer Security	数据传输层安全
eBGP	external Border Gateway Protocol	外部边界网关协议
ECMP	Equal-Cost Multi-Path	等价多路径
ECN	Explicit Congestion Notification	显式拥塞通知
EF	Expedited Forwarding	加速转发
EIP	Elastic IP	弹性公网 IP
EMS	Element Management System	网元管理系统
ENP	Ethernet Network Processor	以太网络处理器
ERP	Enterprise Resource Planning	企业资源计划
ESN	Equipment Serial Number	设备序列号
EVI	EVPN Instance	EVPN 实例
EVPN	Ethernet Virtual Private Network	以太网虚拟专用网
EVPN-VRF	Ethernet Virtual Private Network-virtual routing and forwarding	以太网虚拟专用网虚拟路由转发
FC	Fiber Channel	光纤通道
FEC	Forward Error Correction	前向纠错
FE	Fast Ethernet	快速以太网
FillP	Fill up the Pipe	填满管道
FPM	Flow Performance Monitoring	流量性能监测

续表

缩写	英文全称	中文名称
FTP	File Transfer Protocol	文件传送协议
FWaaS	Firewall as a Service	防火墙即服务
GE	Gigabit Ethernet	吉比特以太网，也称千兆以太网
GRE	Generic Routing Encapsulation	通用路由封装
GUI	Graphical User Interface	图形用户界面
GW	Gateway	网关
HQoS	Hierarchical Quality of Service	分层服务质量
HTTP	HyperText Transfer Protocol	超文本传输协议
HTTPS	HyperText Transfer Protocol Secure	超文本传输安全协议
IaaS	Infrastructure as a Service	基础设施即服务
IBGP	Internal Border Gateway Protocol	内部边界网关协议
ICMP	Internet Control Message Protocol	因特网控制消息协议
ICT	Information and Communication Technology	信息通信技术
IETF	Internet Engineering Task Force	因特网工程任务组
IGP	Interior Gateway Protocol	内部网关协议
IGW	Internet Gateway	因特网互联网关
IKE	Internet Key Exchange	因特网密钥交换
IMSI	International Mobile Subscriber Identity	国际移动用户标志
IP	Internet Protocol	互联网协议
IP DA	IP Destination Address	目的 IP 地址
IP FPM	IP Flow Performance Measurement	IP 流性能测量
IP SA	IP Source Address	源 IP 地址
IPng	IP Next Generation	互联网协议的第二代标准协议
IPSec	Internet Protocol Security	IP 安全协议
IPS	Intrusion Prevention System	入侵防御系统
IPv4	Internet Protocol Version 4	第 4 版互联网协议
IPv6	Internet Protocol Version 6	第 6 版互联网协议
ISDN	Integrated Service Digital Network	综合业务数字网
ISP	Internet Service Provider	因特网服务提供商，也称因特网服务提供方
ITU-T	International Telecommunication Union-Telecommunication Standardization Sector	国际电信联盟电信标准化部门
IWG	Inter-Working Gateway	互联网关
IXP	Internet eXchange Provider	互联网交换提供商
LAN	Local Area Network	局域网
LLQ	Low-Latency Queuing	低时延队列
LQM	Link Quality Monitoring	链路质量监控

续表

缩写	英文全称	中文名称
LSO	Lifecycle Service Orchestration	生命周期服务编排
LTE	Long Term Evolution	长期演进
MAC	Media Access Control	媒体接入控制
MAN	Metropolitan Area Network	城域网
MCE	Multi-VPN-instance Customer Edge	多 VPN 实例用户边缘设备
MEF	Metro Ethernet Forum	城域以太网论坛
MIB	Management Information Base	管理信息库
MP-BGP	Multi-Protocol BGP	BGP 多协议扩展
MP-eBGP	Multi-Protocol eBGP	eBGP 多协议扩展
MP-IBGP	Multi-Protocol IBGP	IBGP 多协议扩展
MPLS TE	MPLS Traffic Engineering	MPLS 流量工程
MPLS	Multi-Protocol Label Switching	多协议标签交换
MSP	Managed Service Provider	管理服务提供商，也称管理服务提供方
MSTP	Multi-Service Transport Platform	多业务传送平台
MTU	Maximum Transmission Unit	最大传输单元
NACK	Negative-Acknowledge	否定应答
NAPT	Network Address and Port Translation	网络地址和端口翻译
NAT	Network Address Translation	网络地址转换
NCE	Network Cloud Engine	网络云化引擎
NETCONF	Network Configuration	网络配置
NFV	Network Functions Virtualization	网络功能虚拟化
NIC	Network Interface Card	网络接口卡，又称网卡
NLRI	Network Layer Reachability Information	网络层可达信息
NMS	Network Management System	网络管理系统
NP	Network Processor	网络处理器
NQA	Network Quality Analyzer	网络质量分析
NSA	Non-Stand Alone	非独立组网
NSP	Network Server Provider	网络服务提供商
NTP	Network Time Protocol	网络时间协议
NVGRE	Network Virtualization using Generic Routing Encapsulation	基于通用路由封装的网络虚拟化
NVO3	Network Virtualizaiton over Layer 3	跨三层网络虚拟化
OA	Office Automation	办公自动化
ONF	Open Network Foundation	开放网络基金会
ONUG	Open Networking User Group	开放网络用户组织
OSPF	Open Shortest Path First	开放式最短路径优先

续表

缩写	英文全称	中文名称
OSS	Operational Support System	运营支撑系统
OTN	Optical Transport Network	光传送网
P2P	Peer-to-Peer	点对点
PaaS	Platform as a Service	平台即服务
PACK	Periodic-Acknowledge	周期性应答
PA	Provider Address	供应商地址
PCEP	Path Computation Element Communication Protocol	路径计算单元通信协议
PE	Provider Edge	服务提供商网络的边缘设备
PFC	Priority-based Flow Control	基于优先级的流控制
PIN	Personal Identification Number	个人识别号码
PIR	Peak Information Rate	峰值信息速率
PKI	Public Key Infrastructure	公钥基础设施
PON	Passive Optical Network	无源光网络
POP GW	Point of Presence Gateway	因特网接入点网关
POP	Point of Presence	因特网接入点
PPP	Point-to-Point Protocol	点到点协议
PSP	Penultimate Segment POP of the SRH	SRH 信息倒数第二段弹出
QoS	Quality of Service	服务质量
RA	Router Advertisement	路由通告
RBI	Remote Browser Isolation	远程浏览器隔离
RD	Route Distinguisher	路由标识符
RD	Routing Domain	路由域
REST	Representational State Transfer	表述性状态转移
RLE	Run Length Encoding	行程长度压缩算法
RoCE	RDMA over Converged Ethernet	基于聚合以太网的远程直接存储器访问
RPC	Remote Procedure Call	远程过程调用
RR	Route Reflector	路由反射器
RSA	Rivest-Shamir-Adleman	RSA 加密算法
RS	Reed-Solomon	里德 - 所罗门码
RT	Route Target	路由目标
RTT	Round Trip Time	往返路程时间
SA	Security Association	安全联盟
SA	Stand Alone	独立组网
SaaS	Software as a Service	软件即服务
SASE	Secure Access Service Edge	安全访问服务边缘
SD	Software Defined	软件定义

续表

缩写	英文全称	中文名称
SD-WAN	Software Defined Wide Area Network	软件定义广域网
SDH	Synchronous Digital Hierarchy	同步数字体系
SDN	Software Defined Network	软件定义网络
SHA	Secure Hash Algorithm	安全哈希算法，也称安全散列算法
SHDSL	Single-pair High-bit-rate Digital Subscriber Loop	单线对高比特率数字用户线
SID	Segment ID	段 ID 标签
SIM	Subscriber Identity Module	用户识别模块
SLA	Service Level Agreement	服务等级协定
SMB	Server Message Block	服务器消息块
SMI	Structure of Management Information	管理信息结构
SNMP	Simple Network Management Protocol	简单网络管理协议
SOAP	Simple Object Access Protocol	简单对象访问协议
SONET	Synchronous Optical Network	同步光纤网络
SRH	Segment Routing Header	段路由扩展报头
SR	Segment Routing	段路由
SRv6	Segment Routing IPv6	IPv6 段路由
SSH	Secure Shell	安全外壳
SSL	Secure Socket Layer	安全套接字层
STUN	Session Traversal Utilities for NAT	NAT 会话穿越效用
SWG	Secure Web Gateway	安全 Web 网关
SWGaaS	Secure Web Gateway as a Service	安全 Web 网关即服务
TCO	Total Cost of Ownership	总拥有成本
TCP	Transmission Control Protocol	传输控制协议
TDM	Time Division Multiplexing	时分复用
TLS	Transport Layer Security	传输层安全
TN	Transport Network	传输网
TNP	Transport Network Port	传输网接口
ToS	Type of Service	服务类型
uCPE	universal CPE	通用 CPE
UDP	User Datagram Protocol	用户数据报协议
URI	Uniform Resource Identifier	统一资源标识符
URL	Uniform Resource Locator	统一资源定位符
VAS	Value-Added Service	增值业务
VDSL	Very high-bit-rate Digital Subscriber Line	甚高比特率数字用户线
vFW	virtual FireWall	虚拟防火墙
VGW	Virtual Gateway	虚拟网关
VIF	Virtual Interface	虚拟接口

续表

缩写	英文全称	中文名称
VLAN	Virtual Local Area Network	虚拟局域网
vLB	virtual Load Balance	虚拟负载均衡
VM	Virtual Machine	虚拟机
VNF	Virtual Network Function	虚拟网络功能
VNI	VXLAN Network Identifier	VXLAN 网络标识符
VN	Virtual Network	虚拟网络
VoIP	Voice over IP	互联网电话
VPC	Virtual Private Cloud	虚拟私有云
VPDN	Virtual Private Dial Network	虚拟专用拨号网络
VPN	Virtual Private Network	虚拟专用网
VRF	Virtual Routing and Forwarding	虚拟路由转发
VRRP	Virtual Router Redundancy Protocol	虚拟路由冗余协议
VR	Virtual Reality	虚拟现实
VTEP	VXLAN Tunnel Endpoint	VXLAN 隧道端点
vWOC	virtual WAN Optimization Controller	虚拟广域网优化控制器
VXLAN	Virtual eXtensible Local Area Network	虚拟扩展局域网
WAAPaaS	Web Application and API Protection as a Service	Web 应用和 API 保护即服务
WAFaaS	Web Application Firewall as a Service	Web 应用防火墙即服务
WAF	Web Application Firewall	Web 应用防火墙
WAN	Wide Area Network	广域网
WDM	Wavelength Division Multiplexing	波分复用
WFQ	Weighted Fair Queue	加权公平队列
WOC	WAN Optimization Controller	广域网优化控制器
XML	eXtensible Markup Language	可扩展标记语言
YANG	Yet Another Next Generation	下一代数据建模语言
ZTNA	Zero Trust Network Access	零信任网络访问
ZTP	Zero Touch Provisioning	零接触部署，也称零配置开局

参考文献

[1] ONUG. Software-Defined WAN Use Case [R/OL]. (2014-10) [2019-12-31].

[2] MEF. Understanding SD-WAN Managed Services, Service Components, MEF LSO Reference Architecture and Use Cases [R/OL]. (2017-07) [2019-12-31].

[3] MEF. MEF 70, SD-WAN Service Attributes and Services [R/OL]. (2019-07)[2019-12-31].